Auto-Reparaturanleitung Band 1341

Smart fortwo Modellreihe 451

Motoren
1,0 Liter Benzin-Motor
0,8 Liter Diesel-Motor

Modelljahre
2007–2014

bucheli verlag

IMPRESSUM

ISBN 978-3-7168-2307-1

Auto-Reparaturanleitung
Band 1341

Redaktion:
Text und redaktionelle Bearbeitung: Silke und Christoph Pandikow

Bilder/Zeichnungen:
Christoph Pandikow, Silke Pandikow, PCI Diagnosetechnik GmbH & Co. KG, Hella KGaA Hueck & Co, Bosch Presseabteilung

Herstellung:
IPa, D-71665 Vaihingen/Enz
Druck: Graspo, CZ-76302 Zlin

Lizenznehmer Motorbuch Verlag, Postfach 103743, 70032 Stuttgart
Ein Unternehmen der Paul Pietsch Verlage GmbH & Co. KG

1. Auflage 2018

Inhalt

Kapitel 1 Einleitung **5**
Arbeiten mit diesem Buch 5
Sicherheit geht immer vor 7
Umgang mit Pyrotechnik-Bauteilen 7
Umgang mit Bauteilen der Klimaanlage 8
Richtiges Aufbocken 9
An- und Abschleppen 9
Einige Kniffe für Schrauber 10

Kapitel 2 Modell **12**
Modellvorstellung 12
Identifizierung 14
Servicevorgaben 15
Service-Intervall-Anzeige 15
Wartung nach Plan 17

Kapitel 3 Werkzeug und Ausrüstung **20**
Standardausrüstung für mechanische Arbeiten 20
Standardausrüstung für Arbeiten an der elektrischen Anlage 21
Sinnvolle Anschaffung für die Messtechnik 22

Kapitel 4 Motoren **24**
Die Motormerkmale 24
Arbeiten am Motor 25
Diagnosetester einsetzen 26
Motorabdeckung oben aus- und einbauen 30
Prüfung auf Undichtigkeiten und Beschädigungen 30
Keilrippenriemen prüfen 30
Keilrippenriemen aus- und einbauen 31
Keilrippenriemen beim Generatorantrieb 32
Keilrippenriemen Starter-Generator 33
Ventildeckel/Zylinderkopfhaube demontieren 34
Nockenwellen demontieren 35
Nockenwellen-Lagerdeckel aus- und einbauen 36
Ventilspielelemente aus- und einbauen 38
Ventilspiel einstellen 38
Hydraulische Ventilspiel-Ausgleichselemente aus- und einbauen 40
Steuerzeiten des Motors prüfen 40
Steuergehäusedeckel aus- und einbauen 44
Steuerkettenspanner aus- und einbauen 46
Zylinderkopf de- und montieren 47
Ventilschaftabdichtungen erneuern 51
Ventile aus- und einbauen 53
Kolben aus- und einbauen 54
Kompressionsdruck prüfen 55
Druckverlusttest 57
Verschleißmessung am Motor 58
Motor aus- und einbauen 63

Kapitel 5 Motorschmierung **68**
Motorölstand prüfen 68
Motoröl ablassen/auffüllen 68
Ölfilter/Ölfiltereinsatz wechseln 69
Ölwanne aus- und einbauen 70
Ölpumpe aus- und einbauen 71
Öldruck prüfen 75
Öldruckschalter prüfen 75
Öldruckschalter aus- und einbauen 76

Kapitel 6 Kühlsystem **77**
Sicht- und Funktionsprüfungen 77
Kühlmittel ablassen, ergänzen, auffüllen 78
Kühler aus- und einbauen 79
Elektrolüfter aus- und einbauen 80
Kühlmittelpumpe/Wasserpumpe aus- und einbauen 80
Temperaturregler und Thermostate 81
Kühlwasservorlauf Abgasrückführung aus- und einbauen 83
Abgasrückführungskühler aus- und einbauen 84
Absperrventil durch eine Kühlmittelleitung ersetzen 85

Kapitel 7 Kraftstoffversorgung **87**
Bauteile der Anlage 87
Steckkupplungen trennen 88
Kraftstoffbehälter entleeren, befüllen 89
Kraftstofffördereinheit aus- und einbauen 90
Kraftstoffpumpe prüfen 92
Kraftstoffbehälter aus- und einbauen 93
Verhalten bei Falschbetankung 94

Kapitel 8 Kraftstoffaufbereitung und Einspritzung **97**
Benzin-Motoren 97
CDI-Motoren 98
Einspritzdüsen Benzinmotoren 99
Einspritzdüsen und -Leitungen beim Dieselmotor 100
Injektoren/Bohrungen reinigen 102
Zündanlage Benzinmotoren 103
Glühanlage Dieselmotor 105
Kraftstofffilter wechseln 106
Luftfilter wechseln 107
Fahrzeugdiagnosetester einsetzen 107

Kapitel 9 Abgasanlage **110**
Hinweise und Regeln 110
Zustand der Auspuffanlage prüfen 111
Abgasanlage auf Dichtheit prüfen 111
Arbeiten am Sekundärluftsystem 111
Arbeiten am Abgasrückführungssystem 112
Abgasanlage beim Saugmotor 113
Abgasanlage beim Turbomotor 114
Turbolader beim Benzinmotor aus- und einbauen 116
Abgasanlage beim Dieselmotor aus- und einbauen 117
Turbolader beim Dieselmotor aus- und einbauen 118
Kontrollen am Ladeluftsystem 118

Kapitel 10 Kraftübertragung **120**
Bauweise 120
Montagearbeiten am Getriebe 120
Ölwechsel am Getriebe 121
Komponenten rund um das Getriebe 121
Gelenkwellen ausbauen/prüfen 124
Gelenkwellen zerlegen 126
Radialwellendichtringe der Achswellen aus- und einbauen 127
Kupplung aus- und einbauen 127
Schwungrad aus- und einbauen 129
Getriebe aus- und einbauen 130
Getriebe zerlegen 132
Arbeiten am Schalthebel 133

Kapitel 11 Fahrwerk **134**
Arbeiten am Fahrwerk 134
Prüfung der Achslagerung 134
Achsgelenk aus- und einbauen 135
Achsschenkel vorne aus- und einbauen 136
Radlagereinheit aus- und einbauen 138
Federbein vorne aus- und einbauen 138
Schraubenfeder vorne ausbauen 140
Schraubenfeder hinten ausbauen 141
Stoßdämpfer ausbauen 141
Spurstangenkopf ausbauen 142
Lenkmanschette wechseln 143
Zahnstangenlenkung aus- und einbauen 143
Rund um die Lenkung 145
Antriebsmotor Lenkhilfe aus- und einbauen 147
Fehlerspeicherabfrage mit dem Tester 148
Typische Fehlerquellen bei elektrischen Lenkungen 148

Inhalt

Folgende Symbole verdienen im Laufe der Arbeit besondere Beachtung:

Sichtprüfung
Teil genau ansehen; besonders beachten.

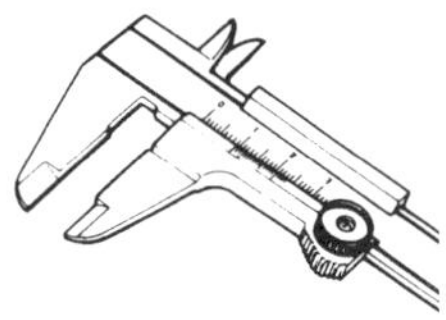

Messen
Schieblehre oder anderes Messwerkzeug nötig.

Achtung
Besondere Vorsicht geboten; Sicherheitshinweise beachten!

Tipp
Wertvoller Hinweis für einfacheres Schrauben; Erläuterung von Bauteilen und Begriffen.

Messen mit elektr. Messgeräten
Multimeter- oder Diagnoseeinsatz erforderlich

Kapitel 12 Verdeck und Gestell **150**
Hinweise zum Verdeck 150
Grundeinstellung des Verdecks 151
Verdeck einstellen 152
Motor Faltverdeck 158

Kapitel 13 Bremsanlage **163**
Die Bremsen des Smart 163
Bremsflüssigkeitsstand prüfen 164
Bremsanlage auf Undichtigkeiten und Beschädigungen prüfen 164
Bremsanlage mit Gerät entlüften 165
Bremsanlage ohne Gerät entlüften 165
Bremsflüssigkeit wechseln 166
Bremslichtschalter aus- und einbauen 167
Arbeiten am Hauptbremszylinder 168
Funktion des Bremskraftverstärkers prüfen 170
Unterdruckpumpe aus- und einbauen 170
Bremsscheiben und Beläge vorne 171
Die Hinterradbremse 173
Radbremszylinder aus- und einbauen 176

Kapitel 14 Elektrische Anlage **177**
Arbeiten an der Spannungsversorgung 177
Anlasser (Starter) aus- und einbauen 178
Generator aus- und einbauen 180
Scheinwerfer ausbauen 181
Leuchtmittel wechseln (Halogenscheinwerfer) 182
Nebelscheinwerfer vorne 183
Scheinwerfer einstellen 183
Seitenblinkleuchte 184
Heckleuchten 185
Kennzeichenleuchte 185
3. Bremsleuchte aus- und einbauen 186
Scheibenwischer vorne und hinten 186
Scheibenwaschdüsen 187
Wischermotoren 188
Endlage der Scheibenwischer 189
Waschdüsen einstellen 189

Kapitel 15 Stromlaufpläne **190**
Sicherungen und Sicherungshalter 190
Sicherungen wechseln 190
Kabelfarben und Kabelquerschnitt 190
Kabelinstandsetzungsarbeiten 191
Massepunkte am Smart 192
Messgeräte und Diagnosetester 193
Schaltpläne 193
Klemmenbezeichnungen nach Norm 196
Schaltplanzuordnung nach Bausystemen 197

Kapitel 16 Technische Daten **200**
Benzinmotoren 200
Dieselmotoren 201
Verschleißmasse 201

Kapitel 17 Anzugsdrehmomente **202**
Motor 202
Fahrgestell 203
Elektrische Anlage 204
Sonstige Verschraubungen 204

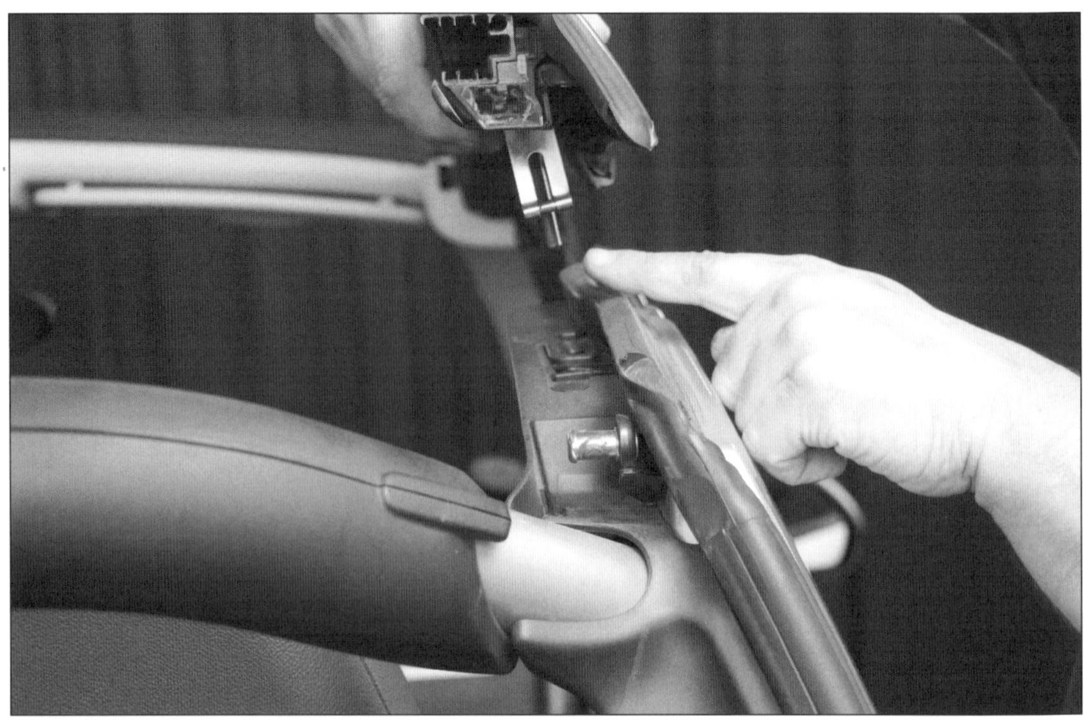

1 Einleitung

Arbeiten mit diesem Buch

Ein Reparaturhandbuch ist dann ein Reparaturhandbuch, wenn es bei Reparaturen zur Hand gehen kann. Es soll also helfen, Ihren Smart wieder »in die Gänge« zu bringen. Ganz klar, als blutiger Laie werden Sie nur mit einiger Hilfe gezielt arbeiten können. Bedenken Sie, dass Ihr Fahrzeug in jedem (oder zumindest in fast jedem) Teil etwas mit Sicherheit im Straßenverkehr zu tun hat. Jede einzelne Sekunde, in der Ihr Fahrzeug in Betrieb ist. Nehmen Sie die Fehler deshalb immer ernst. Gerade Anfänger übersehen oft Kleinigkeiten, die nachher durchaus größere oder zumindest schwer aufzufindende Fehler ergeben. Bei einer Fehlersuche am eigenen Fahrzeug unterhielten sich zwei angehende Kfz-Mechatroniker: »... was hast du denn zuletzt repariert?«, letztendlich fand sich dort dann auch der Fehler. Diese Anekdote zeigt sehr deutlich, dass zum einen die eigene Arbeit, zum anderen der Ablauf der Arbeiten, die Kenntnisse über den Funktionszusammenhang der Systeme und natürlich auch über die Informationsquellen, die zur Verfügung stehen, immer hinterfragt werden müssen. Dieses Buch eignet sich aber auch, um die Details Ihres Smart einmal genauer unter die Lupe zu nehmen.

Wir haben den Aufbau so gestaltet, dass die Informationen praxisgerecht auf- und umgearbeitet wurden.

In den einzelnen Kapiteln wird der Umgang mit den Test- und Messgeräten genauer vorgestellt. Es handelt sich um getestete Übungen, die Sie problemlos nachvollziehen können. »An modernen Autos kann man gar nichts mehr selber machen!«, das ist ein typischer Satz, der weder richtig ist, noch die motivierten Schrauber unter den Lesern von der Reparatur abhalten sollte. Betrachtet man sich die Probleme genauer, die mit der Fehlerdiagnose entstehen, stellt sich ein einfaches Prinzip heraus. Grundsätzlich sind Bauteile, deren Funktionsabläufe nachvollzogen und im wahrsten Sinne des Wortes »begriffen« werden können, leicht zu prüfen.

Elektrisches Messen

Leuchtet eine Glühlampe nicht, wird sie in der Regel demontiert und der Zustand des Glühfadens gegen das Licht kontrolliert. Über die Glühlampe, beziehungsweise ihren Aufbau, ist jedem bekannt, dass sie ohne den Glühfaden nicht funktionieren kann. Könnte man in alle Bauteile hineinsehen und den Funktionsablauf und den Aufbau auf diese Art kontrollieren, würde kaum ein Mechaniker über die immer komplizierter werdende Technik schimpfen. Hier kommt die Messtechnik zum Zuge. Es ist nämlich möglich, die Funktionsabläufe und die Funktion optisch zu überprüfen. Es ist auch möglich, das Bauteil selbst zu prüfen. Auch dafür werden keine teuren Spezialgeräte gebraucht. Sie oder Ihr Mechaniker müssen sich lediglich bereit erklären, die Technik und dazugehörige Prüfmethoden anzunehmen und gelegentlich auch etwas dazuzulernen.

Ganz klar gibt es Einschränkungen für Arbeiten, die aus Sicherheitsgründen nicht durchgeführt werden sollten. Dazu zählen Arbeiten z. B. an der Klimaanlage und am Airbagsystem.

Bild 1
Bosch KTS 650/670 mit FSA 750-Modul und Abgastester.

Sichtprüfung Messen

»Die Tester kann sich keiner leisten!«, ist auch eine These, die wir widerlegen werden. Anhand der Beschreibungen der Spezialwerkzeuge und deren ungefähren Preise lassen sich hier die Kosten leicht überschauen. Die notwendige Ausrüstung ist bei den meisten Schraubern oftmals schon vorhanden. Andere Teile sind gar nicht so teuer und lassen sich sinnvoll als Geburtstagsgeschenkidee an die Lieben weitergeben.
Die Aufgabe dieses Reparaturhandbuches ist es, eine Hilfestellung für Wartungsarbeiten und Reparaturen am Sharan/Alhambra zu geben. Das Buch wendet sich an die ambitionierten Schrauber, die mit ihrer Erfahrung Reparaturen, Wartungsarbeiten und Einstellungen an ihrem Fahrzeug vornehmen wollen. Da zu allen diesen Arbeiten ein OBD-Diagnosetester dazugehört und dieser für deutlich unter 100 Euro im günstigsten Fall erhältlich ist, wird die Arbeit anhand eines »Beispiel«-Testers dargestellt. Sie halten ein Buch in der Hand, das Lernstoff, Informationsquelle und Nachschlagewerk ist. Es soll die praktische Arbeit am Fahrzeug erleichtern und Sie ermutigen sich »Know-how« anzueignen, auch als Ungeübter den ersten Schritt zu machen oder als Erfahrener sich recht tiefgehend mit der Diagnose auseinanderzusetzen.

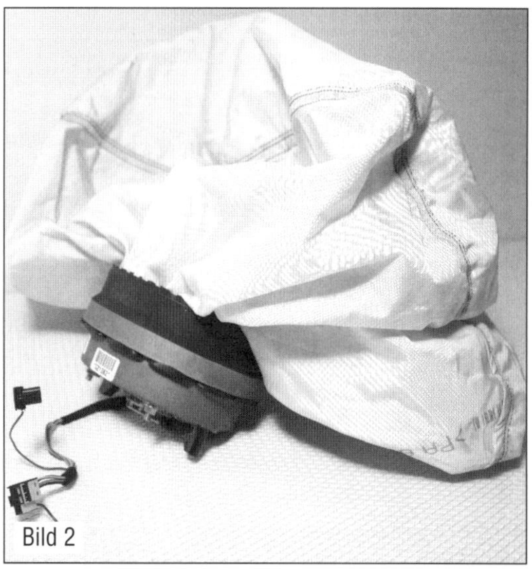

Bild 2
EXPLOSIV: gezündeter Airbag.

Bild 3
»Self-made«-Beulendoktor.

Um einen möglichst schnellen Zugriff auf die Informationen in diesem Buch zu ermöglichen, sind die technischen Daten, die zur Einstellung, Reparatur und Wartung benötigt werden, in einem separaten Kapitel zusammengefasst. Alle technischen Angaben, die speziell bei den Arbeiten benötigt werden, finden Sie natürlich auch an den entsprechenden Stellen. Die Montagearbeiten werden auf gängige Reparaturen beschränkt. Sie sollten aber immer sicherstellen, dass Sie in der Lage sind, die Reparaturen selbst durchzuführen. Ungeeignete Messgeräte oder auch fehlerhafte Handhabung eines Messgerätes können nicht nur finanzielle Folgen haben. Für die Arbeiten an Airbagsystemen ist eine spezielle Ausbildung erforderlich, die mit einem Sachkundenachweis abgeschlossen wird.

⚠ Unterlassen Sie es zu Ihrer eigenen Sicherheit, an Sitzen oder anderen Bauteilen Hand anzulegen, ohne diese spezielle Ausbildung abgeschlossen zu haben. Arbeiten an diesem System ohne Sachkunde sind GROB fahrlässig und gefährden Ihr Leben. Sollten Probleme an diesem System auftauchen, suchen Sie immer eine Werkstatt auf und erkundigen Sie sich auch darüber, inwieweit die »Airbag-Sachkunde« besteht.

⚠ In den einzelnen Airbageinheiten befinden sich zwar »kleine«, aber nicht ungefährliche Mengen an Sprengstoff. Nicht umsonst sind der Transport, der Umgang und die Lagerung gesetzlich im Sprengstoffgesetz geregelt. Die Arbeiten am Airbagsystem werden aus diesem Grunde nicht beschrieben. Es gibt aber auch so noch genügend Arbeiten, die Sie durchaus in Eigenregie angehen können.
Natürlich beschäftigt sich dieses Buch nicht nur mit Elektronik oder der reinen Montagearbeit. Auch einige Arbeiten mit den Diagnosegeräten wurden mit Praxisbezug ausgewählt und im Detail dargestellt.

Sicherheit geht immer vor

Sicherheit hat beim Heimwerken absolute Priorität. Nur Arbeiten anpacken, die man wirklich beherrscht. Handwerkliche Tätigkeiten, mit denen man in der Praxis bislang wenig oder gar keine Erfahrung hatte, sollte man niemals auf die leichte Schulter nehmen. Unsachgemäß ausgeführte Arbeiten können früher oder später fatale Folgen haben (Bilder 4–12).

Umgang mit Pyrotechnik-Bauteilen

⚠ Der Sicherheitsaspekt gilt insbesondere für pyrotechnische Bauteile. Diese enthalten einen Treibstoff, bei dessen Abbrand ein Gas erzeugt wird. In manchen Fällen steht für die Gaserzeugung noch zusätzlich in einem Druckbehälter gespeichertes Druckgas zur Verfügung. Die Zündung erfolgt über elektrische/mechanische Anzünder. Bei unsachgemäßer Handhabung von Komponenten dieser Systeme kann es zu schweren Unfällen kommen. Deshalb keine Schraub- oder gar Reparaturversuche an der Sicherheitsausstattung vornehmen, sondern bei notwendigen Instandsetzungen an eine Fachwerkstatt mit Fehler-Auslesegeräten, Diagnose-Einrichtungen und geschultem Personal wenden!

⚠ Mechaniker, die an Rückhaltesystemen arbeiten, müssen spezielle Schulungen nachweisen und bei den zuständigen Behörden gemeldet sein. Pyrotechnische Bauteile dürfen auch nur im eingebauten Zustand und mit vom Hersteller freigegebenen Diagnosesystemen geprüft werden, keinesfalls mit Prüflampe, Voltmeter oder Ohmmeter. Nach dem Berühren von gezündeten pyrotechnischen Bauteilen: Hände waschen! Bauteile, die auf eine harte Unterlage herabgefallen sind oder Beschädigungen zeigen, dürfen nicht mehr verbaut werden.

⚠ Lagerung, Transport und Entsorgung von Airbag-, Gurtstraffer- und Batterieabtrennungseinheiten (pyrotechnische Bauteile) unterliegen der jeweiligen nationalen Gesetzgebung.

Bild 4
Gehörschutz: bei Blecharbeiten mit Winkelschleifer u. Ä. notwendig.

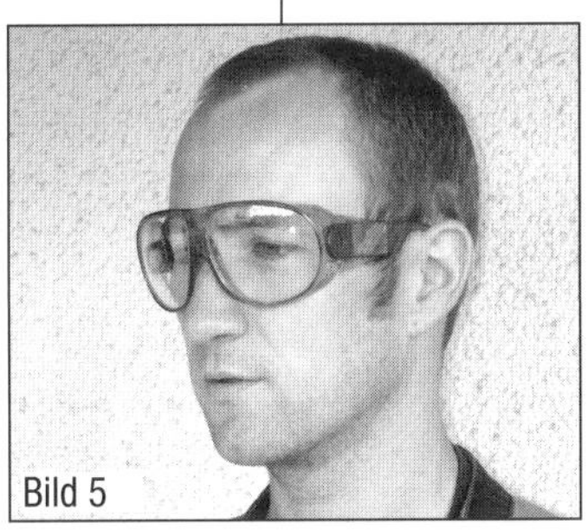

Bild 5
Schutzbrille: Besonders beim Bohren, Schleifen und Meißeln tragen.

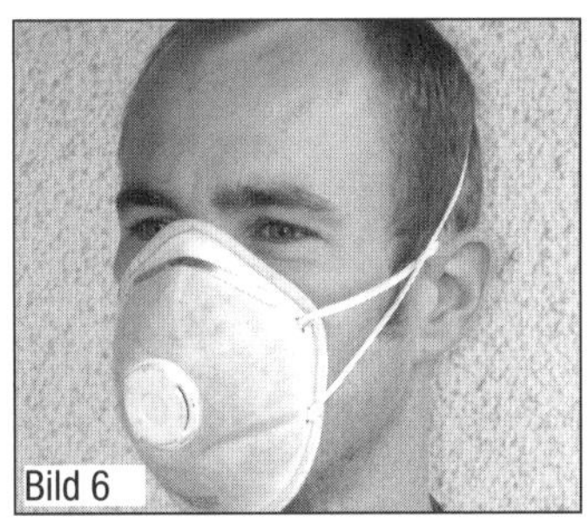

Bild 6
Atemschutzmaske mit auswechselbaren Filterelementen: bei Arbeiten mit atemgängigen Stäuben unerlässlich.

Bild 7
Bei Arbeiten in der Grube: Unbedingt für Frischluft sorgen.

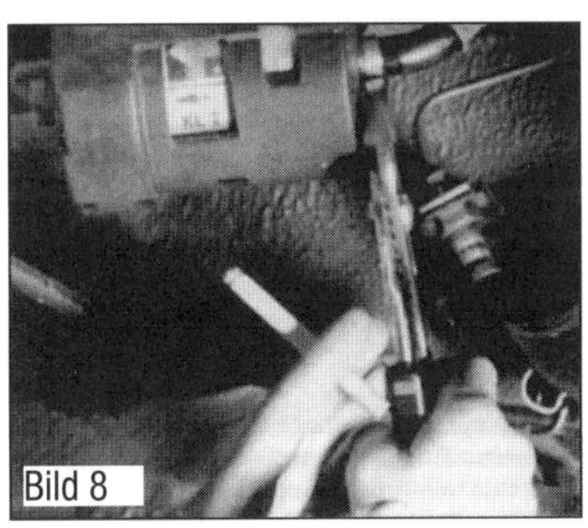

Bild 8
Nicht rauchen: Sollte eigentlich bei Reparaturarbeiten gerade an der Kraftstoffanlage die Regel sein.

Bild 9
Arbeitshandschuhe: Bei vielen Arbeiten angebracht, beim Umgang mit Bohrmaschinen jedoch sehr gefährlich.

Bild 10
Leere Sprühdosen, Altöl, Bremsflüssigkeit u. a.: Als Sondermüll entsorgen.

Bild 11
Durchgebrannte Sicherungen: Niemals mit Alufolie, Büroklammern o. Ä. flicken.

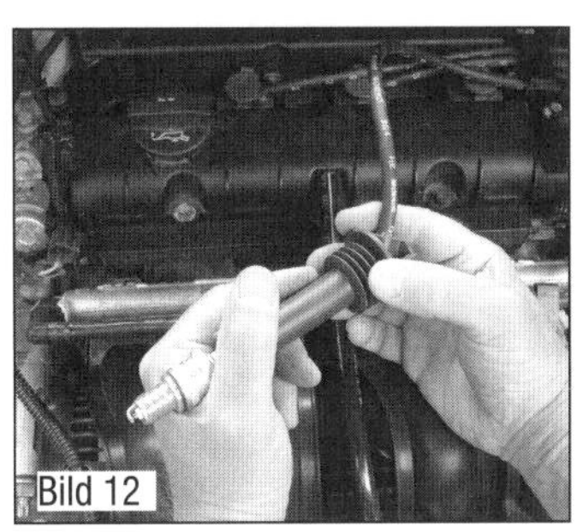

Bild 12
Hochspannung: Vorsicht bei laufendem Motor oder eingeschalteter Zündung.

Umgang mit Bauteilen der Klimaanlage
Für das Kfz-Gewerbe sind z. B. auf europäischer Ebene zahlreiche relevante Gesetze erlassen worden. National ist z. B. in der BRD zusätzlich zur Präzisierung der europäischen Gesetzgebung ab dem 1. August 2008 die Chemikalien-Klimaschutzverordnung in Kraft getreten.

- Verordnung (EG) Nr. 1005/2009
- Verordnung (EG) Nr. 842/2006
- Verordnung (EG) Nr. 706/2007
- Verordnung (EG) Nr. 307/2008
- Richtlinie 2006/40/EG
- Chemikalien-Klimaschutzverordnung, Kreislaufwirtschafts- und Abfallgesetz (für D)

Alle Personen, die an Kraftfahrzeug-Klimaanlagen Wartungs- und Reparaturarbeiten durchführen, müssen eine Schulung oder ein Trainingsprogramm besucht haben und die Sachkunde nachweisen (Sachkundenachweis).

⚠ Beim unkontrollierten Druckablassen besteht Gefahr durch Vereisung. Hieraus können schwerwiegende Verletzungen entstehen (Gefrierbrand ist nicht nur bei Grillfleisch unschön!). Bei nicht entleertem Kältemittelkreislauf tritt Kältemittel aus. Das Kältemittel ist vor dem Öffnen des Kältemittelkreislaufs abzusaugen. Wird der Kältemittelkreislauf nach dem Absaugen innerhalb 10 Minuten nicht geöffnet, kann durch Nachverdampfung Druck im Kältemittelkreislauf entstehen. Das Kältemittel muss dann nochmals abgesaugt werden. Alle geöffneten Bauteile des Kältemittelkreislaufs sind gegen Eintritt von Luftfeuchtigkeit mit geeigneten Verschlussstopfen zu verschließen. Es ist verboten, beim Betrieb, bei Instandsetzungsarbeiten und bei Außerbetriebnahme von Kältemittel enthaltenden Erzeugnissen entgegen dem Stand der Technik die in ihnen enthaltenen Stoffe in die Atmosphäre entweichen zu lassen.

Bild 13

Bild 13
Achtung Stromschlag! Restladungen und Induktionsspannungen können gesundheitsgefährdend sein.

Verletzungsgefahr durch automatischen Motorstart bei Fahrzeugen mit Start-Stopp-System
Bei Fahrzeugen mit aktiviertem Start-Stopp-System (erkennbar an einer Meldung im Schalttafeleinsatz) kann der Motor bei Bedarf automatisch starten.

☞ Deshalb sicherstellen, dass bei Arbeiten am Fahrzeug das Start-Stopp-System deaktiviert ist (Zündung ausschalten, bei Bedarf Zündung wieder einschalten).

Verletzungsgefahr bei Arbeiten an der elektrischen Anlage
Nicht nur die schon angesprochene Zündanlage birgt einige Überraschungen, die Sie in ungünstigen Situationen oder bei körperlichen Vorschäden leicht in Lebensgefahr bringen können.
Im Gegensatz zur Hauselektrik sind keine »Personenschutzschalter« vorgesehen. Ziehen Sie grundsätzlich nicht leitende Handschuhe an, wenn Sie an Bauteilen arbeiten, deren Ladungszustand Sie nicht kennen.
Für Arbeiten an Hybridfahrzeugen oder Elektrofahrzeugen ist ein besonderer Lehrgang erforderlich. Der E-Smart wird in diesem Buch nicht berücksichtigt. Auch wenn einige Arbeiten sicherlich identisch sind. Aus diesem Grund werden Sie auch keine besonderen Hinweise für die Arbeiten an dem »Hochvoltfahrzeug« der Smart-Familie finden. Hier besteht durchaus ein anderes Gefährdungspotenzial.

Richtiges Aufbocken

Im Bordwerkzeug des Smart ist der übliche Spindelwagenheber nur vorhanden, wenn ein Reserverad und nicht das Reifenreparaturset zur Serienausstattung gehört. Mit dem Dichtmittel ist ja bei einer Reifenpanne der Radausbau nicht mehr nötig. Die Reparatur geschieht über das Ventil des beschädigten Reifens. Ist der Spindelwagenheber im Bordwerkzeug (Bild 14), kann man mit diesem einfachen Gerät das Fahrzeug für viele Arbeiten hoch genug anheben. Mit einer untergelegten Bohle können Sie die Hubhöhe sogar noch etwas vergrößern.
Ratsam vor allem bei weichem Untergrund ist es, ein 2 cm dickes Brett mit 30 x 30 cm Seitenlänge unter den Heberfuß zu legen. Das verringert die Gefahr, dass der Heberfuß in den Boden einsinken kann. Der Bordwagenheber darf jedoch nur dazu dienen, das Fahrzeug anzuheben. Eine ausreichende Abstützung für Arbeiten an der Wagenunterseite stellt er nicht dar, dazu sind Unterstellböcke (Bild 15) erforderlich. Schon bei kleineren Arbeiten, z. B. dem Wechseln der Bremsbeläge, soll das angehobene Fahrzeug aus Sicherheitsgründen unbedingt mit Unterstellböcken abgestützt sein.
Zum Anheben bequemer, effektiver und auch sicherer sind Werkstattwagenheber, auch Rangierwagenheber genannt (Bild 16, mit geeigneter Gummi- oder Holzzwischenlage). Die beste Möglichkeit ist natürlich eine Hebebühne.
Um Beschädigungen am Fahrzeugboden bzw. ein Abkippen des Fahrzeugs zu vermeiden, darf das Fahrzeug nur an den vorgesehenen, mit einer Eindrückung markierten und extra verstärkten Aufnahmepunkten am Unterholm angehoben werden. Der Wagen darf keinesfalls an der Motorölwanne, am Getriebe oder an den Achsen angehoben werden, da sonst schwerwiegende Schäden eintreten können.

An- und Abschleppen

Bei manchen Pannen muss das Fahrzeug abgeschleppt werden. Anschleppen, weil der Motor nicht anspringen will, sollte man nur, wenn keine Möglichkeit besteht, den Motor mit Starthilfekabeln zu starten.

Fahrzeuge ohne Schmiermittel Getriebe dürfen nur mit angehobenen Antriebsrädern abgeschleppt werden.
Das Anschleppen von Fahrzeugen mit automatischem Getriebe zum Starten des Motors ist aus technischen Gründen nicht möglich. Die Kupplung kann nicht manuell betätigt werden. Ein Einkuppeln zum Anschleppen ist nicht vorgesehen. Beim Abschleppen von Fahrzeugen mit automatischem Getriebe muss der Wählhebel in Position »N« sein, und es darf nicht weiter als 50 km und nicht schneller als 50 km/h geschleppt werden, da sonst das Getriebe zerstört wird. ZumZum

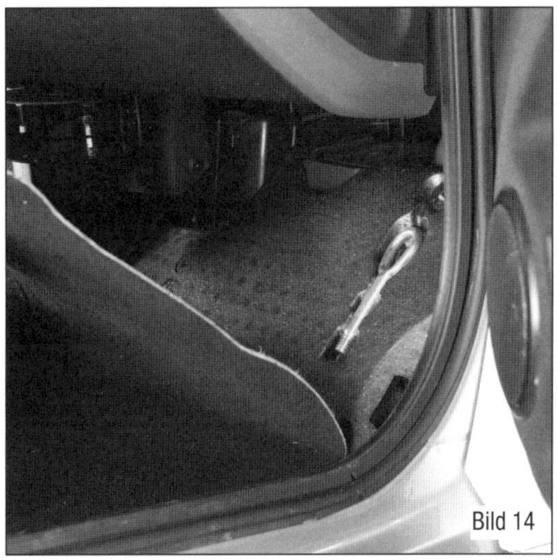
Bild 14

Bild 14
Bordwerkzeug im Fußraum: Abschleppöse und Reifenfüllset, mehr ist offensichtlich nicht erforderlich.

Bild 15

Bild 15
Unterstellböcke paarweise kaufen und verwenden, mit Splint (am Kettchen) sichern.

Bild 16

Bild 16
Rangierwagenheber sind sicherer und leichter zu bedienen als Spindelwagenheber.

An- und Abschleppen sollten Kunstfaserseile oder Seile aus ähnlich elastischem Material verwendet werden. Sicherer ist eine Abschleppstange. Beim Abschleppen dürfen keine unzulässigen Zugkräfte und keine stoßartigen Belastungen auftreten.
Seil oder Stange dürfen nur an den vorgesehenen Abschleppösen vorn oder hinten angebracht werden. Die einschraubbare Öse befindet sich im Bordwerkzeug, die Einschraubgewinde werden nach Entfernen einer kleinen Abdeckung in den Stoßfängerverkleidungen vorn und hinten zugänglich. Von Hand eindrehen, mit durchgestecktem Radschraubenschlüssel festziehen.

Bei Schleppmanövern abseits regulärer Straßen besteht die Gefahr, dass die Befestigungsteile überlastet werden. Wird ein Abschleppseil verwendet, muss der Fahrer des ziehenden Wagens beim Anfahren und Schalten besonders weich einkuppeln. Der Fahrer des gezogenen Wagens hat darauf zu achten, dass das Seil straff gehalten wird. An beiden Fahrzeugen die Warnblinkanlage einzuschalten. Die Zündung muss eingeschaltet sein, damit das Lenkrad nicht blockiert ist und Blinkleuchten, Hupe und Scheibenwischer bei Notwendigkeit eingeschaltet werden können. Da der Bremskraftverstärker nur bei laufendem Motor arbeitet, muss ggf. das Bremspedal kräftiger getreten werden. Beim Anschleppen von Fahrzeugen mit Schaltgetriebe ist Folgendes zu beachten:

- Vor dem Anschleppen 2. oder 3. Gang einlegen, Kupplung halten.
- Zündung einschalten, damit das Lenkrad nicht blockiert und Blinkleuchten, Hupe sowie Wisch-/Waschanlage benutzt werden können.
- Kupplungspedal loslassen, wenn beide Fahrzeuge in Bewegung sind.
- Sobald der Motor angesprungen ist, Kupplung treten und Gang herausnehmen, um das Auffahren auf das Zugfahrzeug zu vermeiden.

Einige Kniffe für Schrauber

Eine unlösbare Verschraubung oder eine abgerissene Schraube haben schon manchen Heimwerker von seinem Reparaturvorhaben wieder abgebracht. Unsere Hinweise sollen helfen, ungewohnte Arbeiten durchzuführen.

Verrostete Verschraubungen lösen
- Die freiliegenden Gewindegänge des Gewindebolzens von Rost und Schmutz befreien.
- Gewinde mit einer Drahtbürste säubern und anschließend mit Rostlöser besprühen.
- Bei Schnell-Rostlösern die Mutter sofort losdrehen.
- Bei anderen Rostlösern etwas warten.
- Wenn die Kanten einer Mutter bereits rund gedreht sind oder wenn Rost die Anlageflächen deformiert hat, hilft nur noch Gewalt.
- Gripzange verwenden. Damit lässt sich die Mutter fest greifen und oft losdrehen.
- Hilft das nicht weiter, wird ein scharfer Meißel angesetzt und die Mutter aufgemeißelt.
- Eine gut zugängliche Mutter kann auch entlang des Gewindes mit einer Metallsäge aufgesägt werden. Werkstätten benutzen einen Muttersprenger.

Innensechskant- und Innenvielzahnschrauben lösen
- Das Schraubenloch muss von jeglichem Schmutz gesäubert sein, ehe das Werkzeug angesetzt wird.
- Am besten eignen sich Steckeinsätze mit langem Sechskant oder Vielzahn (Torx).
- Im Gegensatz zu Winkelschlüsseln, bei denen die Kraft schräg ansetzt, vertragen die Steckeinsätze einen Hammerschlag auf der Adapterseite mit dem Vierkant. Der Schlag lockert den Sitz der Schraube und erleichtert merklich das Lösen.

Schlitz- und Kreuzschlitzschrauben lösen
Schrauben können so fest sitzen, dass sie sich nicht mehr mit dem Schraubendreher herausdrehen lassen. Bei Kreuzschlitzschrauben dreht sich der Schraubendreher auch bei starkem Druck auf den Griff aus dem Kreuzschlitz heraus. Nach einigen erfolglosen Versuchen ist der Schlitz vermurkst, die Schraube ist praktisch unlösbar.
- Stabilen Schraubendreher ansetzen und mit kräftigem Hammerschlag auf das Griffende versuchen, die Schraubverbindung zu lösen. Meistens bricht die mit dem Kopf festkorrodierte Schraube los. Sie

lässt sich dann normal herausdrehen.
■ Hilft der kräftige Hammerschlag nichts, muss ein Schlagschrauber her. Bei jedem Schlag auf dessen Griffoberseite wird der Schraubendrehereinsatz unter Druck ein wenig weitergedreht.

Blechschrauben ausbohren
Lässt sich in einem Schraubenkopf kein Werkzeug mehr ansetzen, hilft nur noch Ausbohren.
■ Erst entfernt man mit einem passenden Bohrer den Schraubenkopf. Eventuell mit einem kleineren Bohrer vorbohren.
■ Das Gewindeteil lässt sich jetzt entweder durchstoßen oder mit einer Zange von der Rückseite abnehmen.
■ Andernfalls mit einem dünnen Bohrer das Gewindeteil ausbohren. Den Bohrerdurchmesser nicht zu groß wählen, sonst hält später nur eine dickere Blechschraube.

Stehbolzen lösen und festdrehen
■ Anlagefläche für Schraubenschlüssel schaffen.
■ Auf dem freien Gewindeteil zwei Muttern fest gegeneinander drehen (kontern).
■ An den blockierten Muttern den Schraubenschlüssel ansetzen und den Bolzen lösen.

Abgerissene Schrauben ausbohren
Das Gegengewinde, in dem die abgerissene Schraube steckt, sollte möglichst wenig Schaden nehmen.
■ Körnerschlag auf Schraubenrestmitte.
■ Bis Schraubengröße M8 mit einem Kernlochbohrer arbeiten. Das ist der Durchmesser einer Schraube ohne Gewindeflanken.
Faustregel: Gewindedurchmesser multipliziert mit 0,8.
■ Schrauben größer als M8 mit einem dünneren Bohrer vorbohren.
■ Wenn sich die Metallreste nicht mit einer Reißnadel aus den Gewindegängen entfernen lassen, Gewinde nachschneiden.

Gewinde schneiden
Hat das Metall noch genug Substanz, kann ein größeres Gewinde eingeschnitten werden. Andernfalls muss eine Gewindebuchse eingesetzt werden. Das Nach- oder Neuschneiden von Gewinden geht in drei Stufen vor sich. Die entsprechenden Gewindeschneider heißen Vorschneider (mit einem Ring am Schaft gekennzeichnet), Mittelschneider (zwei Ringe am Schaft) und Fertigschneider (drei Ringe oder ohne Kennzeichnung).
■ Gewindeschneider nacheinander unter ständigem Ölen in das vorgebohrte Kernloch hinein- und wieder herausdrehen.
■ Beim Hineindrehen ab und zu absetzen und ein Stück zurückdrehen. Sonst werden die Metallspäne zu lang und klemmen.

Bild 17
Ausbohren eines abgerissenen Bolzens.

Bild 18
Gewindeschneiden mit Vorsicht und Bedacht.

2 Modell

Modellvorstellung

Die Markteinführung des Smart begann 1998 mit dem Bautyp »C450« dem fortwo-Coupé. 2001 kam dann als Cabriovariante »A450« die offene Karosserievariante hinzu. 2002 ergänzte der »Crossblade« (R450) die Fahrzeugfamilie. Roadster-Cabriolet (R452) und Roadster-Coupé (C452) komplettierten ab 2003 die Smart-Familie. Nach der ersten Smartgeneration kam 2007 die zweite Generation auf den Markt. Trotz veränderten Abmessungen und der Anpassung an gesetzliche Anforderungen der unterschiedlichen Vertriebsmärkte, blieb der Charakter des Smart erhalten. Etwa 90% der Technik wurden neu überarbeitet.
Die Fahrzeuglänge wuchs um 19,5 cm und auch das Abgasverhalten wurde verbessert. Ein neues Getriebe mit verbessertem Ansprechverhalten und neuen Motoren sind nur Beispiele in der Weiterentwicklung des Kleinwagens.
Die interne Bezeichnung »C451« weist auf das Coupé hin, die Bezeichnung »A451« stellt das Cabriolet dar. Obwohl zu Anfang die Umsetzung eines elektrisch betriebenen Smart nur schwer realisierbar und sehr kostenintensiv war, gehört nun der E-Smart auch in die Familie. Wir werden uns aber in diesem Buch nicht mit dem elektrischen Antrieb befassen.
Der Umgang mit den elektrisch betriebenen Varianten macht eine spezielle Ausbildung oder zumindest detaillierte Kenntnisse im Umgang mit der Spannungsversorgung erforderlich.
Für die Arbeiten an diesem System ist eine spezielle Ausbildung notwendig. Der erforderliche Umfang, auch hinsichtlich der Sicherheit, würde den Rahmen dieses Bandes sprengen.

Assistentensysteme
Nicht viele Systeme, aber schon ABS, ESP und eine elektrische Lenkunterstützung finden sich in der Ausrüstung des Kleinwagens wieder. Das Bordnetzsystem mit dem Steuergerät SAM bietet einige Möglichkeiten, die man nicht unbedingt erwartet.

Sicherheitssysteme
Zur Serienausstattung des Smart zählen je ein Full-Size-Airbag für Fahrer und Beifahrer sowie ein Seiten-Airbag auf der Fahrer- und Beifahrerseite. Die Airbags im Lenkrad und in der Instrumententafel werden ausgelöst, wenn ein Aufprall entsprechender Stärke von vorn erfolgt und die Kollisionskräfte innerhalb eines 60°-Winkels wirken. Die Seiten-Airbags werden durch den jeweiligen Crash-Sensor einzeln, je nach Aufprall von links oder rechts, ausgelöst. Die Sensoren zur Erfassung der Seitenaufprallbeschleunigung befinden sich links und rechts im Innenschweller im Bereich der B-Säulen. Das zentrale Steuergerät mit seinen Sensoren befindet sich mittig am Querträger unter der Instrumententafel.

Isofix Kindersitzbefestigung
Der Beifahrersitz kann als Sonderausstattung für die Verwendung von ISOFIX Kindersitzen vorbereitet werden. Es sind dann Halteösen angeschweißt, an denen Kindersitze einfach und crashsicher befestigt werden können. Dazu kann dann auch der Beifahrerairbag mit dem Fahrzeugschlüssel und einem Schlossschalter auf der Beifahrerseite deaktiviert werden. Die Abschaltung wird im Dachrahmen hinter der Innenbeleuchtung mit einer »Airbag-Off-Kontrollleuchte« quittiert.

Karosseriekonzept
Die Karosserie ist trotz der kompakten Bauweise sehr sicher. Untergliedert in unterschiedliche Ebenen übernehmen bestimmte Karosseriebaugruppen unterschiedliche Aufgaben in Sachen Unfallschutz. Basis ist die Tridionzelle, die mit hochfesten Stählen die Sicherheitszelle für die Insassen bildet. Das Crash-Management-System (CMS) absorbiert Aufprallenergie im Niedriggeschwindigkeitsbereich. Unterschiedliche Trägerquerschnitte, der aggregatfreie Vorderbau und die Einbeziehung der Räder und Achsen ermöglichen eine effektive Nutzung der kurzen Überhänge als Knautschzone und zur effektiven Krafteinleitung beim Unfall.

Bremssysteme
Auch das Bremssystem ist gegenüber der Vorgängerreihe weiterentwickelt worden. Die ESP-Version 8.1 verfügt neben dem ABS nun auch über ESP, ASR, BAS, EBV, MSR und einen Anfahrassistenten.

Elektrische Servolenkung
Das EPS (Electric-Power-Steering) übernimmt neben der Lenkkraftunterstützung auch die Anpassung der Lenkkräfte an die tatsächlichen Anforderungen und die Fahrgeschwindigkeit auch die aktive Lenkrückstellung. Es gibt keine hydraulischen Komponenten mehr.

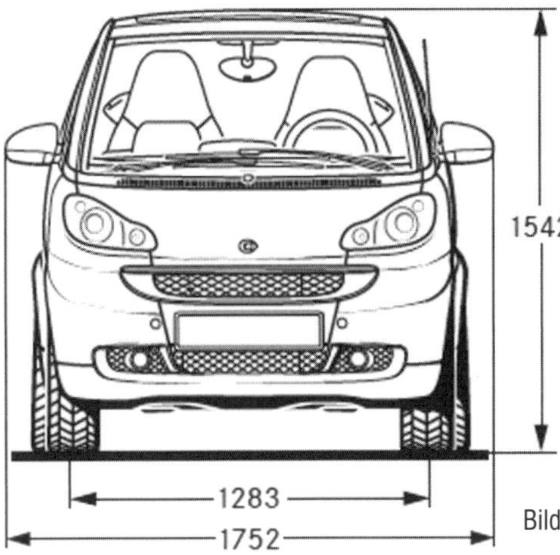

Bild 1

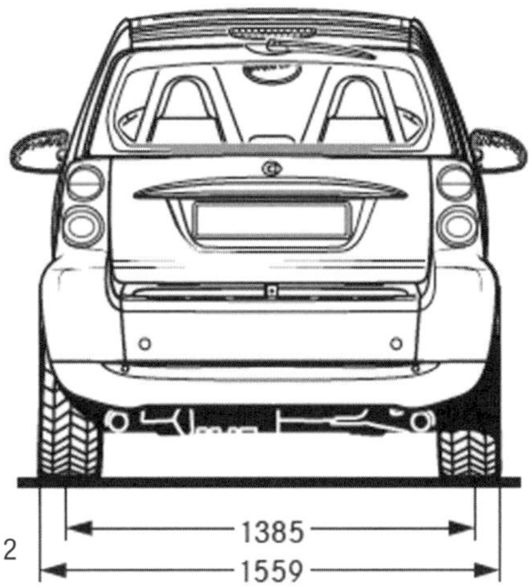

Bild 2

Bild 1
Spurweite und Radstand vorne sowie die Fahrzeughöhe.

Bild 2
Spurweite und Radstand hinten.

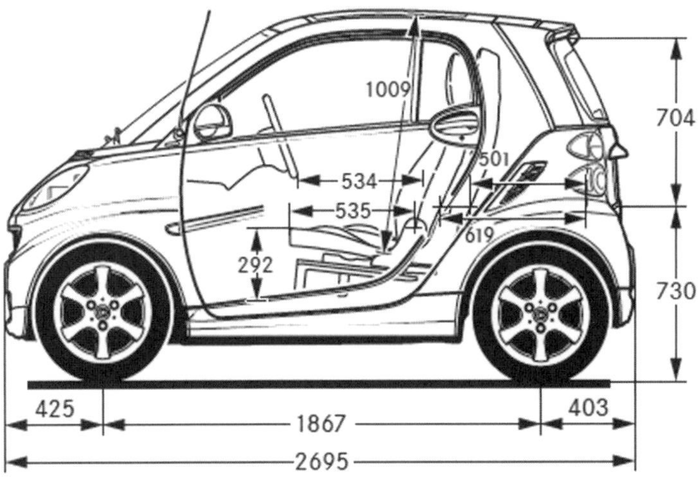

Bild 3

Bild 3
Fahrzeuglänge, Überstände vorne und hinten, Sitzplatzabmessungen, Laderaumhöhe und Kopffreiheit.

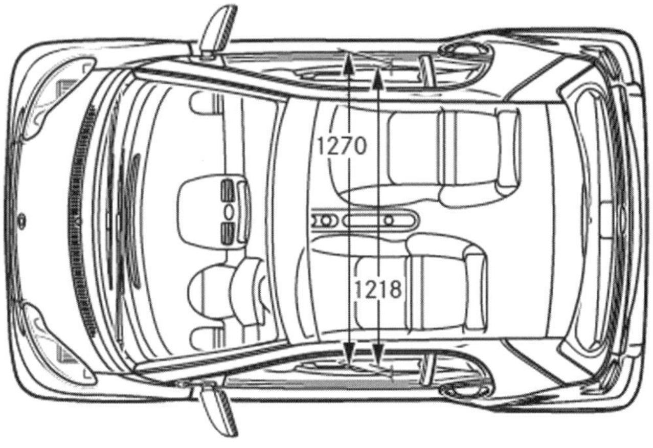

Bild 4

Bild 4
Innenraumbreite oben (Kopfbereich und unten Türoberkante)

Identifizierung

Fahrgestellnummer
Die Fahrgestellnummer ist an verschiedenen Stellen des Smart angebracht: in den Unterlagen für den Service, auf der Querwand hinten im Motorraum und auf dem Typenschild auf dem vorderen Querträger.

Aufschlüsselung der Fahrzeug-Identifizierungsnummer

Die Fahrgestellnummer enthält in Zahlen- und Buchstabencodes verschlüsselte Informationen zu Ihrem Smart. Deren Bedeutung können Sie nun kennen lernen und entziffern.

Das Typenschild
Das Fahrzeugtypenschild ist auf der Fahrerseite im Türrahmen aufgeklebt und kann dort abgelesen werden. Dort können Sie die Fahrgestellnummer sowie die Achslasten (A), variable Angaben wie z. B. Achslasten, zulässiges Gesamtgewicht, zulässiges Zuggewicht (B) und die Typ-Kennnummer (C) ablesen.

Die Motornummer
Die Motornummer finden Sie als Einschlag oder Fräszahlen auf einer ebenen Fläche von hinten etwas höher als die Antriebswelle auf dem Motorblock. Notieren Sie sich diese Nummern und Zahlenfolge in Ihrem Serviceheft zur besseren zukünftigen Zugänglichkeit.

Die Getriebekennnummer
Die Getriebekennzeichnung kann an zwei

Stelle	Bedeutung	Beispiele	Auswertung
1 2 3	Weltherstellercode	WME	WME=Smart GmbH TCC=MCC AG
4 5 6	Baureihe	451	Sie entspricht der Stelle 1-3 des Fahrzeug-Baumusters. 451=fortwo
7	Karosserieform	3	Sie entspricht der Stelle 4 des Fahrzeug-Baumusters: 3=Coupé 4=Cabrio
8 9	Motorcode	31	Er entspricht der Stelle 5-6 des Fahrzeug-Baumusters.
10	Lenkung	1	Entspricht der Stelle 7 des Fahrzeug-Baumusters 1=Linkslenker, 2=Rechtslenker
11	Herstellerwerk	K	Hallen J/K/L K=Hambach, Montage Gebäude 4 Z=PVZ (Versuch)
12	Laufende Nummer	000001	Fortlaufende Produktionsnummer

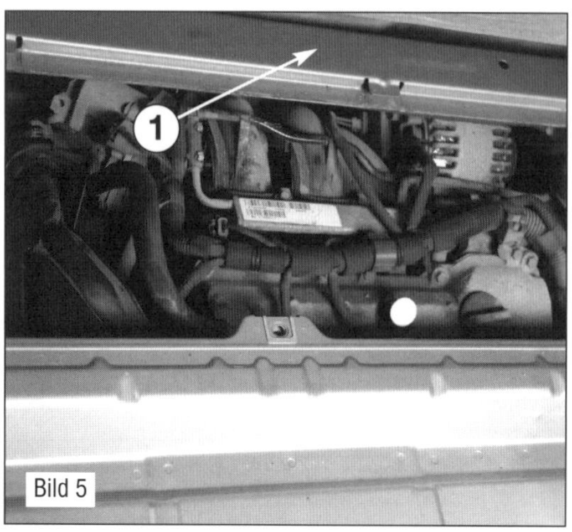

Bild 5

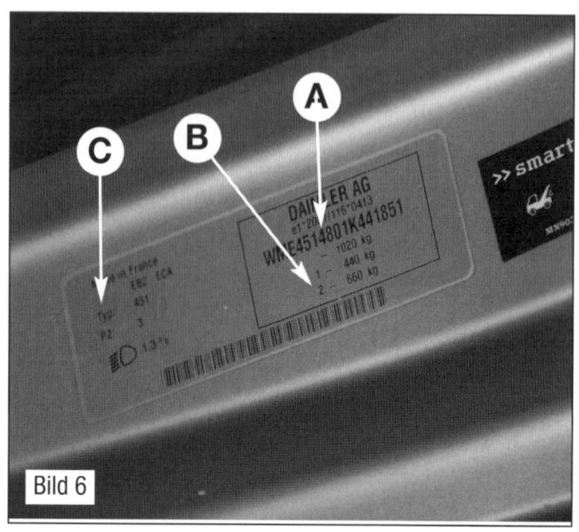

Bild 6

Bild 5
Die Fahrgestellnummer: Unter der Dämmmatte hinter der Motorraumklappe ist sie eingeschlagen. Zum Schutz vor Korrosion ist sie mit einer Folie abgeklebt.

Bild 6
Typenschild im Fahrereinstiegbereich enthält:
A Fahrgestellnummer und Achslasten
B variable Angaben wie z. B. Achslasten, zulässiges Gesamtgewicht, zulässiges Zuggewicht
C die Typ-Kennnummer

unterschiedlichen Stellen erfolgen. Zum einen finden Sie die Kennnummer eingeschlagen im Bereich des Schaltstellers. Zum anderen ist oft ein Aufkleber von unten vorne ersichtlich angebracht. Der Aufkleber ist häufig kaum noch oder zumindest schlecht lesbar. Notieren Sie sich auch diese Nummern und Zahlenfolge in Ihrem Serviceheft.

Servicevorgaben

Für den Smart werden zwei unterschiedliche Wartungsstufen ausgewiesen, die an unterschiedliche, aber aufeinander abgestimmte Wartungsarbeiten gekoppelt sind. Die Anzeige erfolgt im Display des Tachometers. Die Wartungs-Intervall-Anzeige kurz »WIA« stellt Ihnen den Wartungsstatus Ihres Fahrzeuges dar. Besondere Belastungen oder Fahrzustände werden nicht erfasst. Die Anzeige arbeitet lediglich datums- und laufleistungsbezogen.

Anzeige im WIA
Wenn Wartung oder Ölwechsel erforderlich sind, erscheint ein Schlüsselsymbol auf dem Display.

»Kein Schlüssel«
Sie müssen keine Wartungsarbeiten durchführen.

»Ein Schlüssel«
Die Jahresfrist oder der Kilometerstand machen einen Ölwechselservice (ÖlservicePlus) erforderlich. Die Arbeiten dazu werden wir auf den folgenden Seiten offenlegen.

»Zwei Schlüssel«
Die Wartung wird lesbar, wenn Sie die Jahresinspektion angehen sollen. Den Umfang der Arbeiten werden wir auf den folgenden Seiten offenlegen.

Hinzu kommen noch Zusatzarbeiten, die laufleistungsbezogen abgearbeitet werden müssen, aber zumeist über dem Displayintervall der WIA liegen. Den Umfang der Arbeiten werden wir Ihnen am Ende dieses Kapitels vorstellen.

Fehlermeldung im WIA
Nicht immer zeigt der Wartungsschlüssel nur die Wartung an. Leuchtet der große Schlüssel dauerhaft und der kleine blinkt zumeist in der

Bild 7

Bild 7
Bekannter Fehlercode: »P1700« ohne ersichtlichen Grund wird mit einem Software-Update für die Getriebesteuerung behoben.

Kombination mit einer blinkenden Ganganzeige, liegt ein Fehler im Antrieb vor. Recht häufig stellt sich beim Auslesen ein Problem der Kupplungssteuerung heraus. In vielen Fällen lässt sich das Problem durch ein Software-Update beheben. Das allerdings muss beim Smartcenter Ihres Vertrauens durchgeführt werden.

Service-Intervall-Anzeige zurücksetzen

Nach erfolgtem Service muss die Anzeige (WIA) wieder zurückgesetzt werden. Das wird in der Regel mit einem Tester durchgeführt. Sie können aber auch den Service manuell über die Bedientaste (1) am Kombiinstrument (2) zurücksetzen. Setzen Sie das Wartungsintervall nicht außerhalb der Intervalle zurück. Achten Sie darauf, dass gerade der Servicetermin eingehalten wird. Die Fälligkeit kann sonst verfälscht werden.

Rücksetzen mit der Tachotaste
Um die Rücksetzung durchzuführen, muss ein recht strenges Prozedere eingehalten

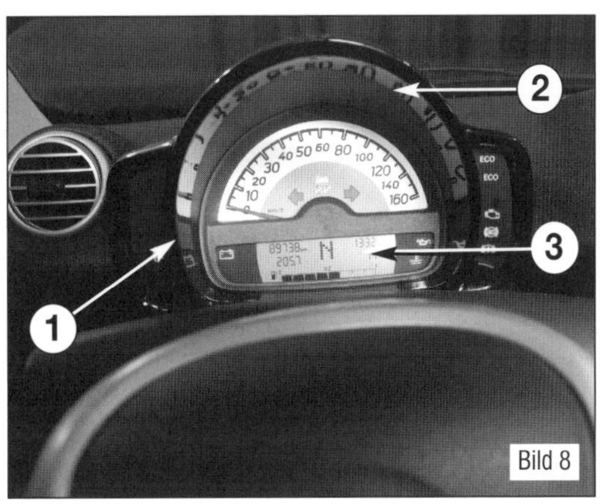

Bild 8

Bild 8
Tachometer im Smart.
1 Taste
2 Kombiinstrument
3 Display

werden. Recht schnell wird der Tageskilometerzähler versehentlich zurückgesetzt. Das ist allerdings nur mit viel Übung vermeidbar. Setzen Sie sich auf den Fahrersitz, legen Sie die linke Hand über den Taster (1) im Kombiinstrument. Mit der rechten Hand betätigen Sie den Zündschlüssel.

- Zündung einschalten.
- Bei eingeschalteter Zündung innerhalb der ersten 4 Sekunden zweimal die Taste (1) am Kombiinstrument (2) drücken.
- Innerhalb von ca. 10 Sekunden die Zündung ausschalten.
- Nun die Taste (1) am Kombiinstrument (2) drücken und gedrückt halten.
- Die Zündung wieder einschalten und die Taste (1) am Kombiinstrument (2) weiter gedrückt halten.
- Abwarten, bis die Serviceanzeige blinkt und/oder auf den »Startlaufwert« zurückspringt. Das ist beispielsweise bei unserem Fahrzeug »20.000«.

Die Serviceanzeige ist nun zurückgesetzt.

- Taste (1) loslassen und anschließend Zündung ausschalten.

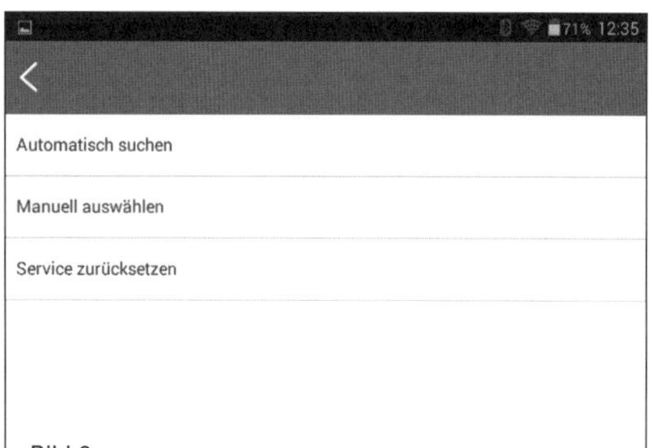

Bild 9

Bild 9
Launch Tester: Anwahl zum »Service zurücksetzen«.

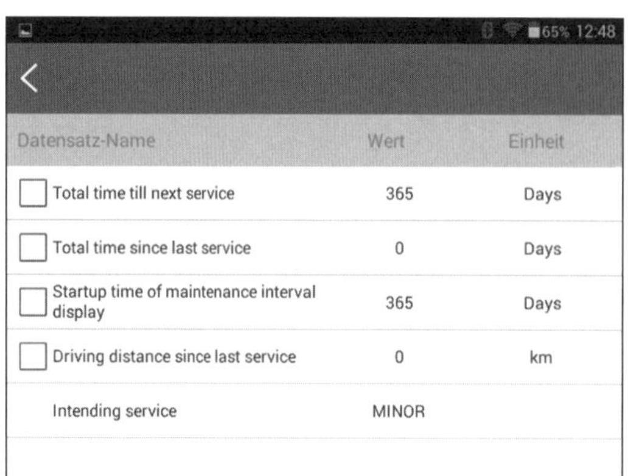

Bild 10

Bild 10
Nach erfolgreicher Rücksetzung sind dann die gesetzten neuen Werte auslesbar.

Mit dem Fahrzeugdiagnosetester geht das professionell vor sich

Zuerst einmal muss angemerkt werden, dass fast keine Tester in den kleinen Preisklassen und wenige im mittleren Preissegment die Funktion der Servicerückstellung softwareseitig berücksichtigen. Unser Tablet mit Launch-Software ließ sogar die Anwahlmöglichkeit der manuellen Rückstellung zu, in der dann die Rückstellung über die Tasten des Tachometers beschrieben wurde, allerdings in englischer Sprache. Natürlich werden Sie durchaus einen anderen Tester für die Arbeiten einsetzen als den, den wir Ihnen an dieser Stelle vorstellen werden. Die Arbeitsschritte unterscheiden sich aber nur geringfügig voneinander. Die Anforderung an die Bedienung kommt schließlich vom Fahrzeug. Entsprechend gibt es kaum Unterschiede zum Smarttester, jedenfalls nicht in der Vorgehensweise für diesen Arbeitsschritt.

- Tester im Fahrzeug anschließen, Zündung einschalten, »Geführte Funktionen« anwählen.
- Nacheinander auswählen: Marke, Typ, Modelljahr, Motorkennbuchstaben. Fahrzeugidentifikation bestätigen.
- Dann wiederum nacheinander auswählen: Schalttafeleinsatz, Service-Intervall-Anzeige zurücksetzen.
- Die Anpassung gemäß den »Geführten Funktionen« vornehmen, dann »Sprung« anwählen und »Beenden« drücken.
- Zündung ausschalten, Diagnosestecker abziehen, Zündung wieder einschalten.
- Es wird nun kein Serviceereignis mehr angezeigt.

Wenn Sie ein Handgerät verwenden, werden die Schritte trotz fehlendem Computerbildschirm fast identisch sein.

Wartung nach Plan

Regelmäßige Kontrollen
Hier beschreiben wir die Arbeiten, die Sie zwischendurch beim Tanken oder bei der Fahrzeugwäsche kontrollieren sollten.

Arbeitsschritte	Bemerkung	OK / Defekt
Scheibenwaschwasser auffüllen.		
Scheibenwischer und Waschanlage prüfen. Wasserablauf im Wasserkasten prüfen. Blätter und Blütenreste entfernen.		
Motorölstand und Kühlflüssigkeit prüfen, eventuell nachfüllen.		
Standlicht, Abblend- und Fernlicht prüfen.		
Bremsleuchten, Blinker und Warnblinker sowie das Signalhorn (auch Lichthupe) prüfen.		
Bremsen und Bremsflüssigkeit prüfen.		
Reifen (falls vorhanden, Reserverad): Zustand, Reifenlaufbild, Fülldruck und Profiltiefe prüfen.		
Wenn damit ausgestattet: Haltbarkeitsdatum des Reifenreparatur-Sets prüfen.		
Prüfen Sie, ob das Haltbarkeitsdatum des Verbandskastens überschritten ist.		

Umfang im Fahrzeuginnenraum
Hier beschreiben wir die Arbeiten, die im Fahrzeuginnenraum durchgeführt werden sollen.

Ö	W	Z	Bezeichnung	Bemerkung	OK / Defekt
X	X		Elektrische Fensterheber, Heckscheibenheizung, Sitzheizung, Zigarettenanzünder und Spiegeleinstellung auf Funktion prüfen.		
X	X		Bedienelemente von Heizung und Lüftung auf Funktion prüfen.		
X	X		Scheibenwischer, Scheibenwaschanlage auf Funktion prüfen.		
X	X		Leuchten im Kombiinstrument und Innenbeleuchtung prüfen.		
X	X		Kombiinstrument: Serviceanzeige zurücksetzen.		
X	X		Reifendichtmittel prüfen.	Verfallsdatum:	
		X	Batterie: Flüssigkeitsstand prüfen, eventuell korrigieren.		
	X		Aktivkohle-Staubfilter erneuern.		

Ö = Ölservice, W = Wartungsservice, Z = Zusatzarbeiten

Sichtprüfung Messen

Umfang an der Fahrzeugaußenseite
In diesem Abschnitt geht es um die Karosserie und die Anbauteile außen.

Ö	W	Z	Bezeichnung	Bemerkung	OK / Defekt
X	X		Außenbeleuchtung auf Funktion prüfen.		
	X		Scheinwerfereinstellung prüfen und einstellen.		
X	X		Karosserie im sichtbaren Bereich auf Lackschäden prüfen.		
X	X		Frontscheibe auf Beschädigung prüfen.		
	X		Zentralverriegelung auf Funktion prüfen.		
	X		Scharniere, Türschlosser und Klappen schmieren.		

Umfang an der Fahrzeugunterseite
Arbeiten unter dem Fahrzeug sind in diesem Abschnitt als Schwerpunkt anzusehen.

Ö	W	Z	Bezeichnung	Bemerkung	OK / Defekt
X	X		Reifen auf Beschädigung und Rissbildung prüfen.		
X	X		Alle sichtbaren Teile der Fahrzeugunterseite auf Beschädigungen und Undichtheit prüfen.		
X	X		Alle sichtbaren Teile der Abgasanlage auf Beschädigungen, Undichtheiten und schadhafte Befestigung prüfen.		
X	X		Alle sichtbaren Teile von Motor und Getriebe auf Beschädigungen, Undichtheiten und schadhafte Befestigung prüfen.		
X			Keilrippenriemen im sichtbaren Bereich auf Verschleiß prüfen (Benzinmotor).		
	X		Keilrippenriemen im sichtbaren Bereich auf Verschleiß prüfen (Dieselmotor).		
	X		Vorderachsgelenke auf Spiel prüfen, Manschetten prüfen.		
	X		Spur- und Lenkstangengelenke auf Spiel prüfen, Manschetten prüfen (alle 80.000 km).		
		X	Kraftstofffilter erneuern (Dieselmotor) alle 60.000 km.		
		X	Keilrippenriemen erneuern (Dieselmotor) alle 60.000 km.		
		X	Keilrippenriemen erneuern (Benzinmotor) alle 100.000 km.		
		X	Keilrippenriemen erneuern (Klimaanlage) alle 90.000 km.		
		X	Kühlmittel Hauptkreislauf erneuern (alle 60.000 km).		
		X	Dichtmanschetten, Radbremszylinder und Bremsnachsteller auf Beschädigung prüfen.		

Ö = Ölservice, W = Wartungsservice, Z = Zusatzarbeiten

Umfang im Motorraum
Arbeiten, die speziell im Motorraum anfallen, werden hier vorgestellt.

Ö	W	Z	Bezeichnung	Bemerkung	OK / Defekt
X	X		Motorkühlsystem: Kühlmittelstand und Frostschutzgehalt prüfen.		
X	X		Motor Öl- und Filterwechsel durchführen.		
	X		Kraftstoffleitungen auf Dichtheit und Zustand prüfen.		
		X	Luftfiltereinsatz erneuern alle 45.000 km.		
		X	Zündkerzen erneuern (Benzinmotor) alle 45.000 km.		
		X	Ventilspiel prüfen, einstellen alle 90.000 km.		

Umfang im Service- und Wartungsbereich unter der Frontklappe
In diesem Abschnitt stellen wir Ihnen die Arbeiten vor, für welche die Wartungsklappe vorne abgenommen werden muss.

Ö	W	Z	Bezeichnung	Bemerkung	OK / Defekt
X	X		Scheibenwaschanlage: Flüssigkeitsstand prüfen, richtigstellen.		
X	X		Bremsanlage: Bremsflüssigkeitsstand prüfen.		
X	X		Bremsflüssigkeit Nasssiedepunkt prüfen.		
		X	Bremsflüssigkeit erneuern (nach 2 Jahren).		

Umfang rund um das Thema Rad und Bremse
In diesem Abschnitt stellen wir Ihnen die Arbeiten vor, die für die Wartung an Rad und Bremse erforderlich sind.

Ö	W	Z	Bezeichnung	Bemerkung	OK / Defekt
X	X X		Bremsentest auf einem Prüfstand durchführen und Ergebnisse notieren.		
	X		Vorderachse: Bremsbelagstärke prüfen.		
	X X		Vorderachse: Bremsscheiben auf Zustand prüfen.		
	X		Hinterachse: Bremsbelagstärke prüfen.		
	X		Reifendruck korrigieren und den korrigierten Reifendruck unter Bemerkungen vermerken.		

Ö = Ölservice, W = Wartungsservice, Z = Zusatzarbeiten

3 Werkzeug und Ausrüstung

Ob nun reines Hobby oder beruflich: Das Schrauben birgt gewisse Risiken. Vom kleinen Kratzer bis hin zum tödlichen Unfall ist schon alles vorgekommen. Ärgerlich ist es aber auch schon, wenn durch einen unpassenden Schraubenschlüssel eine Schraube so beschädigt wird, dass sie sich nur mit einem erheblichen Aufwand lösen lässt.

Einige Arbeiten werden durch Spezialwerkzeug deutlich erleichtert. Sollten Sie bestimmte Tätigkeiten öfter durchführen, scheuen Sie sich nicht, die Preise für das Spezialwerkzeug anzufragen. Gelegentlich sind die Preise so günstig, dass es sich nicht mal lohnt die Werkzeuge nachzubauen.

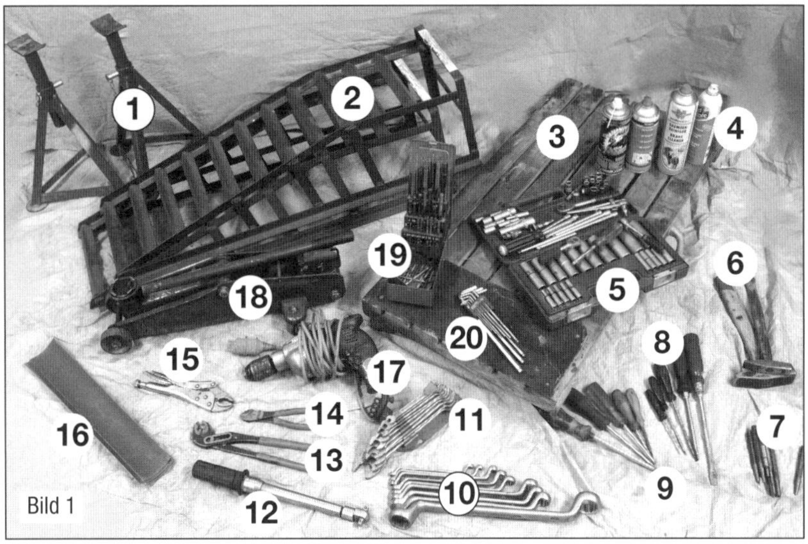

Bild 1

Bild 1
Standardwerkzeug in der Übersicht.
1 Unterstellböcke
2 Auffahrrampen
3 Rollbrett
4 Sprühfett, Rostlöser und Bremsenreiniger
5 Ratschenkasten-Werkzeugset
6 Schlosserhammer 500 g und Schlosserhammer 200 g
7 Durchschlagset und Körner
8 Schlitz-Schraubendreherset
9 Kreuz-Schraubendreherset
10 Ringschlüsselset
11 Gabelschlüsselset
12 Drehmomentschlüssel
13 Wasserpumpenzange
14 Seitenschneider
15 Grip- oder Schnappzange
16 Schleifpapier Korn 120
17 Handbohrmaschine
18 hydraulischer Wagenheber
19 Bohrerset
20 Innensechskant/Torx/Vielzahnset

Bild 2

Bild 2
Werkbank und Ablage.

Bild 3

Bild 3
Kistchen und Kästchen – das spart Zeit.

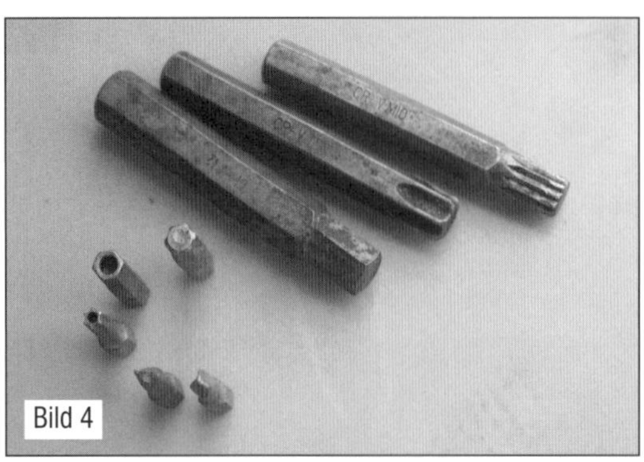

Bild 4

Bild 4
Innensechskant, Torx und Vielzahn.

Standardausrüstung für mechanische Arbeiten

Sicherlich ist es immer besser, auf die Werkzeugsätze der Top-Markenhersteller zurückzugreifen. Als Basis allerdings sind auch schon günstigere Ausführungen recht bekannter Marken erhältlich. Gerade für die Arbeiten an modernen Fahrzeugen müssen neben den üblichen Sechskantnüssen auch Vielzahn- und Torxeinsätze zur Verfügung stehen (Bilder 4). Eine günstige Alternative für unsere Zwecke bieten »Snap On«- oder »KS-Tool«-Werkzeugkoffer, die ein sehr komplettes Angebot liefern. Sind die Sätze im Angebot, kann man sein Werkzeugsortiment mit einem solchen Set leicht auch um 100 Euro erweitern.

An Werkzeug lässt sich leider kein Geld einsparen. Zum einen ist die Lebenserwartung dieses Werkzeuges stark an den Anschaffungspreis gekoppelt und zum anderen ist es extrem wichtig, dass die Maßhaltigkeit genau stimmt.

Wenn es um die Demontage von einzelnen Bauteilen geht oder auch nur zur Ablage von ausgebauten Fahrzeugteilen, ist eine Werkbank sehr hilfreich (Bild 2). Ist sie stabil genug, kann sie bei der Demontage der Motorteile gute Dienste leisten. Bei der

Demontage fallen regelmäßig einige Schrauben an. Um diese besser wieder zuordnen zu können und sie sicher und sauber zu lagern, empfiehlt es sich, für die einzelnen Baugruppen jeweils eine, am besten verschließbare, Kiste zu verwenden (Bild 3).

Spezialwerkzeuge
Ein hilfreicher Spezialist für enge Stellen ist ein so genannter Greifer oder auch ein »Magnet am Stiel« (Bild 5). Der Motorraum ist gerade bei heutigen Fahrzeugen recht zugebaut. Fällt eine Schraube oder Klammer hinunter, muss diese natürlich wieder herausgesammelt werden. Oft genug wird es für die Finger zu eng. Der Versuch, mit einem Schraubendreher das Entfallene in erreichbare Nähe zu bekommen, endet meist mit einer noch verzwickteren Lage. Der Greifer oder auch ein Magnet kann helfen, die entflohenen Teile ohne fingerbrecherische Aktionen wieder einzufangen.

Zahnriemenvorspannungsprüfer (Bild 6)
Bei allen Motorvarianten ohne automatischen Zahnriemenspanner muss dieser entsprechend den Angaben des Herstellers gespannt werden. Ist er zu lose, können genau wie bei zu fester Spannung Schäden an Riemen oder den Umlenkungen entstehen.

Standardausrüstung für Arbeiten an der elektrischen Anlage
Diagnose-Tools und Auslesegeräte
Unabdingbar ist heutzutage, die in jedem Steuergerät eingebauten Fehlerspeicher auszulesen. Es geht schon lange nicht mehr darum, die großen Fehler abzulegen, sondern eben auch kleine Funktionsstörungen, die vom Steuergerät erkannt werden, für eine Fehlerabfrage bei der Inspektion oder bei der Reparatur zu sichern. Es gibt heute schon Auslesegeräte für die OBD (On Board Diagnose) unter 100 Euro, die zumindest das Auslesen nach Codenummer ermöglichen. Wir verwenden in diesem Buch den »VDO Autodiagnose Check«, um die Auslese, einige Bauteilprüfungen und Einstellungen im Bordnetz durchzuführen. Dieses Diagnosesystem ist durch die markenübergreifende Einsatzmöglichkeit gerade für freie Werkstätten sehr gut geeignet. Regelmäßige, kostenlose

Bild 5
Greifer.

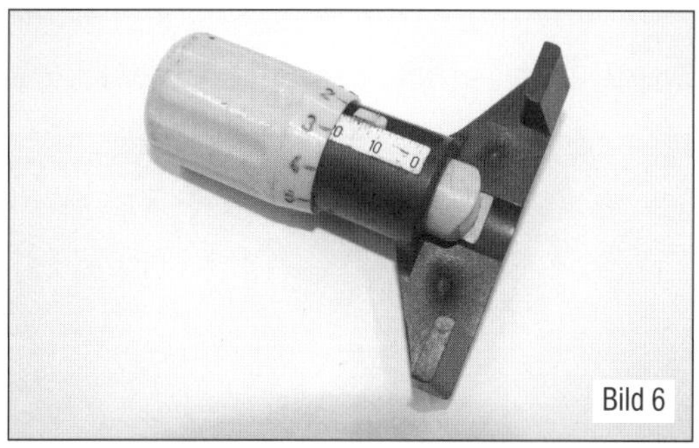
Bild 6
Zahnriemenvorspannungsprüfer.

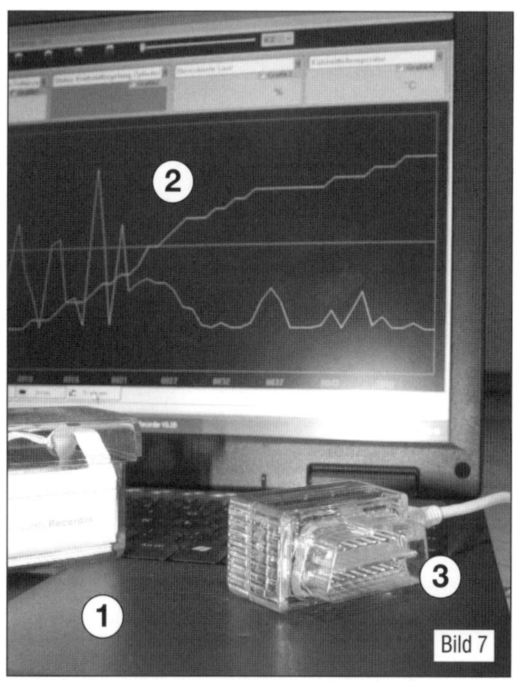

Bild 7
Aufzeichnen während der Fahrt: Alle OBD-Daten bis zu 24 Stunden erfassen.
1 Laptop
2 Kennlinien
3 Datenlogger

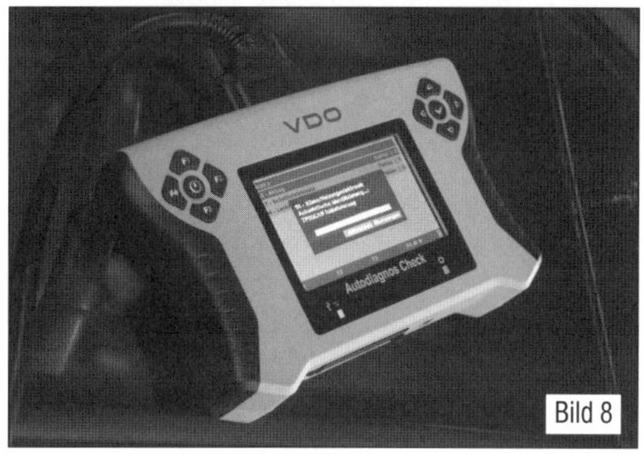

Bild 8
VDO: Volldiagnose zum günstigen Kurs.

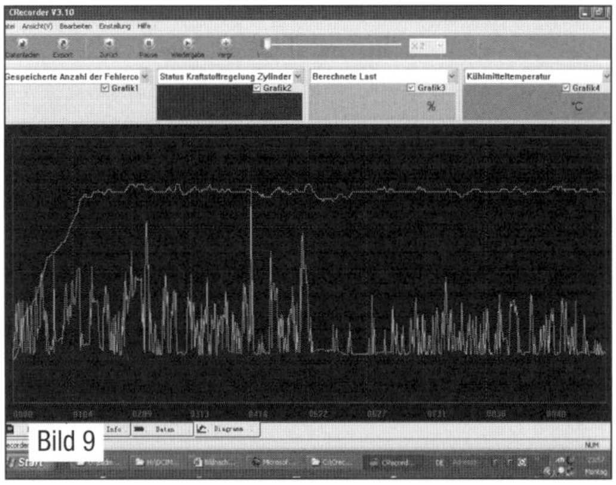

Bild 9
Datenvielfalt zur Überwachung.

Bild 10
Nadelkontaktierer im Einsatz.

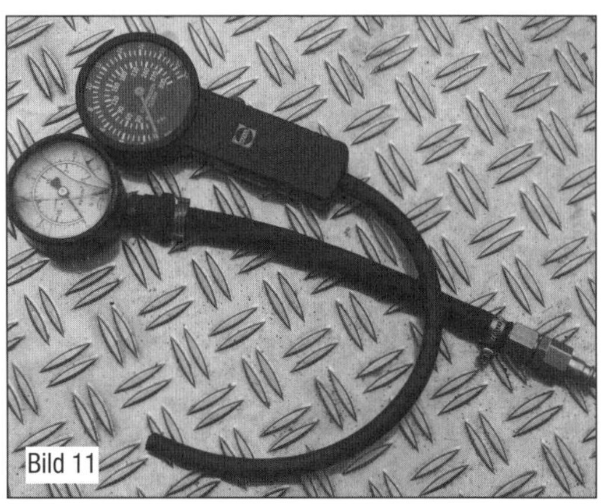

Bild 11
Kraftstoffdruckmanometer. Die Alten sind die besten: Sind die Innereien aus Blech, lassen sich damit nicht nur der Luft-, sondern auch der Öl- und der Kraftstoffdruck messen. Anschlüsse und Gewindestücke gibt's oft schon beim örtlichen Hydraulik-Händler oder im Werkzeugladen.

Bild 12
Fernschalter für die Kraftstoffpumpe. Einfach aber genial: ein Taster, 2 m Kabel und zwei Stecker.

Softwareupdates halten Sie stets auf dem neuesten Stand (Bilder 7 und 8). Die Auslesegeräte werden zunehmend vielfältiger, und es ergeben sich neue Möglichkeiten. Der »C-Recorder« ermöglicht eine Langzeitüberwachung der Bordelektronik bis zu 24 h Fahrzeit (Nr. 3 in Bild 7). Das ist eine sehr hilfreiche Variante für die Fehlersuche, gerade bei kaum zu ortenden sporadisch auftretenden Fehlern. Natürlich stellen wir Ihnen auch eine günstige Diagnosemöglichkeit vor, die hinsichtlich der Software auf den Smart zugeschnitten wurde.

Sinnvolle Anschaffungen für die Messtechnik

Messspitzen

Riesige Probleme bereitet es, eine Messung an einem angeschlossenen Kabel am Bauteil in Funktion zu realisieren. Zumal ja weder die Isolierung noch das Kabel selbst oder der Stecker beschädigt werden sollen. Die Firma Rose Netztechnik GmbH in Limburg-Offheim stellt einen Nadelkontaktierer (Bild 10) her, der genau diese Anforderungen erfüllt (www.rose-netztechnik.de). Das Anstichloch im Kabel ist so klein, dass es keine relevanten Löcher in der Isolierung hinterlässt.

Messbechersatz »kraftstofffest«

Für die Messungen an der Benzinpumpe oder auch nur mal zum Auffangen des Kraftstoffs werden Behältnisse mit Volumenangaben benötigt. Mit etwas Geduld finden sich in der Haushaltsabteilung des Supermarktes recht günstig verwendbare Messbecher oder Schüsseln.

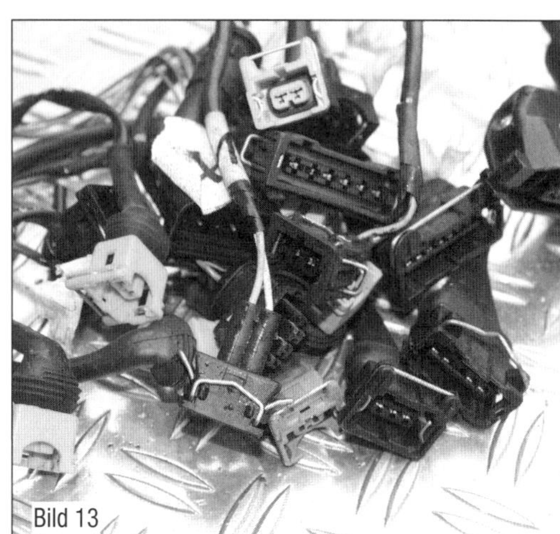

Bild 13
Adapter für den Anschlussvon Bauteilen an Batterie-+ und Masse. Die Kabel und Stecker ermöglichenden Test auch außerhalb des Fahrzeuges.

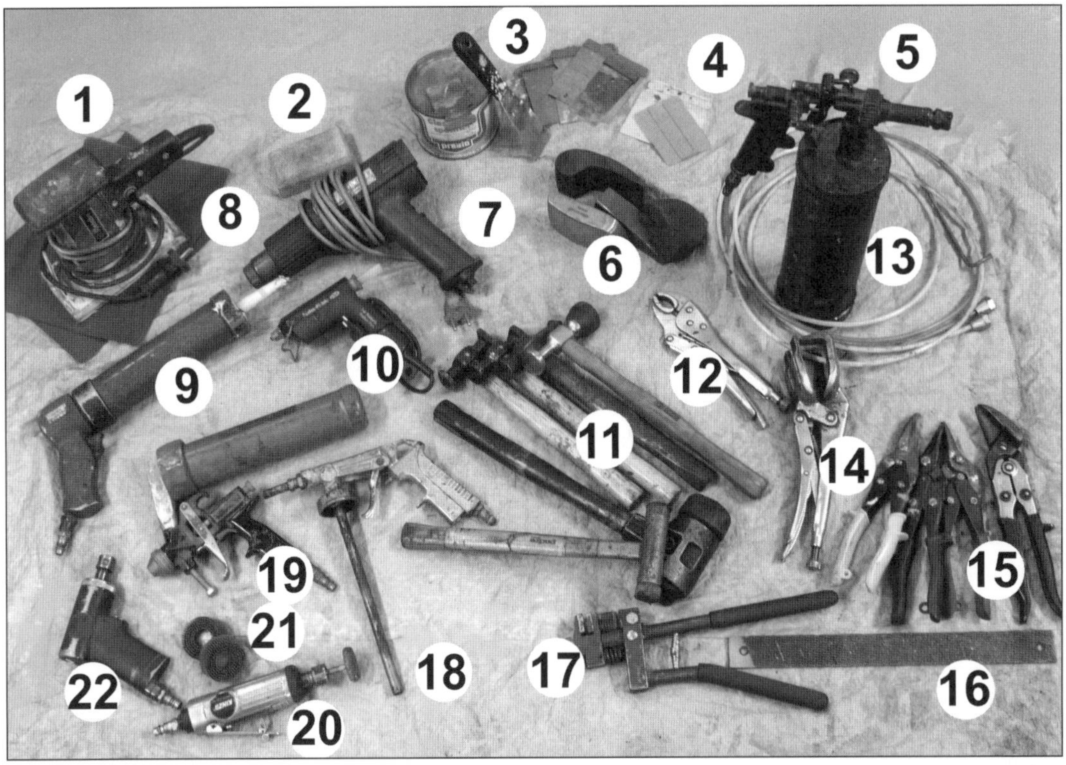

Bild 14
Standard Ausrüstung für Arbeiten an der Karosserie. Werkzeug im Überblick:
1 Schwingschleifer
2 Schleifklotz
3 Spachtelmasse
4 Japanspachtelset
5 Hohlraumpistole
6 Ausbeuleisen
7 Heißluftföhn
8 Schleifpapier
9 Kartuschen-Pistole
10 Heißklebepistole
11 Hammerset
12 Gripzange flach
13 Hohlraumversiegelungs-sonden
14 Gripzange abgesetzt und breit
15 Scherenset für gerade und kurvige Schnitte
16 Karosseriefeile
17 Absetzzange
18 Unterbodenschutzpistole
19 Nahtabdichtungsspritzpis-tole
20 Luftschleifer gerade
21 Bristol Look-Kunststoff Schleifpads
22 Luftschleifer winklig

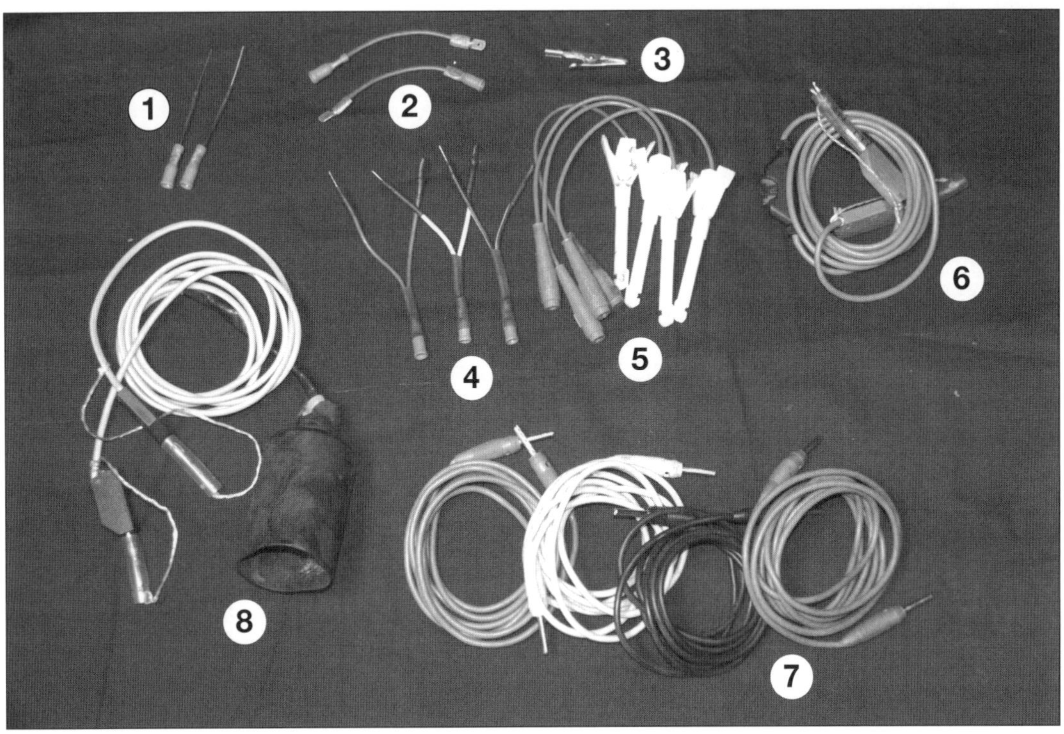

Bild 15
1 Messpitzen, um die Abdichtungen der Steuergerätestecker zu umgehen
2 Flachstecker auf Rundstecker für Laborkabel
3 Krokodilklemme mit Rundstecker
4 Y-Stecker, um Sensoren parallel messen zu können
5 Nadelkontaktierer
6 Anschlusskabel mit Sicherung
7 Laboranschlusskabel (2 m)
8 Anschlusskabel mit Schalter

Zum Selbermachen

Natürlich sind Messwerkzeuge in der Regel teuer. Es sei denn, man zeigt etwas Kreativität und Bastlerspürsinn. Die Profigeräte sind sicherlich deutlich professioneller, der Eigenbau aber ist genauso einsatzfähig und kostet oft nur wenige Euro. Messkabelsätze lassen sich aus passenden Anschlüssen vom Schrottplatz leicht und funktionell selbst herstellen (Bilder 11 bis 13). Die Standardausrüstung für Arbeiten an der Karosserie ist im Bild 14 zusammengestellt.

4 Motoren

Die Modellpalette des Smart II ist mit einer überschaubaren Anzahl von Motorvarianten ausgerüstet. Einige Motorkennbuchstaben können für die Montageschritte zusammengefasst werden. Zunächst stellen wir Ihnen die technischen Daten der Motoren in Tabellenform gegenüber.

Der M132 E10AL ist also ein 1,0 Liter-Benzinmotor mit Saugrohreinspritzung, Abgasturbolader und Ladeluftkühlung.

Die Motormerkmale – Technische Daten

M	Benzinmotor
OM	Dieselmotor
XXX	Motorbaureihe
E	Saugrohreinspritzung
KE	Kanaleinspritzung
DE	Direkteinspritzung
ML	Kompressor
L	Ladeluftkühlung
A	Turbolader
red	Reduzierte Leistung
10	1,0 Liter-Motor
8	0,8 Liter-Motor

Benzinmotoren

Bild 1
1,0 Liter-Benziner.

Kraftstoff (Qualität)	Benzin (95 ROZ)	Benzin (95 ROZ)	Benzin (95 ROZ)
Hubraum	1,0 l	1,0 l	1,0 l
Motorkennbuchstaben	M132E10	M132E10	M132E10 AL
Zylinderzahl	3	3	3
Ventile pro Zylinder	4	4	4
Leistung kW bei 1/min	45/5800	52/5800	62/5250
Drehmoment Nm bei 1/min Die Daten bei einzelnen Modellen können abweichen	89/3000	92/4500	120/3250)
Bohrung Ø mm	72,0	72,0	72,0
Hub mm	81,8	81,8	81,8
Material Zylinderkopf/ Motorblock	Aluminium-Legierung/ Grauguss	Aluminium-Legierung/ Grauguss	Aluminium-Legierung/ Grauguss
Anzahl der Nockenwellen	2	2	2
Lage der Nockenwellen	Oben	Oben	Oben
Antrieb der Nockenwellen	Steuerkette	Steuerkette	Steuerkette
Anzahl der Kurbelwellenlager	4	4	4
Gemischaufbereitung	Motronic ME SFI	Motronic ME SFI	Motronic ME SFI
Aufladung/Typ/Druck	Keine	Keine	Bypasslader
Zündanlage	Einzelspule MAP DI	Einzelspule MAP DI	Einzelspule MAP DI
Abgasreinigung	Drei-Wege-Kat/2 Sonden	Drei Wege-Kat/2 Sonden	Drei-Wege-Kat/2 Sonden
Schadstoffklasse	Euro 4 (mhd Euro 5)	Euro 4 (mhd Euro 5)	Euro 5

Dieselmotoren

Bild 2
0,8 Liter-Diesel-Direkteinspritzer

Kraftstoff (Einspritzsystem)	Diesel (CR Rail)	Diesel (CR Rail)
Hubraum	799 cm³	799 cm³
Motorkennbuchstaben	OM 660 DE 8 LA	OM 660 DE 8 LA
Zylinderzahl	3	3
Ventile pro Zylinder	2	2
Leistung kW bei 1/min	33/3800	40/3800
Drehmoment Nm bei 1/min	110/2000-2500	130/2100-2600
Bohrung Ø mm	65,5	65,5
Hub mm	79,0	79,0
Aufladesystem	Bypasslader	VTG Turbocharger
Material Zylinderkopf/ Motorblock	Aluminium-Legierung/ Grauguss	Aluminium-Legierung/ Grauguss
Anzahl der Nockenwellen	1	1
Lage der Nockenwellen	Oben	Oben
Antrieb der Nockenwellen	Steuerkette	Zahnriemen
Anzahl der Kurbelwellenlager	4	5
Gemischaufbereitung	Rail System	Pumpen-Düsen-Elemente
Glühanlage	Stabglühkerzen	Stabglühkerzen
Schadstoffklasse	Euro 4	Euro 5

Arbeiten am Motor

Maßnahmen für Sicherheit, einwandfreie Funktion und Sauberkeit

⚠ Bei Arbeiten am Motor, an der Kraftstoffversorgung (Kapitel 7) und an der Einspritzanlage sind bestimmte Maßnahmen zu treffen und Hinweise zu befolgen, die zur Sicherheit bei der Arbeit dienen, eine einwandfreie Funktion aller Systeme gewährleisten sollen und Fehlfunktion oder Schäden durch Verunreinigung vermeiden helfen.
Wir stellen sie hier als grundlegend für alle folgenden Arbeiten voran.

Sicherheit

- Bei allen Montagearbeiten am Kraftstoffsystem Schutzbrille und Schutzhandschuhe tragen. Hautkontakt mit Kraftstoff vermeiden.
- Der Kraftstoff bzw. die Kraftstoffleitungen im Kraftstoffsystem können sehr heiß werden (Verbrühungsgefahr). Außerdem steht das Kraftstoffsystem unter Druck. Vor dem Öffnen des Systems deshalb Putzlappen um die Verbindungsstelle legen und durch vorsichtiges Lösen der Verbindung Druck abbauen.
- Aus Sicherheitsgründen muss vor dem Öffnen des Kraftstoffsystems die Sicherung für die Kraftstoffpumpe aus dem Sicherungshalter entfernt werden, da die Pumpe

durch den Türkontaktschalter der Fahrertür aktiviert werden kann.

- Kraftstoffleitungen sind mit Schnellverschlüssen gesichert. Kraftstoffschläuche dürfen nur mit Federbandschellen gesichert werden. Die Verwendung von Klemm- oder Schraubschellen ist nicht zulässig.
- Beim Aus- und Einbau des Gebers für Kraftstoffvorratsanzeige oder der Kraftstoffpumpe (Kraftstofffördereinheit) aus gefüllten oder teilweise gefüllten Kraftstoffbehältern muss bereits vor Beginn der Arbeiten in die Nähe der Montageöffnung des Kraftstoffbehälters der Schlauch einer eingeschalteten Abgas-Absauganlage zum Absaugen der frei werdenden Kraftstoffgase gelegt werden.
- Bei den Diesel-Motoren ist die Einspritzanlage in einen Hochdruckbereich (max. bis 2000 bar) und in einen Niederdruckbereich (ca. 6 bar) aufgeteilt. Vor dem Öffnen des Hochdruckbereichs, z. B. beim Ausbau der Hochdruckpumpe, des Kraftstoffverteilers, der Einspritzventile, der Kraftstoffrohre oder des Kraftstoffdruckgebers, muss der Kraftstoffdruck im Hochdruckbereich definiert auf einen Restdruck von ca. 6 bar abgebaut werden. Dazu ist ein Werkstatt-Diagnosesystem nötig. Bei Einsatz des Werkstatttesters wird eine »Geführte Funktion »Kraftstoffhochdruck abbauen« nach Testeranweisungen ausgeführt. Grundsätzlich muss die Zündung ausgeschaltet werden und ein sauberer Putzlappen um die Verbindungsstelle gelegt werden. Dann wird die Verbindungsstelle vorsichtig geöffnet und der Druck abgelassen. Der ausfließende Kraftstoff muss aufgefangen werden. Abschließend sollte der Fehlerspeicher abgefragt, alle Einträge gelöscht und ein Readinesscode erzeugt werden.

Funktionssicherheit

- Bei allen Montagearbeiten, insbesondere aufgrund der engen Bauverhältnisse im Motorraum, Leitungen aller Art z. B. für Kraftstoff, Kühl- und Kältemittel, Unterdruck und elektrische Leitungen so verlegen, dass die ursprüngliche Leitungsführung wiederhergestellt wird.
- Alle Kabelbinder, die beim Ausbau gelöst oder aufgeschnitten werden, sind beim Einbau an der gleichen Stelle wieder zu befestigen.
- Um Beschädigungen an den Leitungen zu vermeiden, auf ausreichenden Freigang zu allen beweglichen oder heißen Bauteilen achten.

Sauberkeit (»5 Regeln«)

- Verbindungsstellen und deren Umgebung vor dem Lösen gründlich reinigen.
- Ausgebaute Teile auf einer sauberen Unterlage ablegen und abdecken. Keine fasernden Lappen benutzen.
- Geöffnete Bauteile sorgfältig abdecken bzw. verschließen, wenn die Reparatur nicht umgehend ausgeführt wird.
- Nur saubere Teile einbauen: Ersatzteile erst unmittelbar vor dem Einbau aus der Verpackung nehmen. Keine Teile verwenden, die unverpackt (z. B. im Regal oder in Werkzeugkästen) aufgehoben wurden.
- Bei geöffneter Kraftstoff- und Einspritzanlage möglichst nicht mit Druckluft arbeiten und das Fahrzeug nach Möglichkeit nicht bewegen.

Diagnosetester einsetzen

An diesem Kapitel lässt es sich leicht erkennen, dass viele Funktionen über die Elektronik virtuell realisiert worden sind. Die Anschaffung eines Testers für die Diagnose ist zwingend erforderlich. Nicht einmal der Anbau der Anhängerkupplung oder das Einstellen des Lichtes ist mehr möglich, wenn man eine fachgerechte Arbeit abliefern möchte. Es geht nicht mehr darum, einen Fehlerspeicher zu löschen, um dann mal »rumzuraten«, was es denn gewesen sein könnte. Es wäre das Gleiche, wenn Sie die Seiten dieses Buches ungelesen ausreißen und dann raten, was denn dringestanden haben könnte. Die Diagnose über die Fehlerspeicher vereinfacht die Arbeit am Fahrzeug um einiges. Man muss lediglich lernen mit diesem »Werkzeug« zu arbeiten. Ohne Tester bleibt nur der Weg zum Händler, um den Fehlerstatus zu erfassen oder Einstellungen zu machen.

Mercedes-Benz-Tester

Ein großer Teil der Reparaturarbeiten schließt die Diagnose von Fehlern ein. Diese wird durch die STAR DIAGNOSIS (Werkstatttestsystem bei den Mercedes-Benz-Werkstätten) im Zusammenspiel mit den Diagnosegeräten unterstützt. Sie können in der Fachwerkstatt an allen vernetzten

Arbeitsplätzen betrieben werden und bieten direkten Zugriff auf aktuelle Werkstattliteratur sowie Unterstützung vom Hersteller über Telediagnose. Bei der Diagnose werden alle Kunden- und Fahrzeugdaten an die angeschlossenen Geräte weitergeleitet und sind automatisch an jedem Arbeitsplatz abrufbar. Während einer Reparatur können technische Problemlösungen nachgeschlagen oder im Service-Netz des Herstellers tagesaktuelle Zusatzinformationen abgerufen werden. Diese Anbindung an das Netzwerk ermöglicht Software-Updates von Steuergeräten, Geheimnis- und Komponentenschutz, Softwareversionsmanagement, Übertragung von Diagnoseprotokollen, die besagte Telediagnose, die software-gestützte Durchführung von Aktionen und viele weitere Funktionen. Das System »WIS/ASRA« steht mit aktuellen Daten zur Verfügung. Möglich sind dadurch:

- Datenaustausch zwischen kaufmännischem Bereich und Werkstatt;
- Datenaustausch über Werkstattauslastung und Terminvereinbarung;
- Austausch von Kunden-, Fahrzeug- und Termindaten;
- Rückfluss von Daten über bereits ausgeführte Reparaturen von der Werkstatt auf den Fortschrittsmonitor, sodass der Serviceberater gegebenenfalls in den laufenden Prozess eingreifen kann;
- Datenrückfluss von der Werkstatt für Qualitätskontrolle und Rechnungserstellung;
- Bereitstellung von Daten über benötigte Arbeitszeiten, Arbeitspositionen und Ersatzteile;
- Einbeziehung des Teiledienstes ab Terminvorbereitung in den Service-Prozess.

Geeignete Diagnosewerkzeuge für den Schrauber

Natürlich wählen wir, wie auch beim Werkzeug, nicht die billigste Variante aus, sondern empfehlen Ihnen die Anschaffung eines Systems, das im Laufe der nächsten Jahre noch einiges an Potenzial in deutscher Sprache liefern wird. VDO ist ein Unternehmen mit Schwerpunkt in der Entwicklung von Soft- und Hardware im Kraftfahrzeugbereich. Wenn es um die Entwicklung und Fertigung von Software- und Hardwarekomponenten sowie komplette Diagnosesysteme für die Fahrzeugelektronik

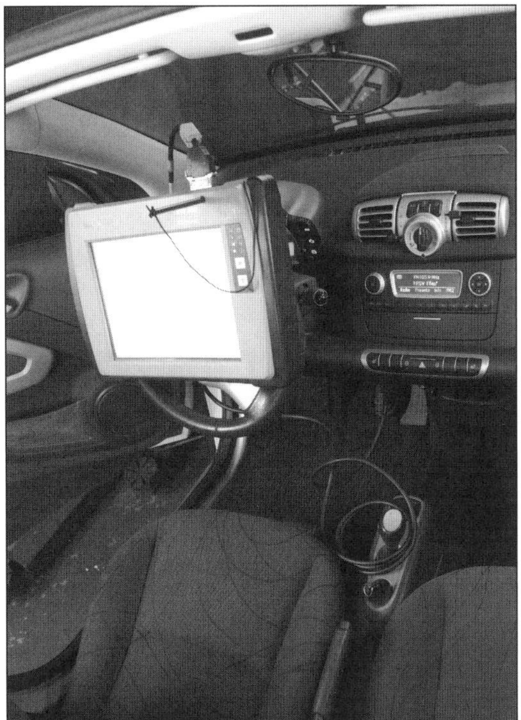

Bild 3

Bild 3
KTS 650 in Diagnoseposition auf das Lenkrad aufgesetzt.

geht, steht hier ein handlicher Multimarkentester zur Verfügung. Reizvoll ist die Idee ein vollwertiges Testsystem in ein Handgerät zu integrieren. In unterschiedlichen Stufen nehmen die Diagnosetiefe und auch der Umfang zu. Schon die Updatemöglichkeit auf der firmeneigenen Homepage stellt klar, dass es sich um ein Gerät im Profibereich handelt. Eine weitere Variante sind die älteren Semester der Testerserien von Bosch und Launch, die durchaus schon für lukrative Preise auf den Onlineauktionshäusern ersteigert werden können. Hier ist die oft integrierte Messtechnik eine sehr reizvolle Option, die nächste Ebene der Fehlersuche über die Signalbilder anzugehen. Natürlich ist es auch hier wieder erforderlich sich mit den Testgeräten, dem sinnvollen Diagnoseablauf und der Messtechnik intensiv zu beschäftigen.

Handgeräte zum Lesen und Löschen

OBD2 ist das Zauberwort, welches den Zugang zumindest zu den Motorsteuergeräten ermöglicht. Die Normung der Diagnose ermöglicht zumindest in diesem Bereich den Zugang zu allen aktuellen Fahrzeugen. Um den Fehlerspeicher auszulesen oder auch Prüffunktionen der Eigendiagnose ausführen zu können, reicht meist schon ein Di-

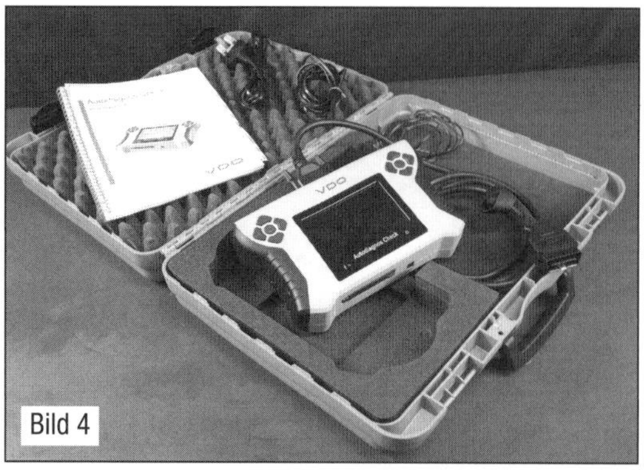

Bild 4
Diagnose-Tool: VDO Multimarkenscanner.

Bild 5
Bluetooth-Adapter für Smartphone oder Tablet.

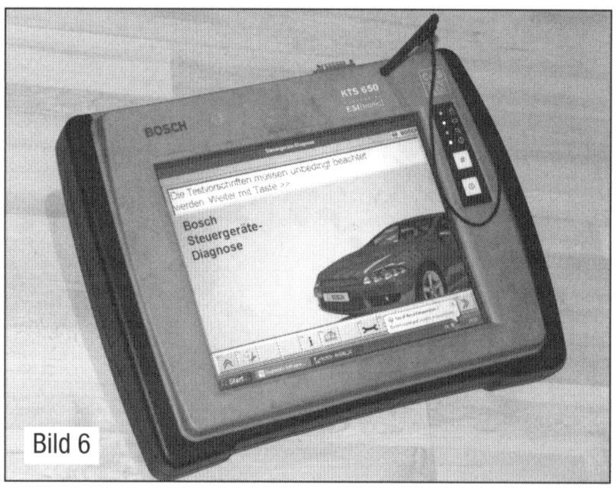

Bild 6
Bosch KTS 650/670 Werkstatttester mit eigenem Messmodul.

agnosetool, welche durchaus schon um 100 Euro in diversen Onlineversteigerungen angeboten werden. Oft noch günstiger sind die kleinen Handgeräte schon im Baumarkt um die Ecke erhältlich. Wichtig hierbei ist immer, dass die entsprechende Software und zumindest eine Beschreibung auf Deutsch mitgeliefert werden.

Fehlerspeicher abfragen

Schwierig? Kann ich nicht? Ach was! Wer es schafft E-Mails abzurufen ohne den Computer zu zerstören, kann auch diese Arbeiten leicht erlernen. Wir zeigen Ihnen an einigen Beispielen, wie Aufgaben dieser Art angegangen werden können und möchten Sie animieren, sich zusammen mit Fachforen auch mit der Thematik Tester und Diagnose genauer auseinanderzusetzen. Die Vorgehensweise unterscheidet sich zwischen den einzelnen Testgeräten kaum. Auch dann, wenn Sie ein Handgerät benutzen, werden Sie über die Menüführung eine ähnliche Beschreibung wie die folgende erhalten. Wir werden diese Beschreibung am Bosch KTS 650 vorstellen.

- Wir gehen davon aus, dass Sie den Diagnosetester ordnungsgemäß nach Handbuch installiert haben.
- Schließen Sie den Diagnosetester an die OBD-Dose im Fahrerfußraum an. Die Diagnosedose finden Sie im Fahrerfußraum von unten frei zugänglich (Bild 7). Der Anschluss ist sofort erkennbar. Stecken Sie den OBD-Stecker in die Diagnosedose und den Anschluss in die entsprechende Anschlussdose Ihres Testers.
- Starten Sie die entsprechende Diagnosesoftware auf Ihrem Laptop oder dem Tester (Bild 6).
- Schalten Sie die Zündung ein.
- Klicken Sie auf die Taste »F12« (weiter). Die Diagnosesoftware wird nun gestartet und die Bildschirmmaske wechselt zur Auswahl des Fahrzeuges.
- Klicken Sie den Fahrzeughersteller an (Bild 8). Bestätigen Sie Ihre Anwahl durch Klicken der Funktionstaste F12.
- Wählen Sie nun die Motorart an.
- Wählen Sie die Modellreihe aus.
- Wählen Sie den Fahrzeugtyp aus.
- Wählen Sie den Motorkennbuchstaben aus.
- Wählen Sie den Hubraum aus (Literangabe).
- Wählen Sie die Leistung im kW aus und kontrollieren Sie die Leistungsangabe in PS. In den Kästen »Bezeichnung« und »Variante« werden Ihnen mögliche unterschiedliche Fahrzeugvarianten dargestellt. Wenn Sie die richtige Fahrzeugauswahl in den Kästen »Bezeichnung« und »Variante« angewählt (markiert) haben, bestätigen Sie Ihre Auswahl mit der Taste »F12«. Der Tester zeigt nun im Kasten »System« die Steuergeräte an, die angewählt werden können. Sie können die einzelnen Systeme durch Setzen oder auch Wegnehmen des Kreuzchens an- oder abwählen.
- Klicken Sie nach Ihrer Auswahl auf die Taste »F12« (weiter). Nun werden die

angewählten Steuergeräte angezeigt.
Hier stellt sich dann ein Unterschied in der Diagnosetiefe der einzelnen Tester heraus. Bei einfachen Testern beschränkt man sich auf die Möglichkeiten, den Fehlerspeicher zu lesen und zu löschen. Je mehr Funktionen sich hinter dem einzelnen Steuergerät verbergen, umso aufwendiger ist das Diagnosesystem.

- Wählen Sie ein Steuergerät aus, indem Sie es anklicken. Wir haben hier das Motorsteuergerät angewählt. Es wird dann blau hinterlegt. Drücken Sie die Taste »F12«.

- Wählen Sie aus der Liste die Funktion an (wird wieder blau hinterlegt), die Sie ausführen möchten. In unserem Beispiel ist es die Fehlerspeicherauslese. Betätigen Sie Ihre Auswahl mit der Taste »F12«.
- Sie sehen nun die abgelegten Fehler im Speicher des Steuergerätes. Markieren Sie den Fehler und drücken Sie erneut die Taste »F12«.
- Sie können nun die abgelegten Rahmenbedingungen zum Fehlerzeitpunkt, die Häufigkeit des Auftretens und den Fehlerstatus auslesen. »Sporadisch« bedeutet, dass er gelegentlich auftritt. Mit »statisch« wird ein Fehler bezeichnet, wenn er aktuell noch vorliegt und auch nicht zwischenzeitlich verschwindet.
- Mit der Taste »F6« können Sie den Fehlereintrag in einem Arbeitsprotokoll speichern.
- Gehen Sie mit der Taste »F11« zurück.
- Wählen Sie den Menüpunkt »Fehlerspeicher löschen« an. Betätigen Sie Ihre Auswahl mit der Taste »F12«.
- Gehen Sie mit der Taste »F11« zurück und wählen Sie erneut den Menüpunkt »Fehlerspeicher« auslesen an. Kontrollieren Sie, ob der Fehlerspeicher nun leer ist.
- Verlassen Sie das System durch das Drücken der Taste »ESC«. Durch wiederholtes Drücken kommen Sie wieder zur Startmaske auf dem Bild 6. Zum Abmelden des Programms müssen Sie den Anweisungen in der Bildschirmzeile oben folgen.

Derselbe Vorgang kann auf dem Handgerät nachvollzogen werden. Lediglich die Anwahl ist deutlich geringer. Für einen Ausdruck muss eigentlich jedes mobile Gerät an einen Computer oder Laptop angeschlossen werden. Die Anwahl der Funktionen erfolgt

Bild 7
Der Anschluss an die OBD-Dose ist bei allen Testern gleich.

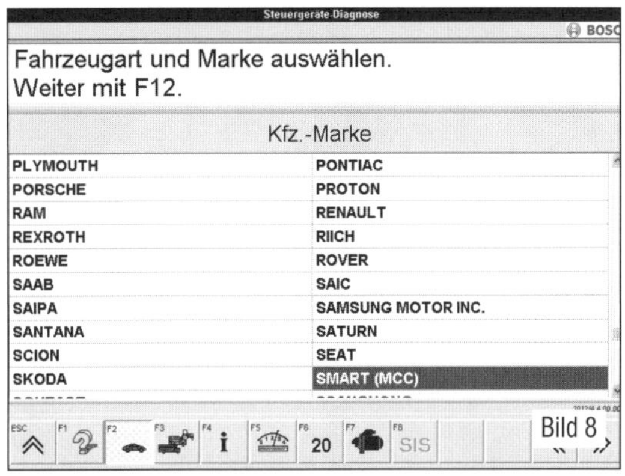

Bild 8
Anwahl der Hersteller und die Betätigung mit der Taste »F12« unten rechts.

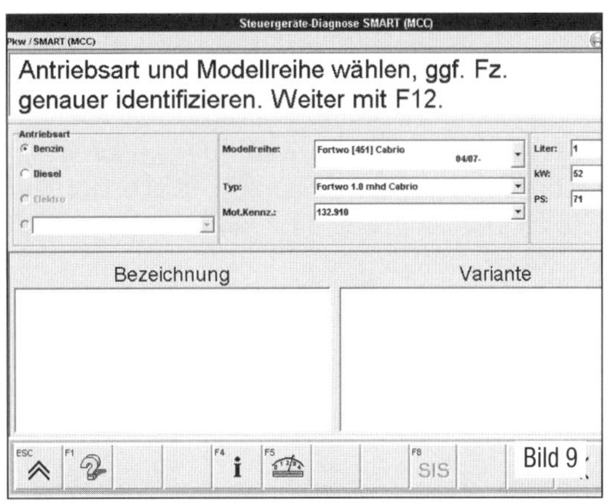

Bild 9
Anwahl der Fahrzeugdaten und die Betätigung mit der Taste »F12« unten rechts.

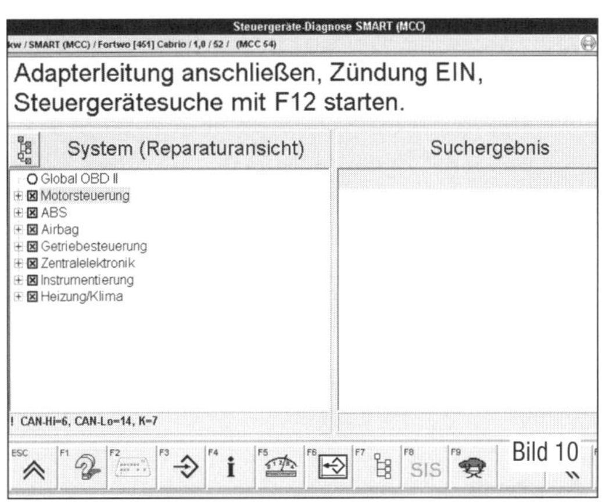

Bild 10
Anwahl der Steuergeräte und die Betätigung mit der Taste »F12« unten rechts.

Bild 11
Der Fehler aus dem Fehlerspeicher wird mit Kennnummer und Klartext angezeigt.

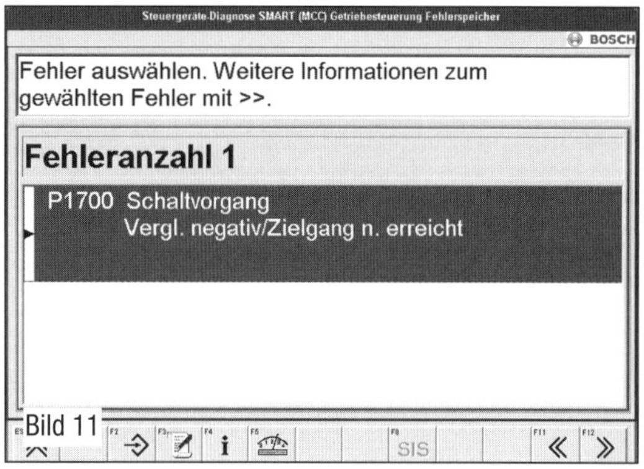

Bild 12
Nach dem Betätigen der Taste »F12« werden je nach Software Details zum Fehler geliefert. Hier können auch weitere Information zur Häufigkeit des Auftretens oder andere Rahmenbedingungen abgelegt werden.

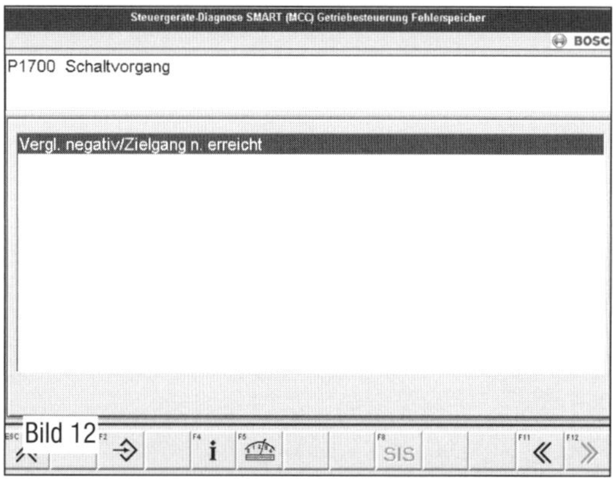

meist über die Pfeiltasten. »Enter« betätigt die getroffene Anwahl und »ESC« erlaubt den Rückzug aus der angewählten Maske. Reine OBD2-Geräte ermöglichen in der Regel nur den Zugang zur Motorelektronik. Die Belegung und die Steuergerätesprache ist nur für den OBD2-Bereich verbindlich auf die abgasrelevanten Bauteile und die Motorelektronik geregelt.

Motorabdeckungen oben aus- und einbauen

Die eigentliche Motorraumabdeckung wird vom Teppich des Kofferraums abgedeckt. Damit diese nicht dauernd zurückschlägt und durch die Arbeiten oder die verschmutzten Hände dreckig wird, sollten Sie den Teppich entsprechend an den Vorsitzen fixieren oder ausbauen. Gegenstände aus dem Kofferraum sowie die Kofferraumabdeckung sollten Sie herausnehmen und außerhalb des Fahrzeuges sicher ablegen.

Motorabdeckung demontieren

- Öffnen Sie die Kofferraumklappe. Beim Cabrio klappen Sie zusätzlich das Heckverdeck hoch.
- Schlagen Sie die Teppichverkleidung zurück und fixieren Sie sie so, dass sie nicht zurückklappen kann. Sie können den Teppich beispielsweise an der Gurtdurchführung einhaken.
- Verdrehen Sie die Verschlüsse im hinteren Bereich.
- Motorabdeckung hinten anheben, leicht vorziehen und herausnehmen.
- Legen Sie die Abdeckung außerhalb des Autos sicher ab.

Die Montage erfolgt sinngemäß in umgekehrter Reihenfolge.

- Reinigen Sie den Kofferraumboden gründlich.
- Achten Sie darauf, dass die Motorabdeckung dicht schließt und die Verschlüsse sicher einrasten.

Prüfung auf Undichtigkeiten und Beschädigungen

Die Sichtprüfung ist von oben und von unten vorzunehmen, weshalb die Geräuschdämpfung abzubauen ist.

Sichtprüfung wie folgt durchführen

- Motor und Bauteile im Motorraum auf Undichtigkeiten und Beschädigungen prüfen.
- Leitungen, Schläuche und Anschlüsse des Kraftstoffsystems, des Kühl- und Heizsystems, des Ölkreislaufs, der Klimaanlage, der Ansauganlage und der Bremsanlage auf Undichtigkeiten, Scheuerstellen, Porosität und Brüchigkeit prüfen.
- Alle festgestellten Mängel durch Reparatur beseitigen.
- Bei nicht verbrauchsbedingtem Flüssigkeitsverlust muss die Ursache ermittelt und beseitigt werden.

Keilrippenriemen prüfen

Die unterschiedlichen Einbaulagen des Keilrippenriemens Ihres Smart haben wir im Kapitel »Fahrzeugelektrik« in der Arbeitsbeschreibung für den Generator-Aus- und Einbau beschrieben. In diesem Kapitel werden wir uns mit den unterschiedlichen Spannvorrichtungen befassen und den Umgang mit ihnen darstellen.
Die Prüfkriterien für den Keilriemen und den

Keilrippenriemen unterscheiden sich im Ablauf und im Umfang nicht.

Spannung prüfen (Bild 13)
Spannung für Keil und Keilrippenriemen prüfen (ohne automatische Spannvorrichtung)

- Drücken Sie den Antriebsriemen in einem Bereich (A), wo er frei hängt, mit einem kräftigen Daumendruck nach unten.
- Er sollte sich etwa 5 mm herunterdrücken lassen.
- Korrigieren Sie die Vorspannung, wenn erforderlich.

Spannung für Keilrippenriemen prüfen (mit automatischer Spannvorrichtung)

- Drücken Sie den Keilrippenriemen in einem Bereich, wo er frei hängt, mit einem kräftigen Daumendruck nach unten.
- Die Spannrolle muss nun nachgeben. Wenn Sie den Druck wegnehmen, muss sich die Spannrolle ohne Verzögerung zurückbewegen und den Antriebsriemen wieder spannen.

Zustand prüfen
Kontrollieren Sie den Keil- und Keilrippenriemen nach folgenden Gesichtspunkten an mehreren Stellen:

- Unterbaurisse (Anrisse, Kernbrüche, Querschnittsbrüche)
- Lagentrennung (Deckschicht, Zugstränge)
- Ausbruch am Unterbau
- Ausfransen der Zugstränge
- Flankenverschleiß (Materialabtrag, Ausfransungen, Flankenverhärtung, Oberflächenrisse)
- Öl- und Fettspuren

Keilrippenriemen aus- und einbauen

Stretchriemen beim Klimakompressorantrieb (Bild 14)
Eine Besonderheit sind die verwendeten Antriebsriemen für den Klimakompressor. Der Stretchriemen benötigt keine Spannvorrichtung. Er wird mit einer Einfädelhilfe und mittels Verdrehen des Motors montiert oder demontiert. Weiterhin wird ein Startgenerator verbaut, dieser übernimmt das Anlassen des Motors. Hier wird ein breiterer Antriebsriemen verbaut.

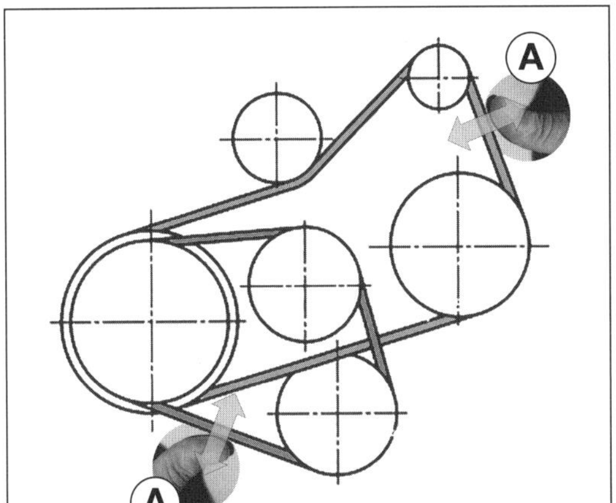

Bild 13

Bild 13
Riemenspannung prüfen: Grundsätzlich an Stellen, an denen der Riemen frei hängt (A).

Bild 14

Bild 14
Antriebsriemen Klimaanlage.
1 Keilrippenriemen
2 Keilrippenriemen
3 Zentralschraube
4 Riemenscheibe
5 Montagewerkzeug
Pfeile = Ansatz der Werkzeuge

Stretchriemen am Klimakompressor demontieren:

- Keilrippenriemen (1) des Generators oder des Startgenerators ausbauen.
- Eine Klammer des Montagewerkzeuges (5) im gekennzeichneten Bereich (Pfeil A) an der Riemenscheibe des Kältemittelverdichters ansetzen. Die Klammer des Montagewerkzeuges (5) mit dem langen Steg nach oben an der Riemenscheibe ansetzen.
- Motor an der Zentralschraube (3) ca. 30° in Motordrehrichtung drehen, bis der Keilrippenriemen (2) auf der ersten Klammer des Montagewerkzeuges (5) aufliegt.
- Zweite Klammer des Montagewerkzeuges (5) im gekennzeichneten Bereich (Pfeil A) an der Riemenscheibe des Kältemittelverdichters ansetzen. Die Klammer des Montagewerkzeuges (5) mit dem langen Steg nach oben, an der Riemenscheibe ansetzen.
- Motor an der Zentralschraube (3) ca. 30° weiterdrehen, bis der Keilrippenriemen (2) auch auf der zweiten Klammer des Montagewerkzeuges (5) aufliegt.
- Keilrippenriemen (2) mit einem geeig-

Sichtprüfung Messen

neten Montierhebel im oberen Bereich leicht nach außen drücken und Motor an der Zentralschraube (3) durchdrehen, bis der Keilrippenriemen (2) abgenommen werden kann.

■ Keilrippenriemen (2) abnehmen.

Stretchriemen am Klimakompressor montieren:

■ Keilrippenriemen (2) an der Riemenscheibe (4) positionieren, im oberen Bereich auf die Riemenscheibe des Kompressors auflegen und mit einer Klammer des Montagewerkzeuges (5) im gekennzeichneten Bereich (Pfeil B) arretieren. Keilrippenriemen (2) vor dem Einbau auf Verschleiß und Beschädigung prüfen ggf. erneuern.

■ Motor an der Zentralschraube (3) ca. 30° in Motordrehrichtung drehen und Keilrippenriemen (2) mit der zweiten Klammer des Montagewerkzeuges (5) im gekennzeichneten Bereich (Pfeil B) arretieren.

■ Motor an der Zentralschraube (3) durchdrehen, bis der Keilrippenriemen (2) komplett aufliegt Positionierung des Keilrippenriemens (2) auf der Riemenscheibe (4) prüfen ggf. durch Führen mit der Hand und

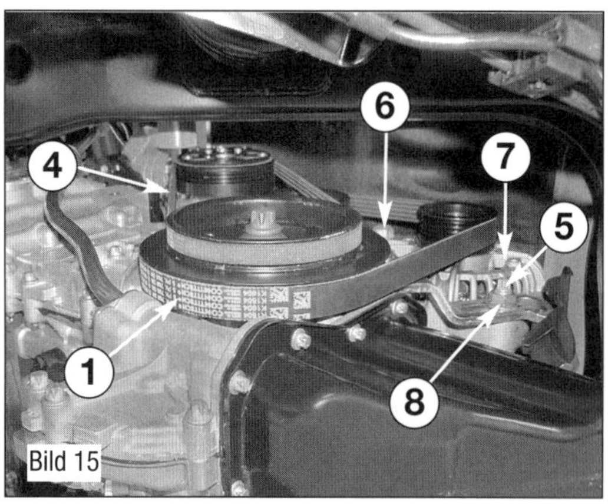

Bild 15
Antriebsriemen Generator.
1 Keilrippenriemen
4 Keilrippenriemen Kompressor
5 Mutter
6 Schraube
7 (G2) Generator
8 Kontermutter

Bild 16
Automatische Spannvorrichtung.
4 Keilrippenriemen
5 Spannvorrichtung
6 Sicherungsstift

Schraubertipp

Achten Sie vor dem Einbau des Keilrippenriemens darauf, dass alle Aggregate (Generator, Klimakompressor) festmontiert sind.
Beim Einbauen des Keilrippenriemens achten Sie bitte auf die Laufrichtung und auf einen korrekten Sitz des Riemens in den Riemenscheiben.
Nach fertiggestellter Arbeit grundsätzlich Motor starten und Riemenlauf kontrollieren.

durch Drehen des Motors an der Zentralschraube (3) ausrichten.

■ Keilrippenriemen (1) des Generators oder des Startgenerators einbauen.

Keilrippenriemen beim Generatorantrieb

Keilrippenriemen Generator (Bild 15) **(Riementrieb ohne Spannrolle)**

Ausbau Keilrippenriemen:

■ Fahrzeug mit der Hebebühne anheben. Das Fahrzeug muss zwischen den Hebebühnensäulen ausgerichtet werden und die vier Aufnahmeteller müssen an den vom Fahrzeughersteller vorgeschriebenen Hebebühnenaufnahmepunkten platziert sein.

■ Spreizclips an der Riemenabdeckung ausbauen und die Abdeckung abnehmen.

■ Keilrippenriemen-Kompressor (4) soweit verbaut ausbauen.

■ Mutter (5) und Schraube (6) am Generator (G2) lösen.

■ Generator (G2) nach unten schwenken und Keilrippenriemen (1) abnehmen.

Einbau Keilrippenriemen:

■ Soll der gebrauchte Keilrippenriemen wieder verwendet werden, muss der Keilrippenriemen (1) auf Verschleiß und Beschädigung geprüft werden.

■ Den Keilrippenriemen (1) auflegen und durch nach oben Drücken des Generators (G2) spannen, anschließend Mutter (5) und Schraube (6) festschrauben.

■ Motor an der Zentralschraube der Riemenscheibe Kurbelwelle in Motordrehrichtung durchdrehen und Riemenspannung des Keilrippenriemens (1) an mehreren Stellen prüfen ggf. Keilrippenriemen (1) nachspannen.

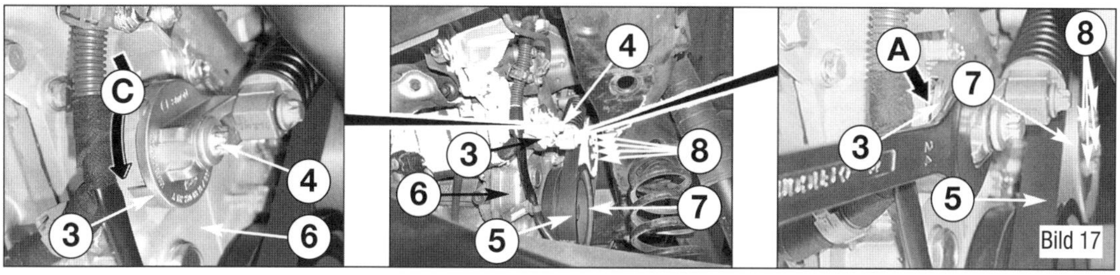

Bild 17
Antriebsriemen Start-Generator.
3 Riemenspanner
4 Schraube
5 Keilrippenriemen
6 Steuergehäusedeckel
7 Riemenscheibe Kühlmittelpumpe
8 Schrauben
A Bolzen bei älteren Varianten,
C Anlage (Anschlag)

- Keilrippenriemen des Kompressors (4) einbauen.
- Abdeckung des Riementriebs positionieren und Spreizclips einbauen.

Keilrippenriemen ausbauen (Bild 16) **(Riementrieb mit Spannrolle)**

Ausbau Keilrippenriemen:

- Fahrzeug mit der Hebebühne anheben. Das Fahrzeug muss zwischen den Hebebühnensäulen ausgerichtet werden und die vier Aufnahmeteller müssen an den vom Fahrzeughersteller vorgeschriebenen Hebebühnenaufnahmepunkten platziert sein.
- Spreizclips an der Riemenabdeckung ausbauen und die Abdeckung abnehmen.
- Spannvorrichtung (5) mit Stiftschlüssel entspannen und mit geeignetem Sicherungsstift (6) sichern. Der Sicherungsstift (6) sollte einen Durchmesser von ca. 4 mm haben.
- Keilrippenriemen (4) abnehmen.

Einbau Keilrippenriemen:

- Keilrippenriemen (4) vor dem Einbau auf Verschleiß und Beschädigung prüfen ggf. erneuern.
- Spannvorrichtung (5) mit Stiftschlüssel entspannen und Sicherungsstift (6) entfernen.
- Abdeckung positionieren und Spreizclips einbauen.

Keilrippenriemen Starter-Generator

Diese Bauform findet sich bei den »mhd«-Fahrzeugen. Der »Micro-Hybrid-Drive« beschreibt Fahrzeuge mit einer Start-Stopp-Automatik. Der Generator übernimmt zusätzlich die Funktion des Starters. Der Antriebsriemen muss entsprechend ausgelegt sein.
Auch der Zustand des Antriebsriemens sollte genauestens betrachtet werden. Die Spannvorrichtung fällt auch deutlich kräftiger aus, als die beim normalen Generator. Schäden am Startgenerator können recht teuer werden.
Der Anschaffungspreis für den Startgenerator liegt schnell mal bei über 400 Euro. Eine Lagerreparatur und das Verhindern eines Totalschadens des Generators ist also sinnvoll.

Ausbau Keilrippenriemen (Bild 17)

- Fahrzeug mit der Hebebühne anheben. Das Fahrzeug muss zwischen den Hebebühnensäulen ausgerichtet werden und die vier Aufnahmeteller müssen an den vom Fahrzeughersteller vorgeschriebenen Hebebühnenaufnahmepunkten platziert sein.
- Spreizclips an der Riemenabdeckung ausbauen und die Abdeckung abnehmen.
- Riemenspanner (3) durch Verdrehen entspannen.
- Riemenscheibe Kühlmittelpumpe (7) gegenhalten und Schrauben (8) herausschrauben.
- Riemenscheibe Kühlmittelpumpe (7) abnehmen.
- Den Keilrippenriemen (5) abnehmen.

Lagerspielprüfung des Starter-Generators (Bild 18)

- Bei Fahrzeugen mit alter Ausführung des Starter-Generators (M1/10) und alter Lager-

Bild 18
Alte Ausführung des Starter-Generators.
9 Schraube
10 (M1/10) Starter-Generator

ausführung prüfen Sie, ob sich der Starter-Generator (M1/10) im Steuergehäusedeckel (6) deutlich spürbar axial und vertikal bewegen lässt. Die alte Lagerausführung ist an der Schraube (9) erkennbar. Bei Bedarf die Lagerung des Starter-Generators (M1/10) ersetzen.

Einbau Keilrippenriemen (Bild 17)

- Den Keilrippenriemen (5) auf die Riemenscheibe des Starter-Generators (M1/10) auflegen und über die Riemenscheibe Kurbelwelle führen. Einbaulage des Keilrippenriemens (5) beachten.
- Die Riemenscheibe der Kühlmittelpumpe (7) ansetzen und mit den Schrauben (8) festschrauben.
- Den Riemenspanner (3) bis zur Anlage (Pfeil C) in Pfeilrichtung (entgegen dem Uhrzeigersinn) spannen und Schraube (4) festschrauben. Darauf achten, dass der Bolzen (Pfeil A) richtig in die Bohrung im Steuergehäusedeckel (6) eingreift. Ansonsten kann der Steuergehäusedeckel (6) beschädigt werden. Der Bolzen (Pfeil A) ist nur bei der alten Ausführung des Riemenspanners (3) verbaut. Bei der neuen Ausführung des Riemenspanners (3) entfällt der Bolzen (Pfeil A).

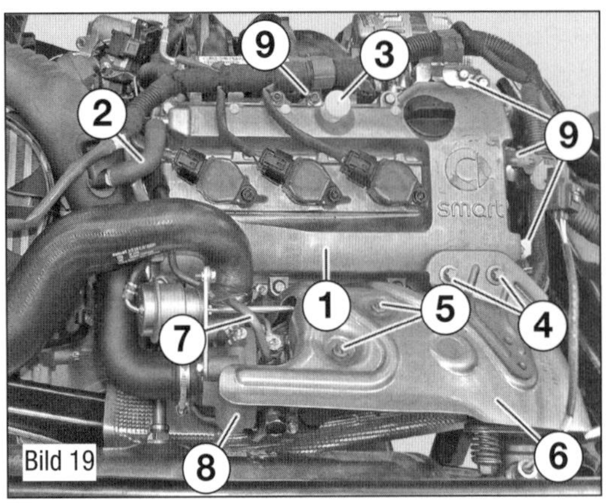

Bild 19
1 Zylinderkopfhaube
2 Entlüftungsschlauch Kurbelgehäuse
3 Ölmessstab
4 Schrauben
5 Schrauben
6 Wärmeschutzblech
7 Kühlmittelleitung Rücklauf
8 Abgasturbolader
9 Halter

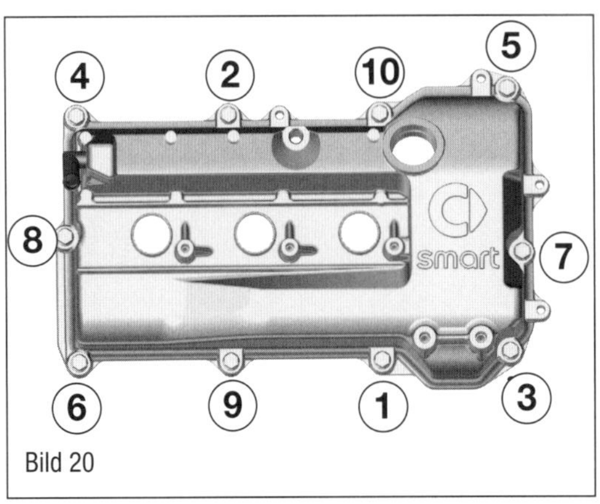

Bild 20
Schrauben (1 bis 10) der Zylinderkopfhaube in mehreren Durchgängen entsprechend der abgebildeten Reihenfolge bis zur Anlage hineinschrauben und mit dem vorgeschriebenen Drehmoment anziehen. Das Lösen der Schrauben der Zylinderkopfhaube erfolgt in umgekehrter Reihenfolge des Anziehschemas.

Wenn ein neuer Riemenspanner (3) verbaut wurde, muss dieser entgegen dem Uhrzeigersinn gespannt werden. Dabei ist darauf zu achten, dass die Ausbuchtung am Riemenspanner (3) mit der Ausbuchtung am Steuergehäusedeckel (6) fluchtet. Die Ausbuchtung am Riemenspanner (3) befindet sich im Bereich der Anlage (Pfeil C).

- Abdeckung Riementrieb am Einbauort positionieren und Spreizniet einbauen.

Ventildeckel/Zylinderkopfhaube demontieren

Ottomotoren

Die Zündspulen ausbauen.

- Den Entlüftungsschlauch des Kurbelgehäuses (2) an der Zylinderkopfhaube (1) abziehen.
- Den Ölmessstab (3) aus der Zylinderkopfhaube (1) herausziehen.
- Die Schrauben (4, 5) herausschrauben und Wärmeschutzblech (6) zur Seite legen.
- Den Motorleitungssatz am Motor abschließen.

Turbomotoren:

- Den Kühlmittelleitung Rücklauf (7) am Abgasturbolader (8) ausbauen.

Weiter für alle Fahrzeuge:

- Das Fahrzeug mit der Hebebühne absenken.
- Die Schrauben der Zylinderkopfhaube (1 im Bild 19) in umgekehrter Reihenfolge als in Bild 20 dargestellt herausschrauben.
- Die Zylinderkopfhaube (1) vom Zylinderkopf lösen und abnehmen.

Der Einbau erfolgt sinngemäß in umgekehrter Reihenfolge.

- Die Dichtung an der Zylinderkopfhaube (1) auf Beschädigungen prüfen und wenn erforderlich, die Zylinderkopfhaube (1 im Bild 19) erneuern.
- Die Dichtmittelreste im Bereich der Stoßkante des Zylinderkopfes und des Steuergehäusedeckels entfernen.
- Die Abdichtungen der Zündkerzenschächte auf Beschädigungen prüfen, soweit erforderlich erneuern.
- Silikondichtmittel im Bereich der Stoßkante des Zylinderkopfes und des Steuergehäusedeckels auftragen.

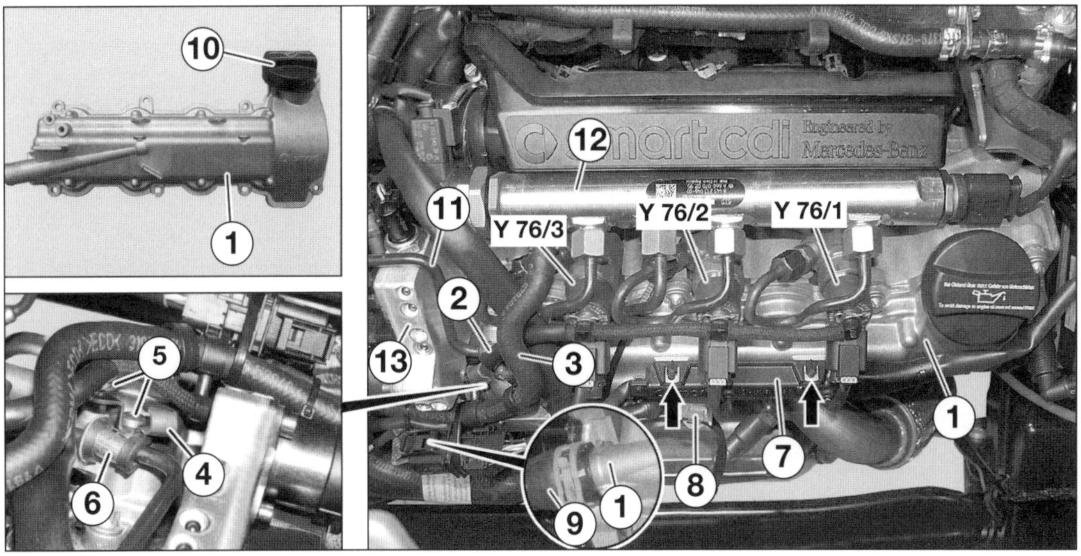

Bild 21
1 Zylinderkopfhaube
2 Leckölleitung
3 Kraftstoffrücklaufleitung
4 Halter
5 Schrauben
6 Halteschelle
7 Kabelkanal
8 Halteklammer
9 Entlüftungsschlauch Kurbelgehäuse
10 Verschlussdeckel
11 Druckleitung
12 Rail
13 Hochdruckpumpe
Y76/1 Kraftstoffinjektor Zylinder 1
Y76/2 Kraftstoffinjektor Zylinder 2
Y76/3 Kraftstoffinjektor Zylinder 3

■ Motorprobelauf durchführen und den Motor im Bereich der Zylinderkopfhaube (1) auf Dichtheit prüfen. Die vorgeschriebene Anziehreihenfolge der Schrauben der Zylinderkopfhaube (1) beachten.

Dieselmotoren

■ Das Fahrzeug mit der Hebebühne anheben.
■ Das Heckantriebsmodul ablassen.
■ Das Fahrzeug mit der Hebebühne absenken.
■ Die Leckölleitung (2 im Bild 21) und die Kraftstoffrücklaufleitung (3) am Halter (4) freilegen.
■ Die Schrauben (5) herausschrauben und den Halter (4) abnehmen.
■ Die Halteschelle (6) an der Druckleitung versetzen.
■ Die elektrischen Steckverbindungen an den Kraftstoffinjektoren (Y76/1, Y76/2, Y76/3) entriegeln und trennen.
■ Den Kabelkanal (7) aus den Aufnahmen (Pfeile) an der Zylinderkopfhaube (1) lösen und zur Seite ablegen.
■ Die Halteklammer (8) des elektrischen Leitungssatzes der O2-Sonde vor KAT an der Zylinderkopfhaube (1) lösen.
■ Den Entlüftungsschlauch des Kurbelgehäuses (9) an der Zylinderkopfhaube (1) abbauen.
■ Die Überwurfmuttern der Druckleitung (11) an der Hochdruckpumpe (13) und am Rail (12) abschrauben.

Tipp: Die Druckleitung (11) kann erst nach dem Ausbau der Zylinderkopfhaube (1) herausgenommen werden.

■ Die Schrauben an der Zylinderkopfhaube (1) herausschrauben. Die Zylinderkopfhaube (1) ist mit acht Schrauben am Zylinderkopf befestigt.
■ Die Zylinderkopfhaube (1) abnehmen und Verschlussdeckel (10) abschrauben.
■ Die Druckleitung (11) herausführen, abnehmen und die Halteschelle an der Druckleitung (11) abbauen.

Der Einbau erfolgt sinngemäß in umgekehrter Reihenfolge.

■ Die Zylinderkopfhaube (1) muss nach den Werksvorschriften nach der Demontage erneuert werden.

Nockenwellen demontieren

Ottomotoren

■ Die Grundstellung der Einlassnockenwelle (1 im Bild 22) und der Auslassnockenwelle (2) prüfen und die Stellung des Nockenwellenverstellers (3) zur Steuerkette (4) markieren.
■ Das Nockenwellenrad (5) an der Auslassnockenwelle (2) ausbauen.

Tipp: Wenn nur die Auslassnockenwelle (2) ausgebaut wird und ein Einstellen der Grundeinstellung nicht erforderlich ist, das Nockenwellenrad (5) mit einem Kabelbinder an der Steuerkette (4) fixieren.

Achtung: Die Löse- und Anziehreihenfolge für die Lagerdeckel beachten, da sonst die Nockenwellen beschädigt werden können.

Bild 22
Ottomotoren.
1 Einlassnockenwelle
2 Auslassnockenwelle
3 Nockenwellenversteller
4 Steuerkette
5 Nockenwellenrad
6 Lagerbrücke
7 Nockenwellenlagerdeckel
8 Nockenwellenlagerdeckel
9 Steuergehäusedeckel

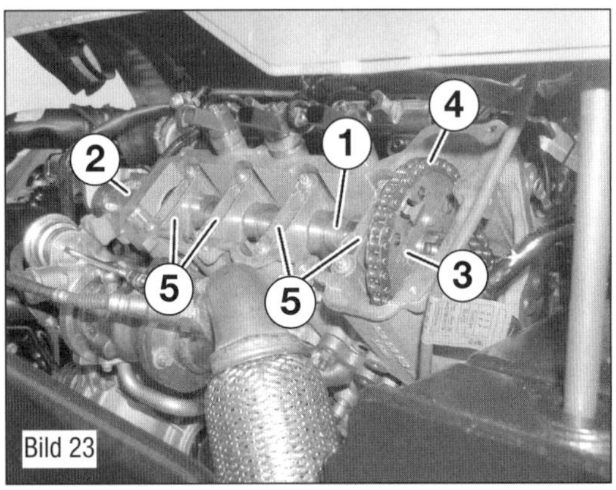

Bild 23
Dieselmotoren.
1 Nockenwelle
2 Hochdruckpumpe
3 Nockenwellenrad
4 Steuerkette
5 Nockenwellen-Lagerdeckel

Auslassnockenwelle ausbauen:

- Die Lagerbrücke (6) ausbauen.
- Den Nockenwellenlagerdeckel (7) der Auslassnockenwelle (2) ausbauen.
- Die Auslassnockenwelle (2) durch Drehen am Sechskant (Pfeil A) aus dem Lagersitz lösen und abnehmen.

Einlassnockenwelle ausbauen:

- Den Nockenwellenlagerdeckel (8) der Einlassnockenwelle (1) ausbauen.
- Die Einlassnockenwelle (1) durch Drehen am Sechskant (Pfeil B) aus dem Lagersitz lösen.
- Die Steuerkette (4) anheben und Einlassnockenwelle (1) abnehmen.
- Den Nockenwellenversteller (3) an der Einlassnockenwelle (1) abbauen.

[Sichtprüfung] Die Nocken der Nockenwellen (1 und 2) auf Verschleiß prüfen und wenn erforderlich erneuern.

Der Einbau erfolgt sinngemäß in umgekehrter Reihenfolge.

- Motorprobelauf durchführen und den Motor im Bereich der Zylinderkopfhaube (1) auf Dichtheit prüfen.

Dieselmotoren

- Die Hochdruckpumpe (2 in Bild 23) ausbauen.
- Das Nockenwellenrad (3) an der Nockenwelle (1) lösen und im Steuerkettenschacht ablegen.
- Die Steuerkette (4) mit Kabelbinder am Nockenwellenrad (3) fixieren.
- Die Nockenwellen-Lagerdeckel (5) ausbauen.

[⚠] Die Löse- und Anziehreihenfolge der Nockenwellen-Lagerdeckel (5) beachten, sonst kann die Nockenwelle (1) beschädigt werden.

- Die Nockenwelle (1) aus dem Zylinderkopf herausnehmen.

[Sichtprüfung] Die Rollenschlepphebel aus dem Zylinderkopf herausnehmen, auf Beschädigungen prüfen und wenn erforderlich erneuern.

- Die Nocken und Lagerstellen der Nockenwelle (1) mit Motoröl benetzen. Die Nockenwelle (1) so in den Zylinderkopf einsetzen, dass die Aussparung an der Nockenwelle (1) mit dem Zapfen am Nockenwellenrad (3) übereinstimmt.

Der weitere Einbau erfolgt sinngemäß in umgekehrter Reihenfolge.

- Abschließend einen Motorprobelauf durchführen und den Motor im Bereich der Zylinderkopfhaube (1) auf Dichtheit prüfen.

Nockenwellen-Lagerdeckel aus-und einbauen

Ottomotoren

Lagerdeckel der Auslassnockenwelle:

- Schrauben (1 bis 3) der Lagerbrücke (4) in mehreren Durchgängen entsprechend der abgebildeten Reihenfolge so weit lösen, bis der Gegendruck abgebaut ist.
- Schrauben (1 bis 3) herausschrauben und Lagerbrücke (4) abnehmen.
- Schrauben (5 bis 10) der Lagerdeckel (11) in mehreren Durchgängen entsprechend der abgebildeten Reihenfolge so weit lösen, bis der Gegendruck abgebaut ist.
- Schrauben (5 bis 10) herausschrauben und Lagerdeckel (11) abnehmen.

Der Einbau erfolgt sinngemäß in umgekehrter Reihenfolge.

⚠ Die Lauffläche der Lagerbrücke (4) reinigen und mit Motoröl benetzen.

- Die Schrauben (1 bis 3) in umgekehrter Reihenfolge in mehreren Durchgängen bis zur Anlage hineinschrauben und mit dem vorgeschriebenen Drehmoment anziehen.
- Die Schrauben (5 bis 10) in umgekehrter Reihenfolge in mehreren Durchgängen bis zur Anlage hineinschrauben und mit dem vorgeschriebenen Drehmoment anziehen.

Lagerdeckel der Einlassnockenwelle:

- Die Schrauben (1 bis 3 im Bild 25) der Lagerbrücke (4) in mehreren Durchgängen entsprechend der abgebildeten Reihenfolge so weit lösen, bis der Gegendruck abgebaut ist.
- Die Schrauben (1 bis 3) herausschrauben und Lagerbrücke (4) abnehmen.
- Die Schrauben (12 bis 17) der Lagerdeckel (18) in mehreren Durchgängen entsprechend der abgebildeten Reihenfolge so weit lösen, bis der Gegendruck abgebaut ist.
- Die Schrauben (12 bis 17) herausschrauben und Lagerdeckel (18) abnehmen.

Der Einbau erfolgt sinngemäß in umgekehrter Reihenfolge.

⚠ Die Lauffläche der Lagerbrücke (18) reinigen und mit Motoröl benetzen.

- Die Schrauben (1 bis 3) in umgekehrter Reihenfolge in mehreren Durchgängen bis zur Anlage hineinschrauben und mit dem vorgeschriebenen Drehmoment anziehen.
- Die Schrauben (12 bis 17) in umgekehrter Reihenfolge in mehreren Durchgängen bis zur Anlage hineinschrauben und mit dem vorgeschriebenen Drehmoment anziehen.

Die Einbaulage der Lagerdeckel beachten. Die Pfeile auf den Lagerdeckeln (18) müssen zur Steuerseite gerichtet sein. Die Lagerdeckel (18) sind, angefangen von der Steuerseite, aufsteigend nummeriert.

Dieselmotoren

- Die Schrauben (1 bis 8 im Bild 26) der Nockenwellen-Lagerdeckel (9) in mehreren Durchgängen entsprechend der abgebildeten Reihenfolge so weit lösen, bis der Gegendruck abgebaut ist.

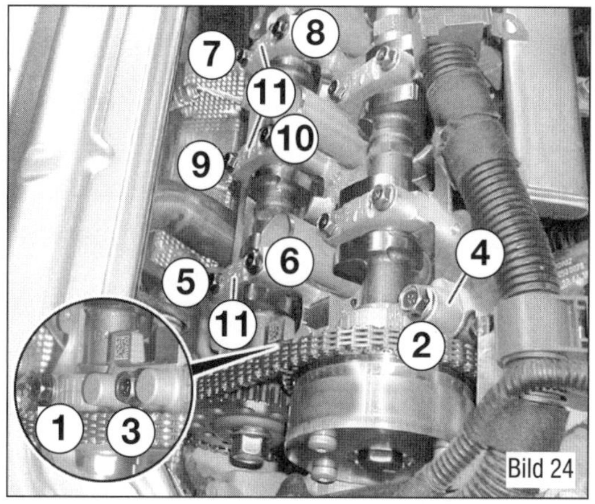

Bild 24

Bild 24
Ottomotoren.
1 Schraube
2 Schraube
3 Schraube
4 Lagerbrücke
5 Schraube
6 Schraube
7 Schraube
8 Schraube
9 Schraube
10 Schraube
11 Lagerdeckel

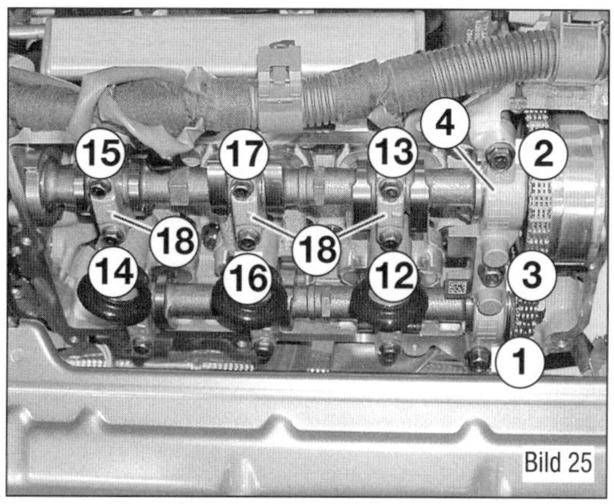

Bild 25

Bild 25
Ottomotoren.
1 Schraube
2 Schraube
3 Schraube
4 Lagerbrücke
12 Schraube
13 Schraube
14 Schraube
15 Schraube
16 Schraube
17 Schraube
18 Lagerdeckel

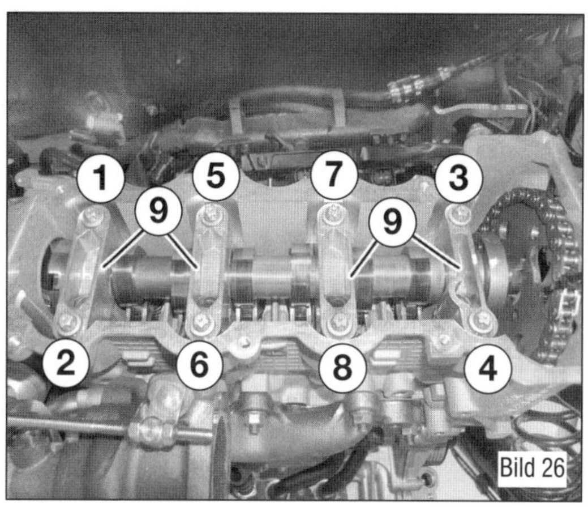

Bild 26

Bild 26
Dieselmotoren.
1 Schraube
2 Schraube
3 Schraube
4 Schraube
5 Schraube
6 Schraube
7 Schraube
8 Schraube
9 Lagerdeckel

- Den Einbauort der Nockenwellen-Lagerdeckel (9) markieren.
- Die Schrauben (1 bis 8) herausschrauben und Nockenwellen-Lagerdeckel (9) abnehmen.

Der Einbau erfolgt sinngemäß in umgekehrter Reihenfolge.

⚠ Die Lauffläche der Lagerbrücke (9) reinigen und mit Motoröl benetzen.

Sichtprüfung Messen

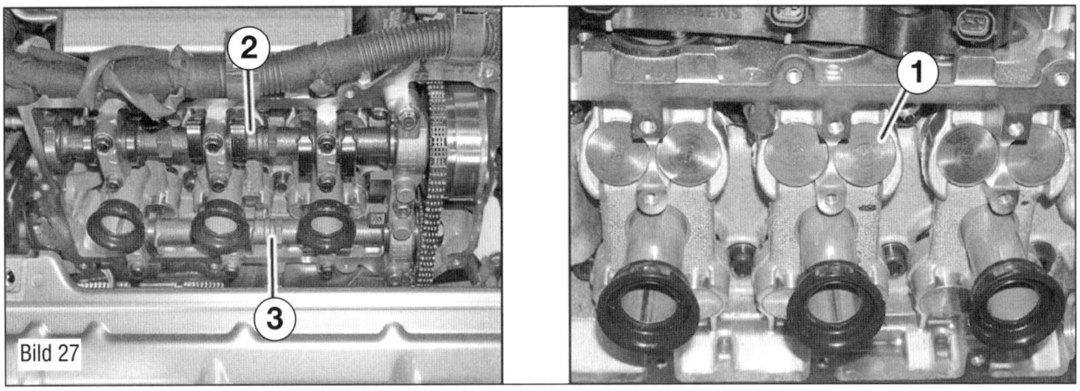

Bild 27
Ottomotoren.
1 Ventilstößel
2 Einlassnockenwelle
3 Auslassnockenwelle

■ die Schrauben (1 bis 8) in umgekehrter Reihenfolge in mehreren Durchgängen bis zur Anlage hineinschrauben und mit dem vorgeschriebenen Drehmoment anziehen.
■ Den Einbauort der Nockenwellen-Lagerdeckel (9) beachten.

Ventilspielelemente aus- und einbauen

Tassenstößel bei Ottomotoren
Beim Ottomotor sind maßhaltige Tassenstößel verbaut. Durch den Tausch einer Tasse mit einem anderen Maß wird das Ventilspiel verstellt. Die Einbauposition muss für einen Wiedereinbau markiert werden.
■ Die Einlassnockenwelle (2) beziehungsweise die Auslassnockenwelle (3) über dem betreffenden Ventilstößel (1) ausbauen.
■ Den Ventilstößel (1) aus der Grundbohrung im Zylinderkopf herausnehmen.

⚠ Keinen Magneten verwenden! Durch Magnetisierung des Ventilstößels (1) kann es zur Ansammlung kleinster Metallspäne kommen, die zu Schäden am Ventilstößel (1) und der Nockenwelle führen können.

Der Einbau erfolgt sinngemäß in umgekehrter Reihenfolge.
Grundbohrungen im Zylinderkopf prüfen. Bei Schäden an der Grundbohrung im Zylinderkopf muss der Zylinderkopf erneuert werden.

Bei Wiederverwendung des Ventilstößels (1) muss dieser an gleicher Stelle wieder eingebaut werden. Die Ventilstößel (1) sind zum Ausgleich des Ventilspieles in verschiedenen Dicken ausgeführt. Das Maß für die Dicke des Ventilstößels (1) befindet sich an dessen Unterseite.

Rollenschlepphebel bei den Dieselmotoren
Beim Dieselmotor sind hydraulische Ausgleichselemente, so genannte Hydrostößel, verbaut. Sie stützen die Rollenschlepphebel jeweils gegenüber eines jeden Ventils ab.
■ Die Nockenwelle wie schon beschrieben ausbauen.
■ Die Einbaulage der Rollenschlepphebel markieren.
■ Die Rollenschlepphebel (1 im Bild 28) aus dem Zylinderkopf (2) herausnehmen.

Der Einbau erfolgt sinngemäß in umgekehrter Reihenfolge.
■ Die Einbaulage der Rollenschlepphebel beachten.
ə Die Rollenschlepphebel (1) auf Verschleiß prüfen und soweit erforderlich erneuern.

Ventilspiel einstellen

Das Einstellen des Ventilspiels ist nur bei den Ottomotoren möglich und erforderlich. Die Dieselmotoren sind mit automatischen Ventilspielausgleichselementen (Hydrostößeln) ausgerüstet. Das Ventilspiel muss am kalten Motor (etwa Raumtemperatur) gemessen und korrigiert werden.
■ Die Zylinderkopfhaube wie schon beschrieben ausbauen.
■ Das rechte Hinterrad abschrauben.
■ Den Motor in OT-Stellung drehen.
■ Fahrzeug mit Hebebühne absenken.
■ Prüfen, ob die Ventile des 1. Zylinders entlastet sind; ist das nicht der Fall, den Motor in Motordrehrichtung an der Zentralschraube der Riemenscheibe an der Kurbelwelle eine Umdrehung weiterdrehen.

■ Das Ventilspiel der Einlassventile des 1. und 2. Zylinders (0,18 bis 0,26 mm) sowie der Auslassventile des 1. und 3. Zylinders (0,26 bis 0,34 mm) prüfen.

Die Fühlerlehre muss sich saugend zwischen den Nocken der Einlassnockenwelle (1) bzw. der Auslassnockenwelle (2) und den Ventilstößel einführen lassen, ggf. Abweichung ermitteln und notieren.

■ Den Motor an der Zentralschraube der Riemenscheibe Kurbelwelle in Motordrehrichtung um 180° weiterdrehen.
■ Das Ventilspiel des Auslassventiles des 2. Zylinders (0,26 bis 0,34 mm) sowie des Einlassventiles des 3. Zylinders (0,18 bis 0,26 mm) prüfen.
■ Den Ventilstößel des entsprechenden Einlass- oder Auslassventiles ausbauen.
■ Einen Ventilstößel mit entsprechender Dicke auswählen und einbauen.

Die Summe aus der Dicke des ausgebauten Ventilstößels und der Toleranzabweichung des Ventilspieles ergibt die Dicke des einzubauenden Ventilstößels.
Das Maß für die Dicke des Ventilstößels befindet sich an dessen Unterseite.

Bild 28
Dieselmotoren.
1 Rollenschlepphebel
2 Zylinderkopf

Bild 29
Ottomotoren.
1 Einlassnockenwelle
2 Auslassnockenwelle

■ Das Ventilspiel erneut prüfen und wenn erforderlich einstellen.
■ Das rechte Hinterrad wieder anbauen.
■ Die Zylinderkopfhaube wie schon beschrieben wieder einbauen.

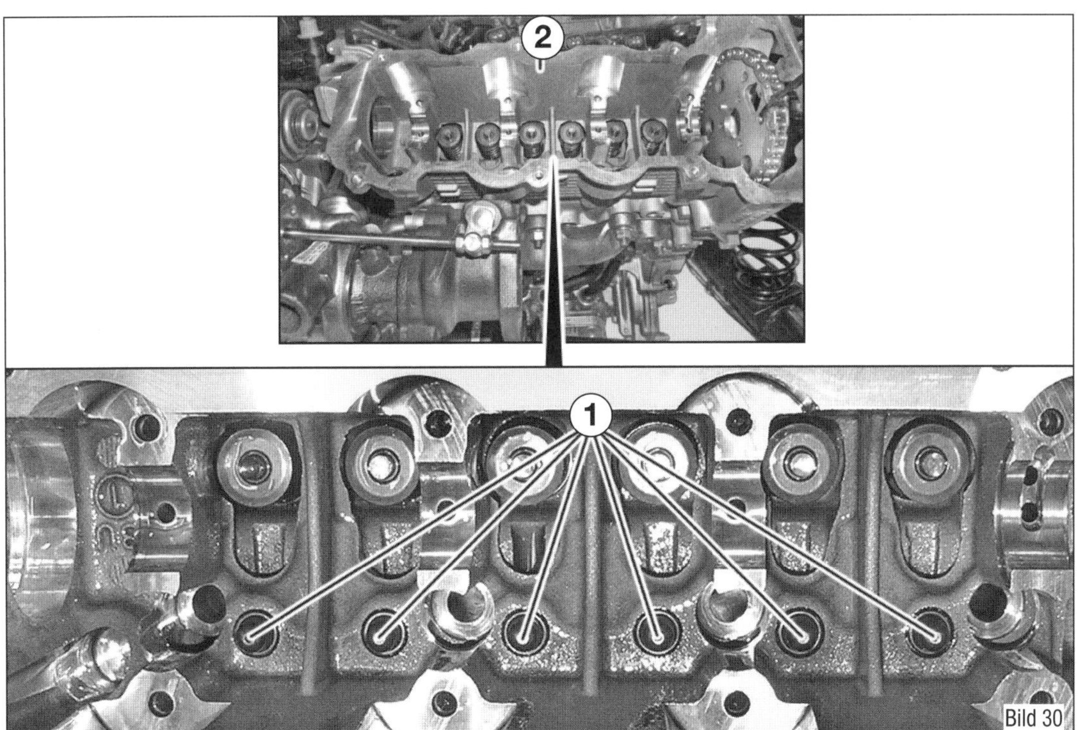

Bild 30
Dieselmotoren.
1 Ventilspiel-Ausgleichselemente
2 Zylinderkopf

Sichtprüfung Messen

Bild 31
Ottomotoren.
1 Spreizclips
2 Abdeckung

Hydraulische Ventilspiel-Ausgleichselemente aus- und einbauen

Die Hydrostößel sind nur bei den Dieselmotorvarianten verbaut worden.

- Die Rollenschlepphebel wie beschrieben ausbauen.
- Die Ventilspiel-Ausgleichselemente (1) aus den Aufnahmebohrungen im Zylinderkopf (2) herausziehen.

⚠ Keinen Magneten verwenden! Durch Magnetisierung des Ventilspiel-Ausgleichselementes kann es zur Ansammlung kleinster Metallspäne kommen, die zu Schäden an Rollenschlepphebel und Nockenwelle führen können.

Der Einbau erfolgt sinngemäß in umgekehrter Reihenfolge.

- Die Ventilspiel-Ausgleichselemente (1) mit Motoröl benetzen und in die Aufnahmebohrungen im Zylinderkopf (2) einsetzen.

Steuerzeiten des Motors prüfen

Steuerzeiten beim Ottomotor

Steuerzeiten kontrollieren:

- Zylinderkopfhaube ausbauen.
- Rechtes Hinterrad abmontieren.
- Spreizclips (1) ausbauen und Abdeckung (2) abnehmen.
- Kurbelwelle an der Zentralschraube (4) der Riemenscheibe Kurbelwelle (3) in Motordrehrichtung drehen, bis die Markierung (Pfeil A) sichtbar ist.

⚠ Die Kurbelwelle darf nicht zurückgedreht werden, da sonst die Steuerkette überspringen kann und es somit zu einem Motorschaden kommt.

- Markierung (Pfeil A im Bild 32) an der Riemenscheibe der Kurbelwelle (3) mit geeignetem Farbstift auf die Vorderseite der Riemenscheibe Kurbelwelle (3) übertragen (Pfeil B).
- Die Kurbelwelle in Motordrehrichtung so weit drehen, bis die Markierung (Pfeil B) mit der Markierung »10« (Pfeil C) am Steuerge-

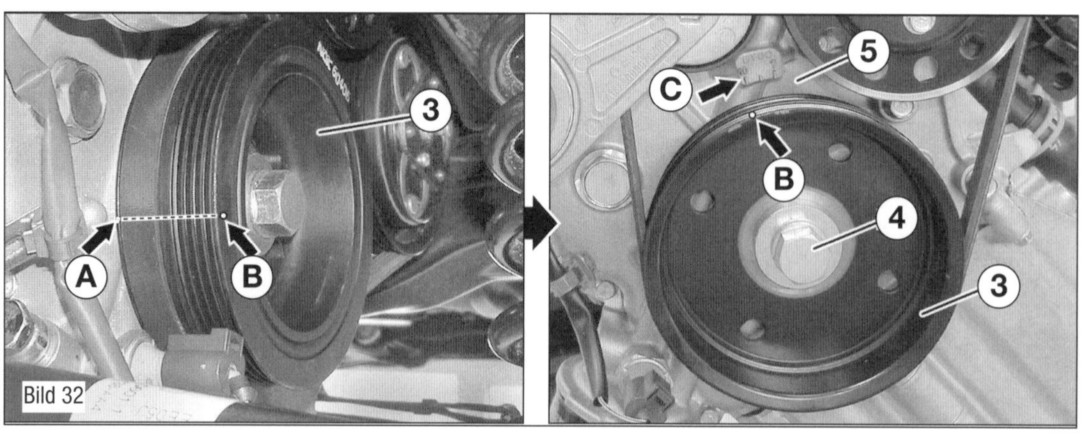

Bild 32
Ottomotoren.
3 Riemenscheibe Kurbelwelle
4 Zentralschraube
5 Steuergehäusedeckel

Bild 33
Ottomotoren.
5 Steuergehäusedeckel
6 Nockenwellenversteller
7 Nockenwellenrad

häusedeckel (5) übereinstimmt. Die Markierung »10« (Pfeil C) entspricht 10° vor OT.

■ Das Fahrzeug mit der Hebebühne absenken.

Die Markierung (Pfeil E im Bild 33) am Nockenwellenversteller (6) und die Markierung (Pfeil D) am Nockenwellenrad (7) müssen sich in Höhe der Oberkante des Steuergehäusedeckels (5) gegenüberstehen.

Falls die Markierung (Pfeil E) am Nockenwellenversteller (6) und die Markierung (Pfeil D) am Nockenwellenrad (7) nicht sichtbar sind, ist die Kurbelwelle noch eine Umdrehung zu drehen. Wenn Markierung (Pfeil D) und Markierung (Pfeil E) nicht fluchten, muss die Grundstellung der Nockenwellen korrigiert werden.
Die weitere Montage erfolgt sinngemäß in umgekehrter Reihenfolge.

Steuerzeiten einstellen:

■ Die Einlassnockenwelle (10 im Bild 34) und die Auslassnockenwelle (2) wie bereits für die Kontrolle der Steuerzeiten beschrieben in Grundstellung bringen.

■ Die Auslassnockenwelle (2) am Sechskant (Pfeil D) gegenhalten und Schraube (3) am Nockenwellenrad (1) lösen.

■ Die Verschlussschraube (4) am Steuergehäusedeckel (5) herausschrauben.

■ Die Steuerkette (6) mit geeignetem Werkzeug im Bereich zwischen dem Nockenwellenrad (1) und dem Nockenwellenversteller (7) nach unten drücken.

■ Ratsche (8) am Kettenspanner (9) mit geeignetem Schraubendreher zurückdrücken und Kettenspanner (9) arretieren.

Die Einlassnockenwelle (10) nicht entgegengesetzt zur Pfeilrichtung drehen, es kann zum Auffalten der Steuerkette (6) kommen, wodurch Schäden entstehen können.

■ Die Schraube (3) herausschrauben.

■ Das Nockenwellenrad (1) von der Auslassnockenwelle (2) lösen und von der Steuerkette (6) abnehmen.

■ Die Steuerkette (6) anheben und die Einlassnockenwelle (10) am Sechskant in Pfeil-

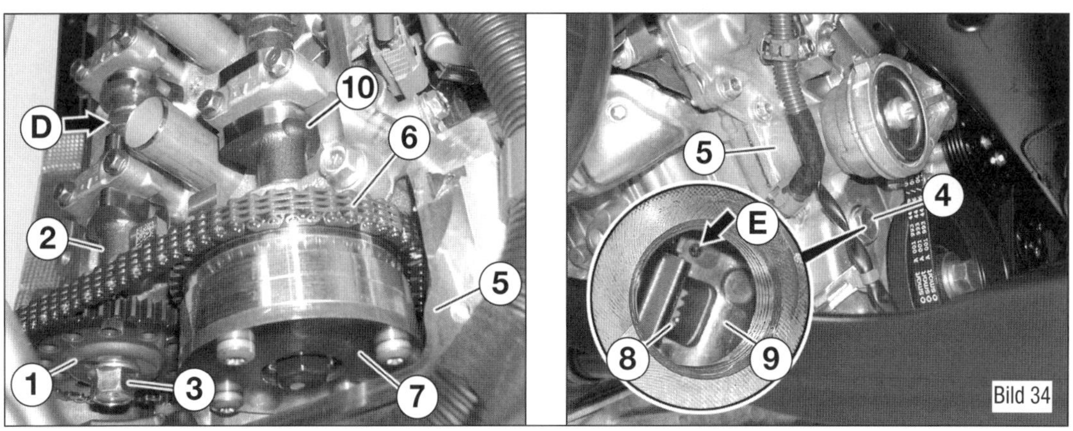

Bild 34
Ottomotoren.
1 Nockenwellenrad
2 Auslassnockenwelle
3 Schraube
4 Verschlussschraube
5 Steuergehäusedeckel
6 Steuerkette
7 Nockenwellenversteller
8 Ratsche
9 Kettenspanner
10 Einlassnockenwelle
D Markierung Nockenwelle,
E Markierung

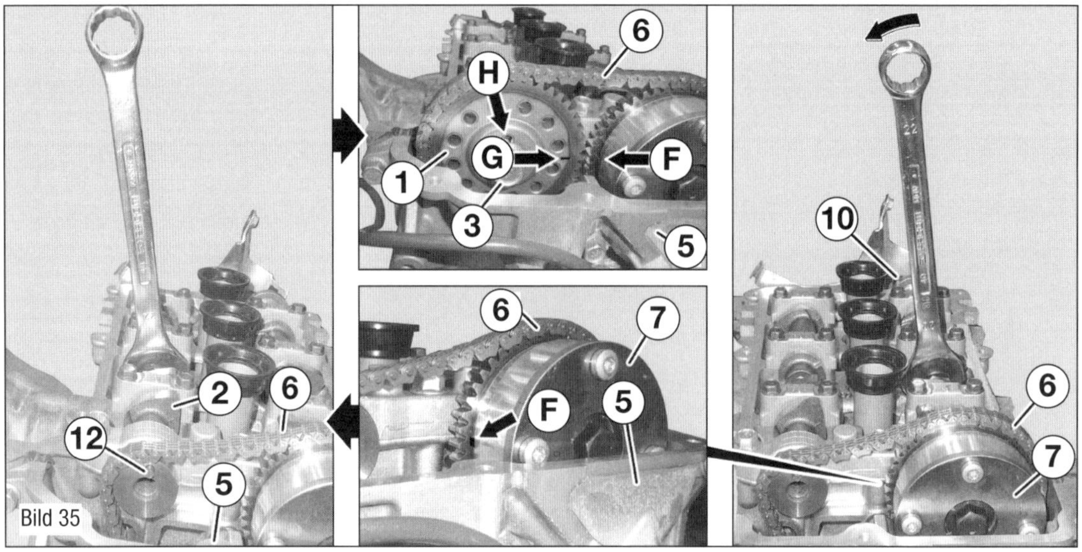

Bild 35
Ottomotoren.
1 Nockenwellenrad
2 Auslassnockenwelle
3 Schraube
5 Steuergehäusedeckel
6 Steuerkette
7 Nockenwellenversteller
10 Einlassnockenwelle
12 Mitnehmer
F Markierung
G Markierung
H Aussparung

richtung drehen, bis die Markierung (Pfeil F) am Nockenwellenversteller (7) in Höhe der Trennfläche des Steuergehäusedeckels (5) steht.

- Die Steuerkette (6) auf den Zahnkranz des Nockenwellenverstellers (7) auflegen.
- Die Auslassnockenwelle (2) am Sechskant (Pfeil D) drehen, bis der Mitnehmer (12) senkrecht zur Trennfläche des Steuergehäusedeckels (5) steht.
- Das Nockenwellenrad (1) entsprechend der Markierung (Pfeil G im Bild 35) ausrichten und in die Steuerkette (6) einsetzen. Die Markierung (Pfeil G) muss in Höhe der Trennfläche des Steuergehäusedeckels (5) und gegenüber der Markierung (Pfeil F) am Nockenwellenversteller (7) stehen.
- Die Schraube (3) in die Auslassnockenwelle (2) zur Zentrierung hineinschrauben, nicht festschrauben.
- Das Nockenwellenrad (1) mit der Aussparung (Pfeil H) auf den Mitnehmer (12) der Auslassnockenwelle (2) aufdrücken, ggf. Auslassnockenwelle (2) am Sechskant verdrehen.
- Die Auslassnockenwelle (2) am Sechskant (Pfeil D) gegenhalten und Schraube (3) am Nockenwellenrad (1) festschrauben.
- Die Steuerkette (6) mit geeignetem Werkzeug im Bereich zwischen dem Nockenwellenrad (1) und dem Nockenwellenversteller (7) nach unten drücken, am Kettenspanner (9) den Stift aus der Bohrung (Pfeil E) herausziehen.

Es ist ein Helfer zum Niederdrücken der Steuerkette erforderlich.

- Die Verschlussschraube (4) mit neuem Dichtring am Steuergehäusedeckel (5) hineinschrauben.
- Den Motor in Motordrehrichtung zwei Umdrehungen durchdrehen.
- Die Grundstellung der Einlassnockenwelle (10) und der Auslassnockenwelle (2) erneut prüfen.
- Die Abdeckung der Riemenscheibe (11) einbauen.
- Das rechte Hinterrad wieder anbauen.
- Die Zylinderkopfhaube einbauen.

Steuerzeiten beim Dieselmotor

- Die Zylinderkopfhaube ausbauen.
- Die Glühendstufe lösen und mit angeschlossenen elektrischen Steckverbindungen zur Seite ablegen.
- Die Unterdruckpumpe ausbauen.
- Den Spreizclips (1 im Bild 36) ausbauen und Abdeckung (2) abnehmen.
- Die Markierung (A) an der Riemenscheibe Kurbelwelle (3) mit geeignetem Farbstift nachzeichnen.
- Den Motor an der Zentralschraube der Riemenscheibe Kurbelwelle (3) in Motordrehrichtung so weit durchdrehen, bis die Markierung (A) an der Riemenscheibe Kurbelwelle (3) der Markierung (B) am Steuergehäusedeckel (4) gegenübersteht.

Prüfen, ob die Markierungen (C) am Nockenwellenrad (5) und die Markierungen (D) am Zylinderkopf (6) parallel zueinander liegen.

- Ist das nicht der Fall, muss die Nockenwelle wie beschrieben ausgebaut und die Steuerzeiten korrigiert werden.

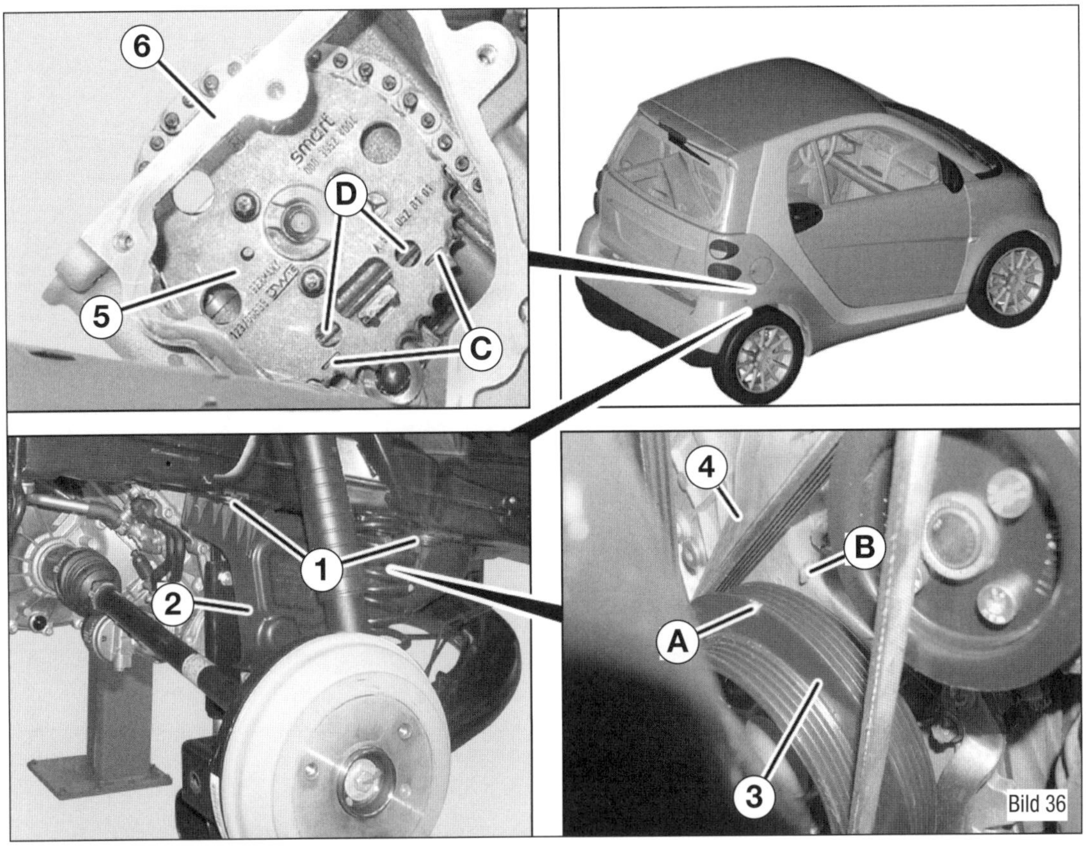

Bild 36
Dieselmotoren.
1 Spreizclips
2 Abdeckung
3 Riemenscheibe Kurbelwelle
4 Steuergehäusedeckel
5 Nockenwellenrad
6 Zylinderkopf
A Markierung
B Markierung
C Markierungen
D Markierungen

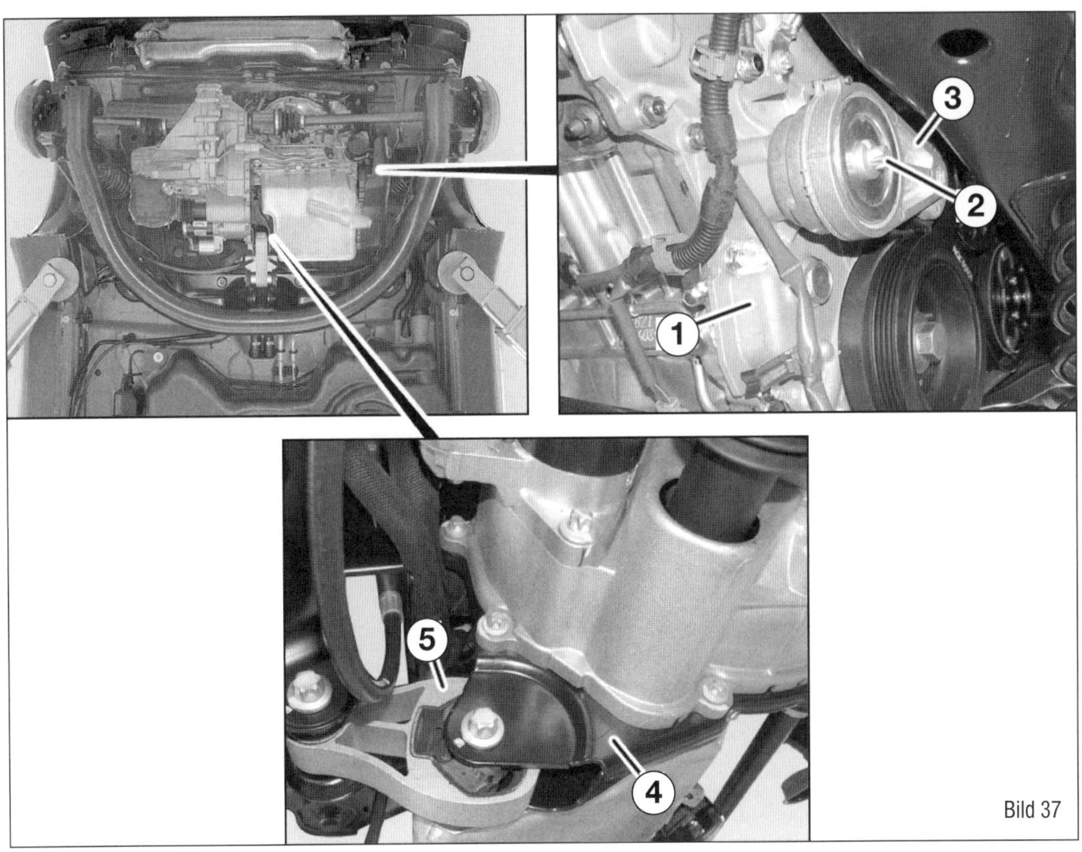

Bild 37
Benzinmotoren.
1 Steuergehäusedeckel
2 Schraube
3 Keilrippenriemen-Spannvorrichtung
4 Träger Motoraufhängung vorn
5 Drehmomentstütze

Sichtprüfung

Messen

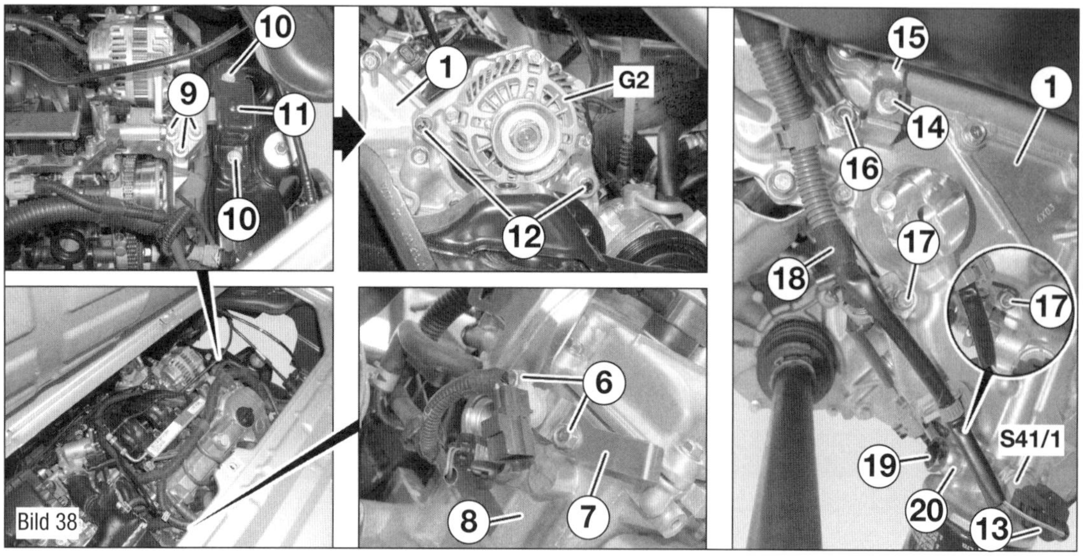

Bild 38
Benzinmotoren.
1 Steuergehäusedeckel
6 Schrauben
7 Halter
8 Zylinderkopf
9 Schrauben
10 Schraube
11 Motorlager
12 Schrauben
13 Elektrische Steckverbindung
14 Schraube
15 Elektrische Leitung
16 Schraube
17 Schraube
18 Leitungssatz
19 Hohlschraube
20 Ölvorlaufleitung
G2 Generator
S41/1 Schalter Öldruck

Steuergehäusedeckel aus- und einbauen

Ottomotor

- Die Wartungsklappe ausbauen.
- Den Motor abkühlen lassen.
- Den Verschlussdeckel des Ausgleichsbehälters für das Kühlmittel eine halbe Umdrehung entgegen dem Uhrzeigersinn drehen, den Überdruck ablassen und Verschlussdeckel abschrauben.
- Die Innenraumklappe über Motor ausbauen.
- Die Masseleitung an der Batterie abklemmen.
- Den Innenkotflügel im rechten hinteren Kotflügel ausbauen.
- Das Heckantriebsmodul ablassen.
- Das Kühlmittel ablassen.
- Den Katalysator ausbauen.
- Die Riemenscheibe der Kurbelwelle ausbauen.
- Die Schraube (2 im Bild 36) herausschrauben und Keilrippenriemen-Spannvorrichtung (3) abnehmen.
- Die Ölwanne ausbauen.

☞ Den Träger Motoraufhängung vorn (4) zusammen mit der Drehmomentstütze (5) ausbauen. Hierfür die Schraube der Drehmomentstütze (5) am Integralträger herausschrauben.

- Um den Motor während des Arbeitsablaufes abzustützen, wird der Träger der Motoraufhängung vorn (4) zusammen mit der Drehmomentstütze (5) wieder eingebaut.
- Das Fahrzeug mit der Hebebühne absenken.
- Die Zylinderkopfhaube ausbauen.
- Das Wärmeschutzblech der Auspuffanlage bei abgelassenem Heckantriebsmodul entnehmen.
- Den Resonanzbehälter ausbauen.
- Die Schrauben (6 im Bild 38) herausschrauben und Halter (7) abnehmen.
- Die Halteplatte mit einer Schraube (6) am Zylinderkopf (8) befestigen.
- Die Stützen an die Motor-Hebevorrichtung anbauen und Motor mit Motor-Hebevorrichtung und geeigneter Kette über die Halteplatte am Zylinderkopf (8) abstützen.
- Die Schrauben (9, 10) herausschrauben und das Motorlager (11) abnehmen.
- Die Schrauben (12) herausschrauben, Generator (G2) am Steuergehäusedeckel (1) lösen und mit Kabelbindern an geeigneter Stelle fixieren.
- Das Fahrzeug mit der Hebebühne anheben.
- Die Keilrippenriemen-Spannvorrichtung (3) ausbauen.
- Die elektrische Steckverbindung (13) am Schalter Öldruck (S41/1) trennen.
- Schraube (14) herausschrauben und elektrische Leitung (15) der Masse Motor abnehmen.
- Schraube (16) herausschrauben.
- Schrauben (17) herausschrauben und elektrischen Leitungssatz (18) zur Seite legen.

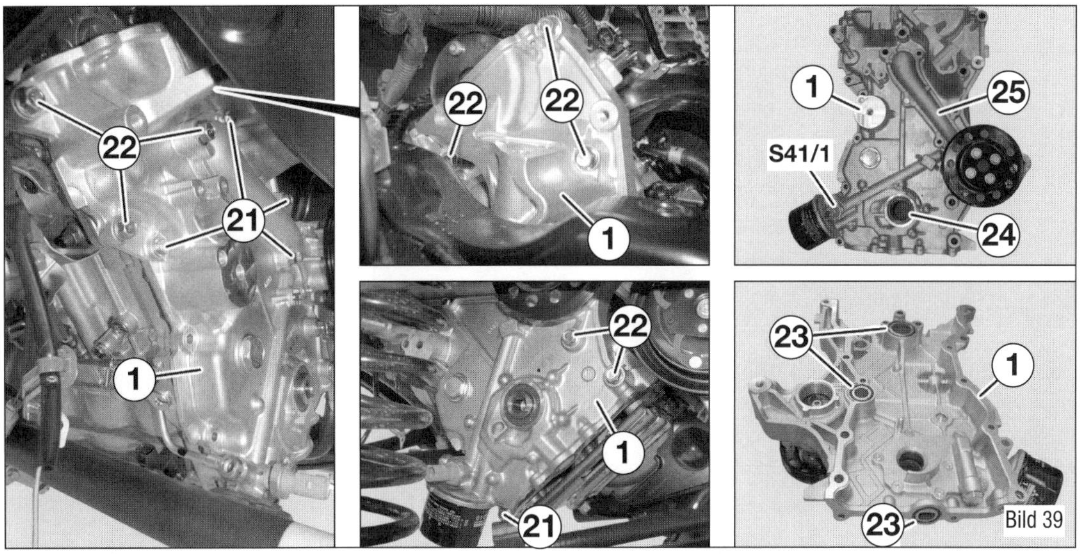

Bild 39
Benzinmotoren.
1 Steuergehäusedeckel
21 Schrauben
22 Schrauben
23 Dichtringe
24 Kurbelwellen-Radialdichtring
25 Kühlmittelpumpe
S41/1 Schalter Öldruck

Bei Fahrzeugen mit Turbolader:
■ Hohlschraube (19) der Ölvorlaufleitung (20) für Abgasturbolader am Steuergehäusedeckel (1) herausschrauben.

Bei Fahrzeugen mit Klimaanlage:
■ Kältemittelverdichter abbauen und mit Kabelbindern an geeigneter Stelle fixieren.
■ Schrauben (21, 22 im Bild 39) herausschrauben.
■ Steuergehäusedeckel (1) mit geeignetem Werkzeug vom Zylinderkurbelgehäuse lösen und nach unten herausnehmen.
■ Kurbelwellen-Radialdichtring (24) mit geeignetem Werkzeug aus dem Steuergehäusedeckel (1) heraushebeln.

Tipp: Darauf achten, dass der Steuergehäusedeckel (1) nicht beschädigt wird, sonst muss dieser erneuert werden.

Die Montage erfolgt sinngemäß in umgekehrter Reihenfolge.
■ Der Kurbelwellen-Radialdichtring (24) muss trocken verbaut werden und bündig mit dem Steuergehäusedeckel (1) abschließen.
■ Die Dichtflächen am Steuergehäusedeckel (1) und am Zylinderkurbelgehäuse reinigen.
■ Die Dichtringe (23) am Steuergehäusedeckel (1) und den Dichtring an der Kühlmittelleitung »Zulauf« erneuern.
■ Vor dem Einbau des Steuergehäusedeckels (1) die Führung für den Kurbelwellen-Radialdichtring (24) in die Gewindebohrung der Kurbelwelle hineinschrauben und den Antrieb der Ölpumpe im Steuergehäusedeckel (1) entsprechend der Stellung der Kurbelwelle ausrichten.
■ Unterschiedliche Längen der Schrauben (21, 22) beachten.
■ Den Kältemittelverdichter erst nach dem Einbau der Ölwanne anbauen.

Dieselmotor
■ Die Ölwanne ausbauen.
■ Riemenscheibe Kurbelwelle ausbauen.
■ Den Zylinderkopf (2) lösen und den Steuergehäusedeckel (1) durch Herausdrehen der Zylinderkopfschrauben um ca. 5 Umdrehungen entlasten.

Tipp: Der Motor muss zum Ausbau des Steuergehäusedeckels (1 im Bild 40) über das rechte Motorlager am Zylinderkopf (2) abgestützt bleiben. Vor dem Lösen der Zylinderkopfschrauben müssen die Schrauben (3) des Zylinderkopfes (2) am Steuergehäusedeckel (1) herausgeschraubt werden.

■ Die Schraube (4) herausschrauben und Aufnahme (5) abnehmen.
■ Den Kurbelwellen-Radialdichtring (10) erneuern.
■ Das Dichtmittel auf den Steuergehäusedeckel (1) auftragen, den Steuergehäusedeckel (1) positionieren und die Schrauben (8) hineindrehen.
■ Die Haltebügel Generator (7) positionieren und Schrauben (6) hineinschrauben.
■ Die Aufnahme (5) positionieren und Schraube (4) hineinschrauben.

Sichtprüfung Messen

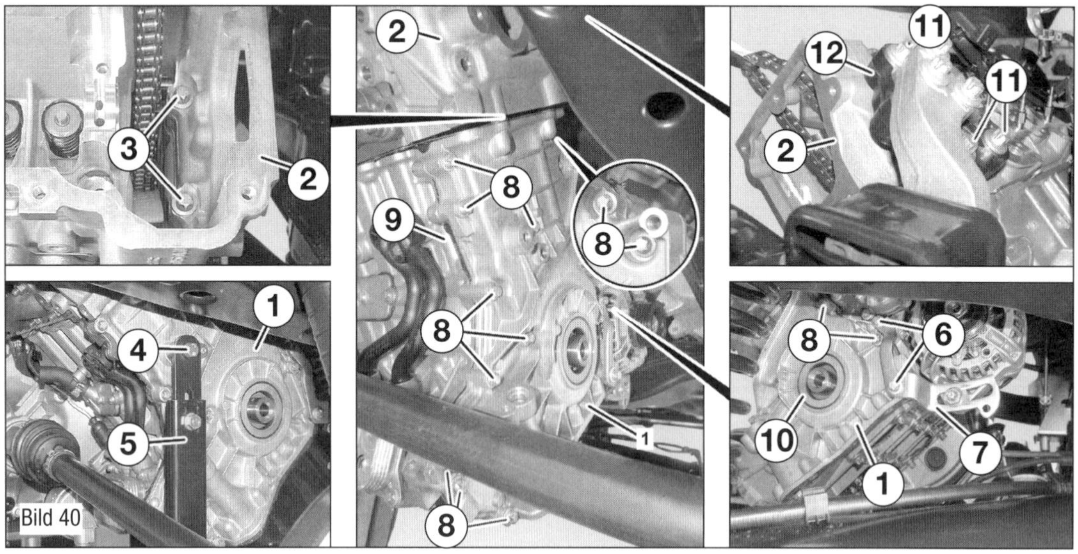

Bild 40
Dieselmotoren.
1 Steuergehäusedeckel
2 Zylinderkopf
3 Schrauben
4 Schraube
5 Aufnahme
6 Schrauben
7 Haltebügel Generator
8 Schrauben
9 Zylinderkurbelgehäuse
10 Kurbelwellen-Radialdichtring
11 Schrauben
12 Motorträger

- Einen geeigneten Aggregatehubtisch unter dem Motor und Getriebe positionieren.
- Die Schrauben (11) des Motorträgers (12) am Zylinderkopf (2) herausschrauben.
- Die Zylinderkopfschrauben herausschrauben und den Zylinderkopf (2) abnehmen.

Die Steuerkette unter Zug halten. Es ist ein Helfer zum Führen der Spannschiene und der Gleitschiene erforderlich.

- Die Zylinderkopfdichtung vom Zylinderkurbelgehäuse (9) abnehmen.
- Den Zylinderkopf (2) einbauen.
- Die Riemenscheibe auf der Kurbelwelle einbauen.
- Die Ölwanne wieder einbauen.

Steuerkettenspanner aus- und einbauen

Ottomotor

- Den Steuergehäusedeckel wie bereits beschrieben ausbauen.
- Die Ratsche (3 im Bild 41) mit einem geeigneten Schraubendreher zurückdrücken, den Kettenspanner (1) zusammendrücken und mit einem Stift mit 1,5 mm Durchmesser (Bohrer) über die Bohrung (Pfeil) sichern.
- Die Schrauben (2) herausschrauben.
- Den Kettenspanner (1) abnehmen.

Die Montage erfolgt sinngemäß in umgekehrter Reihenfolge.

Dieselmotor

- Den Steuergehäusedeckel wie bereits beschrieben ausbauen.
- Die Schrauben (2) herausschrauben und den Kettenspanner (1) abnehmen.

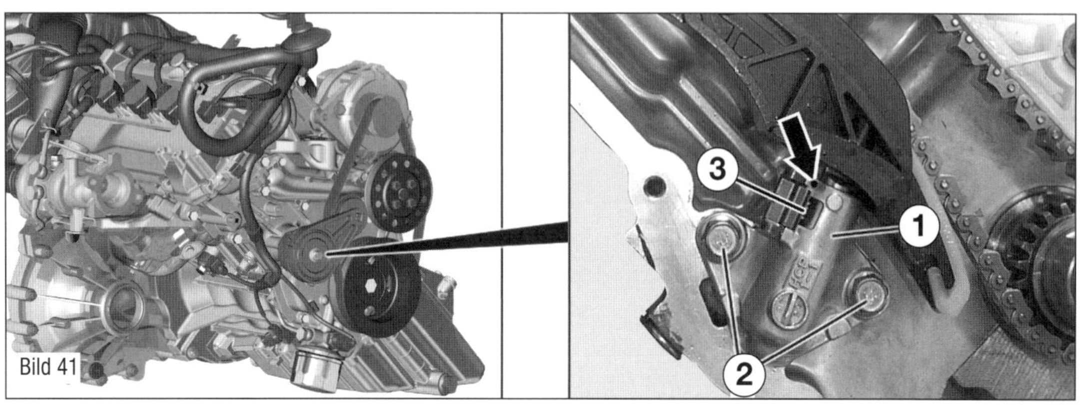

Bild 41
Ottomotoren.
1 Kettenspanner
2 Schrauben
3 Ratsche

Die Montage erfolgt sinngemäß in umgekehrter Reihenfolge.

Zylinderkopf de- und montieren

Ottomotor

- Die Grundstellung der Nockenwellen wie schon beschrieben überprüfen.
- Den Steuergehäusedeckel wie beschrieben ausbauen.
- Den Querträger der Hinterachse (2 im Bild 43) mittig mit Getriebeheber abstützen, die Schrauben (3) herausschrauben und den Querträger Hinterachse (2) absenken.

Fahrzeuge mit Turbolader:

- Die Ölvorlaufleitung des Abgasturboladers ausbauen.
- Die Ölrücklaufleitung des Abgasturboladers ausbauen.
- Den Abgasturbolader grundsätzlich zusammen mit dem Auspuffkrümmer ausbauen.

Fahrzeuge ohne Turbolader:

- Auspuffkrümmer ausbauen.
- Katalysator ausbauen.
- Die Steckverbindung (4) am Temperaturfühler Kühlmittel (B11/4) trennen und den Halteclip (5) des elektrischen Leitungssatzes am Halter (6) ausclipsen.
- Die Arretierung (7) am Kettenspanner (8) mit geeignetem Schraubendreher zurückdrücken und Kettenspanner (8) über die Bohrung (Pfeil A) arretieren.

Tipp: Zum Arretieren des Kettenspanners (8) einen Stift mit 1,5 mm Durchmesser in die Bohrung (Pfeil A) im Kettenspanner (8) hineinstecken.

Bild 42
Dieselmotoren.
1 Kettenspanner
2 Schrauben

- Die Schrauben (9) herausschrauben und die Gleitschiene (10) abnehmen.
- Die Schraube (11) herausschrauben und die Spannschiene (12) abnehmen.
- Die Steuerkette (13) abnehmen.
- Das Fahrzeug mit der Hebebühne absenken.
- Die Schraube (16 im Bild 44) herausschrauben und Stellmagnet Nockenwellensteuerung (Y49) aus dem Zylinderkopf (1) herausziehen.

Achtung: Ölbohrungen am Stellmagnet Nockenwellensteuerung (Y49) zum Schutz vor eindringenden Fremdkörpern abdecken. Eindringende Fremdkörper können Motorschäden zur Folge haben.

Tipp: Einlassnockenwelle und Auslassnockenwelle ausbauen. Das Nockenwellenrad (14) verbleibt an der Nockenwelle.

- Klemmschelle (17) lösen und Kühlmittel-

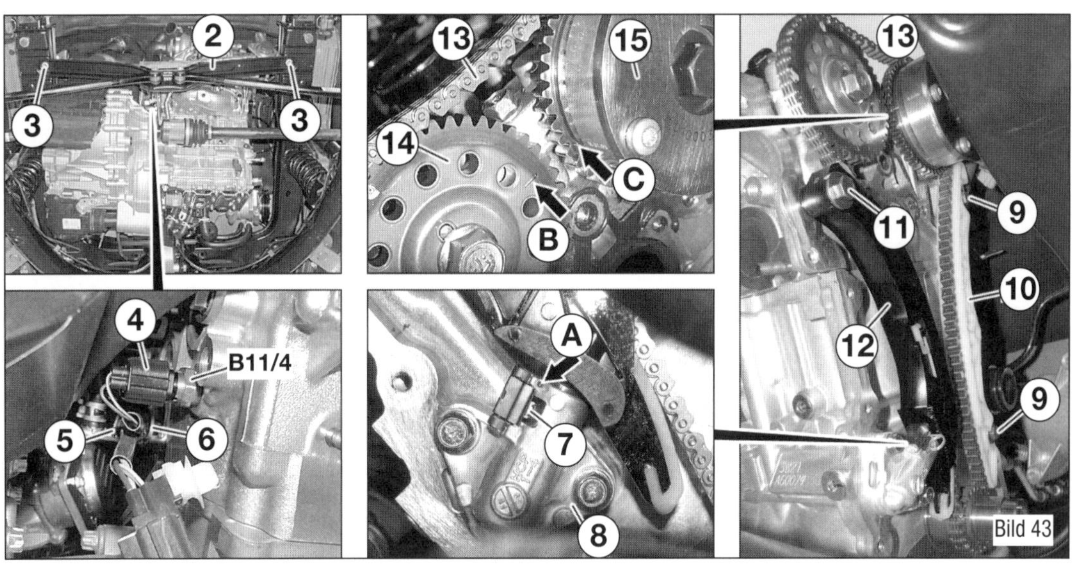

Bild 43
Benzinmotoren.
2 Querträger Hinterachse
3 Schraube
4 Steckverbindung
5 Halteclip
6 Halter
7 Arretierung
8 Kettenspanner
9 Schraube
10 Gleitschiene
11 Schraube
12 Spannschiene
13 Steuerkette
14 Nockenwellenrad
15 Nockenwellenversteller
B11/4 Temperaturfühler Kühlmittel

Sichtprüfung Messen

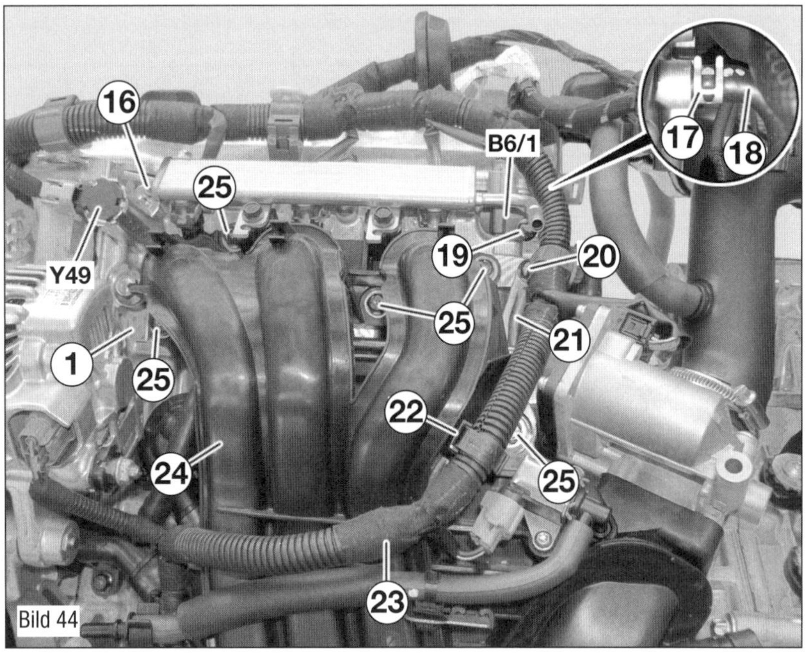

Bild 44
Benzinmotoren.
1 Zylinderkopf
16 Schraube
17 Klemmschelle
18 Kühlmittelschlauch
19 Schraube
20 Schraube
21 Kühlmittelrohr
22 Halter
23 Leitungssatz
24 Luftverteilerrohr
25 Schrauben
B6/1 Hallgeber Nockenwelle
Y49 Stellmagnet Nockenwellensteuerung

schlauch (18) vom Anschlussstutzen am Zylinderkopf (1) abziehen.

■ Schraube (19) herausschrauben und Hallgeber Nockenwelle (B6/1) ausbauen.

■ Schraube (20) des Kühlmittelrohres (21) am Zylinderkopf (1) herausschrauben.

■ Den Halter (22) des elektrischen Leitungssatzes (23) am Luftverteilerrohr (24) lösen.

■ Die Schrauben (25) herausschrauben und Luftverteilerrohr (24) vom Zylinderkopf (1) lösen.

■ Die Zylinderkopfschrauben (26 im Bild 45) stufenweise lösen.

■ Den Motor am Träger für Motoraufhängung vorn mit hydraulischem Rangierheber abstützen.

■ Die Kette der Motorbrücke an der Halteplatte (30) aushängen.

■ Die Zylinderkopfschrauben (26) herausschrauben und den Zylinderkopf (1) vom Zylinderkurbelgehäuse abnehmen.

■ Die Zylinderkopfdichtung (27) vom Zylinderkurbelgehäuse abnehmen.

■ Die Ventilstößel (28) aus dem Zylinderkopf (1) herausnehmen.

⚠ Keinen Magneten verwenden! Durch Magnetisierung des Ventilspiel-Ausgleichselementes kann es zur Ansammlung kleinster Metallspäne kommen, die zu Schäden an dem Rollenschlepphebel und der Nockenwelle führen können.

■ Die Gewindebohrungen der Zylinderkopfschrauben (26) im Zylinderkurbelgehäuse reinigen.

■ Die Dichtflächen am Zylinderkopf (1) und

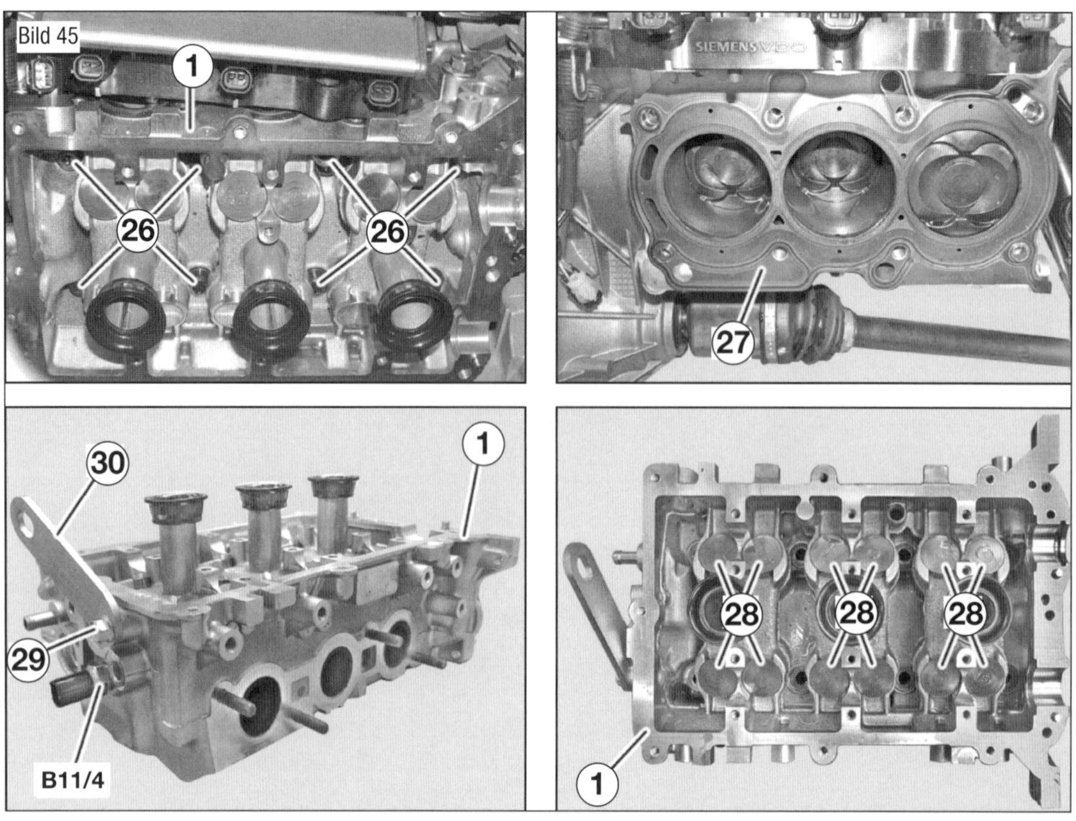

Bild 45
Benzinmotoren.
1 Zylinderkopf
26 Zylinderkopfschrauben
27 Zylinderkopfdichtung
28 Ventilstößel
29 Schraube
30 Halteplatte
B11/4 Temperaturfühler Kühlmittel

am Zylinderkurbelgehäuse reinigen und anschließend auf sichtbare Schäden und auf Ebenheit prüfen.
- Die Schraube (29) herausschrauben und Halteplatte (30) vom Zylinderkopf (1) abnehmen.

Die Montage erfolgt sinngemäß in umgekehrter Reihenfolge.
- Die Zylinderkopfdichtung (27) erneuern.
- Die Zylinderkopfschrauben (26) erneuern und am Gewinde sowie an den Kopfauflageflächen mit Motoröl benetzen.
- Die Zylinderkopfschrauben (26) in umgekehrter Reihenfolge des Anziehschemas lösen.
- Vor dem Auflegen der Steuerkette (13) prüfen, ob sich die Markierung (Pfeil B) am Nockenwellenrad (14) und die Markierung (Pfeil C) am Nockenwellenversteller (15) gegenüberstehen. Ist dies nicht der Fall, müssen die Einlassnockenwelle und die Auslassnockenwelle entsprechend verdreht werden.
- Den Adapter an die Kurbelwelle anbauen, Haltesperre am Starterzahnkranz abbauen und Motor in Motordrehrichtung ca. zwei Umdrehungen durchdrehen, bis sich die Markierungen am Kettenrad der Kurbelwelle und am Zylinderkurbelgehäuse gegenüberstehen.
- Anschließend prüfen, ob sich die Markierung (Pfeil B) am Nockenwellenrad (14) und die Markierung (Pfeil C) am Nockenwellenversteller (15) gegenüberstehen, ggf. Steuerkette (13) abbauen und erneut auflegen.

Dieselmotor
- Das CMS-Heck ausbauen.
- Die Innenraumklappe über dem Motor ausbauen.
- Die Masseleitung an der Batterie abklemmen.
- Das Kühlmittel ablassen.
- Das Heckantriebsmodul absenken.
- Den Innenkotflügel im rechten hinteren Kotflügel ausbauen.
- Den Endschalldämpfer ausbauen.
- Die Zuluftführung Ladeluftkühler ausbauen.
- Die Schraubschelle (2) lösen und Luftansaugleitung Resonanzbehälter (3) am Abgasturbolader (4) abbauen.
- Die Ölrücklaufleitung des Abgasturboladers (4) ausbauen.

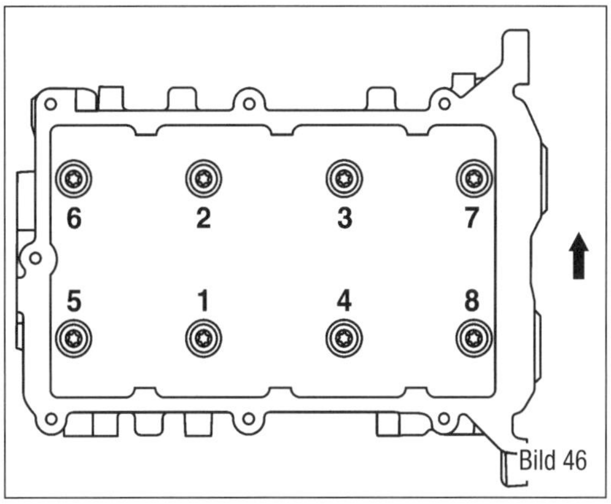

Bild 46
Benzinmotoren. Zylinderkopfschrauben (1 bis 8) stufenweise in Reihenfolge des Anziehschemas festschrauben.

- Die Ölvorlaufleitung des Abgasturboladers (4) ausbauen.
- Die Schrauben des Abgasrückführrohres (5) am Abgasrückführkühler (6) herausschrauben.

Fahrzeuge mit Partikelfilter:
- Die elektrische Steckverbindung Temperatursensor vor Dieselpartikelfilter und elektrische Steckverbindung Temperatursensor vor Abgasturbolader aus dem Halter (7) ausclipsen.
- Den Unterdruckschlauch des Ladeluftkühlers, wenn vorhanden, am Halter (7) ausclipsen.

Weiter für alle Fahrzeuge:
- Die Schrauben des Halters (7) am Zylinderkopf (1) herausschrauben und den Halter (7) abnehmen.
- Die Keilrippenriemen des Kältemittelverdichters (A9) ausbauen.
- Den Kältemittelverdichter (A9) abbauen.
- Die Nockenwelle ausbauen.
- Den Rollenschlepphebel herausnehmen und den Zylinderkopf (1) mit Lappen abdecken.

⚠ Die Einbaulage des Rollenschlepphebels beachten. Die Rollenschlepphebel auf Verschleiß prüfen, wenn erforderlich erneuern.

- Das Fahrzeug mit der Hebebühne absenken.
- Das Rail ausbauen.
- Den Kabelbinder (8) am elektrischen Leitungssatz (9) durchtrennen.
- Die Schraube (Pfeil) am Halter (25) herausschrauben.
- Den Kabelkanal (12) beiseite drücken, Schrauben (10) herausschrauben und den

Bild 47
Dieselmotoren.
1 Zylinderkopf
2 Schraubschelle
3 Luftansaugleitung Resonanzbehälter
4 Abgasturbolader
5 Abgasrückführrohr
6 Abgasrückführkühler
7 Halter
8 Kabelbinder
9 Elektrischer Leitungssatz
10 Schraube
11 Halter
12 Kabelkanal
13 Schrauben
14 Halter
A9 Kältemittelverdichter
B5/1 Geber Ladedruck

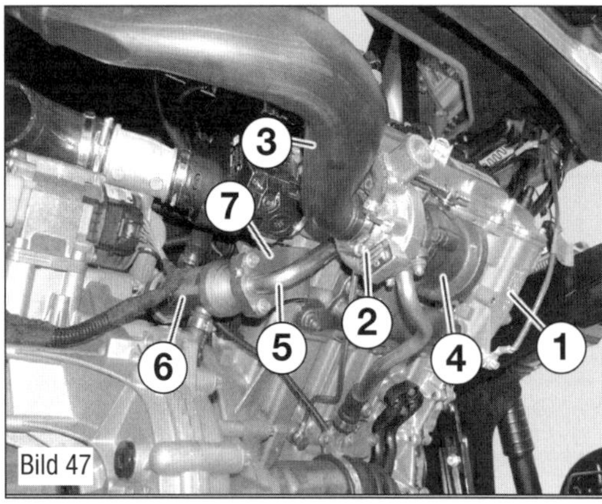

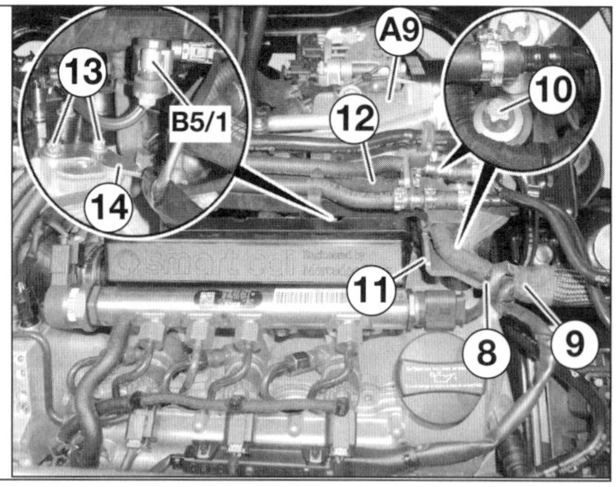

Halter (11) mit dem Kabelkanal (12) zur Seite ablegen.

- Das Ladeluftverteilerrohr ausbauen.
- Die elektrischen Steckverbindungen an den Glühkerzen (R9) trennen.
- Die Schrauben (26) des Kühlmitteltemperaturreglers (27) am Zylinderkopf (1) herausschrauben und den Kühlmitteltemperaturregler (27) mit angeschlossenen Kühlmittelschläuchen beiseitelegen.
- Die Schrauben (13) herausschrauben und Halter (14) des Gebers Ladedruck (B5/1) vom Zylinderkopf (1) abnehmen.
- Die Kraftstoffinjektoren ausbauen.
- Das Fahrzeug mit der Hebebühne anheben.
- Einen geeigneten Aggregatehubtisch mit Aggregateaufnahme unter dem Motor und dem Getriebe positionieren.
- Die Schrauben (18) des Motorträgers (19) am Zylinderkopf (1) herausschrauben (Bild 49).
- Den Aggregatehubtisch mit Aggregateaufnahme Universal so weit absenken, bis der Lagerbolzen (16) zugängig ist.
- Stecknuss (15) über dem Lagerbolzen (16) der Spannschiene positionieren.

Schraube (17) mit aufgeschraubter Mutter in den Lagerbolzen (16) hineinschrauben und Lagerbolzen (16) ausbauen.

Stecknuss (15) der Größe 12 mm und Schraube (17) M6 verwenden. Durch Drehen der Mutter nach rechts wird der Lagerbolzen (16) aus dem Zylinderkopf (1) herausgezogen. Anschließend Schraube (17) mit Mutter aus dem Lagerbolzen (16) herausschrauben und Lagerbolzen (16) abnehmen.

- Den Lappen vom Zylinderkopf (1) abnehmen und die Schrauben (20, 21) des Zylinderkopfes (1) am Steuergehäusedeckel herausschrauben.
- Die Zylinderkopfschrauben in umgekehrter Reihenfolge des Anziehschemas herausschrauben.
- Den Zylinderkopf (1) abnehmen.

Steuerkette unter Zug halten. Helfer zum Führen der Spannschiene und der Gleitschiene erforderlich.

- Die Zylinderkopfdichtung (22) vom Zylinderkurbelgehäuse (23) abnehmen.

Die Montage erfolgt sinngemäß in umgekehrter Reihenfolge.

Bild 48
Dieselmotoren.
25 Halter
26 Schraube
27 Kühlmitteltemperaturregler

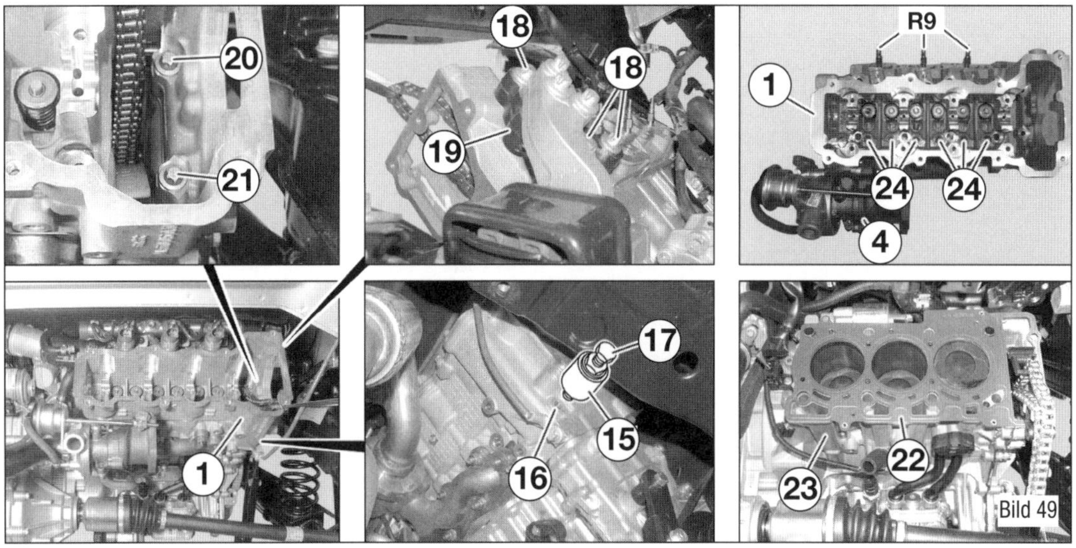

Bild 49
Dieselmotoren.
1 Zylinderkopf
4 Abgasturbolader
15 Stecknuss
16 Lagerbolzen
17 Schraube
18 Schrauben
19 Motorträger
20 Schraube
21 Schraube
22 Zylinderkopfdichtung
23 Zylinderkurbelgehäuse
24 Ventilspiel-Ausgleichselemente
R9 Glühkerzen

- Die Dichtflächen am Zylinderkopf (1) und am Zylinderkurbelgehäuse (23) reinigen, Zylinderkopfdichtung (22) erneuern.
- Das Anziehschema der Zylinderkopfschrauben beachten.
- Die Zylinderkopfschrauben erneuern.
- Die Schraube (17) in den Lagerbolzen (16) hineinschrauben und den Lagerbolzen (16) mit geeignetem Werkzeug gegen Anschlag in den Zylinderkopf (1) hineinschlagen.
- Die Dichtung am Kühlmitteltemperaturregler (27) erneuern.

Ventilschaftabdichtungen bei eingebautem Zylinderkopf erneuern

Ottomotor

- Die Innenkotflügel im linken und rechten Kotflügel hinten ausbauen.
- Das CBS-Heck ausbauen.
- Das Heckantriebsmodul ablassen.
- Die Einlassnockenwelle und Auslassnockenwelle wie schon beschrieben ausbauen.
- Den Starter ausbauen (nicht beim mhd erforderlich).
- Den Getriebedeckel (Kupplung/Getriebe) abbauen.
- Die Haltesperre für den Motor anbauen, um den Motor zu blockieren.
- Die Zündkerzen ausbauen.
- Den Adapteranschluss in die jeweilige Zündkerzenbohrung einschrauben und einen Druckluftschlauch anschließen.

Bild 50
Dieselmotoren. Die Zylinderkopfschrauben (1 bis 8) stufenweise in abgebildeter Reihenfolge anziehen. Das Lösen erfolgt in umgekehrter Reihenfolge.

- Den jeweiligen Zylinder mit Druckluft beaufschlagen. Dadurch wird ein Herabfallen des Ventils in den Brennraum vermieden.
- Die Gewindeverlängerung (3 im Bild 51) und Gegenstütze (4) im Bereich des jeweiligen Ventils in eine Gewindebohrung am Zylinderkopf einschrauben.
- Den Ventilstößel an den jeweiligen Ventilen aus der Grundbohrung im Zylinderkopf herausnehmen.

⚠ Keinen Magneten verwenden. Durch Magnetisierung des Ventilstößels (Tasse) kann es zur Ansammlung kleinster Metallspäne kommen, die zu Schäden am Ventilstößel und der Nockenwellen führen können.

⚠ Bei Wiederverwendung des Ventilstößels muss dieser an gleicher Stelle wieder eingebaut werden. Die Ventilstößel sind zum Ausgleich des Ventilspieles in verschiedenen Dicken ausgeführt. Das Maß für die Dicke des Ventilstößels befindet sich an dessen Unterseite.

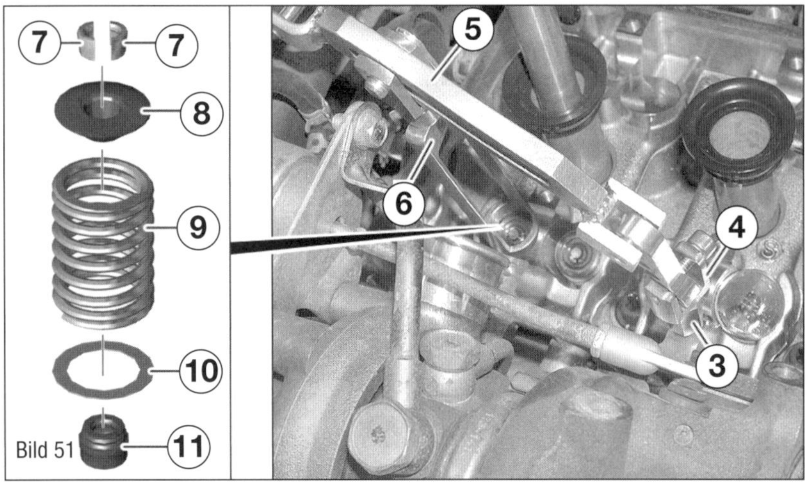

Bild 51
Ausbau der Schaftdichtung (dargestellt beim Ottomotor).
3 Gewindeverlängerung
4 Gegenstütze
5 Druckgabel
6 Niederdrücker
7 Kegelstück
8 Ventilfederteller
9 Ventilfeder
10 Ventilfederteller
11 Ventilschaftabdichtung

- Den Hebelgriff und Niederdrücker (6) an Druckgabel (5) anbauen und in die Gegenstütze (4) einhängen.
- Den Niederdrücker (6) mittig am Ventilfederteller (8) positionieren und Ventilfeder (9) durch Herunterdrücken des Hebelgriffes zusammendrücken.
- Die Kegelstücke (7) mit geeignetem Magneten entfernen, Druckgabel (5) mit Niederdrücker (6) und Hebelgriff abnehmen.
- Die Ventilfederteller (8) und Ventilfeder (9) abnehmen. Der Ventilfederteller (10) kann im Zylinderkopf verbleiben. Einbaulage der Ventilfeder (9) beachten.
- Die Ventilschaftabdichtung (11) mit der Zange aus dem Reparaturwerkzeug Ventile von der Ventilführung abziehen.
- Die neue Ventilschaftabdichtung (13 im Bild 52) mit Motoröl einölen.
- Die neue Ventilschaftabdichtung (13) auf den Ventilschaft (12) stecken und mit Dorn (14) aufdrücken.

⚠ Die neue Ventilschaftabdichtung (13) darf nicht wieder vom Ventilschaft (12) abgezogen werden. Beim Abziehen wird die Ventilschaftabdichtung (13) beschädigt und dadurch unbrauchbar.

- Die Ventilfeder (9) und Ventilfederteller (8) einsetzen, Einbaulage der Ventilfeder (9) beachten.
- Die Druckgabel (5) mit Niederdrücker (6) und dem Hebelgriff in die Gegenstütze (4) einhängen.
- Den Niederdrücker (6) mittig am Ventilfederteller (8) positionieren und Ventilfeder (9) durch Herunterdrücken des Hebelgriffes zusammendrücken.
- Die Kegelstücke (7) am Ventilschaft (12) in die Aussparung einsetzen und anschließend den Ventilfederteller (8) entlasten.

⚠ Den korrekten Sitz der Kegelstücke (7) prüfen, ggf. den Arbeitsschritt wiederholen.

- Die Druckgabel (5) mit Niederdrücker (6) und Hebelgriff abnehmen.
- Die Ventilstößel (1) an dem jeweiligen Ventil in die Grundbohrung im Zylinderkopf einsetzen.
- Die Gewindeverlängerung (3) und Gegenstütze (4) am Zylinderkopf herausschrauben.
- Die Arbeitsschritte wiederholen, bis alle Ventilschaftabdichtungen (11) durch neue Ventilschaftabdichtungen (13) ersetzt sind.
- Den Druckluftschlauch abklemmen und Adapter aus der Zündkerzenbohrung herausschrauben.
- Die Zündkerzen wieder einbauen.
- Die Haltesperre für Motor ausbauen.
- Den Starter, soweit ausgebaut, wieder einbauen.
- Den Getriebedeckel einbauen.
- Die Einlassnockenwelle und die Auslassnockenwelle wie bereits beschrieben wieder einbauen.
- Das Ventilspiel prüfen ggf. einstellen.
- Die Steuerkette montieren.
- Das Heckantriebsmodul anheben und befestigen.
- Das CBS-Heck wieder einbauen.
- Den Innenkotflügel im linken und rechten Kotflügel einbauen.

Dieselmotor

- Die Innenkotflügel im linken und rechten Kotflügel hinten ausbauen.

Bild 52
Ausbau der Schaftdichtung (dargestellt beim Ottomotor).
11 Ventilschaftabdichtung
12 Ventilschaft
13 Neue Ventilschaftabdichtung
14 Dorn

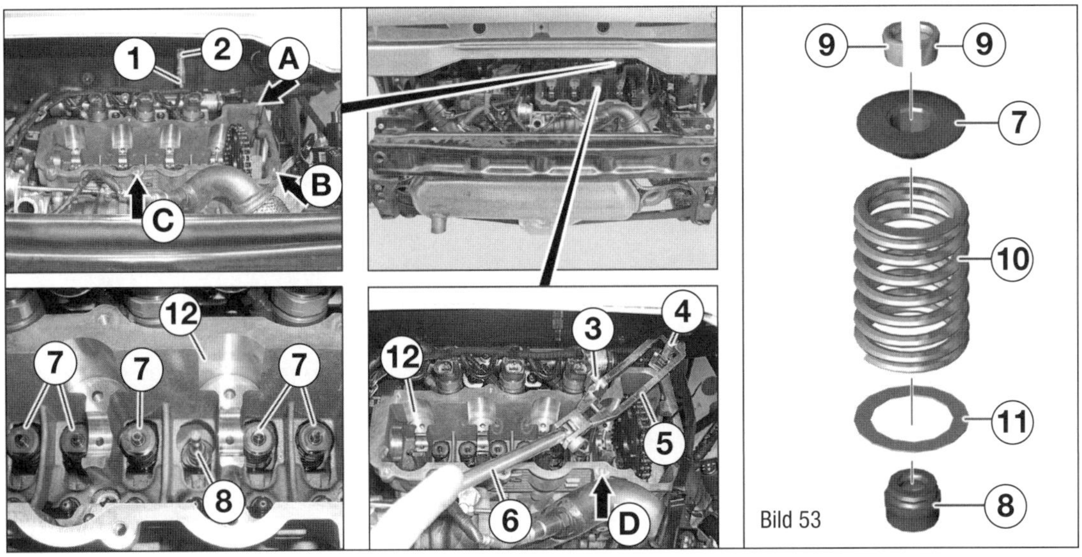

Bild 53

Bild 53
Dieselmotoren.
1 Adapter
2 Druckluftschlauch
3 Druckstück
4 Gegenstütze
5 Druckgabel
6 Hebelgriff
7 Ventilfederteller oben
8 Ventilschaftabdichtung
9 Ventilkegelstück
10 Ventilfeder
11 Ventilfederteller unten
12 Zylinderkopf

- Das CBS-Heck ausbauen.
- Die Zylinderkopfhaube ausbauen.
- Die Nockenwelle wie schon beschrieben ausbauen.
- Die Haltesperre für Motor anbauen.
- Die Glühkerzen ausbauen.
- Den Adapter (1 im Bild 53) in die Glühkerzenbohrung des 1. Zylinders hineinschrauben.
- Den Druckluftschlauch (2) des Druckverlust-Testers am Adapter (1) anschließen und Zylinder mit Druckluft beaufschlagen. Es kann auch ein passender Adapter für den Druckluftschlauch auf das Glühkerzengewinde verwendet werden.
- Die Gegenstütze (4) in die entsprechende Gewindebohrung (Pfeil A, B, C oder D) im Zylinderkopf (12) hineinschrauben.
- Zum Ausbau der Ventilfeder (10) des Auslassventils Zylinder 1, Gewindebohrung (Pfeil A) verwenden.
- Zum Ausbau der Ventilfeder (10) des Einlassventils Zylinder 1, Gewindebohrung (Pfeil B) verwenden.
- Zum Ausbau der Ventilfedern (10) des Aus- und Einlassventils Zylinder 2, Gewindebohrung (Pfeil D) verwenden.
- Zum Ausbau der Ventilfedern (10) des Aus- und Einlassventils Zylinder 3, Gewindebohrung (Pfeil C) verwenden.
- Hebelgriff (6) und Druckstück (3) an die Druckgabel (5) anbauen und in die Gegenstütze (4) einhängen.
- Druckstück (3) mittig am Ventilfederteller oben (7) positionieren und Ventilfeder (10) durch Herunterdrücken des Hebelgriffes (6) zusammendrücken.
- Ventilkegelstücke (9) mit geeignetem Magneten entfernen und Druckgabel (5) mit Druckstück (3) und Hebelgriff (6) abnehmen.
- Beim Ausbau der Ventilkegelstücke (9) darauf achten, dass die Kraftstoffinjektoren nicht beschädigt werden.
- Den Ventilfederteller oben (7), die Ventilfeder (10) und den Ventilfederteller unten (11) abnehmen.

Die Einbaulage der Ventilfeder (10) und des Ventilfedertellers unten (11) beachten.

- Die Ventilschaftabdichtung (8) mit einer geeigneten Zange herausziehen.

Die Montage erfolgt sinngemäß in umgekehrter Reihenfolge.

- Die neue Ventilschaftabdichtung (8) mit Motoröl einölen.
- Schutzhülse auf den Ventilschaft stecken und Ventilschaftabdichtung (8) mit Dorn aufdrücken.

Ventile aus- und einbauen

Ottomotor

- Den Zylinderkopf wie schon beschrieben abbauen.
- Die Ventilschaftabdichtungen (5 im Bild 54) wie schon beschrieben ausbauen.
- Den Ventilfederteller (4) aus dem Zylinderkopf (1) herausnehmen.
- Die Einbaulage markieren, wenn die ausgebauten Einlassventile (2) und Auslassventile (3) wieder eingebaut werden sollen.
- Den Zylinderkopf (1) umdrehen und die Einlassventile (2) und die Auslassventile (3)

Bild 54

Bild 54
Ottomotoren.
1 Zylinderkopf
2 Einlassventil
3 Auslassventil
4 Ventilfederteller (unten)
5 Ventilschaftabdichtung
6 Ventileinschleifwerkzeug

Bild 55
Dieselmotoren.
1 Zylinderkopf
2 Schraube
3 Montageplatte
4 Auslassventil
5 Einlassventil

mit dem Ventileinschleifwerkzeug (6) aus dem Zylinderkopf (1) herausnehmen.

Oberflächen der Ventilschäfte, Ventilsitze und Ventilführungen durch eine Sichtprüfung auf Rauigkeit und Gratbildung prüfen; wenn Schäden feststellbar sind, müssen Einlassventile (2), Auslassventile (3) beziehungsweise Zylinderkopf (1) erneuert werden.

- Einlassventile (2) und Auslassventile (3) in den Zylinderkopf (1) einsetzen.
- Den Zylinderkopf (1) umdrehen und die Ventilfederteller (4) in den Zylinderkopf einsetzen.
- Die Ventilschaftabdichtungen (5) erneuern.

Dieselmotor

- Den Zylinderkopf wie schon beschrieben abbauen. Nach dem Ausbau des Zylinderkopfes wird er auf einer Montageplatte gelagert. So werden Schäden an den Glühstiftkerzen und Injektoren verhindert, falls diese noch verbaut sind.
- Ventilschaftabdichtungen ausbauen.
- Schrauben (2) sowie Schrauben (Pfeile) herausschrauben und Zylinderkopf (1) von der Montageplatte (3) abnehmen.
- Zylinderkopf (1) auf die Seite legen und Einlassventile (5) und Auslassventile (4) aus dem Zylinderkopf (1) herausnehmen.

Oberflächen der Ventilschäfte, Ventilsitze und Ventilführungen durch eine Sichtprüfung auf Rauigkeit und Gratbildung prüfen. Wenn Schäden feststellbar sind, müssen Einlassventile (5), Auslassventile (4) beziehungsweise Zylinderkopf (1) erneuert werden.

Die Montage erfolgt sinngemäß in umgekehrter Reihenfolge.

Kolben aus- und einbauen

Für diesen Arbeitsschritt sind erhebliche Vorarbeiten erforderlich. Hinzu kommen noch weitere Demontageschritte, um die Pleuellagerdeckel von unten zugänglich zu machen. Da die Arbeitsschritte sehr ähnlich ausfallen, stellen wir Ihnen eine allgemeingültige Vorgehensweise zur Verfügung.

- Den Motor mit Getriebe ausbauen. Diese Arbeitsschritte werden im Anschluss aufgegriffen.
- Das Schwungrad ausbauen.
- Den Zylinderkopf wie schon beschrieben ausbauen.
- Markierungen an den Kolben (7) prüfen, wenn erforderlich Kolbenboden reinigen und mit einem Farbstift Markierungen anbringen.
- Fahrzeug mit der Hebebühne absenken.
- Die Pleuelstange (2) und die Pleuellagerdeckel (3) zueinander markieren.
- Pleuelstange (2) und Pleuellagerdeckel dürfen untereinander nicht vertauscht werden.
- Die Schrauben (1) herausschrauben.
- Pleuellagerdeckel (3) und Pleuellager-

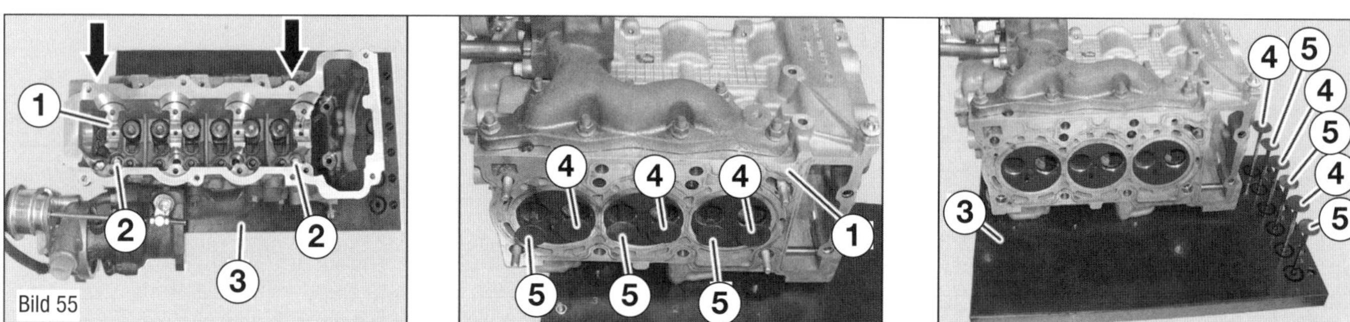

Bild 55

Bild 56
1 Schraube
2 Pleuelstange
3 Pleuellagerdeckel
4 Pleuellagerschale (oben)
5 Pleuellagerschale (unten)
6 Kurbelwelle
7 Kolben
8 Spannband
9 Zylinderbohrungen
10 Rechteckring
11 Minutenring
12 Ölabstreifring

schalen (5) von der Kurbelwelle (6) abnehmen.

- Den Kolben (7) mit der Pleuelstange (2) und Pleuellagerschale (4) aus der Zylinderbohrung (9) herausnehmen.
- Den Rechteckring (10), Minutenring (11) und dreiteiligen Ölabstreifring (12) am Kolben (7) ausbauen.
- Den Kolben (7) von der Pleuelstange (2) abbauen.

Die Montage erfolgt sinngemäß in umgekehrter Reihenfolge.

Kompressionsdruck prüfen

Ottomotoren

Zur Prüfung werden ein Kompressionsdruck-Prüfgerät mit Adapter, ein Zündkerzenschlüssel sowie ein Drehmomentschlüssel benötigt. Die Motoröltemperatur muss mindestens 30 °C und die Batteriespannung mindestens 11,5 V betragen.

- Motor soweit möglich auf die Betriebstemperatur von ca. 80 °C bringen und Zündung ausschalten.
- Zündkerzen ausbauen.
- Die elektrische Leitung (2 im Bild 57) (soweit vorhanden) des Verdichtungsdruckschreibers (1) zwischen dem Luftfiltergehäuse (3) und dem Stellglied Drosselklappe (M16/6 im Bild 60) zum Starter (M1) verlegen.
- Das Fahrzeug mit der Hebebühne anheben.
- Stecker (4) vom Starter (M1) abziehen.

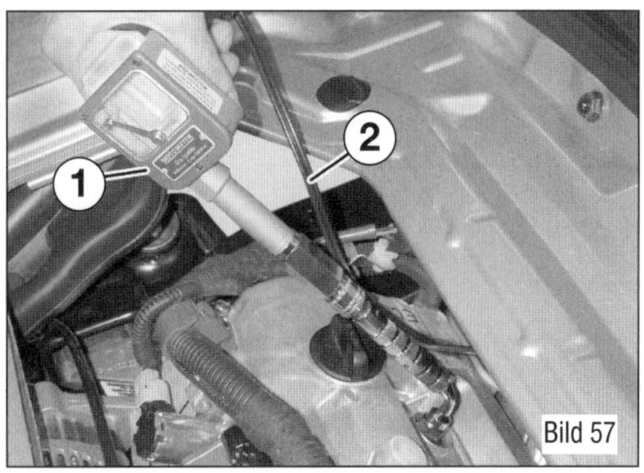

Bild 57
Ottomotoren.
1 Verdichtungsdruckschreiber
2 elektrische Leitung

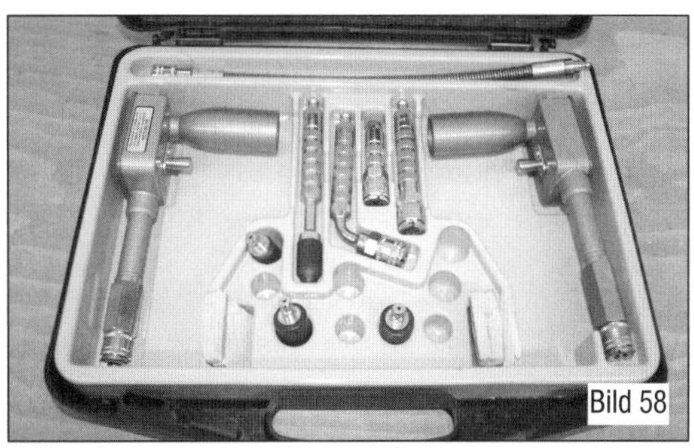

Bild 58
Kompressionsdruckschreiberset für Diesel- und Ottomotoren.

Bild 59
1 Adapter
2 Adapter
3 Kompressionsprüfer
Y76/1 Kraftstoffinjektor Zylinder 1
Y76/2 Kraftstoffinjektor Zylinder 2
Y76/3 Kraftstoffinjektor Zylinder 3

Bild 60
Ottomotoren.
2 Elektrische Leitung
3 Luftfiltergehäuse
4 Stecker
5 Klemme
6 Klemme
M1 Starter
M16/6 Stellglied Drosselklappe

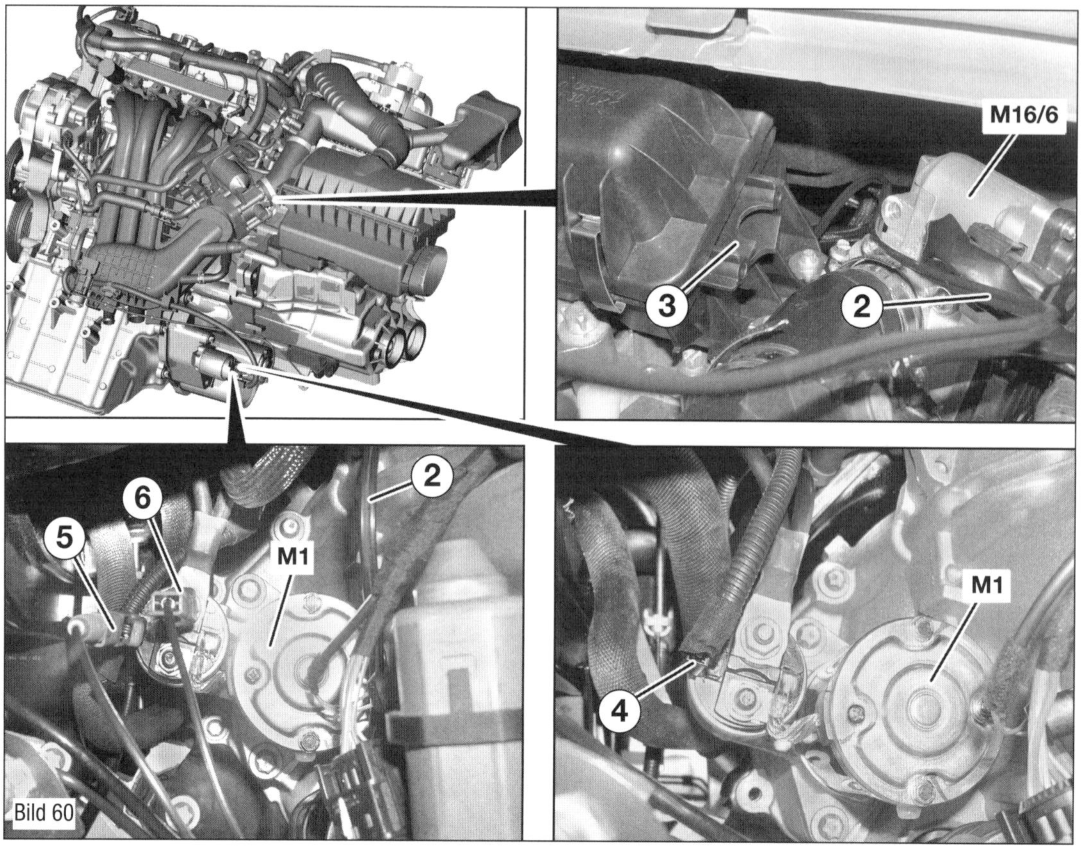

■ Die Klemmen (5, 6) an den Starter (M1) anschließen. Ersatzweise kann hier auch ein Fernstarttaster eingesetzt werden.
■ Das Fahrzeug mit der Hebebühne absenken.
■ Den Motor mittels Kontaktschalter am Verdichtungsdruckschreiber (1 im Bild 56) für ca. 5 Sekunden durchdrehen lassen.
■ Den Verdichtungsdruckschreiber (1) mit entsprechendem Anschlussstück in die Zündkerzenbohrung einsetzen.
■ Den Motor mittels Kontaktschalter am Verdichtungsdruckschreiber (1) so lange durchdrehen, bis am Verdichtungsdruckschreiber (1) kein Druckanstieg mehr zu beobachten ist. Das sollte allerdings spätestens bei 12–15 Umdrehungen geschehen sein.
■ Den Prüfvorgang in gleicher Weise an den restlichen Zylindern durchführen.
■ Die Messwerte mit den zulässigen Werten vergleichen.

Es sollten Messwerte von 12–15 bar erreicht werden. Der Unterschied zwischen den einzelnen Zylindern darf nicht mehr als 1,5 bar betragen.

Die Montage erfolgt sinngemäß in umgekehrter Reihenfolge.

■ Geeigneten Fahrzeugsystemtester anschließen, Fehlerspeicher auslesen und wenn erforderlich die Einträge löschen.

Dieselmotoren

■ Die Glühkerzen wie beschrieben ausbauen.
■ Die elektrischen Steckverbindungen an den Kraftstoffinjektoren (Y76/1, Y76/2, Y76/3 im Bild 59) trennen.
■ Das Einschraubstück oder den Adapter (1) in das Glühkerzengewinde einschrauben.
■ Den Adapter (2) aufstecken.
■ Den Kompressionsprüfer (3) an Adapter (2) anschließen.
■ Den Motor mittels Zündstartschalter oder angeschlossenem Kontaktschalter am Verdichtungsdruckschreiber (1) so lange durchdrehen, bis am Verdichtungsdruckschreiber (3) kein Druckanstieg mehr zu beobachten ist. Das sollte allerdings spätestens bei 12–15 Umdrehungen geschehen sein.
■ Den Prüfvorgang in gleicher Weise an den restlichen Zylindern durchführen.
■ Die Messwerte mit den zulässigen Werten vergleichen.

Es sollten Messwerte von 18–24 bar erreicht werden. Der Unterschied zwischen den einzelnen Zylindern darf nicht mehr als 3 bar betragen.

- Elektrische Steckverbindungen an den Kraftstoffinjektoren (Y76/1, Y76/2, Y76/3) aufstecken.
- Die Glühkerzen einbauen.
- Den Fehlerspeicher auslesen und löschen.

Druckverlusttest alle Motoren

Oft schon vergessen, war er schon vor einigen Jahrzehnten bekannt. Da der Tester in den meisten Werkstätten nicht mehr oder kaum noch zum Einsatz kommt, lässt sich ab und an ein solches Gerät auch von Bosch schon mal günstig erstehen. 25 bis 50 Euro werden es dann meist. Auch mit diesem Gerät wird die Dichtheit des Zylinders bewertet. Nur, dass nicht der Motor den Druck aufbringt, sondern der Motor mit Luftdruck aus dem Tester beaufschlagt wird. Undichtheiten können nun zum einen zahlenmäßig erfasst und zum anderen »erhört« werden. Die Diagnose fällt deshalb deutlich präziser aus, als das Ergebnis des Kompressionstests.

Vorbereitung:

- Bauen Sie alle Zündkerzen oder beim Diesel die Glühkerzen aus.
- Schalten Sie die Zündung aus.
- Schließen Sie den Druckverlustprüfer an die Druckluftversorgung Ihrer Werkstatt an.
- Stimmen Sie den Druckschreiber auf den Kompressordruck Ihrer Werkstatt ab.
- Wählen Sie den passenden Gewindeadapter und den Anschlussschlauch für den Druckverlusttest aus.
- Stellen Sie alle Lärmquellen ab.
- Verdrehen Sie den Motor so weit, bis er am Ende des Verdichtungstaktes oder am Anfang des Arbeitstaktes steht.
- Ertasten Sie vorsichtig den Kolbenboden mit einem Schraubendreher und verdrehen Sie den Motor bis zu Zünd-OT.
- Blockieren Sie den Motor (Gang einlegen, Handbremse anziehen). Sollten Sie den Motor mit einem 19-mm-Schlüssel auf der Kurbelwelle festhalten wollen, achten Sie darauf, dass sich der Motor verdrehen kann, sobald der Prüfdruck des Testers auf dem Kolben lastet. Er erzeugt ein nicht unbedeutendes Drehmoment, das Sie eventuell nicht von Hand halten können. Es besteht

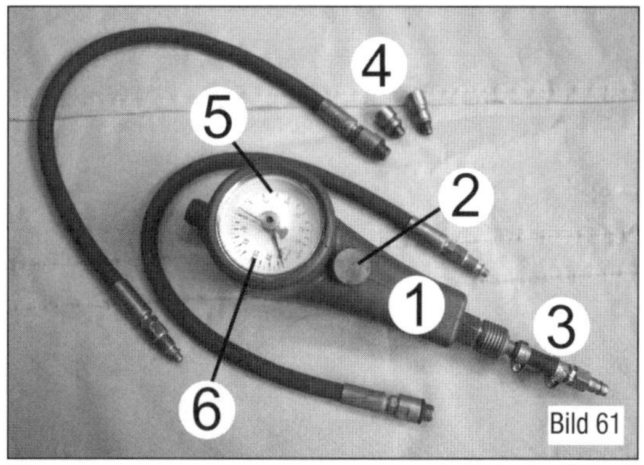

Bild 61
Meist recht günstig zu ersteigern, der Druckverlustprüfer.
1 Gehäuse
2 Einstellrad für Druckangleich
3 Anschlussschlauch Druckluftnetz
4 Prüfanschluss
5 Messuhr Druckverlusttest
6 Messuhr Kompressionsdruck

Bild 62
Der OT-Finder: Auf dem Weg nach OT verdrängt der Kolben Luft und schiebt den Anzeigekolben im Gerät nach oben. Fällt er schlagartig ab, wurde der OT-Punkt überschritten.

Bild 63
Nicht verwechseln: Mit Ventil (1) ist er für den Kompressionstest gerüstet, ohne Ventil (2) für den Druckverlusttest.

Verletzungsgefahr durch Abrutschen oder Klemmen!

Messung/Prüfung:

- Führen Sie den Anschlussschlauch des Druckverlusttesters zuerst in das rechte Kerzenloch ein.
- Kuppeln Sie den Messschlauch an das Messgerät an.
- Werten Sie jeden Zylinder einzeln wie unten beschrieben aus.
- Wiederholen Sie diesen Vorgang nun für alle Zylinder des Motors. Auswertung (Bilder 64 und 65).
- Notieren Sie den angezeigten Druckverlust für jeden Zylinder einzeln.

Bild 64
Druckverlust problematisch.

Bild 65
Druckverlust in Ordnung.

Beschreibung	Toleranz	Ursache
Druckverlust zu groß: Zischgeräusch am Ansaugtrakt feststellbar, keine Zischgeräusche am Auspuff feststellbar.	Bis 25% sind zulässig.	Einlassventil nicht sauber Einlassventil beschädigt; Steuerzeiten stimmen nicht, Motor steht nicht im Zünd-OT (Arbeitstakt).
Druckverlust zu groß: Zischgeräusche am Auspuff feststellbar, keine Zischgeräusche am Ansaugtrakt feststellbar.	Bis 25% sind zulässig.	Auslassventil nicht sauber Auslassventil beschädigt, Steuerzeiten stimmen nicht, Motor steht nicht im Zünd-OT (Arbeitstakt).
Druckverlust zu groß: Zischgeräusche am Auspuff feststellbar, Zischgeräusche am Ansaugtrakt feststellbar.	Bis 25% sind zulässig.	Beide Ventile nicht sauber geschlossen, beide Ventile undicht, beide Ventile beschädigt; Steuerzeiten stimmen nicht, Motor steht nicht im Zünd-OT (Arbeitstakt).
Druckverlust zu groß: keine Zischgeräusche am Auspuff feststellbar, keine Zischgeräusche am Ansaugtrakt feststellbar.	Bis 25% sind zulässig.	Druckverlust über Kolben und Zylinder, Kolben und/ oder Kolbenringe verschlissen oder defekt, Zylinderkopfdichtung defekt (während der Prüfung »blub bert« der Ausgleichsbehälter).

- Ein Druckverlust bei 4-Takt-Hubkolbenmotor ist bis zu 15% zulässig.
- Legen Sie den Kopf auf den Luftfilter oder besser noch, entfernen Sie den Luftfilter und hören Sie, ob Zischgeräusche aus dem Ansaugtrakt wahrnehmbar sind.
- Kontrollieren Sie auch am Auspuff, ob hier ein Luftstrom oder ein Zischgeräusch hörbar ist.

Verschleißmessung am Motor

Zugegeben, in der heutigen Zeit werden diese Arbeiten nur noch selten durchgeführt. Es ist aber nicht so, dass man die Verschleißmessung am Motor nicht mehr benötigen würde. Vielmehr wird sie oft aus Zeitgründen nicht mehr durchgeführt. Im privaten Bereich legen wir nun aber eher

Wert auf eine kostengünstige Reparatur und möchten gerne den Zustand unseres Gefährtes sicher dokumentieren. Sollten Sie den Motor einmal so weit zerlegt haben oder sind auf der Suche nach erhöhtem Ölverbrauch des Motors, können Sie, nachdem Zylinderkopf und Kolben demontiert wurden, den Motorblock ausmessen. Oftmals ist der Kolbenausbau auch am eingebauten Motor realisierbar. Schließlich müssen wir lediglich die Ölwanne abnehmen können, um die Pleuellager abschrauben zu können. Ob und wie weit die Laufleistung oder auch ungünstige Betriebszustände dem Motor zugesetzt haben, muss mit einigen einzelnen Messungen kontrolliert werden. Für die Messungen werden ein Innenmessgerät, eine Messuhr, ein Messschieber, eine Fühlerlehre sowie eine Bügelmessschraube benötigt. Die Messung beschreibt den Zustand von Zylinder und Kolben. Das Zusammenspiel dieser Bauteile wird durch die Auswertung der Messergebnisse bewertet.

Messungen am Zylinder

Vorbereitung der Messungen:

- Demontieren Sie den Zylinderkopf.
- Reinigen Sie Zylinderlaufbahn und Kolben gründlich.
- Messen Sie mithilfe des Messschiebers den Zylinderdurchmesser. Legen Sie anhand dieses Maßes fest, welche Adaptionsstücke in das Innenmessgerät eingebaut werden müssen.
- Montieren Sie das ausgewählte Adaptionsstück am Innenmessgerät.
- Führen Sie die Messuhr in die Aufnahme ein. Festgezogen wird sie aber erst, nachdem die Voreinstellung durchgeführt wurde.
- Richten Sie die Messuhr gerade in der Zylinderlaufbahn aus und stellen Sie mit einer Vorspannung von 2 mm fest.
- Richten Sie das Grundmaß (entweder das mit dem Messschieber ermittelte und gerundete oder ein vom Hersteller angegebenes) mit der Bügelmessschraube aus.
- Führen Sie die Feinjustierung des Innenmessgerätes durch.

Messungen

- Als Nächstes wird nun das Innenmessgerät in den zu messenden Zylinder eingeführt. Die Messung der Zylinderbuchse soll den Verschleiß genau darstellen. Da der Verschleiß im Zylinder in der Regel durch die unterschiedlichen Belastungszustände ungleichmäßig ausfällt, werden die Zylinder in zwei Richtungen und drei Ebenen beurteilt. Die Messrichtung wird in die Richtung »A« und »B« aufgeteilt, wobei »B« dann die Messung in Achsenrichtung der Kurbelwelle und »A« die Messung in Drehrichtung der Kurbelwelle darstellt. Die Messhöhe nennt sich recht einfach »1«, »2« oder »3«. So wird ein sehr genaues Bild des Zylinderverschleißes dargestellt.
- Zuerst einmal sollten alle Messungen in der Richtung »A« gemacht und in das Auswertungsblatt eingetragen werden. Erst dann werden die Messungen in der Richtung »B« durchgeführt und eingetragen. Das erspart das mehrmalige Einsetzen des Innenmessgerätes in den Zylinder.
- Führen Sie die Messung in Richtung »A« durch und tragen Sie diese ins Auswerteblatt ein.
- Führen Sie die Messungen in der Richtung »B« durch und tragen Sie diese in das Auswerteblatt ein.

Werte die über das Grundmaß gehen, werden als »+«-Werte eingetragen. Werte

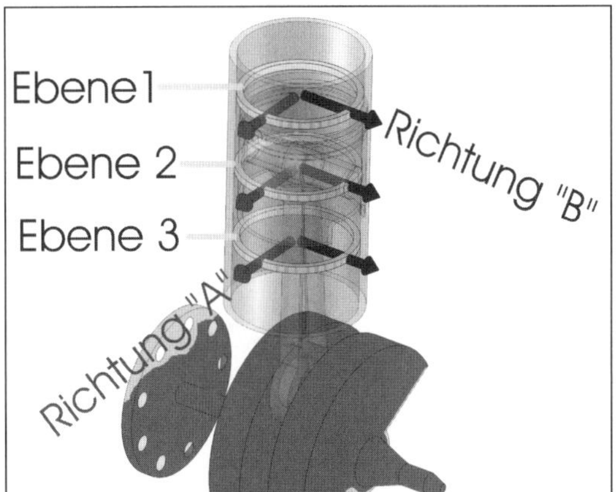

Bild 66

Bild 66
Messebenen und Messrichtungen am Zylinder.

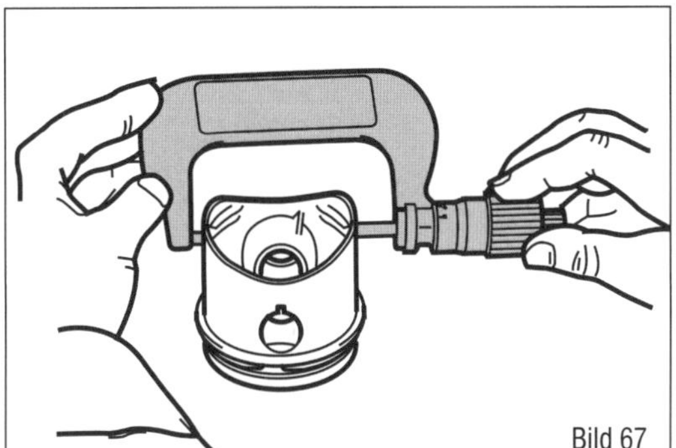
Bild 67

Bild 67
Messung des Kolbendurchmessers.

Sichtprüfung Messen

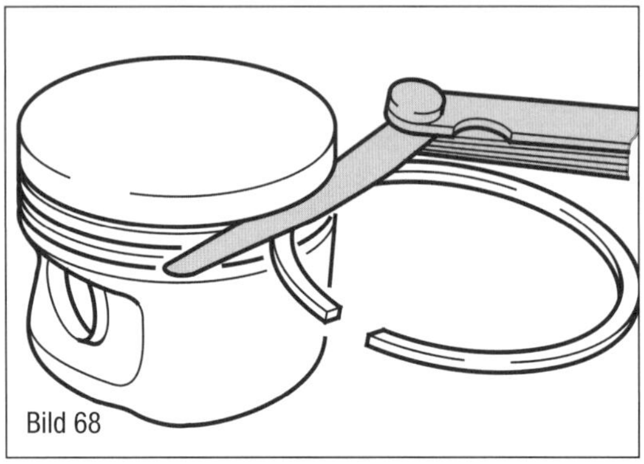

Bild 68

Bild 68
Höhenspielmessung am in die Ringnut eingelegten Kolbenring.

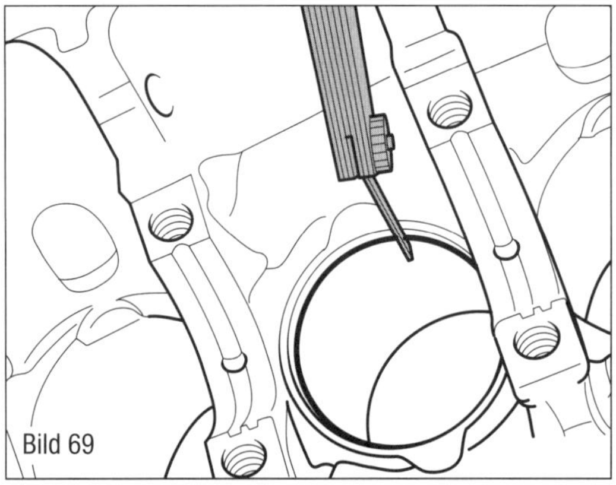

Bild 69

Bild 69
Stoßspielmessung am im Zylinder gerade eingelegten Kolbenring.

die das Grundmaß unterschreiten, werden in der Tabelle als »-«-Wert geführt. Diese Praxis spart viel Rechnerei und somit auch mögliche Fehlerquellen ein.

Messungen am Kolben
Nachdem die Messungen festgehalten wurden, werden nun die Kolben gemessen. Die Bügelmessschraube ist nun noch auf das Grundmaß des Zylinders eingestellt.

- Sie muss nun etwas geöffnet werden. Die Messungen werden grundsätzlich 90° versetzt zur Kolbenbolzenachse durchgeführt.
- Die Messung erfolgt nach Herstellerangaben am Kolbenhemd. Bei den meisten Herstellern liegt diese Messhöhe bei ca. 1,5 cm vom Hemdende, also vom unteren Ende des Kolbens.
- Auch hier werden die Messergebnisse im Messprotokoll unter dem Begriff Kolbendurchmesser notiert.

Kolben und Ölabstreifringe
Neben dem Verschleiß am Kolbenhemd können auch die Kolbenringe beziehungsweise die Ölabstreifringe sowie die Ringnuten im Kolben verschleißen. Durch die Bewertung der Kolbenringe mit Stoß- und Höhenspiel kann hier eine ausreichend genaue Aussage über den Zustand der Bauteile getroffen werden.

Höhenspiel prüfen
Der Kolbenring dichtet den Kolben zum Zylinder ab. Er schleift bei jeder Kolbenbewegung an der Zylinderwand entlang. Zwar wird er durch das Motoröl geschmiert, Verschleiß entsteht aber dennoch. Der Verschleiß der Kolbenringe muss also auch beachtet und vermessen werden.

- Nun wird der Kolbenring in die Ringnut eingelegt.
- Mithilfe der Fühlerlehre wird nun geprüft, wie groß das Spiel des Kolbenrings nach oben und unten ist.
- Die Messwerte werden natürlich auch im Auswertebogen festgehalten.

Stoßspiel prüfen
Mit dieser Prüfung wird der Verschleiß des Kolbenringes selbst geprüft.

- Zuerst einmal muss der Kolbenring genau gerade in den Zylinder eingesetzt werden.
- Liegt der Kolbenring wie gezeigt im Zylinder, wird nun wiederum mit der Fühlerlehre das Spaltmaß zwischen den beiden Kolbenringenden gemessen.
- Auch hier muss ein Maß aus den Herstellerunterlagen herausgesucht werden. Über den Daumen darf dieses Maß nicht größer als 1 mm ausfallen.

Auswertung Zylinder und Kolben
Die Messung ist der eine Teil, die Auswertung der Ergebnisse ist aber mindestens genauso wichtig. Nachdem nun die Ergebnisse aus den Messungen des Zylinders und der Kolben vorliegen, können wir schon eine Aussage über die Verwendbarkeit von Zylinder und Kolben treffen.

Die Ovalität
Ovalität ist die Verformung des Zylinders. Sie kann zum einen durch die Einwirkung von Temperatur und zum anderen durch den Verschleiß entstehen. Sie wird als die größte Ovalität angegeben und vergleicht die Ovalität der einzelnen Messebene eines Zylinders.

Das Laufspiel
Es beschreibt, wie viel Platz zwischen Kolben und Zylinder ist. Auch hier müssen

wieder die Herstellerangaben zu Rate gezogen werden. Als Daumenwert kann von einem Laufspiel von 0,04 mm bis zu 0,09 mm ausgegangen werden.

- Das Laufspiel errechnet sich, wenn man den Kolbendurchmesser vom größten und dem kleinsten Zylinderdurchmesser abzieht.

Lagerspiel an Kurbelwelle und Pleuel mit Plastigage messen

Im Gegensatz zu den Messungen mit dem Innenmessgerät ist die Messung mit Plastigage ungenauer, aber dafür sehr schnell durchzuführen. Liegen keine besonderen Verschleißspuren oder eigenartig anmutende Lagertragbilder vor, ist diese Messmethode durchaus legitim. Für die Messung werden die Lager komplett montiert (oder bleiben es). Um gut an die Lagerdeckel heranzukommen, empfiehlt es sich, die Kolben in eine Stellung zu bringen, an der die Lagerdeckel bequem de- und montiert werden können.

- Demontieren Sie die Lagerdeckel und reinigen Sie die Lagerstelle mit einem fusselfreien Lappen.
- Legen Sie einen Messfaden ein und montieren Sie das Lager wieder.
- Ziehen Sie das Lager auf das Solldrehmoment an. Der Messfaden wird nun »plattgedrückt«.
- Nach dem Entfernen des Lagerdeckels lässt sich anhand der Breite des Messfadens mit der mitgelieferten Tabelle das Lagerspiel ermitteln.

Beurteilen von Planflächen

Für diese Prüfung ist ein Präzisionslineal erforderlich. Das Haarlineal wird auf dem Zylinderkopf aufgelegt und gegen das Licht gehalten. Diese Prüfung über Kreuz und an mehreren Stellen am Zylinderkopf durchgeführt, lässt so die gesamte Fläche des Zylinderkopfes auf Ebenheit prüfen.

Prüfungen an der Nockenwelle

Auch die Nockenwelle unterliegt dem Verschleiß, oftmals finden sich bereits durch genaues Betrachten Mängel, die natürlich auch entsprechend bewertet werden müssen.

Laufspuren an der Nockenwelle

Kleine Laufspuren dürfen gerade in Anbetracht des Alters des Motors als normal

Bild 70

Bild 70
Lagerspielprüfung mit Plastigage.

bezeichnet werden. Tiefe Rillen und Ausbuchtungen müssen eine Ursache haben. Gratartige, scharfkantige Ausformungen an den Lagerstellen sind ein deutliches Zeichen für Verschleiß. In diesen Fällen muss das Lagerspiel geprüft werden.

Verschleiß an der Nockenwelle

Wenn sich die Nocken abnutzen, bedeutet das immer eine geringere Ventilöffnung und somit Leistungsverlust des Motors. Da auch die Oberflächenqualität in diesen Fällen stark leidet, werden die Ventilbetätigungen, also die Kipp- oder Schlepphebel mit beeinträchtigt.

Die Lagerstellen für diese Bauteile sollten dann sehr gründlich untersucht werden. Lässt man durch Laufspuren beschädigte Teile weiterhin in Betrieb, kann es sein, dass der Schaden sich auf der beispielsweise erneuerten Nockenwelle wieder einstellt. Auch die Ursache für den Schaden muss festgestellt werden. Ist die Ölpumpe noch in Ordnung? Betrachten wir einmal einige einfache Messungen, die an der Nockenwelle durchgeführt werden sollen:

Schlagprüfung an der Nockenwelle

- Entweder die Nockenwelle wird zwischen die Spitzen der Drehbank eingespannt oder auf Auflager gelegt.

Bild 71

Bild 71
Eingelaufene Nockenwelle.

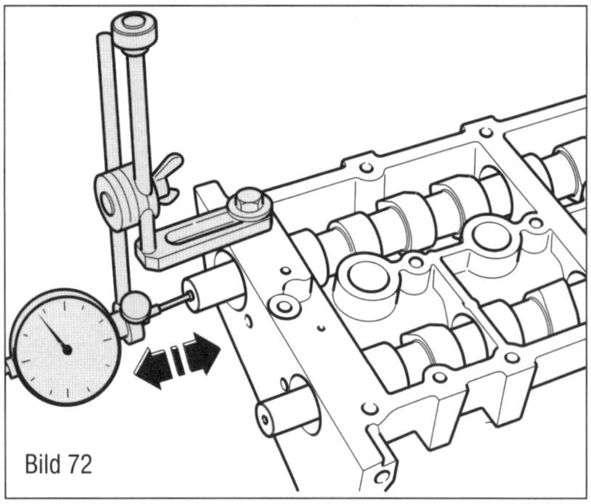

Bild 72
Messaufbau zur Axialspielmessung an der Nockenwelle.

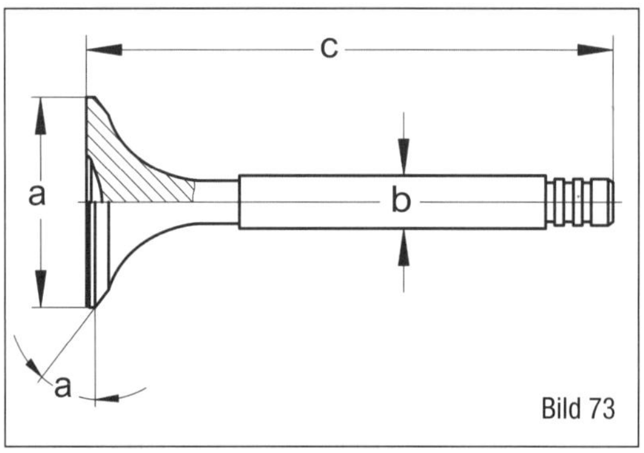

Bild 73
Abmessungen am Ventil.
a Tellerdurchmesser
b Schaftdurchmesser
c Ventillänge
Sitzwinkel

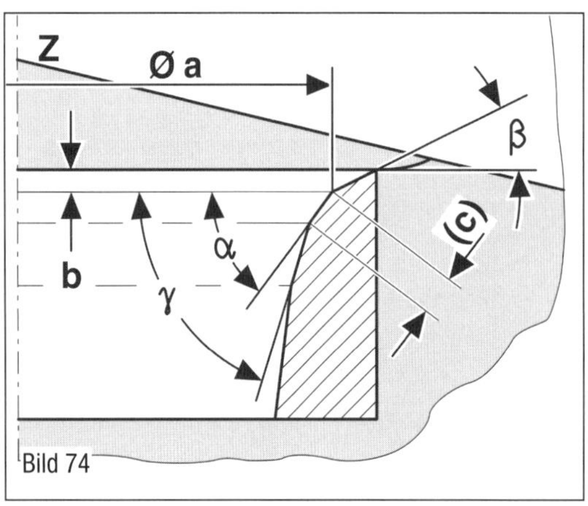

Bild 74
Abmessungen am Ventilsitz.
a Ventiltellerdurchmesser
α Sitzwinkel
β Korrekturwinkel außen
b maximales Nachbearbeitungsmaß
c Sitzbreite
γ Korrekturwinkel innen
Z Zylinderkopfkante

- Man richtet nun eine Messuhr mit Halter auf die einzelnen Lager aus und dreht die Nockenwelle.
- Der Höhenunterschied wird auf der Messuhr schnell deutlich. Die maximalen Toleranzen müssen den Herstellerunterlagen entnommen werden. Als Daumenrichtwert kann ein Schlag bis zu 0,01 mm angenommen werden. Nockenwellen mit einer größeren Abweichung sollten ersetzt werden.

Nockenhubmessung
Mit dem gleichen Messaufbau wie bei der Schlagprüfung kann auch der Hub der Nocke festgestellt werden. Gemessen wird der Unterschied zwischen der tiefsten Stelle und der höchsten Stelle eines Nockens. Auch diese Maße werden von jedem Motorenhersteller angegeben und sind nicht ohne Weiteres übertragbar. Sollte ein relevanter Verschleiß vorliegen, ist er in der Regel auch schon am Verschleißbild gut zu erkennen. Sinnvoll ist es allerdings, die Nocken der einzelnen Zylinder untereinander auszumessen und zu vergleichen. Die Ursache für einen deutlichen Unterschied kann schon mangelhafte Schmierung für den Ventiltrieb dieses Zylinders sein.

Lagerspielmessung der Nockenwelle
Will man das Lagerspiel lediglich kontrollieren und hat keinen besonderen Befund, reicht es aus die Lager mit Plastigage auszumessen. Die Vorgehensweise wurde bereits an den Kurbelwellen- und Pleuellagern vorgestellt. Soll das Lagerspiel genau in Augenschein genommen werden, müssen das gute alte Innenmessgerät und eine entsprechende Bügelmessschraube zum Einsatz kommen. Auch diese Vorgehensweise wurde bereits vorgestellt und muss lediglich auf den kleineren Durchmesser der Nockenwelle abgestimmt werden.

Axialspielmessung an der Nockenwelle
Das Axialspiel ist das seitliche Spiel der Nockenwelle. Auch diese Richtung ist Beschränkungen unterlegen. Selbstverständlich müssen auch hier die Werte der Motorenhersteller herangezogen werden. Im Grundsatz kann aber davon ausgegangen werden, dass ein Axialspiel von 0,15 mm noch in Ordnung ist. Am einfachsten lässt sich das Axialspiel ausmessen, wenn Ventile und/oder Ventiltrieb nicht eingebaut sind. So entfällt die Reibung zwischen den betätigten Ventilhebeln und der Nockenwelle. Als Messmittel kommt auch hier wieder die Messuhr mit Messuhrträger zum Einsatz. Sie sollte dann entweder mit dem Magnetfuß befestigt oder an einer geeigneten Stelle verschraubt werden.
Eine gebrochene Nockenwelle ist immer ein Zeichen großer mechanischer Kräfte. Oftmals bedeutet das, dass Ventile und eventuell auch die Stößelstangen beschädigt wurden. Diese Teile müssen dann in jedem Fall genauer unter die Lupe genommen werden.

Ventil und Führung beurteilen

Ventil ausmessen

Natürlich gibt es auch Abmessungen am Ventil. Die Tellerbreite und die Ventilsitzbreite gehören auch zu den Abmessungen, die bei der Beurteilung eines Ventils sehr wichtig sind. Daran entscheidet sich, inwieweit ein Ventil wieder eingesetzt, überarbeitet oder erneuert werden muss. In den meisten Fällen ist aber die Überarbeitung nicht zulässig und auf das Einläppen oder Einschleifen beschränkt.

Ventilschlag ausmessen

Um den Ventilschlag beurteilen zu können, muss das Ventil spielfrei gelagert werden. Das geht schon recht gut auf einem Messprisma. Besser jedoch ist die Aufnahme in einer Ventilprüfvorrichtung. Beurteilt wird der Ventilschlag am Ventilteller und in der Mitte des Schaftes.

Ventilführung ausmessen

Auch diese Messung ist mithilfe einer Messuhr recht einfach zu bewerkstelligen. Das Ventil wird ohne Ventilfedern, Klemmstücken und Ventilschaftdichtung eingeführt. Nun wird das Kippen des Ventils mit einer Messuhr erfasst. Auch hier gelten durchaus unterschiedliche Werte, die von den jeweiligen Motorenherstellern vorgegeben werden. Auch muss darauf geachtet werden, dass die Messlänge (also das Maß, um welches das Ventil aus dem Kopf herausragt) eingehalten wird.

Motor aus- und einbauen

Ottomotoren

- Die Wartungsklappe vorne ausbauen.
- Den Verschlussdeckel am Ausgleichsbehälter des Kühlmittels eine halbe Drehung entgegen dem Uhrzeigersinn drehen, Überdruck ablassen und anschließend Verschlussdeckel herunterschrauben.
- Die rechte Verkleidung seitlich im Kofferraum ausbauen.
- Die Innenraumklappe über Motor ausbauen.
- Die Masseleitung an der Batterie abklemmen.
- Den Motorleitungssatz fahrzeugseitig abklemmen.
- Den Katalysator ausbauen.
- Den Querträger der Hinterachse zusammen mit den Stablenkern ausbauen.

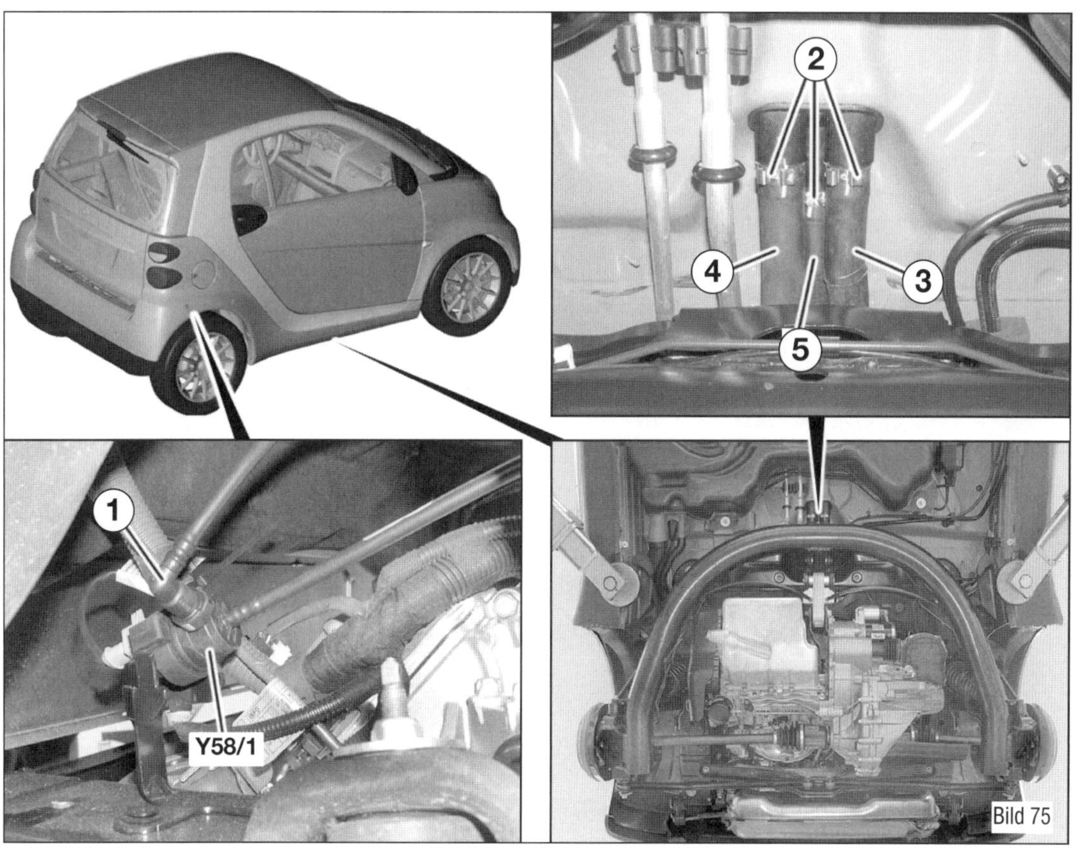

Bild 75
Ottomotor.
1 Regenerierleitung
2 Klemmschellen
3 Kühlmittelleitung
4 Kühlmittelleitung
5 Kühlmittelleitung
Y58/1 Tankentlüftungsventil

Bild 76
Ottomotor.
6 Unterdruckleitung, Bremskraftverstärker
7 Ladeluftverteilerrohr
8 Klemmschelle
9 Kraftstoffleitung
10 Kraftstoffverteiler
11 Schraube
12 Luftführung
13 Getriebeaufhängung
14 Halter Resonanzbehälter
15 Ladeluftkühler

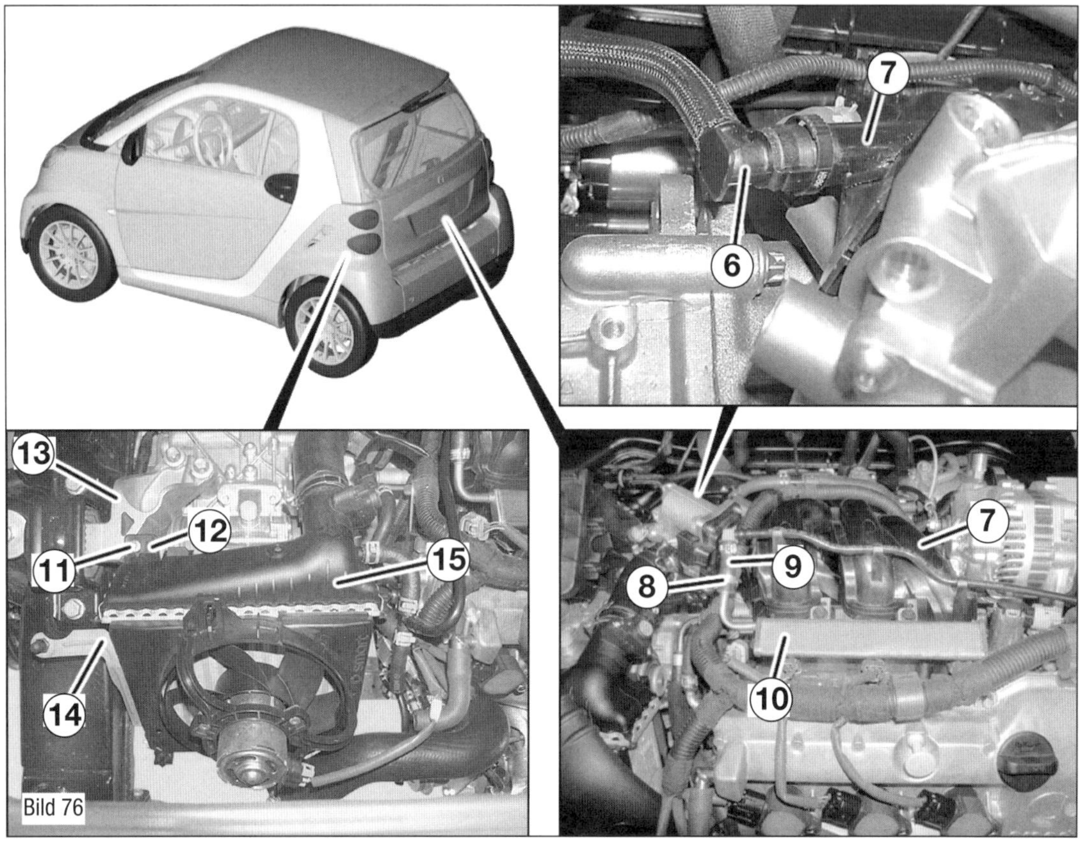

■ Das Kühlmittel ablassen.
■ Die linke und die rechte Hinterachswelle radseitig lösen und an geeigneter Stelle mit Kabelbinder fixieren.
■ Den Innenkotflügel im rechten Hinterkotflügel ausbauen.
■ Die Regenerierleitung (1 im Bild 75) am Tankentlüftungsventil (Y58/1) abbauen.
■ Das Heckantriebsmodul ablassen.
■ Die Klemmschellen (2) lösen und Kühlmittelleitungen (3, 4, 5) vom entsprechenden Kühlmittelrohr abziehen.

Auf Einbaulage der Kühlmittelleitungen (3, 4, 5) achten.

■ Den Resonanzbehälter ausbauen.
■ Das Fahrzeug mit der Hebebühne absenken.
■ Die Schrauben des Luftfiltergehäuses am

Bild 77
Ottomotor.
13 Getriebeaufhängung
16 Spreizclips
17 Abdeckung
18 Schraube
19 Drehmomentstütze
20 Schrauben
21 Schrauben
22 Motoraufhängung

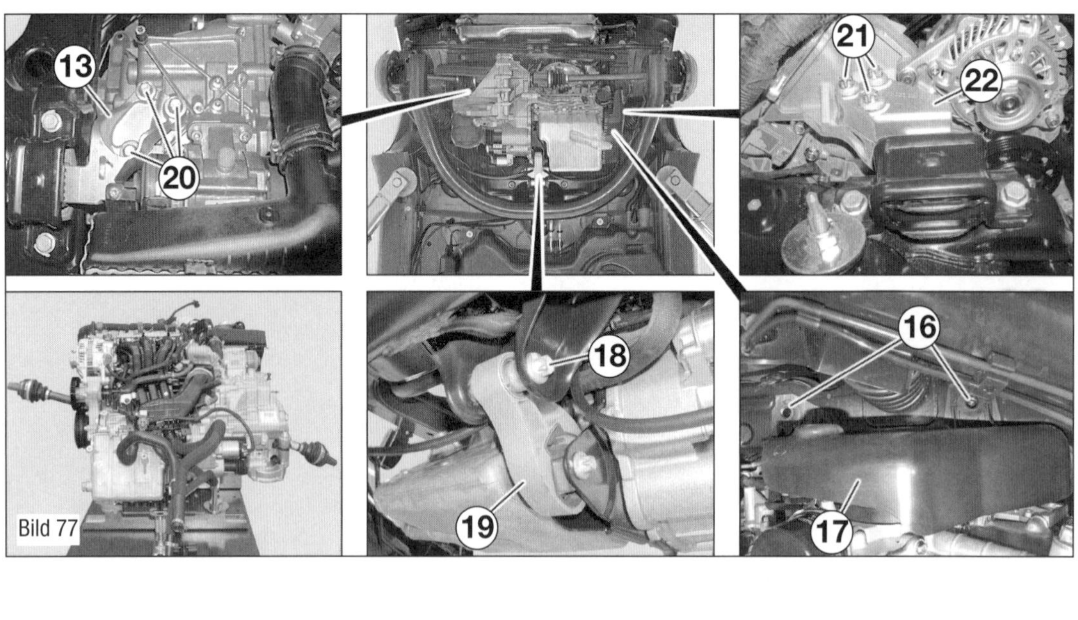

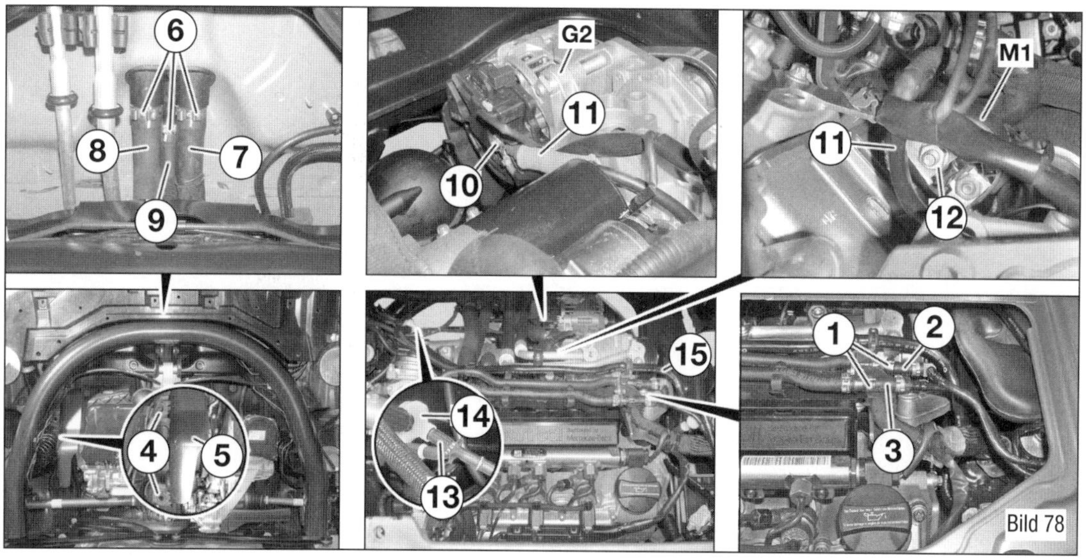

Bild 78
Dieselmotor.
1 Klemmschellen
2 Kraftstoffleitung Rücklauf
3 Kraftstoffleitung Vorlauf
4 Spreizclips
5 Abdeckung
6 Klemmschellen
7 Kühlmittelleitung Rücklauf
8 Kühlmittelleitung Vorlauf
9 Kühlmittelleitung Heizung
10 Mutter Bremskraftverstärker
11 Elektrische Leitung
12 Mutter
13 Unterdruckschlauch
14 Rückschlagventil
15 Unterdruckleitung
G2 Generator
M1 Starter

Getriebe herausschrauben und das Luftfiltergehäuse komplett nach oben abnehmen.

- Unterdruckleitung Bremskraftverstärker (6) am Ladeluftverteilerrohr (7) abbauen.
- Die Klemmschelle (8) lösen, die Kraftstoffleitung (9) am Kraftstoffverteiler (10) abziehen und freilegen.

⚠ Kraftstoffleitung (9) und Kraftstoffverteiler (10) mit geeigneten Verschlussstopfen verschließen.

- Die Schraube (11) der Luftführung (12 im Bild 76) an der Getriebeaufhängung (13) herausschrauben.
- Das Fahrzeug mit der Hebebühne anheben.
- Den Halter des Resonanzbehälters (14) am Ladeluftkühler (15) lösen und abnehmen.
- Den elektrischen Leitungssatz am Getriebe abbauen.
- Die Ladestromleitung motorseitig lösen.
- Den Spreizclip (16) ausbauen und die Abdeckung (17) abnehmen.

Bei Fahrzeugen mit Klimaanlage:

- Den Keilrippenriemen des Kompressors ausbauen, den Kältemittelverdichter abbauen und an geeigneter Stelle mit einem Kabelbinder fixieren.
- Einen geeigneten Aggregatehubtisch positionieren und am Motor befestigen.
- Die Schraube (18 im Bild 77) an der Drehmomentstütze (19) herausschrauben.
- Die Schrauben (20) der Getriebeaufhängung (13) am Getriebe herausschrauben Die Schrauben (20) sind über den linken Radlauf zugänglich.
- Die Schrauben (21) der Motoraufhängung (22) am Steuergehäusedeckel herausschrauben. Die Schrauben (21) sind über den rechten Radlauf zugänglich.
- Den Motor mit Getriebe vorsichtig absenken.

☞ Es ist ein Helfer erforderlich. Während des Absenkens die Luftführung (12) über die Getriebeaufhängung (13) heben, sonst kann die Luftführung (12) beschädigt werden. Darauf achten, dass keine elektrischen Leitungen und Schläuche eingeklemmt werden.

- Fahrzeug mit der Hebebühne so weit anheben, bis der Motor mit dem Getriebe unter dem Fahrzeug hervorgezogen werden kann.

Die Montage erfolgt sinngemäß in umgekehrter Reihenfolge.

Dieselmotoren

- Rechte Verkleidung seitlich im Kofferraum ausbauen.
- Innenraumklappe über Motor ausbauen.
- Masseleitung an der Batterie abschließen.
- Innenkotflügel im rechten hinteren Kotflügel ausbauen.
- Fahrzeug mit der Hebebühne absenken.
- Motorleitungssatz fahrzeugseitig abschließen.
- Klemmschellen (1 im Bild 77) lösen, Kraftstoffleitung Rücklauf (2) und Kraftstoffleitung.

Sichtprüfung Messen

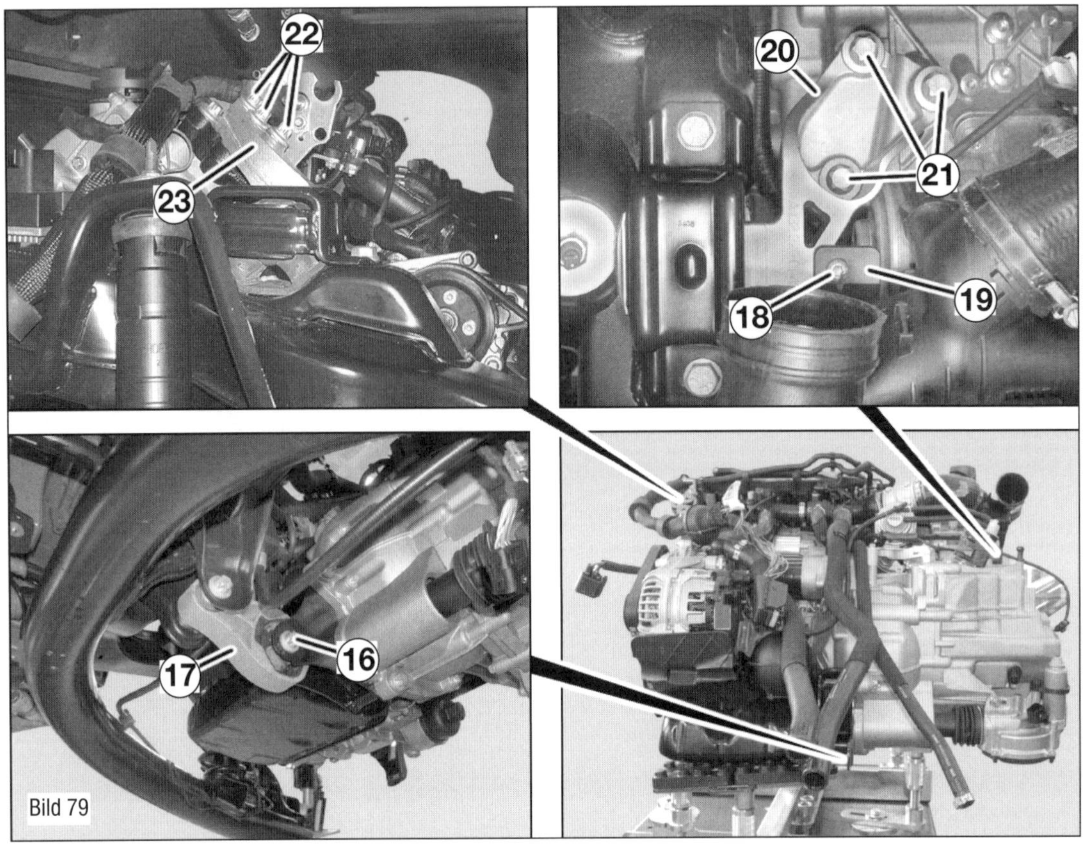

Bild 79
Dieselmotor.
16 Schraube
17 Drehmomentstütze
18 Schraube
19 Zuluftführung
20 Lager Getriebeaufhängung
21 Schrauben
22 Schrauben
23 Motorlager rechts

⚠ Vorlauf (3) an den entsprechenden Leitungsanschlüssen abziehen und mit geeigneten Verschlussstopfen verschließen.

- Kühlmittel ablassen.
- Querträger Hinterachse zusammen mit den Stablenkern ausbauen.
- Linke und rechte Hinterachswelle ausbauen.
- Das Heckantriebsmodul ablassen.
- Spreizclips (4) ausbauen und Abdeckung (5) abnehmen.

Bei Fahrzeugen mit Klimaanlage:

- Keilrippenriemen Kompressor ausbauen.
- Kältemittelverdichter abbauen und an geeigneter Stelle mit einem Kabelbinder fixieren.
- Endschalldämpfer ausbauen.
- Elektrischen Leitungssatz am Getriebe abbauen.
- Klemmschellen (6) lösen und Kühlmittelleitung Rücklauf (7), Kühlmittelleitung Vorlauf (8) sowie Kühlmittelleitung Heizung (9) vom entsprechenden Kühlmittelrohr abziehen.
- Fahrzeug mit der Hebebühne absenken.
- Mutter (10) am Generator (G2) abschrauben und elektrische Leitung (11) vom Generator (G2) abnehmen.
- Mutter (12) am Starter (M1) abschrauben und elektrische Leitung (11) freilegen.
- Unterdruckschlauch (13) am Rückschlagventil (14) abziehen.
- Unterdruckleitung Bremskraftverstärker (15) an der Unterdruckpumpe abbauen und freilegen.
- Umschaltventil ARF am Luftfiltergehäuse lösen und mit angeschlossenen Unterdruckschläuchen sowie angeschlossener elektrischer Steckverbindung zur Seite ablegen.
- Unterdruckschläuche und elektrische Steckverbindung am Ladedrucksteller links trennen, Schrauben des Luftfiltergehäuses am Getriebe herausschrauben und Luftfiltergehäuse komplett nach oben abnehmen.
- Fahrzeug mit der Hebebühne anheben. Schraube (16) an der Drehmomentstütze (17 im Bild 79) herausschrauben.
- Aggregatehubtisch mit Universal-Aggregateaufnahme unter Motor und Getriebe positionieren.
- Schraube (18 im Bild 79) der Zuluftführung (19) am Lager Getriebeaufhängung (20) herausschrauben.
- Schrauben (21) des Lagers Getriebeauf-

hängung (20) am Getriebe herausschrauben. Die Schrauben (21) sind über den linken Radlauf zugänglich.

- Schrauben (22) des Motorlagers rechts (23) an der Zwischenplatte am Zylinderkopf herausschrauben. Die Schrauben (22) sind über den rechten Radlauf zugänglich.
- Motor mit Getriebe vorsichtig absenken.

Es ist ein Helfer erforderlich. Motor mit Getriebe vorsichtig absenken und positionieren. Sonst können elektrische Leitungen und Schläuche eingeklemmt werden.

- Fahrzeug mit der Hebebühne so weit anheben, dass der Motor mit dem Getriebe unter dem Fahrzeug hervorgezogen werden kann.
- Einbau in umgekehrter Reihenfolge.

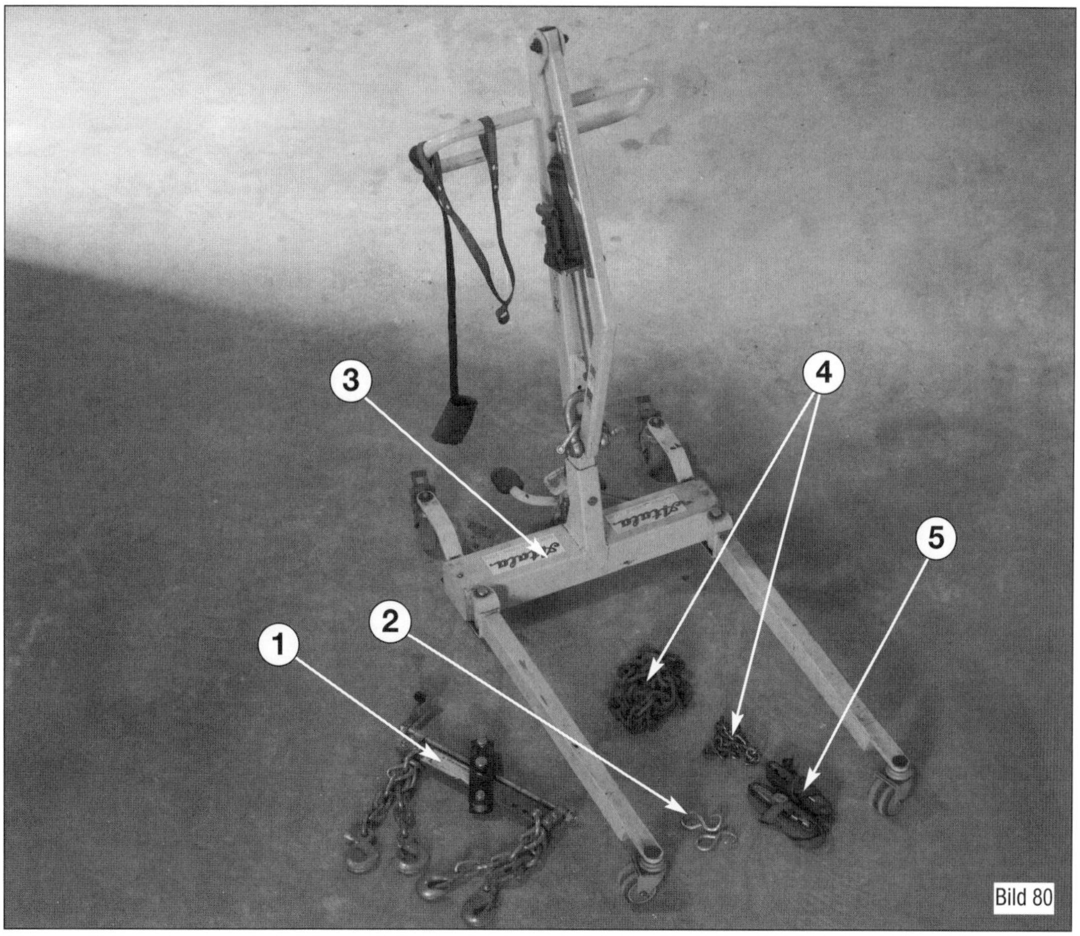

Bild 80
Hubwerkzeug:
1 Ausrichtspindel,
2 Hacken,
3 Motorkran,
4 Ketten,
5 Spanngurte mit Ratsche

5 Motorschmierung

Alle Stellen im Motor, an denen Metalle aufeinander gleiten, müssen ständig mit Öl versorgt werden: Kolben, Zylinderlaufbahnen, die Lager von Kurbelwelle und Nockenwelle. Kein Triebwerk des Smart hielte mehr als einige wenige Minuten ohne passende Schmierung durch. Damit das Öl seine Aufgabe erfüllen kann, strömt es im Motorblock durch ein System von Leitungen und feinen Bohrungen an die richtige Adresse. Eine wichtige Rolle in diesem Kreislauf spielt die Ölpumpe. Sie holt über das Ölsaugrohr das Motoröl aus der Ölwanne und drückt es in die Leitungen. Zuvor muss die Flüssigkeit den im Hauptstrom des Schmiersystems sitzenden Ölfilter passieren. Dort werden Verunreinigungen wie Ruß, Metallabrieb und Staub herausgefiltert. Ein Überdruckventil an der Pumpe öffnet bei zu hohem Druck, sodass ein Teil des Öls in die Ölwanne zurückfließen kann. Der Motor verbraucht Öl, weil es teilweise in den Verbrennungsraum gelangt und dort verbrennt. Ein undichter Motor, defekte Ventilschaftabdichtungen, auch falsch eingebaute Kolbenringe oder zu viel Spiel zwischen Ventilführung und Ventilschaft treiben den Verbrauch in die Höhe. Wenn der Motor technisch in Ordnung ist, verbraucht er allerdings so wenig, dass zwischen den Ölwechselintervallen nichts oder nur eine geringe Menge nachgefüllt werden muss.

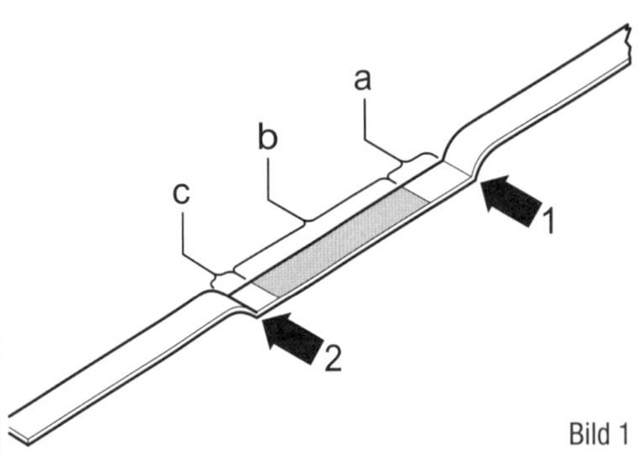

Bild 1

Bild 1
Markierungen an Ölmessstäben in Flachmetallform.
a Kein Öl nachfüllen
b in diesem geriffelten Feld kann Öl nachgefüllt werden
c Öl muss unbedingt nachgefüllt werden
Pfeile: Markierungen für maximalen (1) und minimalen (2) Füllstand

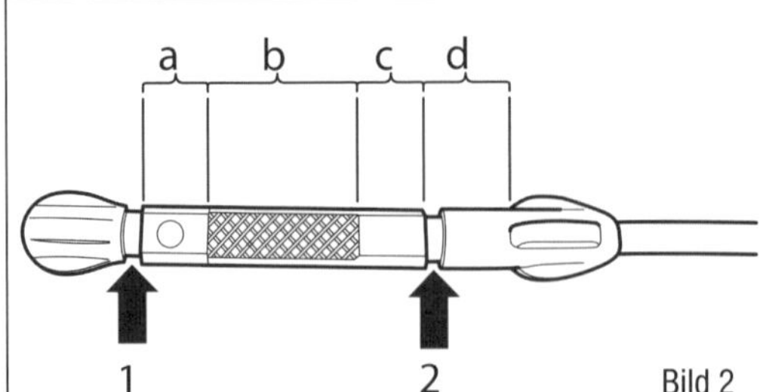

Bild 2

Bild 2
Markierungen an Ölmessstäben in Kunststoffausführung.
a Öl muss unbedingt nachgefüllt werden
b in diesem geriffelten Feld kann Öl nachgefüllt werden
c Kein Öl nachfüllen
d Überfüllung
Pfeile: Markierungen für maximalen (1) und minimalen (2) Füllstand

Motorölstand prüfen

■ Das Fahrzeug zum Messen des Ölstandes waagerecht abstellen. Motor abstellen und mindestens drei Minuten warten, damit das Öl in die Wanne zurückfließen kann.
■ Ölmessstab herausziehen, mit einem sauberen Putzlappen abwischen und den Messstab wieder bis zum Anschlag hineinschieben.
■ Messstab anschließend wieder herausziehen und Ölstand ablesen (Bilder 1 und 2). Die Bilder zeigen die hauptsächlich eingesetzten Varianten des Messstabs, es gibt aber noch andere Ausführungen. Das in den Bildern gezeigte Prinzip gilt jedoch generell. Die Markierungen besagen: Bei Ölstand oberhalb der Markierung »a« (Max-Marke Pfeil 1) besteht die Gefahr von Katalysatorschäden. Bei Nachfüllen im Bereich »b« kann es vorkommen, dass der Ölstand danach im Bereich »a« steht. Beim unbedingt nötigen Nachfüllen von Öl im Bereich »c« genügt es, dass danach der Ölstand im Messfeld »b« (geriffeltes Feld) steht. Bei Ölstand unterhalb der c-Markierung (Min-Marke Pfeil 2) etwa 0,5 Liter Öl (bis zur a-Markierung) auffüllen.

Motoröl ablassen oder absaugen, Motoröl auffüllen

Ölwechsel mit Altölauffang- und Absauggerät

■ Öleinfüllverschlussdeckel abnehmen und Motoröl mit Altölauffang- und Absauggerät absaugen.
Der Motorölwechsel mit einem Altölauffang- und Absauggerät sollte nach Möglichkeit bei betriebswarmem Motor durchgeführt werden.

Öl über Schraube ablassen

■ Fahrzeug anheben, Ölablassschraube unten in der Ölwanne herausdrehen und das austretende Öl auffangen.
■ Neue Ölablassschraube mit unverlierbarem Dichtring handfest einschrauben und

mit 65 Nm (M14) anziehen. Das Drehmoment darf nicht überschritten werden. Ein zu hohes Drehmoment könnte zu Undichtigkeiten oder sogar zu Beschädigungen im Bereich der Ölablassschraube führen.

- Ölfilter ersetzen (im Anschluss).

Motoröl einfüllen

Werkseitig ist ein Qualitäts-Mehrbereichsöl eingefüllt, das außer in extrem kalten Klimazonen als Ganzjahresöl gefahren werden kann. Die Benzinmotoren benötigen die in nachfolgender Tabelle angegebenen Ölfüllmengen mit Ölfilterwechsel, der immer zum Ölwechsel gehört. Wird der Filter nicht ausgebaut und gewechselt, werden rund 0,5 Liter weniger Öl benötigt. Beim Nachfüllen und beim Ölwechsel muss unbedingt die Spezifikation beachtet werden, wie sie der Hersteller vorschreibt. In der Vergangenheit gab es eine ganze Reihe Öle nach Mercedes-Norm für Benzin- und für Dieselmotoren.

- Einfüllöffnung aufschrauben, Öl gemäß Spezifikation möglichst mit Trichter auffüllen.
- Öleinfüllverschlussdeckel wieder aufschrauben.
- Motor anlassen und auf Undichtigkeiten prüfen.
- Motorölstand erneut prüfen und ggf. Öl nachfüllen.
- Nachdem Öl erneut nachgefüllt worden ist, mindestens drei Minuten warten und dann erneut Ölstand prüfen.
- Geräuschdämpfung einbauen und Fahrzeug ablassen.

Motorbauart/Füllmenge	Diesel	Otto
Ölfilter ca.	0,5 l	0,5 l
Wiederbefüllung	2,7 l	3,3 l

Ölfilter oder Ölfiltereinsatz wechseln

Zum Einsatz kommen hier im Wesentlichen zwei Bauarten für die unterschiedlichen Motortypen. Der Übersicht halber werden wir die Motoren anhand des Filteraufbaus darstellen.

Dieselmotoren (Bild 3)

- Lassen Sie das Motoröl ablaufen.
- Drehen Sie den Deckel (3) los und lassen Sie das darin enthaltene Restöl ablaufen.

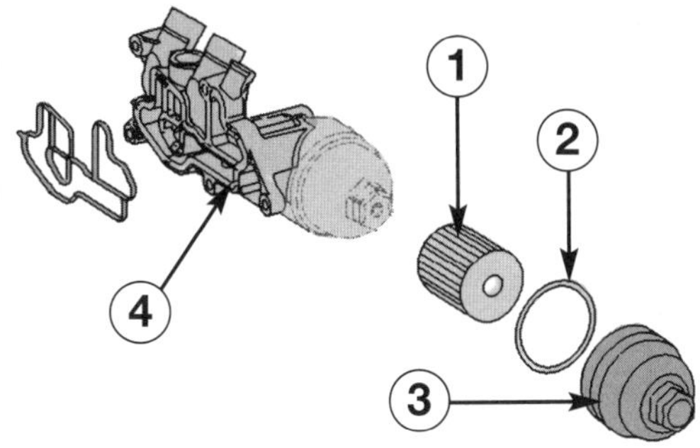

Bild 3

Dieselmotor.
1 Ölfiltereinsatz
2 Dichtring
3 Deckel
4 Flansch

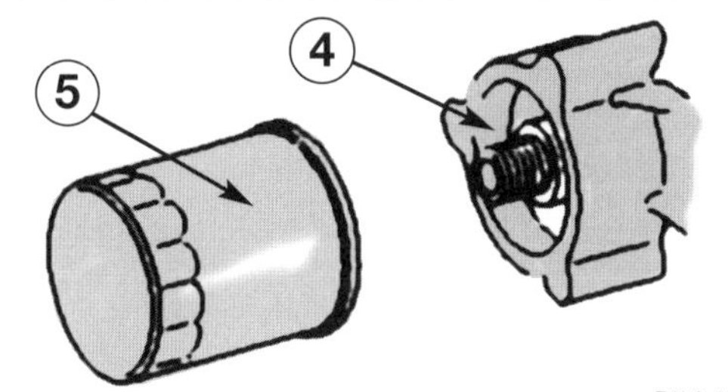

Bild 4

Bild 4
Benzinmotor.
4 Flansch
5 Ölfilterpatrone

- Nehmen Sie den Deckel zusammen mit dem Ölfiltereinsatz heraus.
- Nehmen Sie den Dichtring (2) aus dem Deckel (3) heraus.
- Reinigen Sie Deckel und Ölfiltergehäuse.
- Setzen Sie den neuen Ölfilter ein und ziehen Sie den Deckel handfest an.
- Ziehen Sie den Deckel mit etwa 20 Nm nach. Ein Montageschlüssel, wie im Bild 5 abgebildet, kann hier sehr hilfreich sein.

Otto (Benzin)-Motoren (Bild 4):

- Lassen Sie das Motoröl ablaufen.
- Drehen Sie den Ölfilter (4) los und lassen Sie das darin enthaltene Restöl ablaufen.
- Nehmen Sie den Ölfilter zusammen mit dem Dichtring (ist am Ölfilter fest) ab.
- Reinigen Sie Dichtfläche des Ölfilters.

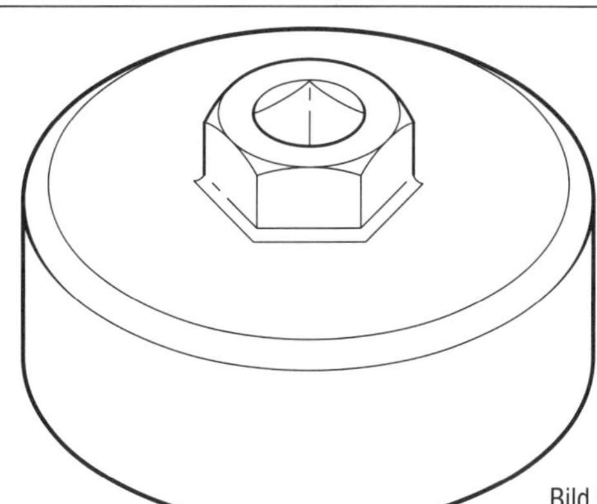

Bild 5

Bild 5
Aufsatz für die Ölfilter- und Deckeldemontage.

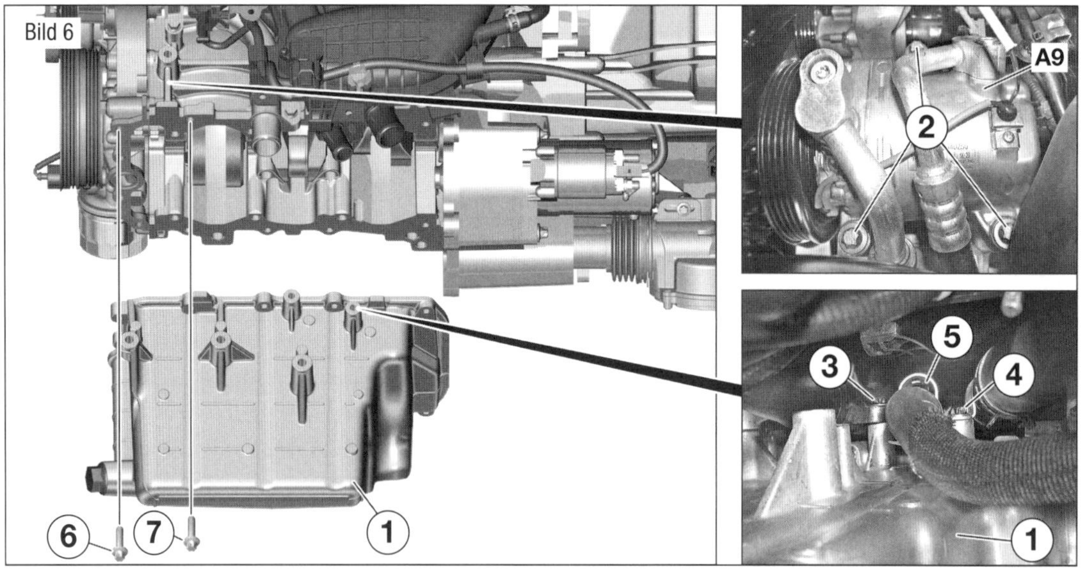

Bild 6
1 Ölwanne
2 Schrauben
3 Schraube
4 Schraube
5 Halter
6 Schraube
7 Schraube
A9 Kältemittelverdichter

■ Setzen Sie den neuen Ölfilter an und ziehen Sie ihn handfest an.

■ Ziehen Sie den Ölfilter mit etwa 20 Nm nach. Ein Montageschlüssel, wie im Bild 5 abgebildet, kann hier sehr hilfreich sein.

Ölwanne aus- und einbauen

Benzinmotoren

■ Das Motoröl ablassen.

■ Den Keilrippenriemen des Kältemittelverdichters (A9 im Bild 6) ausbauen.

■ Die Schrauben (2) über den Radlauf hinten rechts herausschrauben und Kältemittelverdichter (A9) mit angeschlossenen Kältemittelleitungen zur Seite legen.

■ Den Träger für Motoraufhängung vorn ausbauen.

■ Die Schraube (3) herausschrauben.

■ Schraube (4) herausschrauben und Halter (5) abnehmen.

■ Alle Schrauben (6, 7) an der Ölwanne (1) herausschrauben.

■ Die Ölwanne (1) mit Messer vom Zylinderkurbelgehäuse lösen und abnehmen.

Die Montage erfolgt sinngemäß in umgekehrter Reihenfolge.

Dieselmotoren

■ Das Motoröl absaugen, beziehungsweise ablassen.

■ Den Unterdruckspeicher (2) lösen und mit angeschlossener Unterdruckleitung zur Seite ablegen.

■ Die Schrauben (3) herausschrauben und Halter (4) des Unterdruckspeichers (2) abnehmen.

■ Die Schrauben an der Ölwanne (1) herausschrauben.

■ Die Ölwanne (1) mit dem Messer vom Zylinderkurbelgehäuse lösen und abnehmen.

Die Montage erfolgt sinngemäß in umgekehrter Reihenfolge.

■ Die Dichtflächen und die Gewindeboh-

Bild 7
1 Ölwanne
2 Unterdruckspeicher
3 Schrauben
4 Halter

rungen im Zylinderkurbelgehäuse sowie im Steuergehäusedeckel reinigen.

■ Das Dichtmittel in Form einer Raupe mit einer Höhe und Breite von ca. 3 mm auf die Dichtfläche der Ölwanne (1) auftragen.

⚠ Nach der Montage der Ölwanne muss das Dichtmittel ca. 30 Minuten trocknen. Erst danach darf Motoröl eingefüllt werden.

Schwallblech Bauteilbeschreibung

Das Schwallblech befindet sich unten am Kurbelgehäuse. Um die Leistung des Motors zu optimieren, wurde ein Schwallblech zwischen Ölwanne und Kurbelgehäuse montiert. Das Schwallblech verhindert das direkte Eintauchen der Kurbelwelle in das in der Ölwanne verbleibende Motorenöl. Dadurch wird der Widerstand an der Kurbelwelle reduziert und gleichzeitig das Aufschäumen des Motorenöls verhindert. Weiterhin fließt das vom Motor zurücklaufende Motorenöl über das Schwallblech in die Ölwanne. Dadurch findet eine Beruhigung des Motorenöls statt.

Das bei verschiedenen Fahrzuständen aufschwappende Motorenöl wird vom Schwallblech zurückgehalten und gelangt somit nicht in direkten Kontakt zur Kurbelwelle. Außerdem wird dadurch verhindert, dass bei Schrägstellung des Fahrzeugs die Ölpumpe Luft ansaugt.

Bild 8

Bild 8
1 Schwallblech
2 Kurbelgehäuse

Ölpumpe aus- und einbauen

Ottomotoren

Die Ölpumpe befindet sich seitlich am Motor und ist im Steuergehäusedeckel integriert.

■ Die Wartungsklappe ausbauen.

■ Den Verschlussdeckel des Aus-

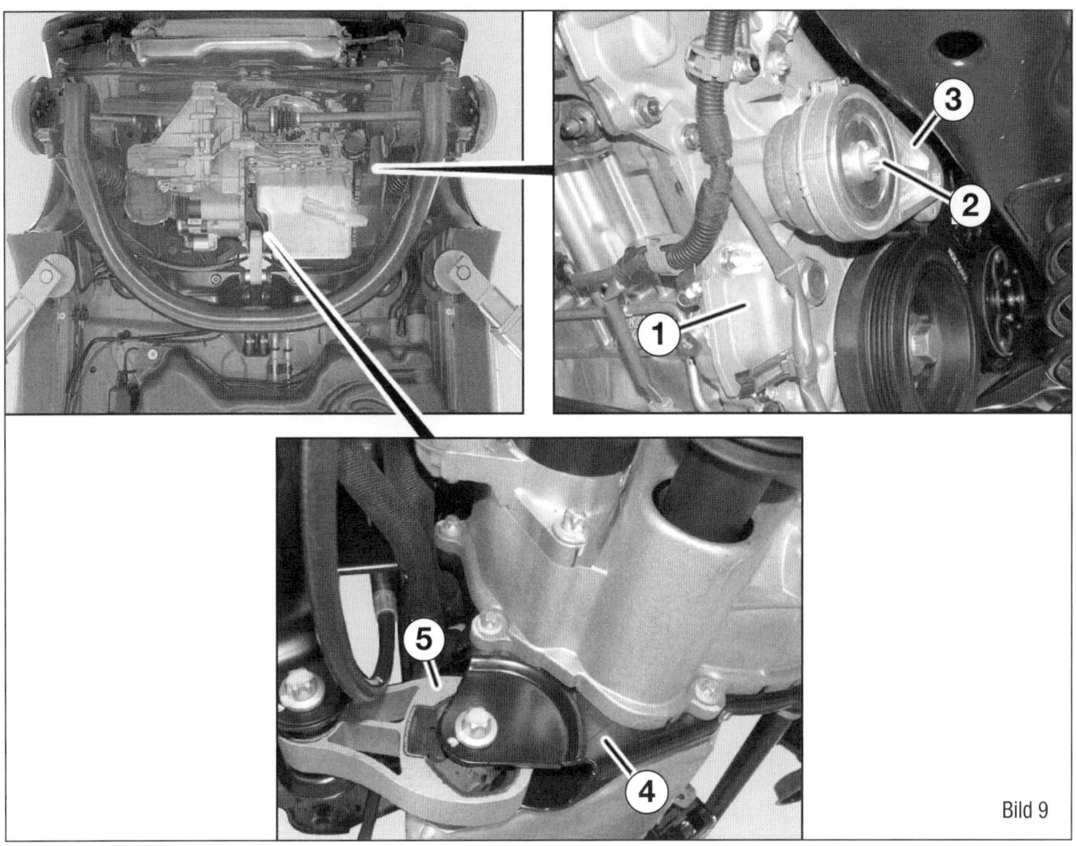

Bild 9

Bild 9
Benzinmotoren.
1 Steuergehäusedeckel
2 Schraube
3 Keilrippenriemen-Spannvorrichtung
4 Träger Motoraufhängung vorn
5 Drehmomentstütze

Bild 10
Benzinmotoren.
1 Steuergehäusedeckel
6 Schrauben
7 Halter
8 Zylinderkopf
9 Schrauben
10 Schraube
11 Motorlager
12 Schraube
13 Elektrische Steckverbindung
14 Schraube
15 Elektrische Leitung
16 Schraube
17 Schraube
18 Elektrischer Leitungssatz
19 Hohlschraube
20 Ölvorlaufleitung
G2 Generator
S41/1 Schalter Öldruck

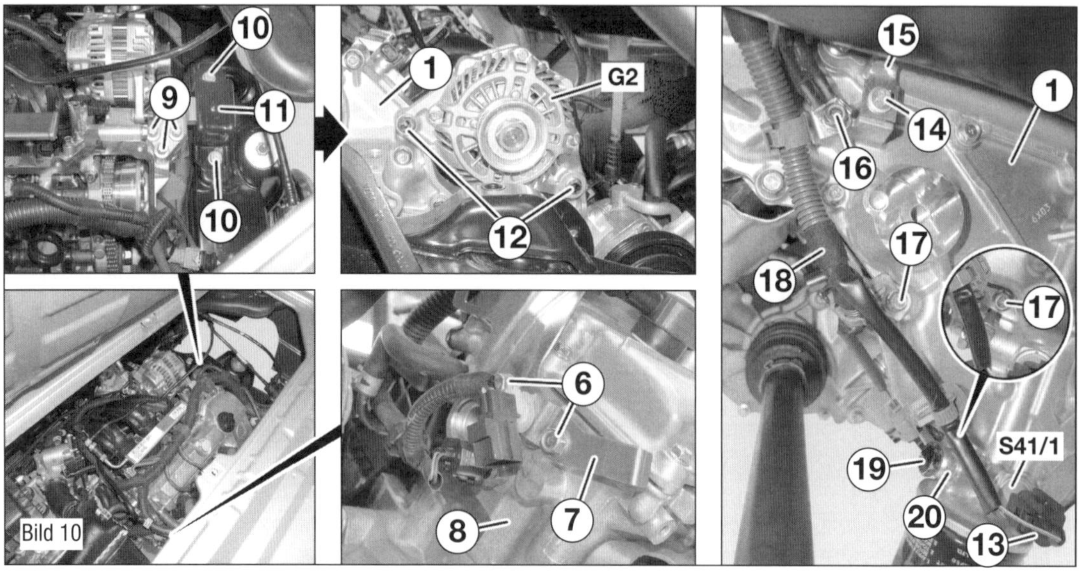

gleichbehälters Kühlmittel eine halbe Umdrehung entgegen dem Uhrzeigersinn drehen, Überdruck ablassen und Verschlussdeckel abschrauben.

- Die Innenraumklappe über Motor ausbauen.
- Die Masseleitung an der Batterie abschließen.
- Den Innenkotflügel im rechten hinteren Kotflügel ausbauen.
- Das Heckantriebsmodul ablassen.
- Das Kühlmittel ablassen.
- Den Katalysator ausbauen.
- Die Riemenscheibe der Kurbelwelle ausbauen.
- Die Schraube (2 im Bild 9) herausschrauben und die Keilrippenriemen-Spannvorrichtung (3) abnehmen.
- Die Ölwanne wie beschrieben ausbauen.

⚠ Den Träger Motoraufhängung vorn (4) zusammen mit der Drehmomentstütze (5) ausbauen. Hierfür die Schraube der Drehmomentstütze (5) am Integralträger herausschrauben.

- Den Träger der Motoraufhängung vorn (4) zusammen mit der Drehmomentstütze (5) wieder einbauen.
- Das Fahrzeug mit der Hebebühne absenken.
- Die Zylinderkopfhaube ausbauen.

☞ Wärmeschutzblech der Auspuffanlage bei abgelassenem Heckantriebsmodul entnehmen. Die Einbaulage des Wärmeschutzbleches beachten.

- Den Resonanzbehälter ausbauen.

Bild 11
Benzinmotoren.
1 Steuergehäusedeckel
21 Schrauben
22 Schrauben
23 Dichtringe
24 Kurbelwellen-Radialdichtring
25 Kühlmittelpumpe
S41/1 Schalter Öldruck

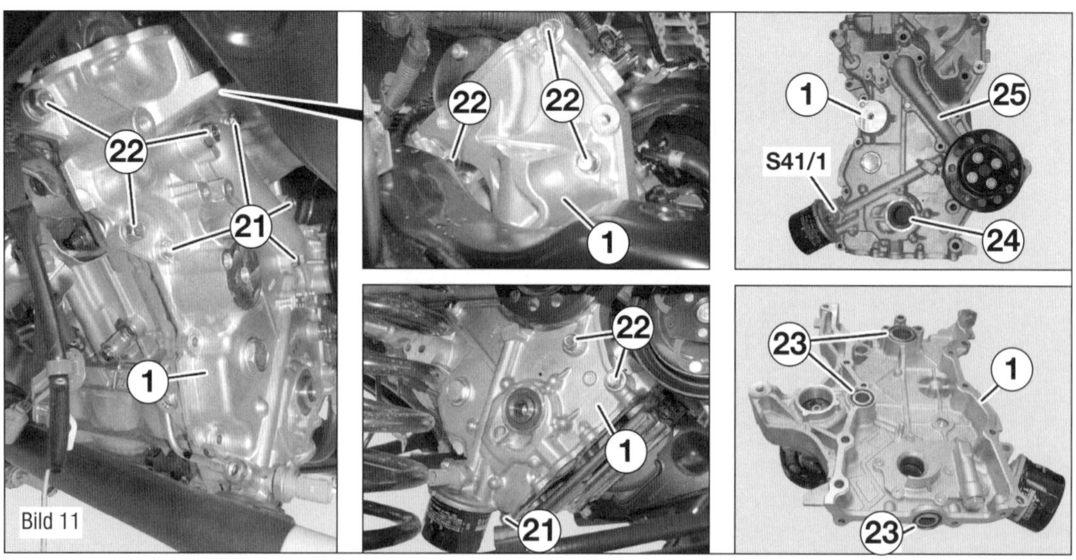

■ Die Schrauben (6) herausschrauben und den Halter (7) abnehmen.
■ Die Halteplatte mit einer Schraube (6) am Zylinderkopf (8) befestigen, Stützen an die Motor-Hebevorrichtung anbauen und den Motor mit Motor-Hebevorrichtung und geeigneter Kette über die Halteplatte am Zylinderkopf (8) abstützen.
■ Die Schrauben (9, 10) herausschrauben und Motorlager (11) abnehmen.
■ Die Schrauben (12) herausschrauben, Generator (G2) am Steuergehäusedeckel (1) lösen und mit Kabelbinder an geeigneter Stelle fixieren.
■ Das Fahrzeug mit der Hebebühne anheben.
■ Die Keilrippenriemen-Spannvorrichtung (3) ausbauen.
■ Die elektrische Steckverbindung (13) am Schalter Öldruck (S41/1) trennen.
■ Die Schraube (14) herausschrauben und die elektrische Leitung (15) der Masse Motor abnehmen.
■ Die Schraube (16) herausschrauben.
■ Die Schrauben (17) herausschrauben und elektrischen Leitungssatz (18) zur Seite legen.
■ Bei den Turbomotoren die Hohlschraube (19) der Ölvorlaufleitung (20) für Abgasturbolader am Steuergehäusedeckel (1) herausschrauben.
■ Bei Fahrzeugen mit Klimaanlage den Kältemittelverdichter abbauen und mit Kabelbinder an geeigneter Stelle fixieren.
■ Die Schrauben (21, 22) herausschrauben.
■ Den Steuergehäusedeckel (1) mit geeignetem Werkzeug vom Zylinderkurbelgehäuse lösen und nach unten herausnehmen.
■ Den Kurbelwellen-Radialdichtring (24) mit geeignetem Werkzeug aus dem Steuergehäusedeckel (1) heraushebeln.

⚠ Der Kurbelwellen-Radialdichtring (24) muss trocken verbaut werden und bündig mit dem Steuergehäusedeckel (1) abschließen.

Die Montage erfolgt sinngemäß in umgekehrter Reihenfolge.
■ Die Dichtflächen am Steuergehäusedeckel (1) und am Zylinderkurbelgehäuse reinigen, die Dichtringe (23) am Steuergehäusedeckel (1) und den Dichtring an der Kühlmittelleitung Zulauf erneuern.

☞ Vor dem Einbau des Steuergehäusedeckels (1) die Führung für den Kurbelwellen-Radialdichtring (24) in die Gewindebohrung der Kurbelwelle hineinschrauben und den Antrieb der Ölpumpe im Steuergehäusedeckel (1) entsprechend der Stellung der Kurbelwelle ausrichten.

⚠ Die unterschiedlichen Längen der Schrauben (21, 22) beachten.

☞ Den Kältemittelverdichter erst nach dem Einbau der Ölwanne anbauen.

Dieselmotoren
Um an die Ölpumpe zu kommen, sind erhebliche Vorarbeiten erforderlich. Der Steuergehäusedeckel muss auch demontiert werden.

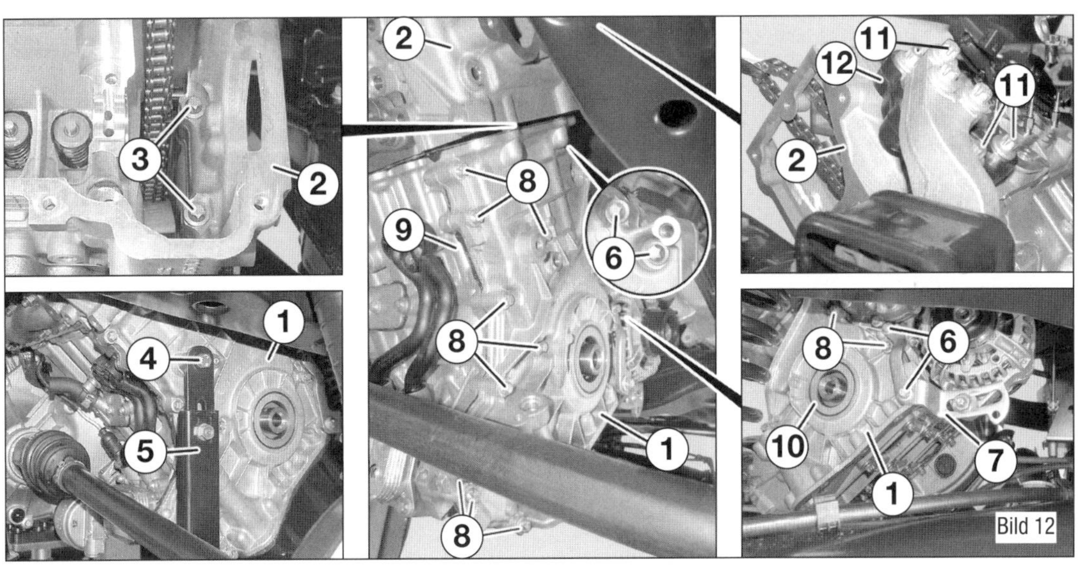

Bild 12
Dieselmotoren.
1 Steuergehäusedeckel
2 Zylinderkopf
3 Schrauben
4 Schraube
5 Aufnahme
6 Schrauben
7 Haltebügel Generator
8 Schrauben
9 Zylinderkurbelgehäuse
10 Kurbelwellen-Radialdichtring
11 Schrauben
12 Motorträger

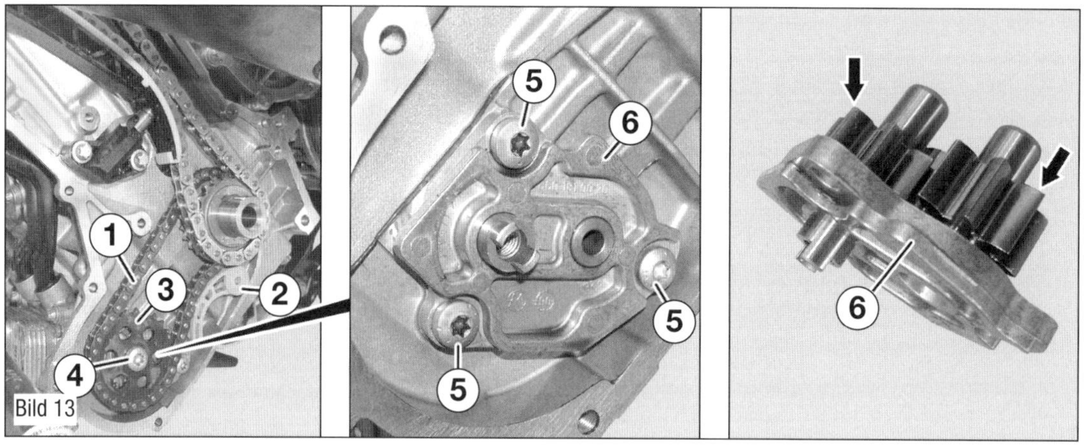

Bild 13
Dieselmotoren.
1 Ölpumpenkette
2 Spannvorrichtung
3 Kettenrad Ölpumpe
4 Schraube
5 Schraube
6 Ölpumpe

Steuergehäusedeckel aus- und einbauen

- Die Ölwanne wie beschrieben ausbauen.
- Die Riemenscheibe der Kurbelwelle ausbauen.
- Den Zylinderkopf (2 im Bild 12) lösen und Steuergehäusedeckel (1) durch Herausdrehen der Zylinderkopfschrauben um ca. 5 Umdrehungen entlasten.

Der Motor muss zum Ausbau des Steuergehäusedeckels (1) über das rechte Motorlager am Zylinderkopf (2) abgestützt bleiben. Vor dem Lösen der Zylinderkopfschrauben müssen die Schrauben (3) des Zylinderkopfes (2) am Steuergehäusedeckel (1) herausgeschraubt werden.

- Die Schraube (4) herausschrauben und Aufnahme (5) abnehmen.
- Die Schrauben (6) herausschrauben und den Haltebügel des Generators (7) abnehmen.
- Die Schrauben (8) herausschrauben.
- Den Steuergehäusedeckel (1) vom Zylinderkurbelgehäuse (9) lösen und abnehmen.
- Die Dichtflächen am Steuergehäusedeckel (1) und am Zylinderkurbelgehäuse (9) reinigen.
- Den Kurbelwellen-Radialdichtring (10) erneuern.
- Dichtmittel auf den Steuergehäusedeckel (1) auftragen, den Steuergehäusedeckel (1) positionieren und Schrauben (8) hineinschrauben.
- Den Haltebügel des Generators (7) positionieren und Schrauben (6) hineinschrauben.
- Die Aufnahme (5) positionieren und Schraube (4) hineinschrauben.
- Einen geeigneten Hubtisch unter dem Motor und dem Getriebe positionieren.
- Die Schrauben (11) des Motorträgers (12) am Zylinderkopf (2) herausschrauben.
- Die Zylinderkopfschrauben herausschrauben und den Zylinderkopf (2) abnehmen.
- Die Zylinderkopfdichtung vom Zylinderkurbelgehäuse (9) abnehmen.
- Den Zylinderkopf (2) einbauen.
- Die Riemenscheibe der Kurbelwelle einbauen.
- Die Ölwanne einbauen.

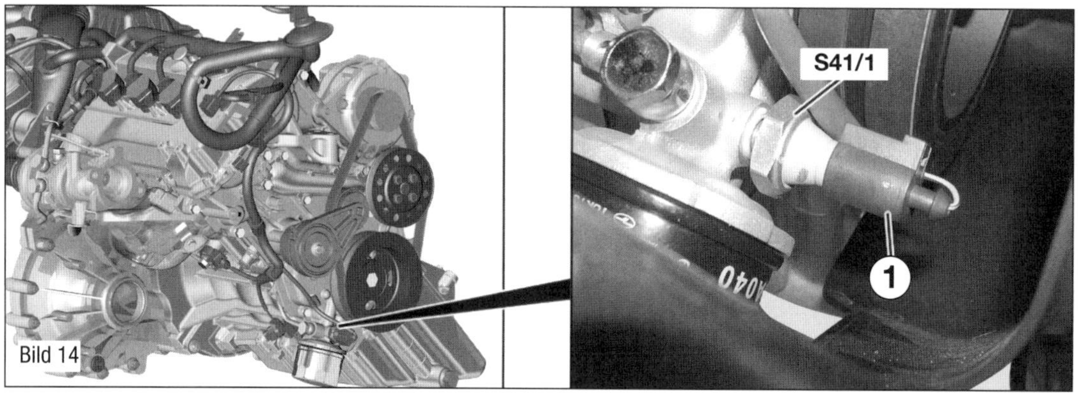

Bild 14
Öldruckprüfung:
1 Steckkontakt,
S41/1 Öldruckschalter

Ölpumpe aus- und einbauen:

■ Das Kettenrad der Ölpumpe (3 im Bild 13) mit geeignetem Werkzeug gegenhalten und die Schraube (4) lösen.

■ Die Spannvorrichtung (2) der Ölpumpenkette (1) ausbauen.

■ Die Schraube (4) herausschrauben und Kettenräder Ölpumpe (3) abnehmen.

■ Die Ölpumpenkette (1) vom Kettenrad Ölpumpe (3) abnehmen.

■ Schrauben (5) herausschrauben und Ölpumpe (6) abnehmen.

Der Einbau erfolgt sinngemäß in umgekehrter Reihenfolge.

Öldruck prüfen

Die Vorgehensweise unterscheidet sich bei den einzelnen Motoren nur unwesentlich.

■ Das Fahrzeug mit der Hebebühne anheben.

■ Den Schalter für den Öldruck (S41/1 im Bild 14) ausbauen.

■ Den Adapter in die Gewindebohrung für den Schalter Öldruck (S41/1) hineinschrauben.

■ Das Öldruckprüfgerät an den Adapter anschließen.

■ Das Fahrzeug mit der Hebebühne absenken.

■ Die Innenraumklappe über dem Motor ausbauen.

■ Den Motorölstand prüfen, wenn erforderlich korrigieren.

■ Den Motor starten und den Motoröldruck bei Leerlaufdrehzahl und kaltem Motor am Manometer des Öldruckprüfgerätes ablesen.

☆ Der Öldruck sollte bei kaltem Motor im Leerlauf etwa 4,0 bis 4,5 bar betragen.

■ Den Motor so lange laufen lassen, bis die Betriebstemperatur von ca. 80 °C erreicht ist, und den Motoröldruck bei Leerlaufdrehzahl am Manometer des Öldruckprüfgerätes ablesen.

Der Öldruck sollte bei betriebswarmem Motor im Leerlauf etwa 0,6 bis 1,6 bar betragen.

■ Die Motordrehzahl auf 3500/min erhöhen und Öldruck des betriebswarmen Motors am Manometer des Öldruckprüfgerätes ablesen.

Der Öldruck sollte bei 3500 1/min 2,5 bis 4,3 bar betragen.

■ Den Motor abstellen.

■ Das Fahrzeug mit der Hebebühne anheben.

■ Das Öldruckprüfgerät vom Adapter abklemmen und den Adapter aus der Gewindebohrung für den Schalter Öldruck (S41/1) herausschrauben.

■ Den Schalter für den Öldruck (S41/1) einbauen.

■ Das Fahrzeug mit der Hebebühne absenken.

■ Die Innenraumklappe über Motor wieder einbauen.

Öldruckschalter prüfen

Bei Öldruckwarnungen muss nicht zwangsläufig ein Fehler an Ölpumpe oder der Ölversorgung vorliegen. Da der Öldruckschalter demontiert werden muss, kann er durch einen einfachen Versuchsaufbau (Bild 15) mit Druckluft beaufschlagt werden und die Schaltpunkte können geprüft werden, ob der Schalter nun über einen Druckminderer mit Druckluft oder im Betrieb mit Öldruck beaufschlagt wird.
In der Regel wird der Schalter ohne Druck geschlossen sein und einen geringen Widerstand unter 1 Ohm zum Masseanschluss aufweisen. Spätestens bei Erreichen des Mindestdrucks bei warmem Motor, also 0,6 bar, muss sich der Schaltzustand verändern.
Der Widerstand würde in unserem Beispiel auf »unendlich groß« umspringen. Ist keine Veränderung feststellbar, muss der Schalter ersetzt werden.

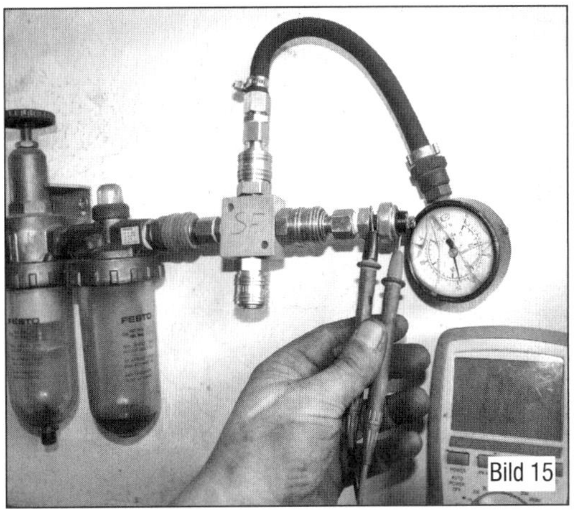
Bild 15

Bild 15
Prüfgerät aus dem Eigenbausortiment für die Öldruckprüfung und auch zum Überprüfen des Schaltdrucks des Öldruckschalters.

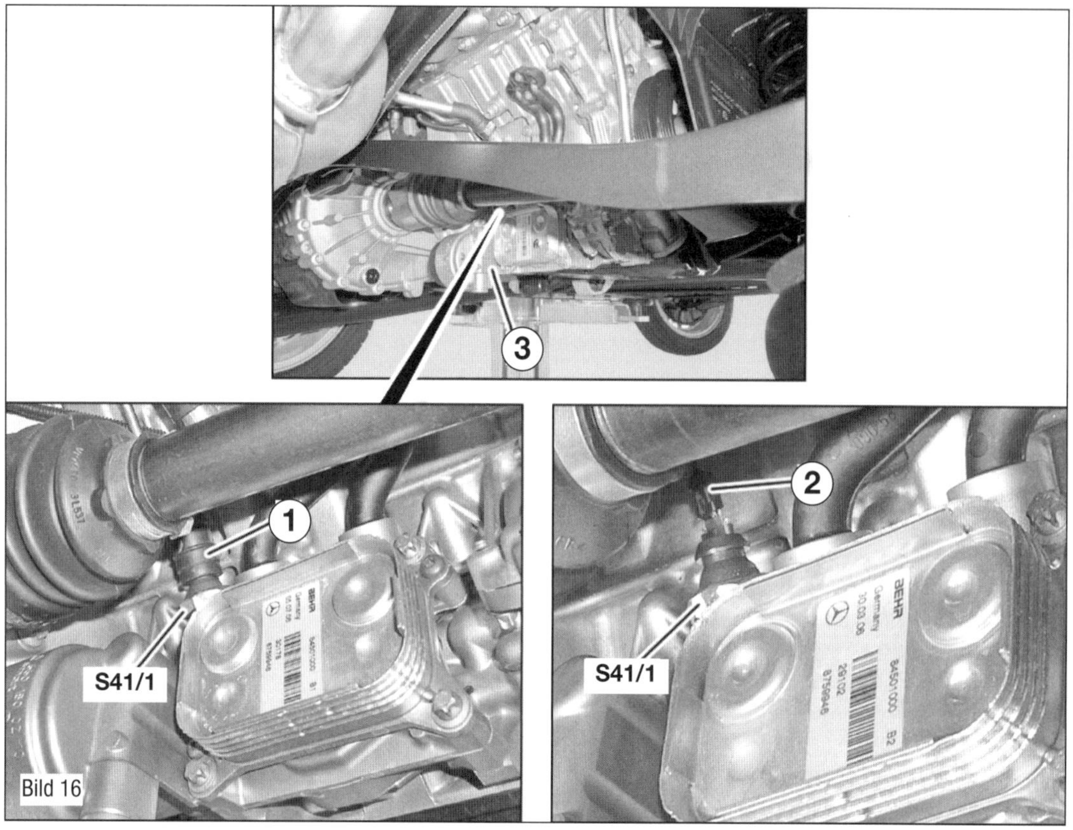

Bild 16
Dieselmotor.
1 Tülle
2 Stecker
3 Öl-Wasser-Wärmetauscher
S41/1 Schalter Öldruck

Öldruckschalter aus- und einbauen

Auch hier unterscheidet sich die Vorgehensweise nur unwesentlich zwischen den einzelnen Motorvarianten. Wir stellen Ihnen auch hier wieder eine allgemeingültige Beschreibung zur Verfügung.

■ Das Fahrzeug mit der Hebebühne anheben.

■ Die elektrische Steckverbindung (1 im Bild 14 beziehungsweise Bild 16 beim Dieselmotor) am Schalter Öldruck (S41/1) trennen.

■ Den Öldruckschalter (S41/1) herausschrauben.

Der Einbau erfolgt sinngemäß in umgekehrter Reihenfolge.

■ Den Öldruckschalter und den Montagebereich gründlich reinigen und entfetten.

■ Den Öldruckschalter (S41/1) mit Dichtmasse in den Steuergehäusedeckel einschrauben.

■ Einen Motorprobelauf durchführen und Motor im Bereich des Schalters Öldruck (S41/1) auf Dichtheit prüfen.

6 Kühlsystem

Funktion des Kühlkreislaufs
Das Kühlsystem sorgt für die richtige Betriebstemperatur des Motors. Es besteht aufbauseitig aus Kühler, Ladeluftkühler, Luftführungshutze mit Kühlerlüftern und Ausgleichsbehälter für Kühlmittel. Motorseitig gehören Kühlmittelschläuche und Kühlmittelrohre sowie ein Netz aus kleinen, genau bemessenen Kanälen in Motorblock und Zylinder, in denen die in den Ausgleichbehälter eingefüllte Kühlflüssigkeit zirkuliert, zum System. So entsteht ein Wassermantel, der die Verbrennungswärme über die Schläuche des Kühlsystems an den Kühler abführt. Welche Wege im jeweils konkreten Betriebszustand das Kühlmittel im Kühlsystem nimmt, hängt von der Temperatur des Motors ab.
Eine mechanische Kühlmittelpumpe (»Wasserpumpe«) sorgt für den ständigen Kreislauf des Kühlmittels. Sie wird von der Kurbelwelle über den Antriebsriemen angetrieben, der auch den Generator und den Klimakompressor antreibt. Ein Kühlmittelregler (Dehnstoff-Thermostat) hält die Kühlmitteltemperatur konstant. Das Kühlsystem steht unter einem Überdruck von etwa 1,2 bis 1,5 bar bei Betriebstemperatur. Dadurch und durch den Einsatz von Kühlmittelzusätzen erhöht sich der Siedepunkt der Kühlflüssigkeit von 100 °C auf rund 120 °C. Die höhere Temperatur ermöglicht einen wirtschaftlicheren und damit Kraftstoff sparenden Motorbetrieb. Wenn bei einem heißen Motor der Kühlmitteldruck 1,5 bar übersteigt, tritt das Überdruckventil am Ausgleichsbehälter in Aktion. Es öffnet dann und lässt zum Druckausgleich etwas Wasserdampf entweichen.

Sicht- und Funktionsprüfungen

Kühlmittelstand prüfen

■ Der Kühlmittelstand wird bei kaltem Motor am Kühlmittel-Ausgleichbehälter geprüft. Dieser Behälter (1 im Bild 1) befindet sich im Motorraum links vorne. Er ist meist mit den Markierungen »Max« und »Min« gekennzeichnet, auf jeden Fall mit der »Min«-Markierung und einer Markierungslinie für den maximalen Füllstand.

■ Ist der Motor kalt, muss das Kühlmittel zwischen »Max« und »Min«, bei warmem Motor etwas über der Markierungslinie für maximalen Füllstand stehen.

■ Bei nicht verbrauchsbedingtem Flüssigkeitsverlust muss die Ursache ermittelt und durch Reparatur beseitigt werden.

Frostschutz des Kühlmittels prüfen
Zur Frostschutzprüfung wird ein handelsüblicher Ansaugprüfer oder für genauere Prüfung ein so genanntes Refraktometer benötigt. Beim Ansaugprüfer wird der jeweilige Frostschutz in °C angezeigt. Sinnvoller ist es aber die Konzentration des Kühlmittelzusatzes mit dem Refraktometer entsprechend der Bedienungsanleitung zu prüfen (Bild 2 und 3). Die Skala »1« des Refraktometers bezieht sich auf die Kühlmittelzusätze G12, G12 plus, G12 plusplus und G11. Die Skala »2« bezieht sich nur auf zu verwendenden Kühlmittelzusatz G13.

■ Prüfen Sie den Kühlmittelstand im Ausgleichbehälter bei kaltem Motor.

■ Den genauen Wert bei den Prüfungen liest man an der Hell/dunkel-Grenze ab. Zur besseren Veranschaulichung der Hell/dunkel-Grenze wird mit der Pipette ein Tropfen Wasser auf das Glas gebracht. Die Hell/dunkel-Grenze ist dann deutlich an der »Waterline« zu erkennen (Bild 3). Der Frostschutz muss bis etwa -25 °C gewährleistet sein.

■ Bei zu geringem Frostschutz Kühlflüssigkeit ablassen und durch Kühlmittelzusatz G12 plusplus ersetzen.

■ Probefahrt durchführen und Frostschutz des Kühlmittels erneut prüfen. Kühlsystem auf Dichtigkeit prüfen. Zur Prüfung der Dichtheit des Kühlsystems und des Überdruckventils wird ein Kühlsystem-Prüfgerät

Bild 1
1 Verschlussdeckel
2 Kühlmittel Ausgleichsbehälter
3 Wartungsklappe

einschließlich Adapter für den Anschluss am Ausgleichsbehälterdeckel benötigt. Der Motor muss betriebswarm sein.

- Verschlussdeckel vom Kühlmittel-Ausgleichsbehälter öffnen.
- Den Adapter für Kühlsystemprüfgerät in den Kühlmittelausgleichsbehälter schrauben, das Anschlussstück über den Verbindungsschlauch mit dem Kühlsystem-Prüfgerät verbinden (Bild 4).
- Mit der Handpumpe des Kühlsystem-Prüfgerätes ca. 1,0 bar Überdruck erzeugen. Fällt der Druck ab: Undichte Stelle suchen und Fehler beseitigen. Bevor das Kühlsystemprüfgerät vom Verbindungsschlauch oder Anschlussstück getrennt wird, muss unbedingt der vorhandene Druck abgebaut werden. Dazu das Druckentlastungsventil am Kühlsystem-Prüfgerät drücken, bis das Druckmanometer den Wert »0« anzeigt. Überdruckventil im Verschlussdeckel des Kühlmittelbehälters prüfen.
- Verschlussdeckel des Kühlmittel-Ausgleichsbehälters in den Adapter für Kühlsystemprüfgerät schrauben, das passende Anschlussstück mit dem Kühlsystem-Prüfgerät verbinden.
- Mit der Handpumpe des Kühlsystem-Prüfgerätes einen Überdruck von max. 1,6 bar erzeugen. Das Überdruckventil darf noch nicht öffnen. Öffnet das Überdruckventil vorzeitig: Verschlussdeckel ersetzen.
- Druck auf über 1,6 bar erhöhen. Das Überdruckventil muss öffnen. Öffnet das Überdruckventil nicht: Verschlussdeckel ersetzen.

Bild 2

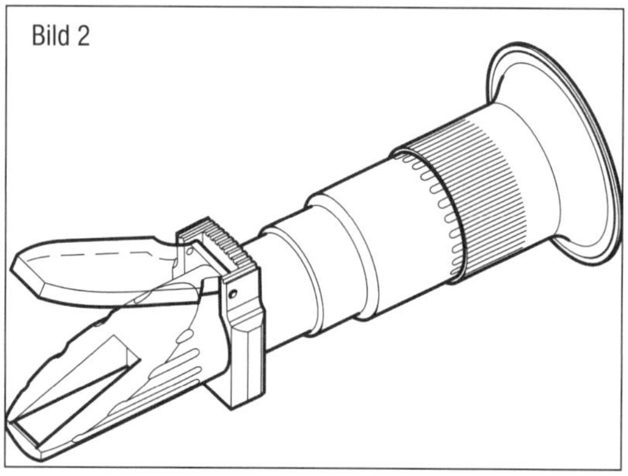

Bild 2
Refraktometer zur Frostschutzgehaltsprüfung.

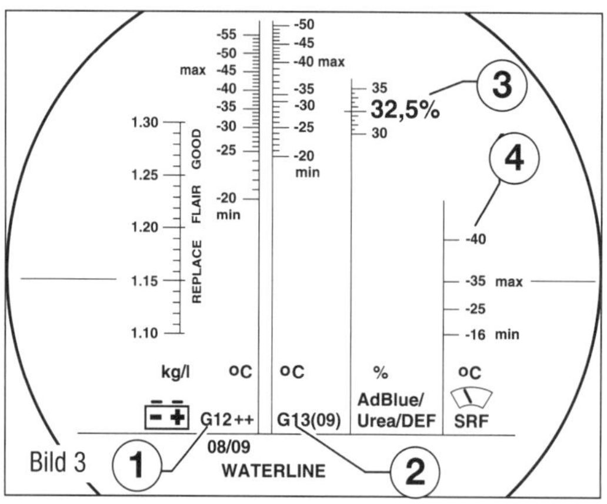

Bild 3

Bild 3
Sichtfeld des Refraktometers.
1 G12; G12 Plus, G12 Plus und G11
2 G13
3 Ad Blue
4 Scheibenfrostschutz

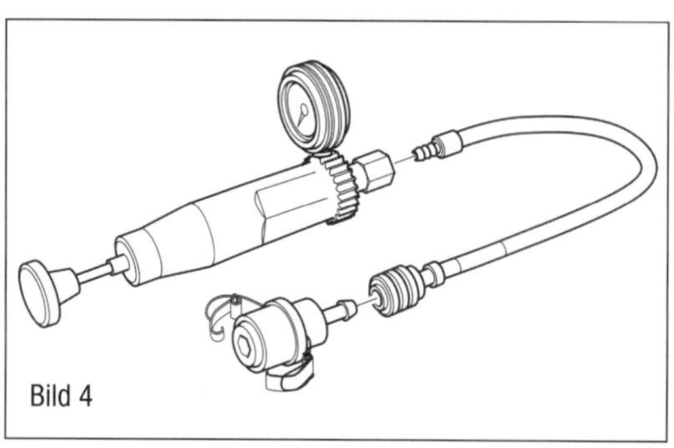

Bild 4

Bild 4
Kühlsystemprüfgerät V.A.G 1274 BCC.

Kühlmittel ablassen, ergänzen, auffüllen

Kühlmittel ablassen

- Die Wartungsklappe ausbauen.
- Den Verschlussdeckel (1) am Ausgleichsbehälter (2) eine halbe Drehung entgegen dem Uhrzeigersinn drehen, Überdruck ablassen und anschließend Verschlussdeckel (1) herunterdrehen.
- Das Fahrzeug anheben und Unterbodenverkleidungen ausbauen.
- Die Schlauchschelle (4) lösen, den Kühlmittelschlauch (3) am Kühler (5) abziehen und Kühlmittel ablassen.

Benzinmotoren und Fahrzeuge mit Ablassschraube:

- Die Kühlmittelablassschraube (8 im Bild 6) herausschrauben und Kühlmittel ablassen.

Kühlmittel einfüllen

- Den Kühlmittelschlauch (3) am Kühler (5) anbringen und mit Schlauchschelle (4) befestigen.

Ottomotoren und Fahrzeuge mit Ablassschraube:

- Die Kühlmittelablassschraube (8) festschrauben.

weiter für alle Fahrzeuge:

- Das Fahrzeug absenken.

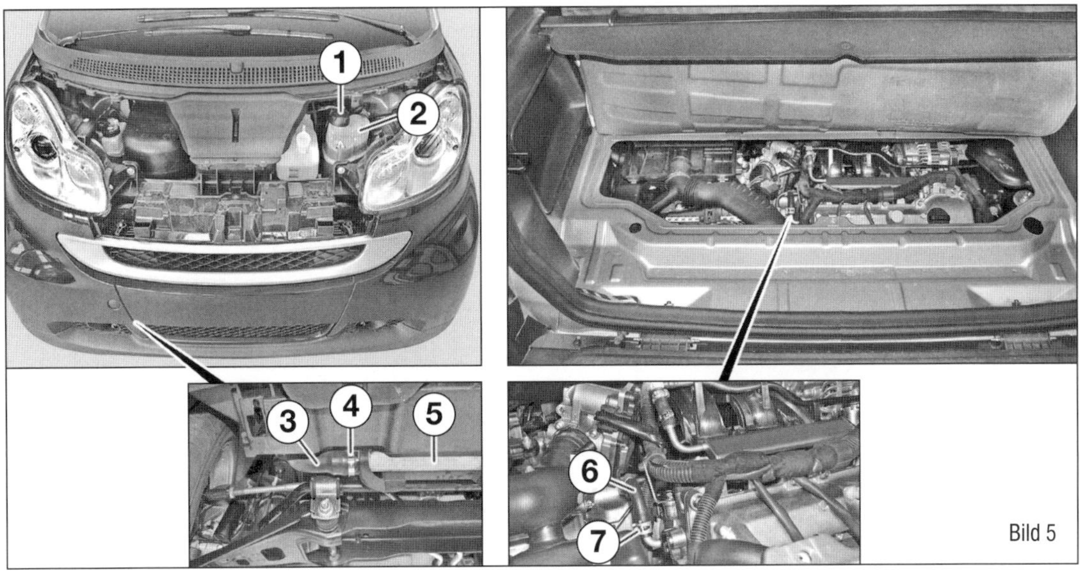

Bild 5

Bild 5
1 Verschlussdeckel
2 Ausgleichbehälter
3 Kühlmittelschlauch
4 Schlauchschelle
5 Kühler
6 Kühlmittelschlauch
7 Klemmschelle

- Die Innenraumklappe über Motor ausbauen.
- Das Kühlsystem über Ausgleichsbehälter (2) bis zur »Max«-Markierung befüllen.

Ottomotoren:

- Die Klemmschelle (7) lösen und Kühlmittelschlauch (6) vom Anschlussstutzen am Zylinderkopf abziehen. Warten Sie, bis das Kühlmittel aus dem Kühlmittelschlauch (6) und aus dem Anschlussstutzen am Zylinderkopf austritt.
- Den Kühlmittelschlauch (6) auf den Anschlussstutzen am Zylinderkopf schieben und mit der Klemmschelle (7) befestigen.

weiter für alle Fahrzeuge:

- Den Kühlmittelstand im Ausgleichsbehälter (2) korrigieren.
- Den Ausgleichsbehälter (2) mit Verschlussdeckel (1) verschließen.

Tipp: Den Entlüftungsvorgang so oft wiederholen, bis keine Luft mehr aus Kühlmittelschlauch (6) und dem Anschlussstutzen am Zylinderkopf austritt. Den Entlüftungsvorgang mindestens einmal wiederholen.

- Den Motor warmlaufen lassen.
- Das Kühlsystem auf Dichtheit prüfen.
- Fahrzeug anheben und die Unterbodenverkleidungen wieder einbauen.
- Das Fahrzeug absenken und die Innenraumklappe über Motor einbauen.
- Die Wartungsklappe vorne wieder einbauen.

Kühler aus- und einbauen

- Das Frontmodul ausbauen (die Karosseriearbeiten wurden im »Jetzt helfe ich mir selbst« Band 305 beschrieben).
- Bei Fahrzeugen mit Klimaanlage den Kondensator ausbauen.

Tipp: Für die Arbeiten an der Klimaanlage sollten Sie die »Klimasachkunde« besitzen und ein entsprechendes Gerät zur Evakuierung und zum Befüllen zur Verfügung haben.

- Das Kühlmittel wie bereits beschrieben ablassen.
- Die Schlauchschelle am Ausgleichsbehälter lösen.

Bild 6

Bild 6
8 Kühlmittelablassschraube

Bild 7
1 Kühlmittelleitung
2 Klemmschelle
3 Kühlmittelschlauch
4 Klemmschelle
5 Kühlmittelschlauch
6 Klemmschelle
7 Kühlmittelschlauch
8 Schraube
9 Schraube

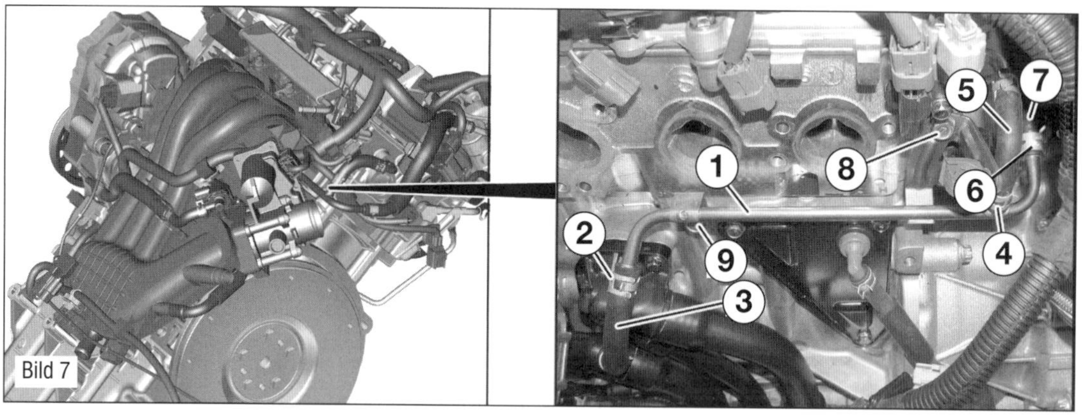

Bild 7

■ Den Ausgleichbehälter aus der Halterung am Kühlerträger lösen, vom Kühlmittelschlauch des Kühlers abziehen und mit angeschlossenen Kühlmittelschläuchen beiseitelegen.

☞ Ausgleichbehälter mit geeignetem Kabelbinder gegen Herabfallen sichern.

■ Den Kühler vorsichtig auf der linken Seite an den Haltern vorbeiführen und abnehmen.

Die Montage erfolgt sinngemäß in umgekehrter Reihenfolge.

Elektro-Lüfter aus- und einbauen

■ Den Kühler (2 im Bild 8) wie bereits beschrieben ausbauen.

■ Die elektrische Steckverbindung (3) am Lüftermotor Kühlmittel (M4/2) trennen.

■ Halteclips (4, 5) der elektrischen Leitung (6) an der Lüfterhaube (1) ausclipsen und die elektrische Leitung (6) zur Seite legen.

■ Die Aufnahmen (7) von der Lüfterhaube (1) abnehmen.

■ Die Lüfterhaube (1) abnehmen.

Die Montage erfolgt sinngemäß in umgekehrter Reihenfolge.

Kühlmittelpumpe/Wasserpumpe aus- und einbauen

Fahrzeuge mit Ottomotor

■ Das Kühlmittel wie bereits beschrieben ablassen.

Bild 8
1 Lüfterhaube
2 Kühler
3 Elektrische Steckverbindung
4 Halteclip
5 Halteclip
M4/2 Lüftermotor Kühlmittel
6 Elektrische Leitung
7 Aufnahme

Bild 8

Bild 9
1 Kühlmittelpumpe
2 Schraube
3 Masseleitung
4 Schraube
5 Schrauben

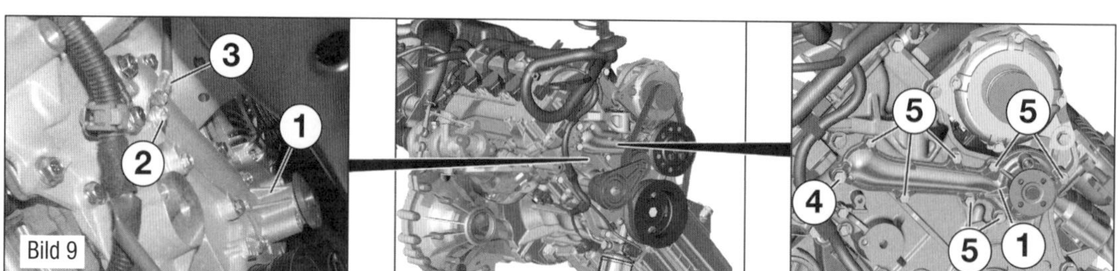

Bild 9

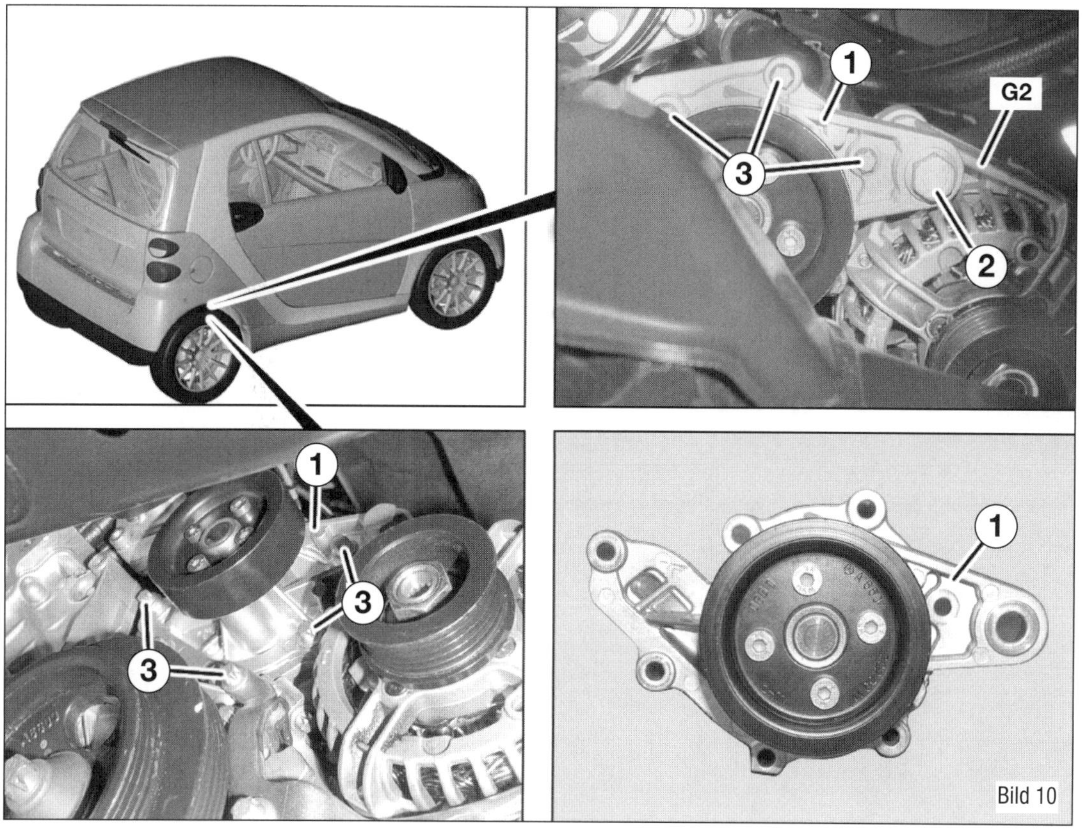

Bild 10

Bild 10
1 Kühlmittelpumpe
2 Schraube
3 Schrauben
G2 Generator

- Die Riemenscheibe der Kühlmittelpumpe ausbauen.
- Die Keilrippenriemen-Spannvorrichtung ausbauen.
- Bei Fahrzeugen mit Klimaanlage, den Keilrippenriemen des Kompressors ausbauen.
- Die Schraube (2) herausschrauben und die Masseleitung (3) zur Seite legen.
- Die Schrauben (4, 5) herausschrauben.
- Die Kühlmittelpumpe (1) abnehmen.

Die Montage erfolgt sinngemäß in umgekehrter Reihenfolge.

- Den Motor warmlaufen lassen.
- Das Kühlsystem auf Dichtheit prüfen.

Fahrzeuge mit Dieselmotor

- Rechtes Hinterrad abmontieren.
- Das Kühlmittel wie bereits beschrieben ablassen.
- Den Keilrippenriemen ausbauen.
- Die Schraube (2 im Bild 10) oben am Generator (G2) herausschrauben und Vierkantmutter abnehmen.
- Die Schrauben (3) an der Kühlmittelpumpe (1) herausschrauben.
- Die Kühlmittelpumpe (1) vom Aggregateträger abnehmen.

Die Montage erfolgt sinngemäß in umgekehrter Reihenfolge.

- Die Dichtfläche am Aggregateträger reinigen.
- Die Dichtung an der Kühlmittelpumpe (1) erneuern.
- Den Motor warmlaufen lassen.
- Das Kühlsystem auf Dichtheit prüfen.

Temperaturregler und Thermostate

Fahrzeuge mit Ottomotor

- Das Kühlmittel wie bereits beschrieben ablassen.
- Das Heckantriebsmodul ablassen.
- Den Innenkotflügel im rechten hinteren Kotflügel ausbauen.
- Den Keilrippenriemen ausbauen.
- Beim mhd den Starter-Generator ausbauen.
- Das Ansaugrohr ausbauen.
- Bei den Turbovarianten das Ladeluft-Verteilerrohr ausbauen.
- Die Mutter (2) am Generator (G2) abschrauben und die Ladestromleitung (4) abnehmen.

Bild 11
Ottomotoren.
1 Kühlmittel-Temperaturregler
2 Mutter
4 Ladestromleitung
5 Schraube
6 Schraube
7 Schrauben
8 Kühlmittelleitung
G2 Generator

Bild 12
Ottomotoren.
1 Kühlmittel-Temperaturregler
9 Schraube
10 Halter
11 Schrauben
12 Klemmschelle
13 Klemmschelle
14 Kühlmittelschlauch
15 Kühlmittelschlauch

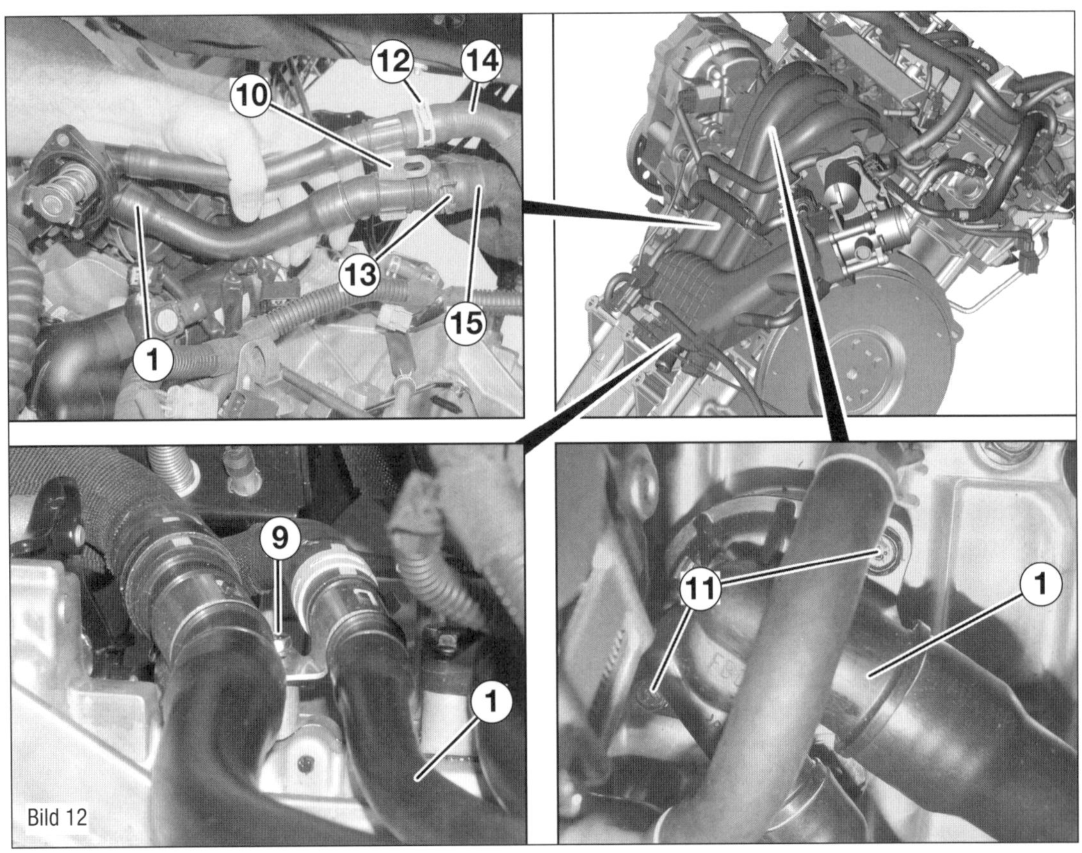

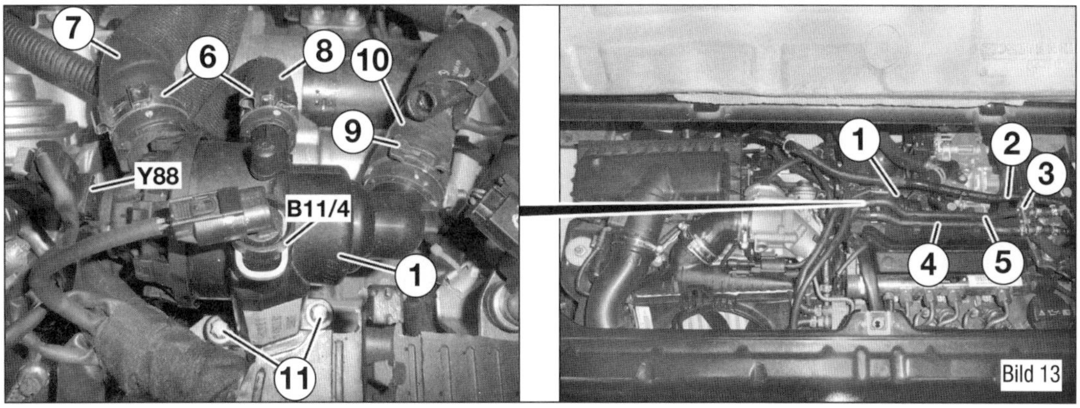

Bild 13
Dieselmotoren.
1 Kühlmitteltemperaturregler
2 Unterdruckleitung
3 Halter Abgasrückführkühler
4 Kraftstoffvorlaufleitung
5 Kraftstoffrücklaufleitung
6 Klickschellen
7 Kühlmittelleitung Rücklauf Bremskraftverstärker
8 Kühlmittelleitung Vorlauf
9 Klemmschelle
10 Kühlmittelleitung Vorlauf
11 Schrauben
B11/4 Temperaturfühler Kühlmittel
Y88 Thermostatventil

- Die Schraube (5) herausschrauben.
- Die Schraube (6) lösen und Generator (G2) zur Seite schwenken.
- Die Schrauben (7) herausschrauben und Kühlmittelleitung (8) mit angeschlossenen Kühlmittelschläuchen zur Seite legen.
- Die Schraube (9) herausschrauben.
- Die Schrauben (11) herausschrauben und Kühlmittel-Temperaturregler (1) unter der Kühlmittelleitung (8) durchführen.
- Die Klemmschellen (12, 13) lösen und Kühlmittelschläuche (14, 15) abnehmen.

Die Montage erfolgt sinngemäß in umgekehrter Reihenfolge.

- Einbaulage der Kühlmittelschläuche (14, 15) beachten.

Fahrzeuge mit Dieselmotor

- Das Heckantriebsmodul ablassen.
- Das Kühlmittel ablassen.
- Die Unterdruckleitung am Bremskraftverstärker (2 im Bild 13) aus dem Halter (3) ausclipsen.
- Die Kraftstoffvorlaufleitung (4) und Kraftstoffrücklaufleitung (5) im Bereich des Kühlmitteltemperaturreglers (1) aus dem Arbeitsbereich legen.
- Die elektrische Steckverbindung am Temperaturfühler Kühlmittel (B11/4) trennen.
- Die elektrische Steckverbindung am Thermostatventil (Y88) trennen.
- Die Klickschellen (6) lösen und die Kühlmittelleitung Rücklauf (7) und die Kühlmittelleitung Vorlauf des Abgasrückführkühler (8) am Kühlmitteltemperaturregler (1) abziehen.
- Die Klemmschelle (9) lösen und die Kühlmittelleitung Vorlauf (10) am Kühlmitteltemperaturregler (1) abziehen.
- Die Schrauben (11) am Kühlmitteltemperaturregler (1) herausschrauben und den Kühlmitteltemperaturregler (1) herausnehmen.

Die Montage erfolgt sinngemäß in umgekehrter Reihenfolge.

- Die Klickschellen (6) erneuern.
- Die Dichtung zwischen dem Kühlmitteltemperaturregler (1) und dem Zylinderkopf erneuern.

Kühlwasservorlauf Abgasrückführung aus- und einbauen

Arbeitsschritte zum Ausbau

- Den Abgasrückführkühler (1 im Bild 14) mit Mischgehäuse (2) im Motorraum freilegen, bis die Kühlmittelleitung Vorlauf

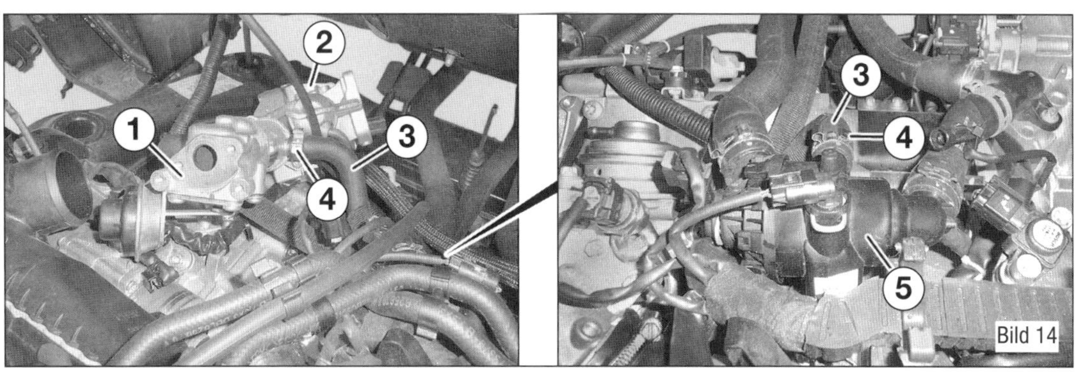

Bild 14
1 Abgasrückführkühler
2 Mischgehäuse Abgasrückführung
3 Kühlmittelleitung Vorlauf
4 Klickschellen
5 Kühlmitteltemperaturregler

Bild 15
1 Mischgehäuse
5 Unterdruckschlauch
6 Unterdruckschlauch
7 elektrische Steckverbindung
Y100 Ladedrucksteller links
A Kabelbinder

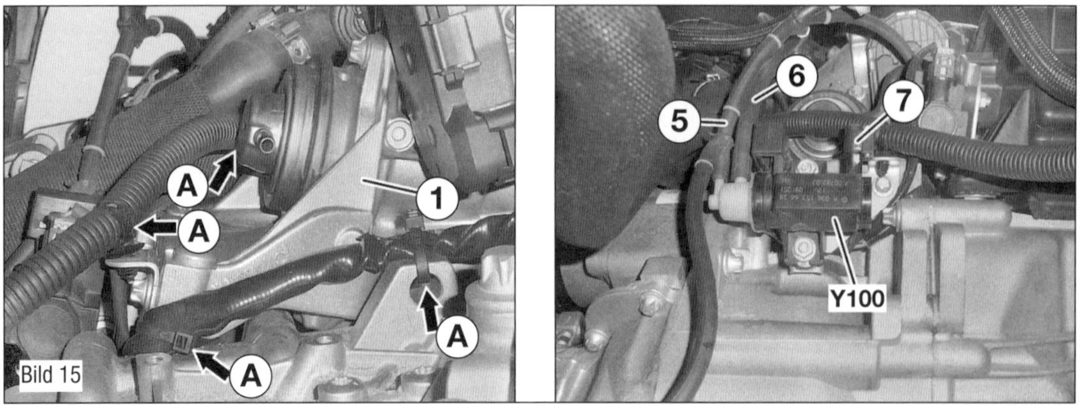

Abgasrückführung (3) zugängig ist.
- Den Abgasrückführkühler (1) ausbauen. Dabei die Einbaulage der Kühlmittelleitung »Vorlauf Abgasrückführung« (3) auf dem Abgasrückführkühler (1) markieren.

Markierung gut sichtbar auf der Kühlmittelleitung Vorlauf Abgasrückführung (3) und auf dem Abgasrückführkühler (1) anbringen.

- Die Klickschellen (4) lösen, und die Kühlmittelleitung »Vorlauf Abgasrückführung« (3) vom Abgasrückführkühler (1) und Kühlmitteltemperaturregler (5) abziehen.

Arbeitsschritte zum Einbau
- Die Markierung auf neue Kühlmittelleitung »Vorlauf Abgasrückführung« (3) übertragen, wenn die Kühlmittelleitung erneuert werden soll.
- Die Kühlmittelleitung »Vorlauf Abgasrückführung« (3) in der markierten Einbaulage auf den Abgasrückführkühler (1) schieben und mit Klickschelle (4) befestigen.
- Die Kühlmittelleitung »Vorlauf Abgasrückführung« (3) auf den Kühlmitteltemperaturregler (5) schieben und mit Klickschelle (4) befestigen.
- Den Abgasrückführkühler (1) einbauen.

Die Montage erfolgt sinngemäß in umgekehrter Reihenfolge.
- Die Klickschellen (4) erneuern.
- Den Motor warmlaufen lassen.
- Das Kühlsystem auf Dichtheit prüfen.
- Den Fehlerspeicher auslesen, ggf. löschen

Abgasrückführkühler aus- und einbauen

- Das Fahrzeug mit der Hebebühne anheben und sichern.
- Das Heckantriebsmodul ablassen.
- Das Kühlmittel wie bereits beschrieben ablassen.
- Den Stablenker ausbauen.
- Das Abgasrückführrohr ausbauen
- Das Umschaltventil des ARF ausbauen.
- Das Luftfiltergehäuse ausbauen.
- Das Umschaltventil des Bypass für den Abgasrückführkühler ausbauen.

Bild 16
1 Mischgehäuse
2 Abgasrückführkühler
4 Schrauben
8 Schraubschelle
9 Schrauben

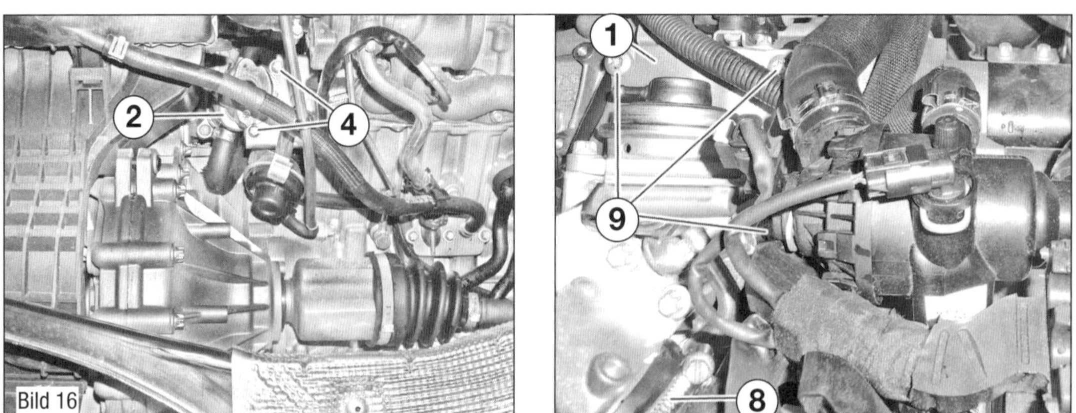

- Den Drosselklappensteller ausbauen.
- Den Kabelbinder (Pfeile A im Bild 15) entfernen.
- Unterdruckschläuche (5, 6) und elektrische Steckverbindung (7) vom Ladedrucksteller links (Y100) abziehen.
- Halter mit Ladedrucksteller links (Y100) ausbauen.
- Schrauben (4) aus Abgasrückführkühler (2) herausschrauben.
- Schraubschelle (8) am Ladeluftschlauch lösen.
- Schrauben (9) vom Mischgehäuse (1) herausschrauben und Mischgehäuse (1) mit Abgasrückführkühler (2) nach vorn in den Motorraum ziehen.
- Klickschellen (12) von Kühlmittelleitung Rücklauf Abgasrückführung (10) und Kühlmittelleitung Vorlauf Abgasrückführung (11) entfernen und Kühlmittelleitung Rücklauf Abgasrückführung (10) und Kühlmittelleitung Vorlauf Abgasrückführung (11) vom Abgasrückführkühler (2) abziehen.

Markierungen an der Kühlmittelleitung Rücklauf Abgasrückführung (10) und der Kühlmittelleitung Vorlauf Abgasrückführung (11) beachten. Sonst können die Kühlmittelleitung Rücklauf Abgasrückführung (10) und die Kühlmittelleitung Vorlauf Abgasrückführung (11) beim Einbau abgeknickt werden.

- Das Mischgehäuse (1) und Abgasrückführkühler (2) aus dem Motorraum herausnehmen.
- Die Schrauben (18) herausschrauben und den Abgasrückführkühler (2) vom Mischgehäuse (1) abnehmen.

Die Montage erfolgt sinngemäß in umgekehrter Reihenfolge.

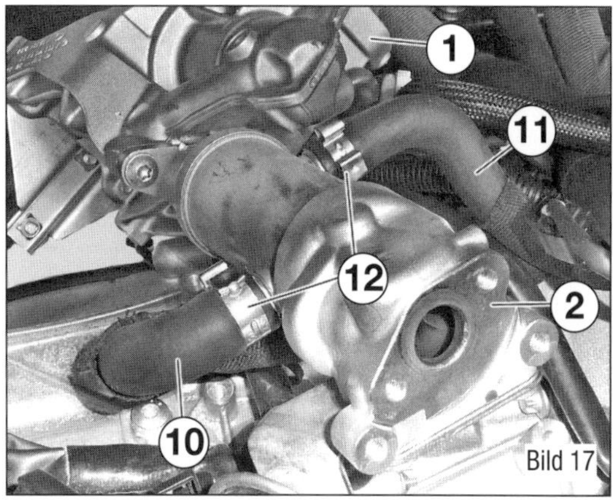

Bild 17

Bild 17
1 Mischgehäuse
2 Abgasrückführkühler
10 Kühlmittelleitung Rücklauf Abgasrückführung
11 Kühlmittelleitung Vorlauf Abgasrückführung
12 Klickschellen

- Motorprobelauf durchführen und Abgasrückführsystem auf Dichtheit prüfen.
- Den Fehlerspeicher auslesen und wenn erforderlich löschen.
- Die Dichtung (19) zwischen Mischgehäuse (1) und Abgasrückführkühler (2) erneuern.
- Klickschellen grundsätzlich erneuern.

Absperrventil durch eine Kühlmittelleitung ersetzen

- Die Wartungsklappe vorne öffnen.
- Den Verschlussdeckel am Ausgleichsbehälter eine halbe Umdrehung entgegen

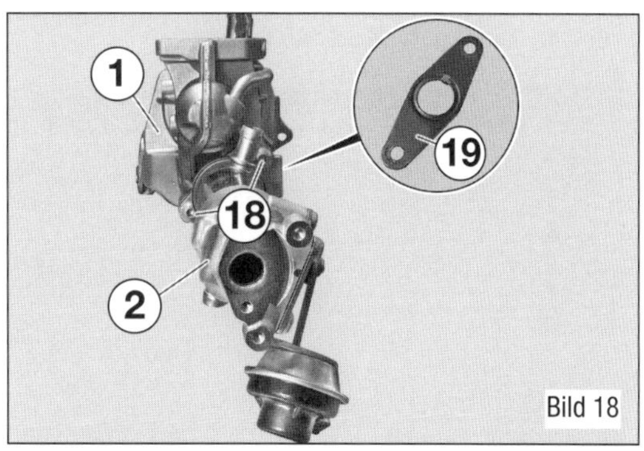

Bild 18

Bild 18
1 Mischgehäuse
2 Abgasrückführkühler
18 Schrauben
19 Dichtung

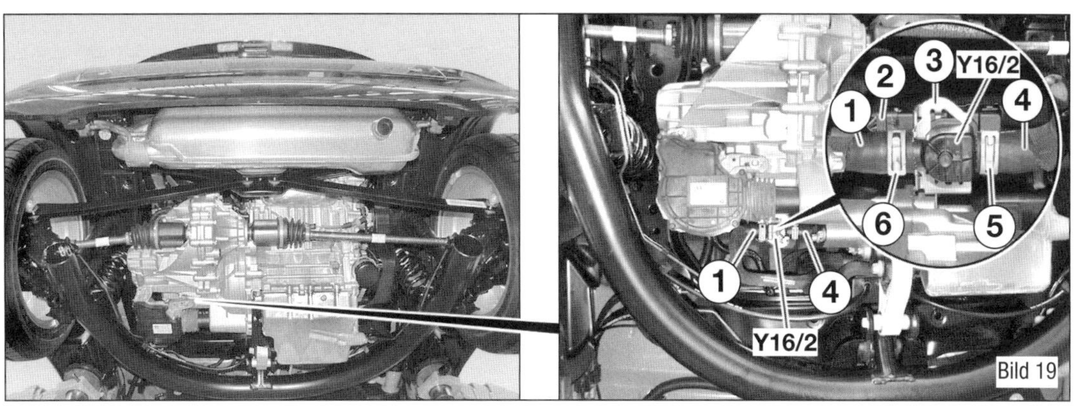

Bild 19

Bild 19
1 Kühlmittelschlauch
2 Elektrische Steckverbindung
3 Halter
4 Kühlmittelschlauch
5 Federschelle
6 Federschelle
Y16/2 Absperrventil Heizungsanlage

Bild 20
2 Elektrische Steckverbindung
7 Abdeckkappe
8 Kühlmittelschlauch

dem Uhrzeigersinn drehen, den eventuell anliegenden Überdruck ablassen.

- Den Verschlussdeckel vom Ausgleichsbehälter herunterschrauben.
- Den Starter ausbauen.
- Die Federschellen (5, 6) lösen und nach hinten schieben.
- Die Kühlmittelschläuche (1, 4) vom Absperrventil Heizungsanlage (Y16/2) abziehen.
- Die elektrische Steckverbindung (2) trennen.
- Das Absperrventil der Heizungsanlage (Y16/2) aus dem Halter (3) entnehmen.
- Die Kühlmittelschläuche (1, 4) am Fahrzeug abbauen.
- Das nun austretende Kühlmittel in einem geeigneten Behälter auffangen.
- Die Abdeckkappe (7) auf elektrische Steckverbindung (2) stecken.

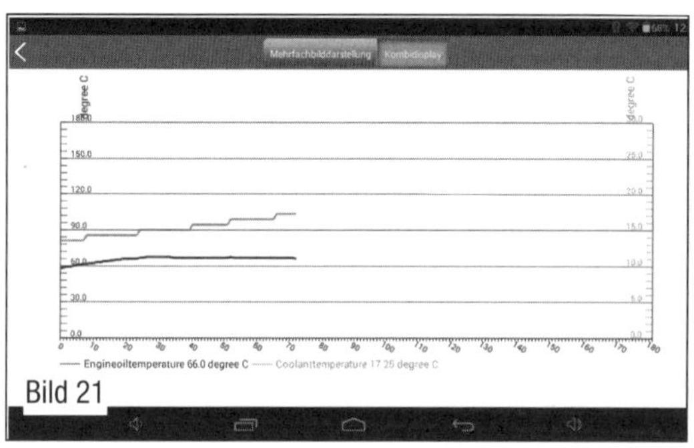

Bild 21
Temperaturverlauf von Öltemperatur und Wassertemperatur in der Warmlaufphase. Die Skala für die Zeitachse (unten) und die Messwertachse (nach oben) erweitert sich selbstständig nach Bedarf.

- Die elektrische Steckverbindung (2) mit einem Kabelbinder zurückbinden.
- Den Kühlmittelschlauch (8) einbauen.

Der Kühlmittelschlauch (8) ersetzt die Kühlmittelschläuche (1, 4) und das Absperrventil Heizungsanlage (Y16/2).

- Den Starter wieder einbauen.
- Das Fahrzeug mit der Hebebühne absenken.
- Das Kühlmittel auffüllen und die Kühlanlage entlüften.

Da die Kühlanlage nicht vollständig entleert wurde, kann ein einmaliger Entlüftungsvorgang ausreichend sein.

- Die Wartungsklappe wieder schließen.
- Einen Motorprobelauf durchführen und das Kühlsystem auf Dichtheit prüfen.
- Den Fehlerspeicher auslesen und wenn erforderlich löschen.

Überwachung durch den Tester

Das Kühlsystem kann durchaus über die »Istwerte« des Motorsteuergerätes überwacht werden. So kann der Temperaturverlauf grafisch oder auch als Zahlenwert dargestellt werden. Wenn der Lüftermotor schaltet, ist das gut im Kurvenverlauf erkennbar.

7 Kraftstoffversorgung

Bauteile der Anlage und Arbeiten am Kraftstoffsystem

Sicherheit geht vor

Die Kraftstoffvorlaufleitung steht unter Druck! Vor dem Lösen von Schlauchverbindungen Putzlappen um die Verbindungsstelle legen. Dann durch vorsichtiges Abziehen des Schlauches Druck abbauen. Tragen Sie Schutzbrille und Schutzbekleidung, um Verletzungen und Hautkontakt zu vermeiden.

Aus Sicherheitsgründen muss vor dem Öffnen des Kraftstoffsystems die Stromzufuhr zur Kraftstoffpumpe unterbrochen werden. Die Kraftstoffpumpe wird sonst beim Öffnen der Fahrertür aktiviert. Nutzen Sie eine der folgenden Möglichkeiten, um die Stromzufuhr zu unterbrechen.

Vor dem Öffnen des Kraftstoffsystems muss aus Sicherheitsgründen, wenn die Batterie nicht abgeklemmt wird, der Anschlussstecker von der Kraftstoff-Fördereinheit abgezogen oder die Sicherung für die Ansteuerung der Kraftstofffördereinheit aus dem Sicherungshalter entfernt werden. Hier werden je nach Baustand zwei unterschiedliche Varianten verbaut. In der älteren Variante (bis Fg.-Nr. 013644) ist noch ein herkömmliches Kraftstoffpumpenrelais verbaut. Bei den neueren Varianten erfolgt die Ansteuerung der Kraftstoffpumpe über das Bordnetzsteuergerät »SAM«. Sehen Sie in jedem Fall im Bordbuch Ihres Fahrzeuges nach, welche Sicherung für die Spannungsversorgung der Kraftstoffpumpe zuständig ist und ziehen Sie diese heraus. Schalten Sie zur Kontrolle anschließend die Zündung an und vergewissern Sie sich, dass die Kraftstoffpumpe nicht anläuft.

Die Anlage im Überblick

Wichtigste Bauteile des Systems der Kraftstoffversorgung sind der Kraftstoffbehälter (Tank), in den der Kraftstoff über den Einfüllstutzen eingebracht wird, die in den Tank eingebaute Kraftstofffördereinheit (Kraftstoffpumpe), der Kraftstofffilter und die Kraftstoffleitungen (Bild 1). Die Vorlaufleitung und die Rücklaufleitung sind am Tankmodul (Fördereinheit und Tankgeber) angeschlossen. Es gibt kaum Merkmale, durch die sich die durchaus unterschiedlichen Tankanlagen für Diesel- und Benzinermodelle voneinander unterscheiden lassen. Die Einbauposition der Komponenten unterscheidet sich nicht. Erfahrungsgemäß werden sich der Ersatz oder Arbeiten am Tanksystem auf die Intankpumpe oder den Kraftstoffgeber beschränken. Der Austausch der kompletten Tankanlage ist möglich, aber aufwendig und kommt sehr selten vor.

Elektrische Sicherungen für Kraftstoffpumpe

Die Sicherung für die Kraftstoffpumpe befindet sich auf dem Steckplatz des Bordnetzsteuergerätes »SAM« in der Schalttafel links, der vom Fußraum aus zugänglich ist. Die 15-A-Sicherung sichert die Stromzufuhr zum Steuergerät für Kraftstoffpumpe und zum Kraftstoffpumpensteuergerät auf der Kraftstofffördereinheit. Der Sicherungshalter »SB« ist der wichtigste Einbauort für die zum schnellen Zugriff gedachten Siche-

Bild 1
1 Tank
2 Schraube
3 O-Ring
4 Tankgeber mit Kraftstoffpumpe
5 Verschlussring
6 Schraube
7 Schraube
8 Tankdeckel
9 Schraube
10 Trägerblech
11 Spreizmutter
12 Clip
13 Kraftstoffrohr
14 Entlüftungsleitung

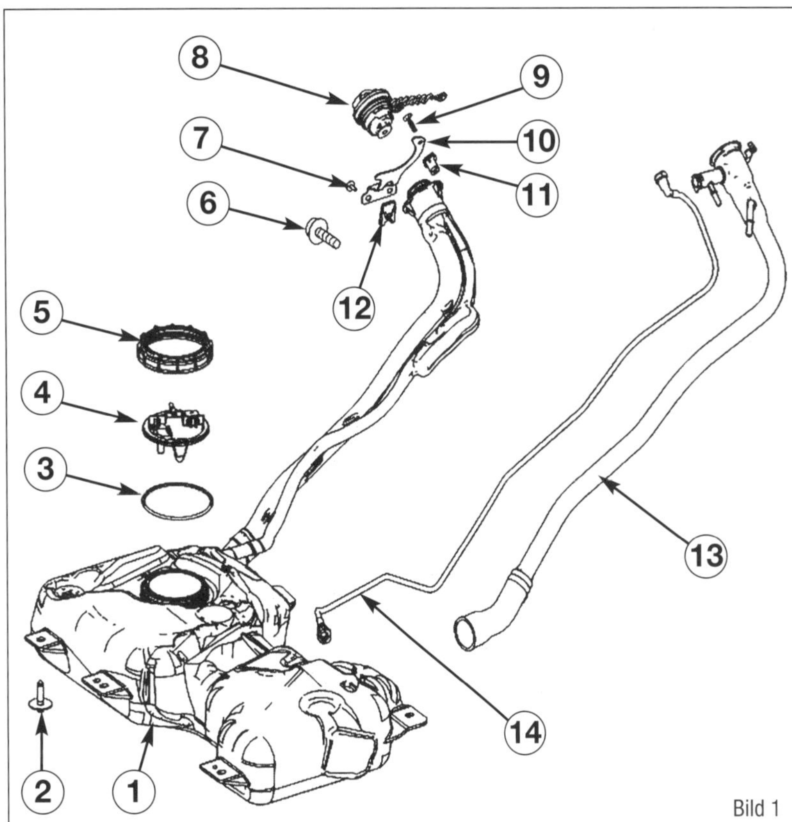

Bild 1

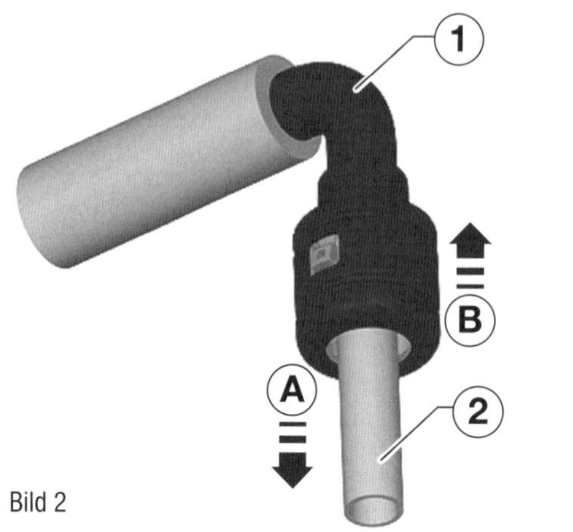

Bild 2

Bild 2
Variante 1.
1 Steckkupplung
2 Kraftstoffleitung

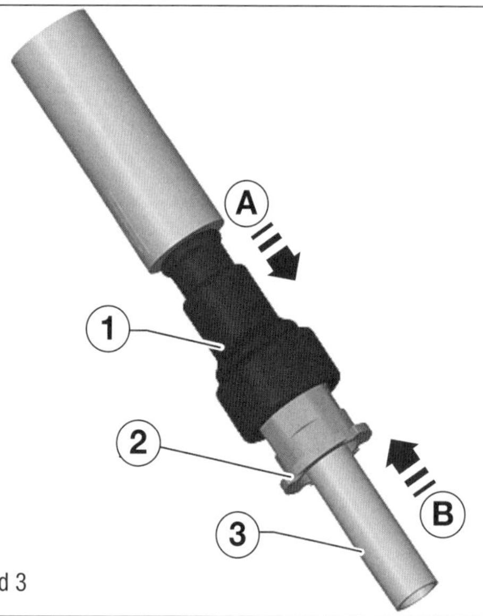

Bild 3

Bild 3
Variante 2.
1 Steckkupplung
2 Zugentriegelung
3 Kraftstoffleitung

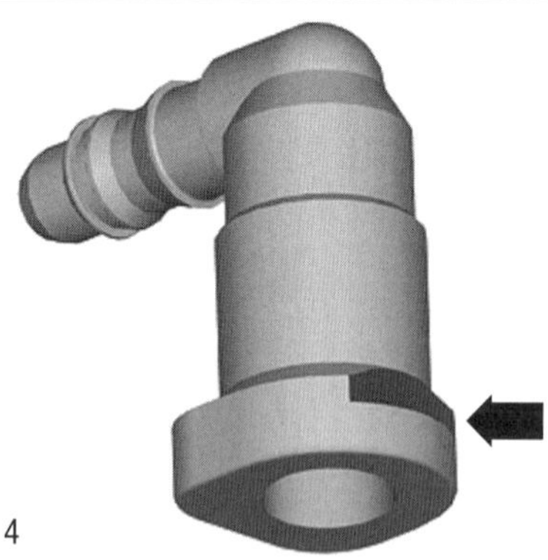

Bild 4

Bild 4
Variante 3.
Pfeil Entriegelungstaste

rungen. Beim Aus- und Einbau des Gebers für Kraftstoffvorratsanzeige oder der Kraftstoffpumpe (Kraftstoff-Fördereinheit) aus gefüllten oder teilweise gefüllten Kraftstoffbehältern muss bereits vor Beginn der Arbeiten in der Nähe der Montageöffnung des Kraftstoffbehälters zum Absaugen der frei werdenden Kraftstoffgase der Abgasschlauch einer eingeschalteten Abgas-Absauganlage gelegt werden. Alternativ kann ein Radiallüfter mit Motor außerhalb des Luftstroms und Fördervolumen größer als 15 m³/h verwendet werden. Kraftstoffleitungen sind mit Schnellverschlüssen gesichert. Kraftstoffschläuche dürfen nur mit Federbandschellen gesichert werden. Die Verwendung von Klemm- oder Schraubschellen ist nicht zulässig.

Steckkupplungen trennen

Bei den meisten Fahrzeugen auf dem Markt finden sich sechs typische Stecksysteme für die Verbindungen der Schläuche unter anderem auch für die Kraftstoffversorgung. Es ist sehr wichtig zu wissen, wie sie geöffnet werden, um sie nicht zu beschädigen. Für alle gilt, dass die Verbindungen am besten etwas zusammengeschoben werden, damit sie leichter ausrasten können.

Variante 1 (Bild 2)

- Steckkupplung (1) in Pfeilrichtung A drücken.
- Entriegelungstasten drücken und gedrückt halten.
- Steckkupplung (1) in Pfeilrichtung B von der Kraftstoffleitung (2) abziehen.
- Beim Einbau Farbzuordnung beachten.
- Steckkupplungen müssen beim Verriegeln »hörbar« einrasten.
- Den festen Sitz der Steckkupplung durch Gegenziehen prüfen!

Variante 2 (Bild 3)

- Steckkupplung (1) in Pfeilrichtung A drücken.
- Zugentriegelung (2) in Pfeilrichtung B ziehen.
- Steckkupplung (1) in Pfeilrichtung B von der Kraftstoffleitung (3) abziehen.
- Beim Einbau Farbzuordnung beachten.
- Die Steckkupplungen müssen beim Verriegeln »hörbar« einrasten.
- Den festen Sitz der Steckkupplung durch Gegenziehen prüfen!

Variante 3 (Bild 4)

- Entriegelungstaste (Pfeil) drücken und Steckkupplungen abziehen.
- Beim Einbau Farbzuordnung beachten.
- Steckkupplungen müssen beim Ver-

riegeln »hörbar« einrasten.
- Den festen Sitz der Steckkupplungen durch Gegenziehen prüfen!

Variante 4 (Bild 5)
- Steckkupplung in Pfeilrichtung A drücken.
- Entriegelungstasten (Pfeile) drücken und Steckkupplung abziehen.
- Beim Einbau Farbzuordnung beachten.
- Steckkupplungen müssen beim Verriegeln »hörbar« einrasten.
- Den festen Sitz der Steckkupplung durch Gegenziehen prüfen!

Variante 5 (Bild 6)
- Steckkupplung mit Entriegelungstasten (Pfeile) rechts und links öffnen.
- Entriegelungstasten (Pfeile) drücken und Steckkupplung abziehen.
- Beim Einbau Farbzuordnung beachten.
- Steckkupplungen müssen beim Verriegeln »hörbar« einrasten.
- Den festen Sitz der Steckkupplung durch Gegenziehen prüfen!

Variante 6 (Bild 7)
- Steckkupplung mit Entriegelungstasten (Pfeile) rechts und links.
- Steckkupplung (1) in Pfeilrichtung drücken und gedrückt halten.
- Entriegelungstasten (Pfeile) drücken und Steckkupplung abziehen.
- Beim Einbau Farbzuordnung beachten.
- Steckkupplungen müssen beim Verriegeln »hörbar« einrasten.
- Den festen Sitz der Steckkupplung durch Gegenziehen prüfen!

Kraftstoffbehälter entleeren und befüllen

Die Montagearbeiten für die einzelnen Modelle unterscheiden sich nur unwesentlich.

Tank absaugen
- Die Innenraumklappe über dem Motor ausbauen.
- Einen Lappen im Bereich der Kraftstoffleitung (2 im Bild 8) am Kraftstoffverteiler (3) oder an der Hochdruckpumpe (7) auslegen.
- Die Klemmschelle (1) lösen und die Kraftstoffleitung (2) vom Kraftstoffverteiler (3) oder vom Anschluss an der Hochdruckpumpe (7 im Bild 9) abziehen.
- Anschließend den Kraftstoffverteiler (3) oder die Hochdruckpumpe (7 im Bild 9) mit geeignetem Verschlussstopfen verschließen.
- Die Adaption (4) in die Kraftstoffleitung (2) einstecken und mit einer Klemmschelle (1) befestigen.
- Den Ablassschlauch (5) auf die Adaption (4) aufstecken und mit einer Schraubschelle (6) befestigen.
- Das andere Ende des Ablassschlauches (5) in einen geeigneten Sicherheitsbehälter einführen.
- Die Tankklappe öffnen und den Verschlussdeckel des Kraftstoffbehälters abschrauben.

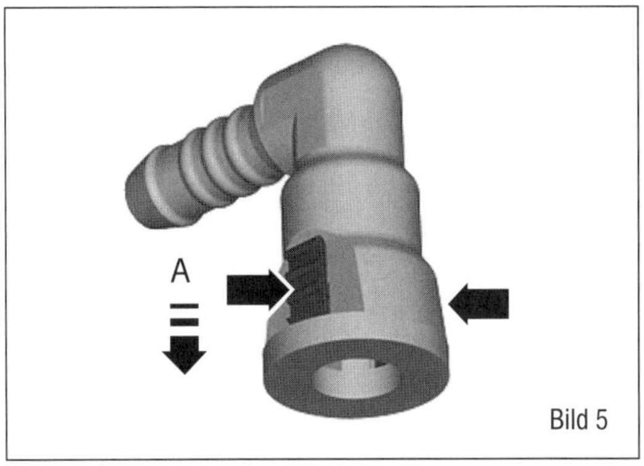

Bild 5

Bild 5
Variante 4.
Pfeile Entriegelungstasten

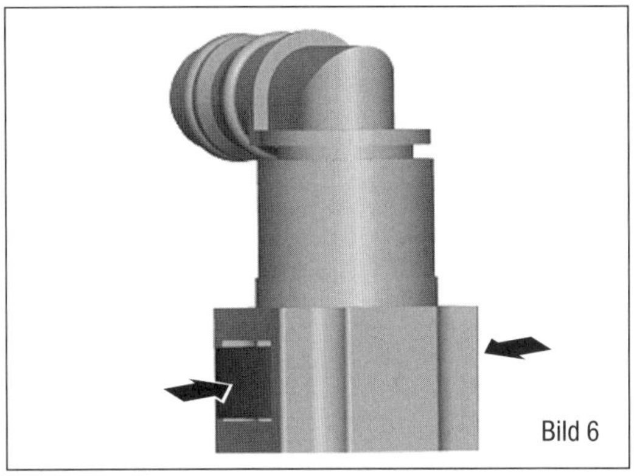
Bild 6

Bild 6
Variante 5.
Pfeile Entriegelungstasten

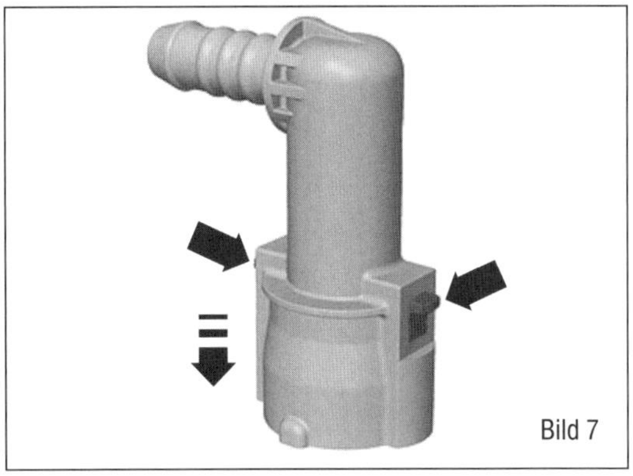
Bild 7

Bild 7
Variante 6.
Pfeile Entriegelungstasten

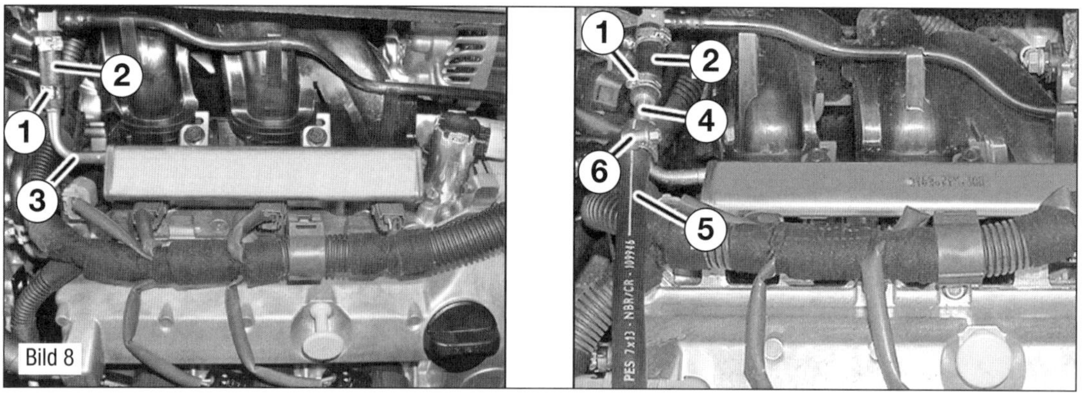

Bild 8
Ottomotoren.
1 Klemmschelle
2 Kraftstoffleitung
3 Kraftstoffverteiler
4 Adaption
5 Ablassschlauch
6 Schraubschelle

■ Die Kraftstoffpumpe mit einem Diagnosetester über die geführten Funktionen des jeweiligen Motorsteuergerätes ansteuern und Kraftstoff in geeigneten Sicherheitsbehälter abpumpen.

⚠ Die Kraftstoffpumpe mit Tankgeber darf nicht trocken laufen, sonst muss sie erneuert werden.

■ Die Schraubschelle (6) lösen und Ablassschlauch (5) von der Adaption (4) abziehen.
■ Den Kraftstoff aus dem Ablassschlauch (5) in den Sicherheitsbehälter ablaufen lassen.
■ Den Ablassschlauch (5) aus dem Sicherheitsbehälter herausziehen.
■ Die Klemmschelle (1) lösen und Adaption (4) aus der Kraftstoffleitung (2) herausziehen.
■ Die Kraftstoffleitung (2) auf den Kraftstoffverteiler (3) oder den Anschluss an der Hochdruckpumpe (7) aufstecken und mit Klemmschelle (1) befestigen.

Kraftstofftank befüllen
■ Den Kraftstoffbehälter über den Einfüllstutzen wie beim normalen Betanken befüllen.
■ Den Verschlussdeckel des Kraftstoffbehälters anschrauben und Tankklappe schließen.
■ Die Zündung einschalten, den Nachlauf der Kraftstoffpumpe mit Tankgeber abwarten.
■ Zündung wieder ausschalten und die Dichtheit der Kraftstoffleitung (2) am Kraftstoffverteiler (3) oder am Anschluss an der Hochdruckpumpe (7) prüfen.
■ Innenraumklappe über Motor wieder einbauen.
■ Den Fehlerspeicher auslesen, wenn erforderlich löschen.

Kraftstoff-Fördereinheit aus- und einbauen

Die Montagearbeiten für die einzelnen Modelle und Motorvarianten unterscheidet sich nur unwesentlich. Die hier beschriebenen Arbeitsschritte können als Arbeitsschema für alle Modelle übernommen werden.
■ Den Kraftstoffbehälter (1) wie schon beschrieben entleeren.
■ Das Fahrzeug mit der Hebebühne anheben und die Unterbodenverkleidungen ausbauen.

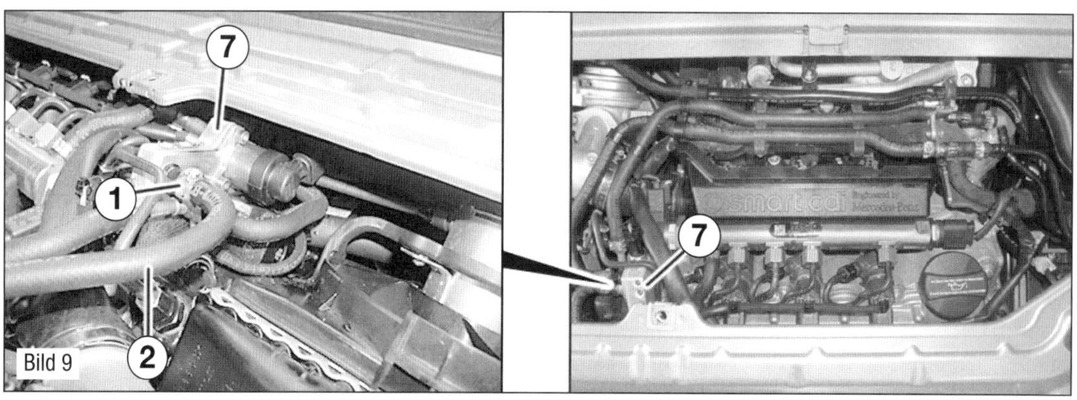

Bild 9
Dieselmotoren.
1 Klemmschelle
2 Kraftstoffleitung
7 Hochdruckpumpe

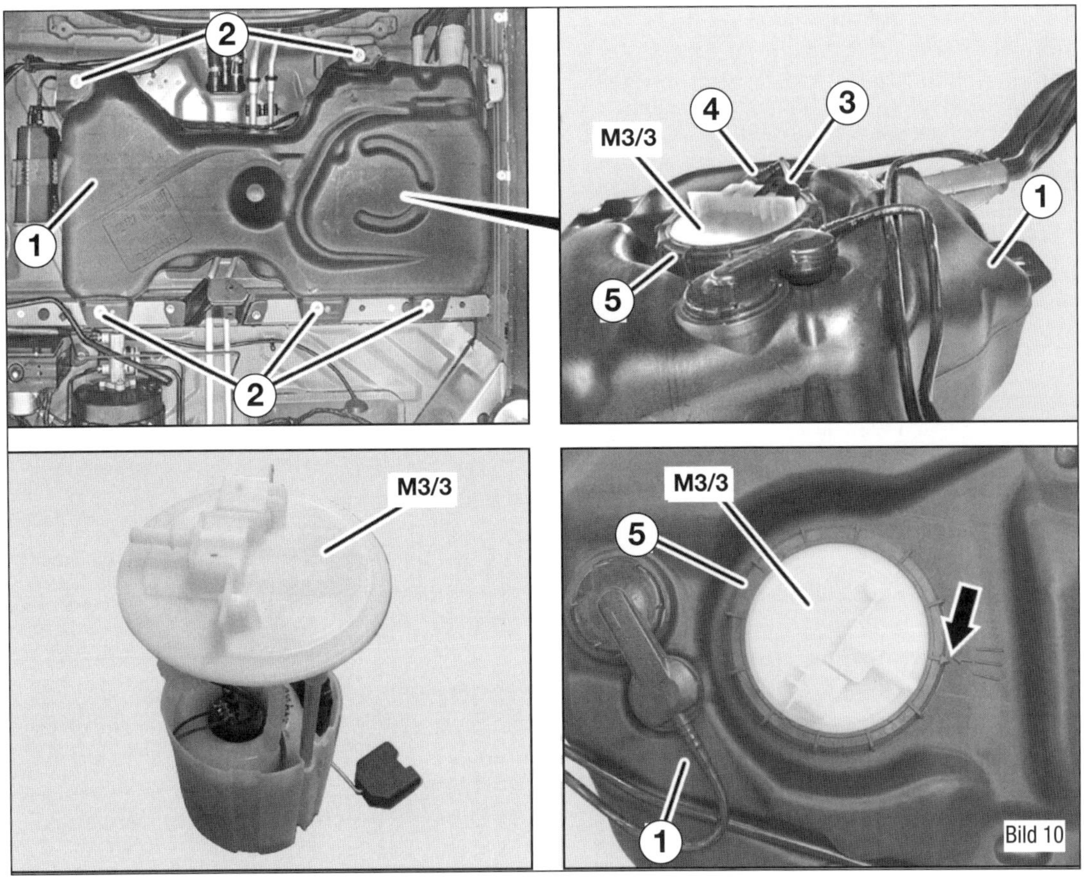

Bild 10
1 Kraftstoffbehälter
2 Schrauben
3 elektrische Steckverbindung
4 Kraftstoffleitung
5 Verschlussring
M3/3 Kraftstoffpumpe mit Tankgeber

- Die Diagonalstreben ausbauen.
- Die Schottwand am Unterboden ausbauen.
- Den Kraftstoffbehälter (1) mit Getriebeheber und einer geeigneten Ausbauvorrichtung abstützen.
- Die Schrauben (2) herausschrauben.
- Den Kraftstoffbehälter (1) vorsichtig so weit absenken, bis die elektrische Steckverbindung (3) zugänglich ist.

Beim Absenken des Kraftstoffbehälters (1) darauf achten, dass der Einfüllstutzen des Kraftstoffbehälters (1) nicht beschädigt wird, da sonst der Kraftstoffbehälter (1) erneuert werden muss.

- Die elektrische Steckverbindung (3) an der Kraftstoffpumpe mit Tankgeber (M3/3) trennen.
- Einen fusselfreien Lappen im Bereich der Kraftstoffpumpe mit Tankgeber (M3/3) auslegen.
- Die Kraftstoffleitung(en) (4) an der Kraftstoffpumpe mit Tankgeber (M3/3) entriegeln, abziehen und mit geeignetem Verschlussstopfen verschließen.
- Den Kraftstoffbehälter (1) gegenhalten, Verschlussring (5) lösen und abschrauben.
- Die Kraftstoffpumpe mit Tankgeber (M3/3) vorsichtig aus dem Kraftstoffbehälter (1) herausnehmen, in einem geeigneten Behälter abstellen und Dichtring der Kraftstoffpumpe mit Tankgeber (M3/3) abnehmen.

Um Verformungen des Kraftstoffbehälters (1) bei längerer Lagerung im Bereich der Einbauöffnung der Kraftstoffpumpe mit Tankgeber (M3/3) zu vermeiden, den Verschlussring (5) wieder anschrauben.

Der Einbau der Kraftstoff-Fördereinheit erfolgt sinngemäß in umgekehrter Reihenfolge.

- Den Dichtring der Kraftstoffpumpe mit Tankgeber (M3/3) am Kraftstoffbehälter (1) erneuern.
- Die Einbaulage der Kraftstoffpumpe mit Tankgeber (M3/3) ist durch eine Aussparung vorgegeben.
- Den Verschlussring (5) so weit anziehen, bis sich die Pfeilspitzen am Verschlussring (5) und am Kraftstoffbehälter (1) gegenüberliegen (Pfeil).

■ Motorprobelauf durchführen und Kraftstoffbehälter (1) im Bereich der Kraftstoffpumpe mit Tankgeber (M3/3) auf Dichtheit prüfen.

Kraftstoffpumpe prüfen

Die Batteriespannung muss mindestens 11,5 V betragen. Die Sicherung für die Kraftstoffpumpe ist intakt. Alle elektrischen Verbraucher wie z. B. Licht und Heckscheibenheizung müssen ausgeschaltet sein. Ist das Fahrzeug mit einer Klimaanlage ausgerüstet, muss diese ausgeschaltet sein. Im weiteren Arbeitsablauf ist es eventuell erforderlich, das Masseband der Batterie abzuklemmen. Prüfen Sie deshalb bitte, ob ein codiertes Radiogerät eingebaut ist. Gegebenenfalls ist dann vorher die Antidiebstahlcodierung zu erfragen.

Spannungsversorgung prüfen

■ Den Anlasser kurz betätigen. Die Kraftstoffpumpe muss hörbar anlaufen.

■ Zündung ausschalten.

Läuft die Kraftstoffpumpe nicht an:

■ Die Sicherung für die Kraftstoffpumpe aus dem Sicherungshalter ziehen und prüfen.

■ Die Kraftstoffpumpe mit dem Tester über den Stellgliedtest ansteuern.

Kraftstoffpumpe läuft:

■ Ansteuerung des Kraftstoffpumpenrelais nach Stromlaufplan prüfen.

■ Fehlerspeicher abfragen.

■ Prüfen, ob das Motorsteuergerät ein Drehzahlsignal erhält (Kurbelwellensensor defekt?)

Kraftstoffpumpe läuft nicht:

■ Kraftstofftank wie beschrieben so weit absenken, dass die Anschlusskabel zugänglich sind.

■ Den Anschlussstecker vom Flansch an der Kraftstoff-Fördereinheit abziehen.

Multimeter an die äußeren Kontakte des Steckers anschließen.

■ Die Kraftstoffpumpe mit dem Tester über den Stellgliedtest ansteuern. Es sollten nun etwa 12 V anliegen.

Es liegt keine Spannung an:

■ Leitungsunterbrechung nach Stromlaufplan ermitteln und beseitigen.

Die Spannungsversorgung ist in Ordnung:

■ Überwurfmutter (5) mit Schlüssel abschrauben.

■ Prüfen, ob die elektrischen Leitungen zwischen Flansch und Kraftstoffpumpe angeschlossen sind. Ist keine Leitungsunterbrechung festzustellen, ist die Kraftstoffpumpe defekt. Ersetzen Sie die Kraftstoff-Fördereinheit.

Fördermenge prüfen

Die Spannungsversorgung der Kraftstoffpumpe ist in Ordnung. Der Diagnosetester ist noch angeschlossen.

■ Nehmen Sie den Verschlussdeckel vom Kraftstoff-Einfüllstutzen ab.

■ Ziehen Sie den Vorlaufschlauch (2 in Bildern 8 und 9) ab und fangen den ausfließenden Kraftstoff mit einem Putzlappen auf.

■ Schließen Sie die Druckmessvorrichtung an die Kraftstoffvorlaufleitung an.

■ Stecken Sie den Schlauch auf die Druckmessvorrichtung auf und halten Sie ihn in ein Messgefäß.

■ Öffnen Sie den Absperrhahn der Druckmessvorrichtung. Der Hebel zeigt dann in Durchflussrichtung.

Die Kraftstoffpumpe mit dem Tester über den Stellgliedtest ansteuern. Dabei schließen Sie langsam den Absperrhahn, bis am Manometer 3-3,5 bar Überdruck angezeigt wird. Die Stellung des Absperrhahns jetzt nicht mehr verändern.

■ Messgefäß entleeren.

■ Die Fördermenge der Kraftstoffpumpe hängt von der Batteriespannung ab. Schließen Sie deshalb das Multimeter an die Fahrzeugbatterie an.

■ Die Kraftstoffpumpe mit dem Tester über den Stellgliedtest 30 Sekunden lang ansteuern und dabei die Batteriespannung messen.

■ Es sollten etwa 0,5 l Kraftstoff gefördert werden.

Wird die Mindestfördermenge nicht erreicht:

■ Kraftstoffleitungen auf mögliche Verengungen (Knicke) oder Verstopfungen prüfen.

■ Ziehen Sie die Vorlaufleitung (1) vom Kraftstofffilter-Eingang ab und führen Sie die Messung vor dem Filter durch.

Wird die Mindestfördermenge jetzt erreicht:
■ Ersetzen Sie den Kraftstofffilter.

Wird die Mindestfördermenge wieder nicht erreicht:
■ Bauen Sie die Kraftstoff-Fördereinheit aus und prüfen Sie das Filtersieb auf Verschmutzung.

Bisher liegt kein Fehler vor:
■ Kraftstoffpumpe defekt, ersetzen Sie die Kraftstoff-Fördereinheit.

Stromaufnahme messen
Sie haben die Fördermenge erreicht, vermuten trotzdem einen Fehler in der Kraftstoffversorgung (z. B. zeitweiser Ausfall der Kraftstoffversorgung):
■ Prüfen Sie die Stromaufnahme der Kraftstoffpumpe.
■ Alle gelösten Kraftstoffleitungen wieder anschließen.
■ Multimeter oder Stromzange an die grün/gelbe Leitung vom Leitungsstrang anschließen.
■ Lassen Sie den Motor an und im Leerlauf laufen.

Stromaufnahme der Kraftstoffpumpe messen. Sollwert: max. 8 Ampere.
Ist die Störung in der Kraftstoffanlage nur zeitweise vorhanden, können Sie die Prüfung auch während einer Probefahrt durchführen, es ist dazu jedoch eine 2. Person erforderlich.

Wird die Stromaufnahme überschritten:
■ Kraftstoffpumpe defekt.

Rückschlagventil der Kraftstoffpumpe prüfen
Der Diagnosetester ist noch angeschlossen. Die Druckmessvorrichtung ist noch angeschlossen.

Mit dieser Prüfung werden gleichzeitig die Anschlüsse der Kraftstoffvorlaufleitung von der Kraftstoff-Fördereinheit bis zur Anschlussstelle der Druckmessvorrichtung auf Dichtheit geprüft.
■ Absperrhahn der Druckmessvorrichtung schließen (Hebel quer zur Durchflussrichtung).
■ Die Kraftstoffpumpe über den Tester betätigen, bis ein Überdruck von ca. 3 bar aufgebaut ist.

Fällt der Überdruck deutlich höher aus, ist der Druckregler in der Kraftstofffördereinheit defekt und die Kraftstofffördereinheit muss ersetzt werden.
■ Beachten Sie den Druckabfall am Manometer. Der Druck darf nach 10 Minuten nicht unter 2,5 bar abfallen.

Fällt der Druck weiter ab:
■ Prüfen Sie die Leitungsanschlüsse auf Dichtheit.

Wird kein Fehler in den Leitungen festgestellt:
■ Kraftstoffpumpe defekt, ersetzen Sie die Kraftstoff-Fördereinheit.

Kraftstoffbehälter aus- und einbauen

■ Den Kraftstoffbehälter (1) entleeren.
■ Die am Einfüllstutzen des Kraftstoffbehälters (1) befestigte Regenerierleitung (2) ausclipsen und seitlich ablegen.
■ Das Fahrzeug mit der Hebebühne anheben und Unterbodenverkleidungen ausbauen.
■ Diagonalstreben ausbauen.
■ Heckantriebsmodul ablassen.
■ Innenkotflügel im rechten hinteren Kotflügel ausbauen.
■ Die Regenerierleitung (2) am Tankentlüftungsventil (Y58) abbauen.
■ Die Kraftstoffleitung Vorlauf und Kraftstoffleitung Rücklauf (soweit vorhanden) aus den Aufnahmen am Einfüllstutzen des Kraftstoffbehälters (1) ausclipsen.
Die Kraftstoffleitung »Vorlauf« ist unterhalb und die Kraftstoffleitung »Rücklauf« oberhalb am Einfüllstutzen des Kraftstoffbehälters (1) verlegt.
■ Die Kraftstoffleitung Vorlauf am Kraftstofffilter trennen und Kraftstofffilter mit geeignetem Verschlussstopfen verschließen.
■ Die Schrauben (3) herausschrauben und Verstärkung (4) abnehmen.
■ Die Tankmulde ausbauen.
■ Die Schrauben (5) am Halter (6) herausdrehen.
■ Die Schraube (7) herausschrauben, die elektrische Leitung der Masse am Tankstutzen und den Halter (6) abnehmen.
■ Den Kraftstoffbehälter (1) mit dem Getriebeheber und einer geeigneten Ausbauvorrichtung abstützen.

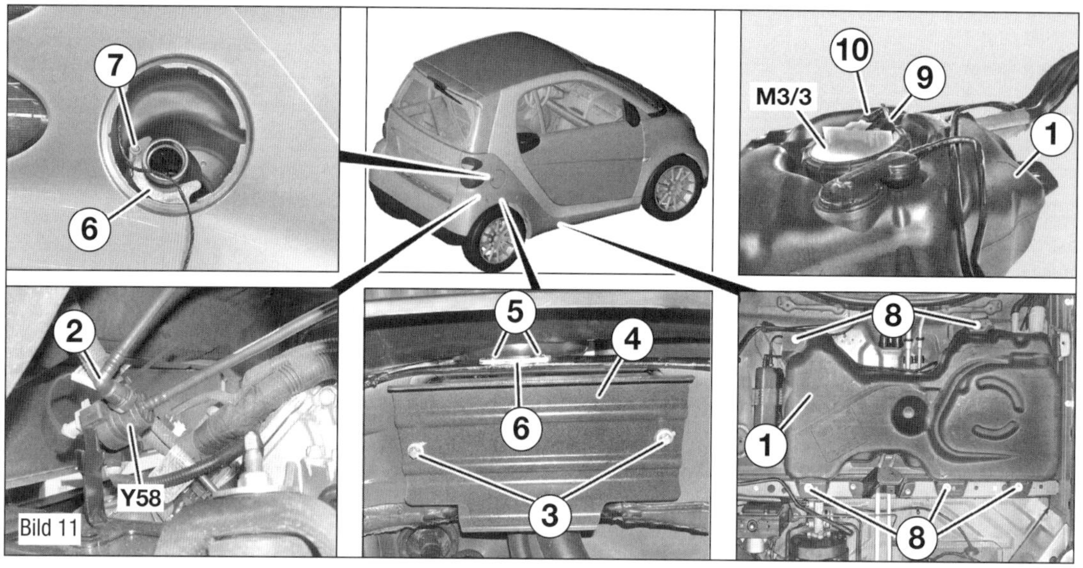

Bild 11
1 Kraftstoffbehälter
2 Regenerierleitung
3 Schrauben
4 Verstärkung
5 Schrauben
6 Halter
7 Schraube
8 Schrauben
9 Elektrische Steckverbindung
10 Kraftstoffleitung
M3/3 Kraftstoffpumpe mit Tankgeber
Y58 Tankentlüftungsventil

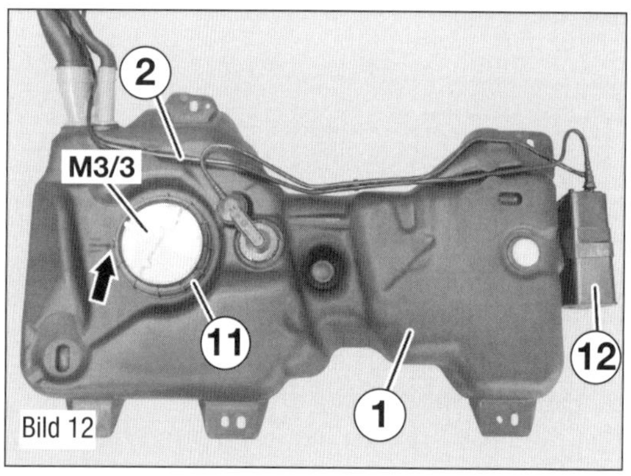

Bild 12
1 Kraftstoffbehälter
2 Regenerierleitung
11 Verschlussring
12 Aktivkohlebehälter
M3/3 Kraftstoffpumpe mit Tankgeber

- Die Schrauben (8) herausschrauben.
- Den Kraftstoffbehälter (1) vorsichtig so weit absenken, bis die elektrische Steckverbindung (9) an der Kraftstoffpumpe mit Tankgeber (M3/3) zugängig ist.
- Die elektrische Steckverbindung (9) an der Kraftstoffpumpe mit Tankgeber (M3/3) trennen.
- Einen Lappen im Bereich der Kraftstoffpumpe mit Tankgeber (M3/3) auslegen.
- Kraftstoffleitung (10) am Einfüllstutzen des Kraftstoffbehälters (1) freilegen.
- Kraftstoffbehälter (1) weiter absenken und von der Ausbauvorrichtung abnehmen, Helfer erforderlich.
- Kraftstoffbehälter (1) gegenhalten, Verschlussring (11) lösen und abschrauben.

Beim Erneuern des Kraftstoffbehälters (1) Kraftstoffpumpe mit Tankgeber (M3/3) vorsichtig aus dem Kraftstoffbehälter (1) herausnehmen und in einem geeigneten Behälter abstellen. Den Aktivkohlebehälter (12), das Regenerierleitung (2) umbauen. Rasthaken am Halter des Kraftstofffilters auseinanderdrücken, Kraftstofffilter nach hinten aus dem Halter herausnehmen und zusammen mit der Kraftstoffleitung Vorlauf abnehmen.

Der Einbau der Kraftstoff-Fördereinheit erfolgt sinngemäß in umgekehrter Reihenfolge.

- Den Dichtring der Kraftstoffpumpe mit Tankgeber (M3/3) am Kraftstoffbehälter (1) erneuern.
- Die Einbaulage der Kraftstoffpumpe mit Tankgeber (M3/3) ist durch eine Aussparung vorgegeben.
- Den Verschlussring (11) so weit anziehen, bis sich die Pfeilspitzen am Verschlussring (11) und am Kraftstoffbehälter (1) gegenüberliegen (Pfeil).
- Motorprobelauf durchführen und Kraftstoffbehälter (1) im Bereich der Kraftstoffpumpe mit Tankgeber (M3/3) auf Dichtheit prüfen.

Verhalten bei Falschbetankung

Durch eine Falschbetankung kann es wegen mangelnder Schmierung durch den falschen Kraftstoff (z. B. Ottokraftstoff) zu irreversiblen Schäden an den Hochdruckkomponenten, insbesondere der Hochdruckpumpe, kommen. Hier sind Schäden in Form von Fressern und Partikelabtrag zu erwarten. Durch diese Partikel wiederum sind weitere Schäden im Druckregelventil und in den Injektoren als sicher anzunehmen. Betrachten wir als Nächstes zwei mögliche Szenarien genauer.

Der Motor wurde mit falschem Kraftstoff gestartet
Verunreinigter, beziehungsweise falscher Kraftstoff ist in das Kraftstoffsystem eingedrungen und hat die Hochdruckkomponenten erreicht.

- Zündung nicht einschalten.
- Kraftstoffbehälter ausbauen.
- Kraftstofffördereinheit ausbauen und gegen eine neue tauschen.
- Kraftstoffbehälter mit dem Kraftstoffabsauggerät über die Öffnung der Kraftstofffördereinheit vollständig entleeren.

⚠ Kraftstoffbehälter auf Verschmutzung und Späne kontrollieren.

- Gegebenenfalls den Kraftstoffbehälter reinigen.

Keine Späne im Kraftstoffbehälter:

- Den Kraftstoffbehälter mit 5 Liter Dieselkraftstoff befüllen.
- Kraftstoffbehälter nochmals wie oben beschrieben vollständig entleeren.
- Hochdruckpumpe ersetzen.
- Die Zumesseinheit von der ALTEN Hochdruckpumpe abnehmen.

⚠ Zumesseinheit und Hochdruckpumpe auf Späne kontrollieren. Falls Späne in der Hochdruckpumpe vorhanden, folgende Komponenten ersetzen:
a) Hochdruckleitungen,
b) Hochdruckspeicher (Kraftstoffverteiler) inklusive Regelventil für Kraftstoffdruck und Kraftstoffdruckgeber,
c) Einspritzeinheiten,
d) Kraftstoffrücklaufleitungen (Leckölleitungen),
e) Kraftstofffilter.

- Fahrzeug volltanken.
- Kraftstoffsystem entlüften.
- Probefahrt durchführen.

Keine Späne in der Hochdruckpumpe:

- Kraftstofffilter erneuern.
- Kraftstoffsystem entlüften.
- Fahrzeug volltanken und Probefahrt durchführen.

Späne im Kraftstoffbehälter:

⚠ Kraftstoffbehälter auf Verschmutzung und Späne kontrollieren.

- Alle Hochdruckkomponenten ersetzen:

a) Hochdruckpumpe
b) Hochdruckleitungen
c) Hochdruckspeicher (Kraftstoffverteiler) inklusive Regelventil für Kraftstoffdruck und Kraftstoffdruckgeber
d) Einspritzeinheiten
e) Kraftstoffrücklaufleitungen (Leckölleitungen)
f) Einspritzeinheiten/Hochdruckspeicher (Rail)

- Kraftstofffördereinheit einbauen.
- Kraftstoffbehälter einbauen.
- Kraftstofffilter ersetzen.

⚠ Um einen Trockenlauf der Hochdruckpumpe zu vermeiden und einen raschen Motorstart nach Teiletausch zu erzielen, sind folgende Punkte unbedingt zu beachten:

- Kraftstoffbehälter mit 5 Liter Dieselkraftstoff befüllen.

Anschließend in den »Geführten Funktionen« die Funktion »Kraftstoffsystem entlüften« durchführen. Bei Austausch bzw. Ausbau von Bauteilen/Komponenten des Kraftstoffsystems zwischen Kraftstoffbehälter und Hochdruckpumpe muss dieses entlüftet werden. Dieser Vorgang dauert 130 Sekunden. Dabei werden die Kraftstoffpumpen insgesamt 3 Mal angesteuert. Der Vorgang darf nicht vorzeitig abgebrochen werden.

- Kraftstoffbehälter vollständig mit Dieselkraftstoff befüllen.
- Kraftstoffsystem entlüften.
- Probefahrt durchführen.

Falschbetankung wurde VOR dem Start des Motors bemerkt
Der Motor wurde NICHT gestartet.

- Zündung nicht einschalten.
- Steckverbindung Kraftstoffpumpe für Vorförderung und Geber für Kraftstoffvorratsanzeige im Bereich Unterboden Mitte links entriegeln und abziehen.
- Kraftstoffbehälter ausbauen.
- Kraftstofffördereinheit ausbauen und entleeren.
- Sieb auf Verschmutzung prüfen und ggf. reinigen.
- Kraftstoffbehälter mit dem Kraftstoffabsauggerät über die Öffnung der Kraftstofffördereinheit vollständig entleeren.

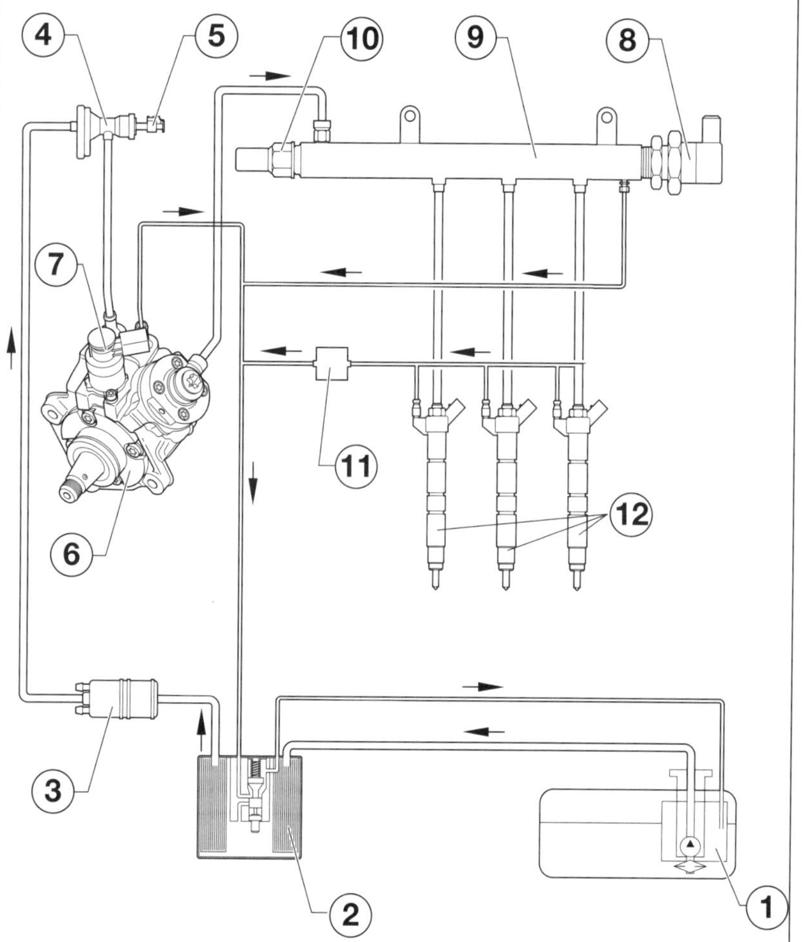

Bild 13

Bild 13
Bauteile der Common Rail am 3 Zylinder.
1 Kraftstoffbehälter
2 Kraftstofffilter
3 Zusatzkraftstoffpumpe
4 Filtersieb
5 Kraftstofftemperaturgeber
6 Hochdruckpumpe
7 Ventil für Kraftstoffdosierung
8 Regelventil für Kraftstoffdruck
9 Hochdruckspeicher (Rail)
10 Kraftstoffdruckgeber
11 Druckhalteventil
12 Einspritzventile (Piezo-Injektoren)

- Ist der Kraftstoffbehälter vollständig entleert, den Kraftstoffbehälter mit einem fusselfreien Lappen innen reinigen.
- Kraftstofffördereinheit einbauen.
- Kraftstoffbehälter einbauen.
- Steckverbindung Kraftstoffpumpe für Vorförderung und Geber für Kraftstoffvorratsanzeige im Bereich Unterboden Mitte links anschließen.

⚠ Um einen Trockenlauf der Hochdruckpumpe zu vermeiden und einen raschen Motorstart nach Teiletausch zu erzielen, sind folgende Punkte unbedingt zu beachten:
a) Kraftstoffbehälter mit 5 Liter Dieselkraftstoff befüllen.
b) Kraftstoffsystem entlüften.

Werden Bauteile/Komponenten des Kraftstoffsystems zwischen Kraftstoffbehälter und Hochdruckpumpe abgebaut, ausgebaut oder ersetzt, muss zur Entlüftung des Kraftstoffsystems mit dem Fahrzeugdiagnosetester in den »Geführten Funktionen« die Funktion »Kraftstoffsystem Entlüften« durchgeführt werden. Dieser Vorgang dauert etwa 130 Sekunden. Dabei werden die Kraftstoffpumpen insgesamt 3 Mal angesteuert. Der Vorgang darf nicht vorzeitig abgebrochen werden.

- Kraftstoffbehälter vollständig mit Dieselkraftstoff befüllen.
- Probefahrt durchführen.

8 Kraftstoffaufbereitung und Einspritzung

Gemischaufbereitung, Einspritzung und (Selbst-) Zündung werden durch elektronisch gesteuerte Einspritzsysteme realisiert. Die Aufladung über Abgasturbolader gehört bei einigen Modellen zur Ausrüstung der Motoren, egal ob diese der Gattung »Diesel« oder «Benzin« angehören. Die Benzin-Motoren haben eine Saugrohr-Benzineinspritzung (SRE) und in der stärksten Variante eine Aufladung über Abgasturbolader.

Benzin Motoren

Im Smart kommen nur SRE (Saugrohr-Einspritzer) zum Einsatz. Überwiegend unterscheiden sich die Arbeiten an den einzelnen Motormodellen kaum. Die folgenden Arbeitsbeschreibungen werden wir allgemeingültig verfassen. Die Unterscheidung der Saugmotoren und der Turbomotoren ist zumindest in Sachen Ansteuerung unwesentlich anders.

Im Schaubild möchten wir Ihnen die Komponenten vorstellen, die mit der Kraftstoffeinspritzung zu tun haben. Ein Pfeil vom Bauteil zum Motorsteuergerät stellt die Verbindung zu einem Sensor dar, der dem Steuergerät Messwerte liefert. Ein Pfeil vom Steuergerät weg stellt eine Verbindung zum Aktor dar. Hier erfolgen Ansteuerungen von Bauteilen vom Steuergerät. Pfeile in beide Richtungen bedeuten im Fall des CAN-Datenbusses ein Informationsfluss in beide Richtungen oder wie im Fall des Drosselklappenmoduls, das Messwerte liefert, aber auch angesteuert wird.

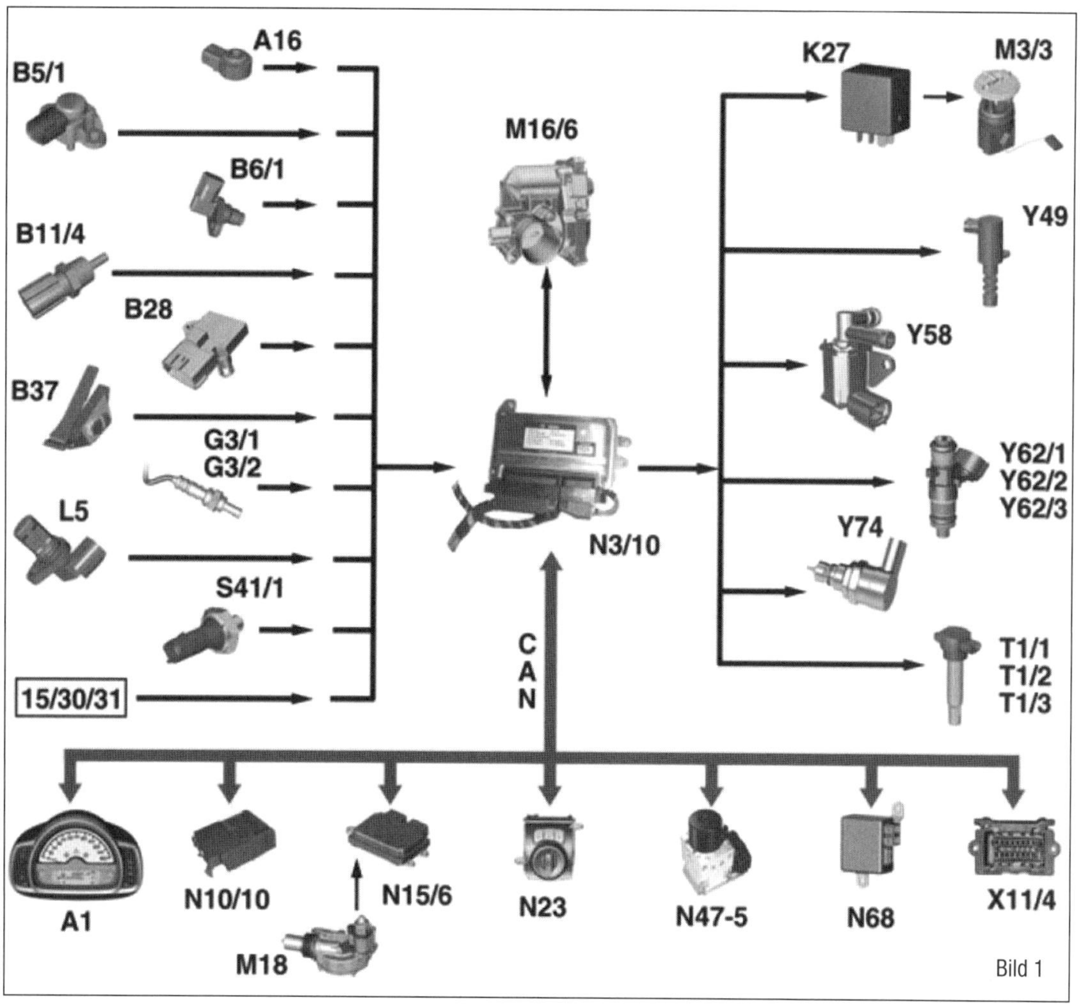

Bild 1
Kraftstoffaufbereitung beim Benziner (Turbo und Sauger).
A1 Kombiinstrument
A16 Klopfsensor
B5/1 Geber Ladedruck (nur beim Turbomotor)
B6/1 Hallgeber Nockenwelle
B11/4 Temperaturfühler für Kühlmittel
B28 Saugrohrdrucksensor
B37 Geber Fahrpedal
G3/1 O2-Sonde nach Kat
G3/2 O2-Sonde vor Kat
K27 Kraftstoffpumpenrelais
L5 OT Geber Kurbelwelle
M3/3 Intankpumpe mit Tankgeber
M16/6 Drosselklappenmodul
M18 Kupplungsmotor
N3/10 Motorsteuergerät
N10/10 Steuergerät SAM
N15/6 Steuergerät Getriebe
N23 Bediengerät Heizung/Klima
N47-5 Steuergerät ABS/ESP
N68 Steuergerät Lenkung
S41/1 Schalter Öldruck
T1/1 Zündspule Zylinder 1
T1/2 Zündspule Zylinder 2
T1/3 Zündspule Zylinder 3
X11/4 Diagnoseanschluss
Y49 Nockenwellensteller
Y58 Tankentlüftungsventil
Y62/1 Einspritzventil Zylinder 1
Y62/2 Einspritzventil Zylinder 2
Y62/3 Einspritzventil Zylinder 3
Y74 Ladedruckregelventil (nur bei Turbomotoren), CAN Datenbus

Sichtprüfung Messen

Bild 2
Einspritzsystem am Dieselmotor.
1 Leckölleitung
2 Hochdruckleitung
3 Hochdruckpumpe
4 Hochdruckleitung
5 Rail
6 Kraftstoffvorlaufleitung
7 Kraftstoffrücklaufleitung
8 Kraftstoffrücklaufleitung vom Rail
B4/6 Raildrucksensor
B50 Temperaturfühler Kraftstoff
Y74 Druckregelventil
Y76/1 Kraftstoffinjektor Zylinder 1
Y76/2 Kraftstoffinjektor Zylinder 2
Y76/3 Kraftstoffinjektor Zylinder 3
Y94 Mengenregelventil

CDI-Motoren

Die CDI-Motoren sind bei unterschiedlichen Leistungsstufen mit einem Commonrail-system ausgerüstet. Der Kraftstoffhochdruck wird von der Hochdruckpumpe (3 im Bild 2) erzeugt und mit dem Druckregelventil (Y74) entsprechend der Anforderung des Kennfeldes vom Motorsteuergerät (N3/9 im Bild 3) modelliert.

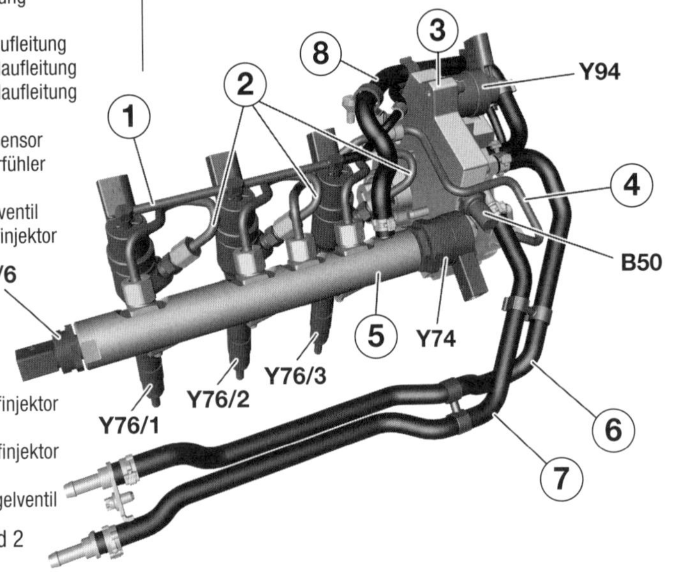

Bild 2

Auch für die Dieselmotoren möchten wir Ihnen anhand des Schaubildes den Informationsfluss und die beteiligten Bauteile des Einspritzsystems vorstellen. Wie auch beim Benziner zeigt Ihnen ein Pfeil zum Steuergerät hin eine Verbindung zum Sensor, vom Steuergerät weg eine Verbindung zum Aktor dar. Auch hier lässt der CAN-Bus den Informationsfluss in beide Richtungen zu. Der LIN-Bus (LIN A) dient zur Ansteuerung von Generator und Glühanlage. Vergleichen Sie die beiden Schaubilder, werden Sie zumindest für die meisten Komponenten und den Datenfluss zwischen ihnen große Gemeinsamkeiten feststellen können.

Bild 3
Kraftstoffaufbereitung beim Dieselmotor.
A1 Kombiinstrument
B2/5 Luftmassenmesser
B4/6 Raildrucksensor
B5/1 Ladedrucksensor
B11/4 Kühlmitteltemperatursensor
B17 Ansauglufttemperatursensor
B37 Fahrpedalgeber
B50 Kraftstofftemperaturfühler
G2 Generator
G3/2 02 Sonde vor Kat
L5 Positionsgeber Kurbelwelle
M3/3 Intankpumpe mit Tankgeber
N3/9 Motorsteuergerät
N10/10 Steuergerät SAM
N14/2 Glühendstufe
N15/6 Steuergerät Getriebe
N23 Bediengerät Heizung und Klimaanlage
N47-5 Steuergerät ABS/ESP
N68 Steuergerät Lenkung
R9 Glühkerzen
S41/1 Öldruckschalter
X11/4 Diagnose Anschluss
Y27 Abgasrückführungsventil
Y74 Raildruckregelventil
Y76/1 Injektor 1. Zylinder
Y76/2 Injektor 2. Zylinder
Y76/3 Injektor 3. Zylinder
Y94 Mengenregelventil,
CAN Datenbus 2 Draht
LIN A Datenbus 1 Draht

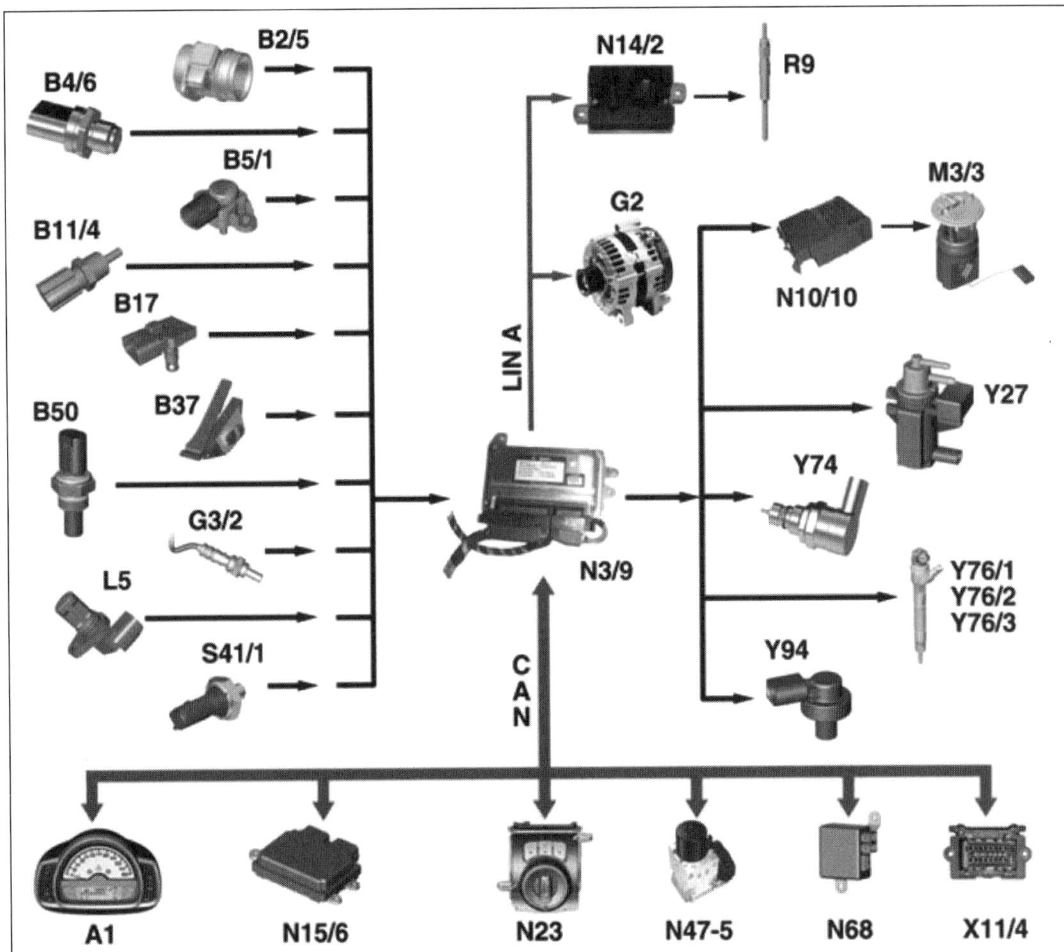

Bild 3

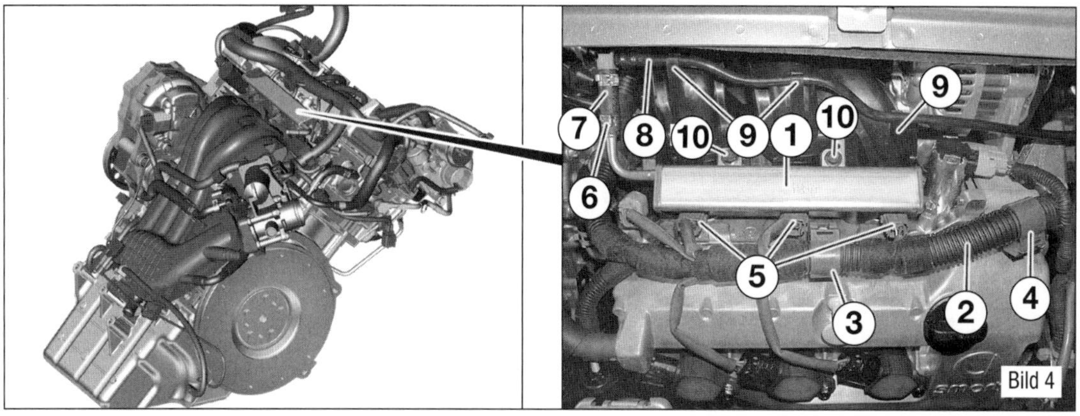

Bild 4
Benzinmotoren.
1 Kraftstoffverteiler
2 Motorleitungssatz
3 Halteclip
4 Halteclip
5 Elektrische Steckverbindungen
6 Klemmschelle
7 Kraftstoffschlauch
8 Kraftstoffleitung
9 Aufnahmen
10 Schraube

Einspritzdüsen Benzinmotoren

Die Arbeiten an den einzelnen Motormodellen unterscheiden sich kaum. Die folgenden Arbeitsbeschreibungen werden wir wieder allgemeingültig verfassen. Die Unterscheidung der Saugmotoren und der Turbomotoren ist auch hier nur unwesentlich.

Dichtringe am Kraftstoffverteiler und am Einspritzventil zur besseren Montage leicht mit Motorenöl benetzen.

Austretenden Kraftstoff in geeignetem Behälter auffangen. Öffnungen mit geeigneten Stopfen verschließen.

Kraftstoffverteiler mit Einspritzventilen aus- und einbauen
- Die Innenraumklappe über Motor ausbauen.
- Den Motorleitungssatz (2 im Bild 4) aus den Halteclips (3, 4) ausclipsen.
- Die elektrischen Steckverbindungen (5) trennen.
- Die Kraftstoffleitung (8) aus den Aufnahmen (9) ausclipsen, dann die Klemmschelle (6) lösen und den Kraftstoffschlauch (7) vom Kraftstoffverteiler (1) abziehen.
- Die Schrauben (10) am Kraftstoffverteiler (1) herausschrauben.
- Den Kraftstoffverteiler (1) zusammen mit den Kraftstoff-Einspritzventilen herausziehen.

Die Montage erfolgt sinngemäß in umgekehrter Reihenfolge.
- Den Fehlerspeicher auslesen, wenn erforderlich löschen.
- Motorprobelauf durchführen und Dichtheit des Kraftstoffsystems im Bereich des Kraftstoffverteilers (1) prüfen.

Einspritzventile aus- und einbauen
- Den Kraftstoffverteiler (1 im Bild 5) zusammen mit den Kraftstoff-Einspritzventilen (Y62/1, Y62/2, Y62/3) wie schon beschrieben ausbauen.
- Die Verdrehsicherungen (2) an den Kraftstoff-Einspritzventilen (Y62/1, Y62/2, Y62/3) ausclipsen.
- Die Kraftstoff-Einspritzventile (Y62/1, Y62/2, Y62/3) aus dem Kraftstoffverteiler (1) herausziehen.

Die Montage erfolgt sinngemäß in umgekehrter Reihenfolge.
- Den Fehlerspeicher auslesen, wenn erforderlich löschen.

Die Verdrehsicherung (2) muss in der entsprechenden Nut (Pfeil) am Kraftstoff Einspritzventil (Y62/1, Y62/2, Y62/3) einrasten.

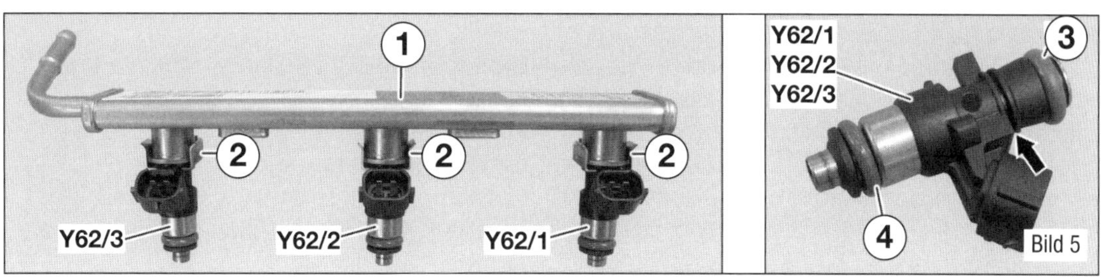

Bild 5
Benzinmotoren.
1 Kraftstoffverteiler
2 Verdrehsicherung
3 Dichtring
4 Dichtring
Y62/1 Kraftstoff-Einspritzventil Zylinder 1
Y62/2 Kraftstoff-Einspritzventil Zylinder 2
Y62/3 Kraftstoff-Einspritzventil Zylinder 3

Einspritzdüsen und -Leitungen beim Dieselmotor demontieren

Die Arbeiten an den einzelnen Leistungsstufen der CDI-Motoren unterscheiden sich kaum. Die folgenden Arbeitsbeschreibungen werden wir wieder allgemeingültig verfassen.

Hinweise zur Montage an Common-Rail-Komponenten
Bei Einhaltung der aufgeführten Vorgehensweisen können die Common-Rail-Komponenten, abgesehen von den Hochdruckleitungen bei einigen Motoren, mehrmals wieder verbaut werden. Unnötige Demontagen sind jedoch zu vermeiden. Dichtringe und Dehnschrauben müssen immer erneuert werden. Bei laufendem Motor und innerhalb der ersten 30 Sekunden nach dem Abstellen dürfen keine Montagearbeiten am Kraftstoffeinspritzsystem durchgeführt werden. Es besteht die Gefahr von unter hohem Druck austretendem Kraftstoff. Bei Undichtigkeit trotz korrektem Anziehdrehmoment ist die betroffene Common-Rail-Komponente zu ersetzen.
Beim Aus- und Einbau von Common-Rail-Komponenten sind folgende Punkte zu beachten:

- Arbeitsbereiche am Motor und benötigte Werkzeuge müssen vor Beginn des Ausbaus von Common-Rail-Komponenten sorgfältig von Schmutz und Flüssigkeiten gereinigt werden.
- Werkzeuge nur zum Lösen und Anziehen der Befestigungselemente und Hochdruckleitungen verwenden. Alle anderen Montage- oder Demontagevorgänge müssen von Hand und ohne ein Hilfsmittel erfolgen.
- Geöffnete Anschlüsse müssen mit geeigneten Verschlusskappen verschlossen werden.
- Die Behälter für Montagehilfsstoffe müssen sauber gehalten und bei Nichtgebrauch verschlossen oder abgedeckt werden.
- Dichtringe müssen feucht eingebaut werden (Montage- oder Motoröl verwenden). Bei Unterdruck- und Wasserschläuchen geeigneten Montagehilfsstoff oder Seifenwasser, bei der Leckölleitung geeigneten Montagehilfsstoff oder Dieselkraftstoff verwenden.
- Verschlusskappen dürfen nur von Hand und immer erst unmittelbar vor der Montage entfernt werden.
- Hochdruckleitungen dürfen nicht gebogen werden und nur spannungsfrei eingebaut werden.
- Montagehinweise der Hersteller und vorgeschriebene Anziehdrehmomente müssen beachtet werden.
- Das Zerlegen der Common-Rail-Komponenten ist mit Ausnahme der Kraftstoffverteilerleiste (Rail) nicht zulässig. Im Fehlerfall ist die jeweilige Common-Rail-Komponente komplett zu tauschen.
- Abhängig vom Motorbaumuster kann die Kraftstoffverteilerleiste (Rail) zerlegt werden, z. B. zum Erneuern des Kraftstoffdrucksensors.
- Beim Austausch von Common-Rail-Komponenten sind die Verschlusskappen des Neuteils am ausgebauten Teil zu verwenden, sobald das Neuteil eingebaut ist.
- Es dürfen keine Gegenstände auf den Common-Rail-Komponenten abgelegt werden, es besteht die Gefahr von unbemerkten Beschädigungen.

Hochdruckpumpe aus- und einbauen

- Das Fahrzeug mit der Hebebühne anheben.
- Druckleitung (2 im Bild 6) ausbauen.
- Die Zuluftführung zum Ladeluftkühler ausbauen.
- Das Fahrzeug mit der Hebebühne absenken.
- Die elektrische Steckverbindung am Temperaturfühler Kraftstoff (B50) und elektrische Steckverbindung am Mengenregelventil (Y94) trennen.
- Die Kraftstoffzulaufleitung (3) an der Hochdruckpumpe (1) abbauen.
- Die Kraftstoffrücklaufleitungen (4) an der Hochdruckpumpe (1) abbauen.
- Die Leckölleitung (5) an der Hochdruckpumpe (1) abbauen.
- Die Schrauben (6) herausschrauben und Hochdruckpumpe (1) vom Zylinderkopf abnehmen.

Die Montage erfolgt sinngemäß in umgekehrter Reihenfolge.

- Den Fehlerspeicher auslesen, wenn erforderlich löschen.
- Dichtring (7) an der Hochdruckpumpe (1) erneuern. Mitnehmer (8) an der Hochdruckpumpe (1)

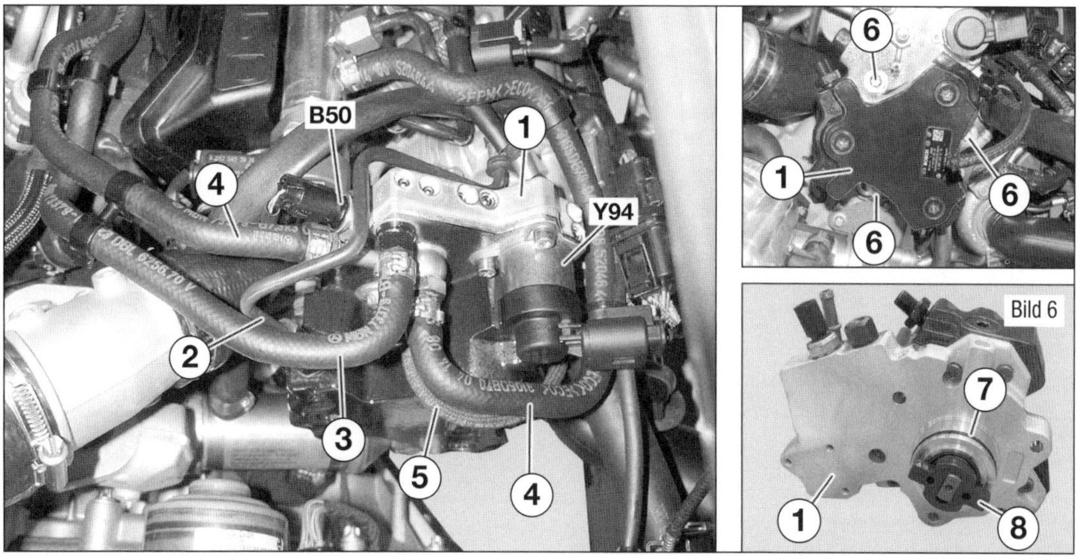

Bild 6
Dieselmotor.
1 Hochdruckpumpe
2 Druckleitung
3 Kraftstoffzulaufleitung
4 Kraftstoffrücklaufleitung
5 Leckölleitung
6 Schraube
7 Dichtring
8 Mitnehmer
B50 Temperaturfühler Kraftstoff
Y94 Mengenregelventil

entsprechend der Stellung der Nockenwelle ausrichten.

- Motorprobelauf durchführen und Dichtheit des Kraftstoffsystems im Bereich des Kraftstoffverteilers (1) und für den Motorölkreislauf im Bereich der Hochdruckpumpe und prüfen.

Rail aus- und einbauen

- Das Fahrzeug mit der Hebebühne anheben.
- Das Heckantriebsmodul ablassen.
- Das Fahrzeug mit der Hebebühne absenken.
- Die Einspritzleitungen der Kraftstoffinjektoren ausbauen.
- Die Druckleitung von der Hochdruckpumpe zum Rail (1 im Bild 7) ausbauen.
- Die Kraftstoffrücklaufleitung (2) am Rail (1) abbauen.
- Die Schrauben (3) herausschrauben, Rail (1) abnehmen und elektrische Steckverbindungen am Raildrucksensor (B4/6) und am Druckregelventil (Y74) trennen.

Die Montage erfolgt sinngemäß in umgekehrter Reihenfolge.

- Den Fehlerspeicher auslesen, wenn erforderlich löschen.

Einspritzleitungen Common-Rail Diesel Injection (CDI) aus- und einbauen

- Die Innenraumklappe über dem Motor ausbauen.
- Die Überwurfmuttern der Einspritzleitungen (1) am Rail (2) abschrauben.

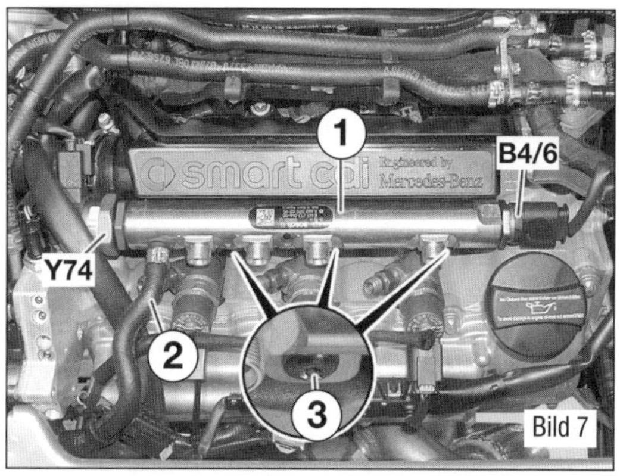

Bild 7
Dieselmotor.
1 Rail
2 Kraftstoffrücklaufleitung
3 Schraube
B4/6 Raildrucksensor
Y74 Druckregelventil

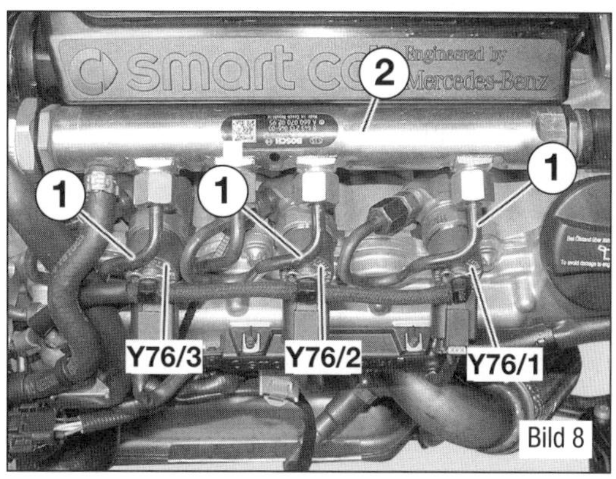

Bild 8
Dieselmotor.
1 Einspritzleitung
2 Rail
Y76/1 Kraftstoffinjektor Zylinder 1
Y76/2 Kraftstoffinjektor Zylinder 2
Y76/3 Kraftstoffinjektor Zylinder 3

- Die Überwurfmuttern der Einspritzleitungen (1) an den Kraftstoffinjektoren (Y76/1, Y76/2, Y76/3) abschrauben und Einspritzleitungen (1) abnehmen.

⚠ Die Einspritzleitungen (1) müssen nach dem Lösen grundsätzlich erneuert werden.

- Die Anschlüsse am Rail (2) und an den Kraftstoffinjektoren (Y76/1, Y76/2, Y76/3) mit geeigneten Verschlussstopfen verschließen.

Bild 9
Dieselmotor.
1 Druckleitung
2 Sicherungsklammer
3 Leckölleitung
4 Schraube
5 Spannpratzen
6 Klammer
Y76/1 Kraftstoffinjektor Zylinder 1
Y76/2 Kraftstoffinjektor Zylinder 2
Y76/3 Kraftstoffinjektor Zylinder 3

Die Montage erfolgt sinngemäß in umgekehrter Reihenfolge.

- Den Fehlerspeicher auslesen, wenn erforderlich löschen.
- Motorprobelauf durchführen und Einspritzleitungen (1) auf Dichtheit prüfen.
- Die Innenraumklappe über Motor erst nach einer Dichtheitsprüfung einbauen.

Injektoren aus- und einbauen

- Das Fahrzeug mit der Hebebühne anheben.
- Das Heckantriebsmodul ablassen.
- Das Fahrzeug mit der Hebebühne absenken.
- Die Einspritzleitungen der Kraftstoffinjektoren (Y76/1, Y76/2, Y76/3 im Bild 8) ausbauen.
- Die Druckleitung (1) ausbauen.
- Die elektrischen Steckverbindungen an den Kraftstoffinjektoren (Y76/1, Y76/2, Y76/3) entriegeln und trennen.
- Die Sicherungsklammern (2) der Leckölleitung (3) entriegeln und abnehmen.
- Die Leckölleitung (3) an den Kraftstoffinjektoren (Y76/1, Y76/2, Y76/3) lösen und abnehmen.
- Die Schrauben (4) aus den Gewindebohrungen im Zylinderkopf herausschrauben.

☞ Den Einbauort der Kraftstoffinjektoren (Y76/1, Y76/2, Y76/3) markieren.

- Die Kraftstoffinjektoren (Y76/1, Y76/2, Y76/3) lösen, zusammen mit den Spannpratzen (5), den Klammern (6) und den Schrauben (4) abnehmen und Injektordüsen mit geeigneten Verschlusskappen abdecken.
- Die Injektorschächte mit geeigneter Rundbürste reinigen.
- Die Injektorschächte und Gewindebohrungen ausblasen.
- Beim Wiedereinbau die Kraftstoffinjektoren (Y76/1, Y76/2, Y76/3) reinigen (lassen).

Die Montage erfolgt sinngemäß in umgekehrter Reihenfolge.

- Den Fehlerspeicher auslesen, wenn erforderlich löschen.
- Beim Erneuern der Kraftstoffinjektoren Klassierung der Kraftstoffinjektoren (Y76/1, Y76/2, Y76/3) durchführen.
- Dichtringe an den Kraftstoffinjektoren (Y76/1, Y76/2, Y76/3) und Schrauben (4) erneuern. Kraftstoffinjektoren-Schrauben (4) (Y76/1, Y76/2, Y76/3) mit Spezialfett einfetten.

Injektoren/Bohrungen reinigen

Hinweise zum Reinigen des Injektorschachtes und des Injektorsitzes bei leichter Verkokung

- Rundbürste (651 589 01 68 00) mit Wollkopf verwenden, das Verschließen der Brennraumbohrung ist dabei nicht erforderlich.
- Vor jedem erneuten Einsatz der Rundbürste (651 589 01 68 00) mit Wollkopf müssen die Schmutz- und Fettrückstände mit einem Lappen entfernt werden.
- Bei der Verwendung der Rundbürste (651 589 01 68 00) mit Wollkopf ist die Verwendung eines Akkuschraubers zulässig.
- Die Verwendung von spanabhebenden Werkzeugen ist nicht zulässig.
- Den Reinigungsvorgang so lange wiederholen, bis der Injektorschacht und der Injektorsitz metallisch blank sind. Wird kein zufriedenstellendes Ergebnis erreicht, dann ist mit der Reinigungsmethode bei starker Verkokung fortzufahren.

■ Injektorschacht nach Reinigung abdecken bzw. verschließen.

Hinweise zum Reinigen des Injektorschachtes und des Injektorsitzes bei starker Verkokung

■ Die Verwendung von Maschinen ist bei dieser Reinigungsmethode nicht zulässig.
■ Den Injektorschacht mit Zylinderbürste (668 589 00 68 00) reinigen.
■ Vor dem Reinigen des Injektorsitzes muss die Bohrung zum Brennraum mit den Verschlussstopfen aus dem Reinigungsset 611 589 00 68 00 verschlossen werden.
■ Injektorsitz mit Rundbürste (611 589 00 68 00) reinigen.
■ Die Rundbürste (611 589 00 68 00) sorgfältig und behutsam einsetzen.
■ Den Reinigungsvorgang so lange wiederholen, bis der Injektorschacht und der Injektorsitz metallisch blank sind.
■ Die Reinigungsrückstände mit Luft ausblasen.

Hinweise zum Reinigen des Injektors

■ Die Injektoren dürfen nicht zerlegt werden.
■ Die Verwendung von spanabhebenden Werkzeugen ist nicht zulässig.
■ Der obere Injektorbereich kann mit Messingdrahtbürste gereinigt werden.
■ Die Düsenspitze niemals mit Messingdrahtbürste reinigen.
■ Den Injektor mit Vlieslappen gründlich nachreinigen.
■ Die Faserrückstände des Vlieslappens entfernen.

Hinweise zum Reinigungswerkzeug

■ Die Rundbürste (611 589 00 68 00) und Rundbürste (651 589 01 68 00) mit Wollkopf nach Gebrauch gründlich säubern.
■ Die Borstenlänge der Rundbürste (611 589 00 68 00) ist einstellbar. Die Borstenlänge soll 3 mm betragen. Bei Bedarf kann die Bürstenfläche eben geschliffen werden.

Zündanlage Benzinmotoren

Ein weiterer Teil des Systems ist die Zündanlage. Für alle Motoren wird eine Zündspule mit Leistungsendstufe für jeden Zylinder eingesetzt. Der Zündtrafo ist gleichzeitig der Zündkerzenstecker. Man spricht hier von einer »ruhenden Verteilung«. In diesem Unterkapitel werden speziell die Bauteile behandelt, die die Zündanlage betreffen. Das Motorsteuergerät ist mit Eigendiagnose ausgestattet.

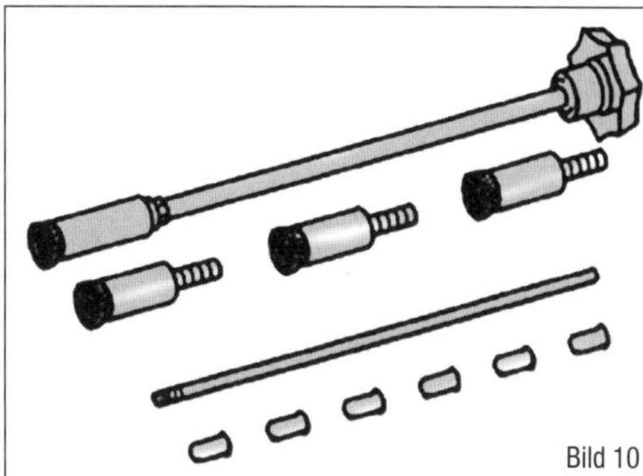

Bild 10

Bild10
Rundbürste: mit der Mercedesnummer 611 589 00 68 00.

(elektr. Messen) Zur einwandfreien Funktion der elektrischen Bauteile ist eine Spannung von mindestens 11,5 V erforderlich. Bei einigen Prüfungen kann es vorkommen, dass vom Steuergerät ein Fehler erkannt und gespeichert wird. Deshalb ist nach Beendigung aller Prüfungen und Reparaturen der Fehlerspeicher abzufragen und ggf. zu löschen. Springt der Motor nach der Fehlersuche, Reparatur oder Prüfungen von Bauteilen nur kurz an und geht dann aus, kann das daran liegen, dass die Wegfahrsicherung das Motorsteuergerät sperrt. Dann muss der Fehlerspeicher abgefragt werden und ggf. das Steuergerät angepasst werden.

(Achtung) Um Verletzungen von Personen und/oder eine Zerstörung der Einspritz- und Zündanlage zu vermeiden, dürfen die Zündleitungen bei laufendem Motor bzw. bei Anlassdrehzahl nicht berührt bzw. abgezogen werden. Die Leitungen der Einspritz- und Zündanlage (auch Messgeräte-

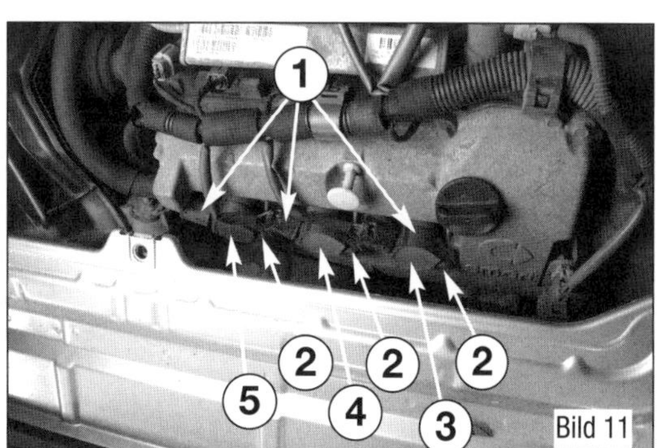

Bild 11

Bild 11
Zündspulen beim Benzinmotor.
1 Elektrische Steckverbindung
2 Schraube
3 (T1/1) Zündspule Zylinder 1
4 (T1/2) Zündspule Zylinder 2
5 (T1/3) Zündspule Zylinder 3

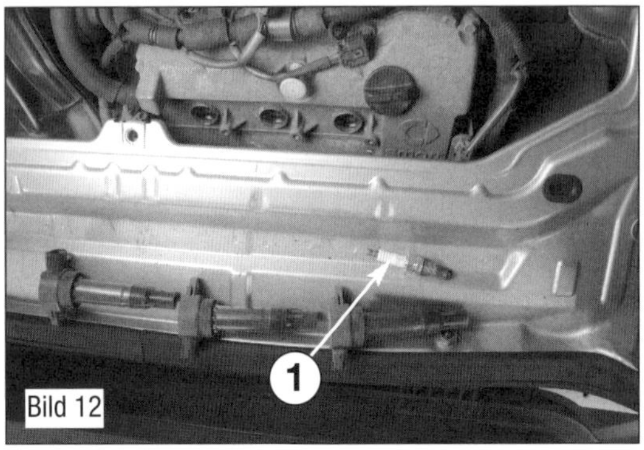

Bild 12
Zündkerzen beim Benzinmotor.
1 Zündkerze

leitungen) nur bei ausgeschalteter Zündung ab- und anklemmen.

⚠ Ist bei Probefahrten der Einsatz von Prüf- und Messgeräten erforderlich, müssen die Geräte immer im dem Beifahrerfußraum befestigt und durch eine zweite Person auch von dort bedient werden. Wenn die Prüf- und Messgeräte vom Beifahrersitz aus bedient werden, könnte es bei einem Unfall durch das Auslösen des Beifahrer-Airbags zu Verletzungen der dort sitzenden Person kommen.

☞ Wenn der Motor mit Anlassdrehzahl betrieben werden soll, ohne dass er anspringt, ziehen Sie alle 4-fach-Stecker von den Zündspulen ab. Ziehen Sie die entsprechende Sicherung aus dem Siche-

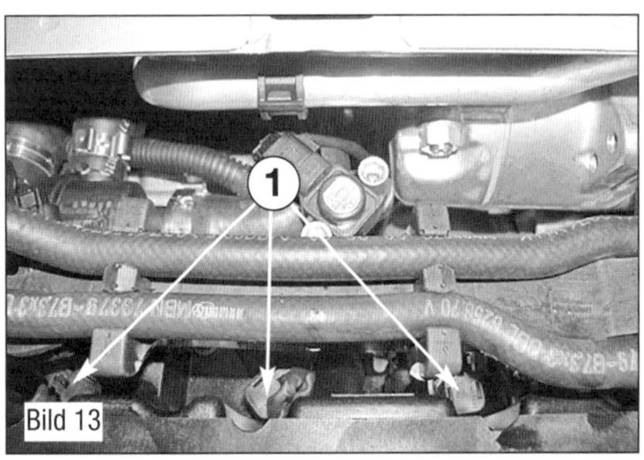

Bild 13
Glühkerzen beim Dieselmotor.
1 Elektrische Steckverbindungen auf den Glühkerzen

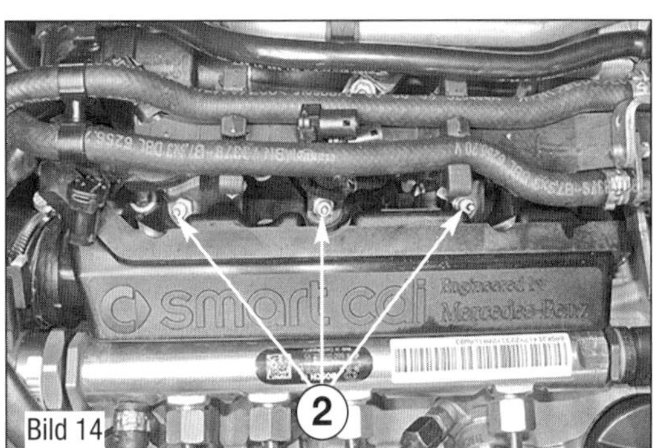

Bild 14
Glühkerzen beim Dieselmotor.
2 (R9) Glühkerzen im Zylinderkopf

rungshalter. Durch das Entfernen der Sicherung wird die Spannungsversorgung der Einspritzventile unterbrochen.

Zündspulen beim Benziner aus- und einbauen

- Zündung abschalten und Zündschlüssel abziehen.
- Innenraumklappe über Motor ausbauen.
- Elektrische Steckverbindung (1 im Bild 11) an der jeweiligen Zündspule (1) entriegeln und trennen.
- Schraube (2 im Bild 13) an der jeweiligen Zündspule herausschrauben.
- Zündspulen herausziehen und in der Einbaureihenfolge ablegen.

Die Montage erfolgt sinngemäß in umgekehrter Reihenfolge.

- Ziehen Sie die Zündspulen fest und stecken Sie die Anschlusskabel wieder auf. Achten Sie auf die Verrastung der Stecker und den richtigen Sitz auf der Zündspule.
- Fehlerspeicher auslesen ggf. löschen.

Versorgungsspannung der Zündspulen prüfen

Für die folgenden Prüfungen sollten Sie auch einen Schaltplan für Ihr Fahrzeug bereithalten. Nur so können Sie den Verschaltungsverlauf im Bordnetz des Fahrzeugs nachvollziehen. Die Batteriespannung muss mindestens 11,5 V betragen. Der Geber für Motordrehzahl, der Hallgeber und die Sicherung für die Spannungsversorgung müssen in Ordnung sein. Zündspulen und Leistungsendstufe sind ein Bauteil und können nicht einzeln ersetzt werden.

- Bauen Sie die Abdeckung über dem Nockenwellengehäuse aus.
- Ziehen Sie den Stecker von der zu prüfenden Zündspule ab.
- Messen Sie die Versorgungsspannung mit dem Multimeter und Hilfsleitungen zwischen den Kontakten (3 + 1) des abgezogenen Steckers.
- Schalten Sie die Zündung ein. Sie sollten mindestens 11,5 V messen können.
- Schalten Sie die Zündung aus.

Fehlersuche an Einzelfunkenspulen

☞ Bei einem ausgefallenen Zylinder kann die Zündspule des Zylinders, die Ansteuerung der Spule oder aber auch die Motormechanik die Ursache sein. Um die Zündspule ausschließen zu können, bauen Sie die Zündspule des ausgefallenen Zylinders und eine weitere eines laufenden Zylinders aus und tauschen diese untereinander aus.

- Läuft nun der andere Zylinder nicht mehr mit, können Sie davon ausgehen, dass die Zündspule defekt ist.
- Verändert sich nichts, müssen Sie den Fehler in der Zündkerze, der Ansteuerung der Spule oder Motormechanik suchen.
- Lesen Sie grundsätzlich immer den Fehlerspeicher aus.

Zündkerzen beim Benziner aus- und einbauen

- Bauen Sie die Zündspulen aus.
- Blasen Sie den Kerzenschacht mit Druckluft aus.
- Drehen Sie die Zündkerzen heraus. Ein aufgesteckter Schlauch auf die Zündkerzenkeramik kann hier sehr hilfreich sein, um die Zündkerze aus dem Schacht zu ziehen.

Die Montage erfolgt sinngemäß in umgekehrter Reihenfolge.

- Ziehen Sie die Zündkerzen fest und stecken Sie die Zündspulen wieder auf.
- Verschrauben Sie die Zündspulen wieder.

Glühanlage am Dieselmotor

Die Glühkerzen sind auch ein Verschleißteil. Sie müssen zwar nicht turnusmäßig ersetzt werden, sollten aber zumindest geprüft werden, wenn man mal die Stecker abgezogen hat oder in Sachen Wartung gerade mal gut drankommt. Bei den Dieselmotoren können zwei unterschiedliche Glühkerzen verbaut sein. Achten Sie darauf, dass Sie lediglich einen Bautyp verwenden. Sollte der Bautyp unklar sein, wechseln Sie alle drei Glühkerzen aus.

⚠ Die Keramik-Glühkerzen sind gegen Stoß und Biegung besonders empfindlich. Aus diesem Grund dürfen selbst aus geringer Höhe (ca. 2 cm) herabgefallene Glühkerzen keinesfalls verwendet werden, auch wenn augenscheinlich keine Beschädigung erkennbar ist. Der Montageanweisung ist unbedingt Folge zu leisten, ansonsten besteht die Gefahr des Stiftbruches und daraus folgend ein Motorschaden.

Glühkerzen aus- und einbauen

Der Motor muss für die folgenden Arbeiten aus Sicherheitsgründen kalt sein. Beim Aus- und Einbau der Glühkerzen darauf achten, dass sie nicht verkantet werden.

í Achten Sie auf Sauberkeit. Schmutz darf keinesfalls in die abgezogenen Rücklaufleitungen und in die Anschlüsse der Einspritzeinheiten gelangen.

- Innenraumklappe über dem Motor ausbauen.
- Die elektrischen Steckverbindungen (1) der Glühkerzen (R9) mit geeigneter Zange abziehen. Achten Sie darauf, dass Sie die Kabel nicht beschädigen. Zum Lösen der Stecker können diese etwas hin und her gedreht werden.
- Blasen Sie das Glühkerzengewinde mit Druckluft aus, setzen Sie die neue Glühkerze in das Gewinde ein und drehen Sie sie mit einigen Gewindegängen hinein. Ein aufgesteckter Schlauch auf die Glühkerze kann hier sehr hilfreich sein.
- Glühkerzen (R9) herausschrauben. Verwenden Sie eine Ratschennuss in langer Ausführung, um weder die Leitungen noch die Glühkerzen zu beschädigen. Prüfen Sie, ob sich die Glühkerzen lösen lassen. Immer dann, wenn die Glühkerzen sich nicht lösen lassen, könnte das Gewinde festgebacken sein. Lassen Sie den Motor in diesen Fällen richtig warmlaufen.

Die Montage erfolgt sinngemäß in umgekehrter Reihenfolge.

- Ziehen Sie die Glühkerze fest und stecken Sie die Anschlusskabel wieder auf. Achten Sie auf die Verrastung der Stecker und den richtigen Sitz auf der Glühkerze.
- Führen Sie nach dem Einbau und vor dem ersten Motorstart am kalten Motor grundsätzlich eine Widerstandsprüfung an allen Glühkerzen durch.
- Fehlerspeicher auslesen ggf. löschen.

Spannungsversorgung prüfen

Für die Spannungsprüfung muss die Streifensicherung für Glühkerzen im Sicherungshalter/Batterie in Ordnung sein und die Batteriespannung mindestens 11,5 V betragen.

- Schalten Sie die Zündung aus und ziehen Sie den Schlüssel ab.

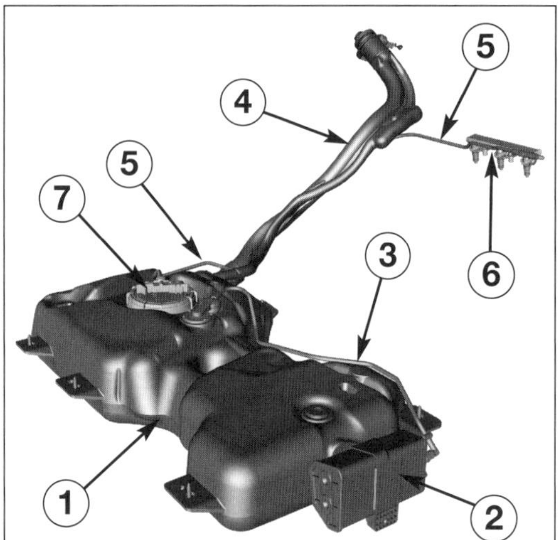

Bild 15

Bild 15
Tankanlage beim Benzinmotor.
1 Kraftstoffbehälter
2 Aktivkohlebehälter
3 Entlüftungsleitung
4 Einfüllstutzen
5 Kraftstoffleitung
6 Verteilerrohr (Einspritzanlage)
7 (M3/3) Kraftstoffpumpe mit Tankgeber und Filter

- Bauen Sie die Motorabdeckung ab und falls vorhanden, die Dämpfung am Motor oben aus.
- Ziehen Sie die Glühkerzenstecker von den Glühkerzen ab.
- Stecken Sie ein Messadapterkabel auf die Glühkerze und in den Stecker ein.
- Ziehen Sie den Stecker des Temperaturfühlers (blau) ab. Sie simulieren so eine Temperatur von etwa 40 °C. Die Glühanlage wird nun für etwa 20 Sekunden bestromt. Messen Sie die anliegende Spannung, sie sollte etwa 10 V betragen.

Widerstandsmessung (Prüfung)
- Schalten Sie die Zündung aus und ziehen Sie den Schlüssel ab.
- Bauen Sie die Motorabdeckung ab und, falls vorhanden, die Dämpfung am Motor oben aus.
- Ziehen Sie die Glühkerzenstecker von den Glühkerzen ab.
- Messen Sie den Widerstand jeder Glühkerze einzeln gegen die Motormasse.

Die Glühkerzen sollten einen Widerstandswert von etwa 1Ω aufweisen.

Kraftstofffilter wechseln

Kraftstofffilter beim Benzinmotor
Der Kraftstofffilter ist nur beim Dieselmotor extern verbaut. Bei den Benziner-Modellen ist er in der Tankfördereinheit integriert. Der Wechsel ist nicht vorgesehen. Der Filter ist wie auch bei anderen Herstellern für einen lebenslangen Einsatz ausgelegt. Unter diesem Aspekt ist der Einbau in der Kraftstofffördereinheit nicht abwegig.

Kraftstofffilter bei Dieselmotoren
- Tankklappe und Tankdeckel öffnen und wieder verschließen, um Druck im Kraftstoffbehälter abzubauen.
- Fahrzeug mit der Hebebühne anheben und Unterbodenverkleidungen ausbauen. Das Fahrzeug zwischen den Hebebühnensäulen ausrichten und die vier Aufnahmeteller an den vom Fahrzeughersteller vorgeschriebenen Hebebühnenaufnahmepunkten platzieren.
- Kraftstoffleitungen (2, 3) am Kraftstofffilter (1) entriegeln und abziehen.
- Auslaufenden Kraftstoff in einem geeigneten Behälter auffangen.
- Rasthaken am Halter (4) auseinanderdrücken und Kraftstofffilter (1) nach hinten aus dem Halter (4) herausnehmen.

Die Montage erfolgt sinngemäß in umgekehrter Reihenfolge.
- Kraftstoffleitungen (2, 3) am Kraftstofffilter (1) auf Beschädigungen prüfen.
- Dichtheit der Kraftstoffanlage im Bereich des Kraftstofffilters (1) prüfen.

⚠ Die Kraftstoffschläuche müssen knickfrei verlegt werden.

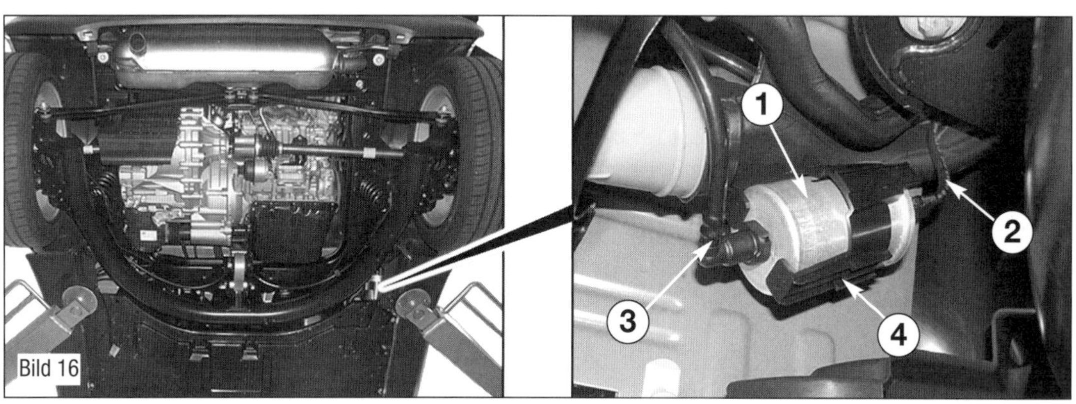

Bild 16
Kraftstofffilter bei den Dieselmodellen.
1 Kraftstofffilter
2 Kraftstoffleitung
3 Kraftstoffleitung
4 Halter

Luftfilter wechseln

Beim Ausblasen des Luftfiltergehäuses mit Pressluft ist Folgendes zu beachten: Zur Vermeidung von Funktionsstörungen bitte die kritischen luftführenden Motorbauteile wie Luftmassenmesser, Lufteinlassrohre usw. mit einem sauberen Putzlappen abdecken. Schlauchstutzen und Schläuche für Ladeluftsystem müssen vor dem Montieren öl- und fettfrei sein. Verwenden Sie keine silikonhaltigen Gleitmittel bei der Montage.

Vorarbeiten

■ Grundsätzlich sollten Sie das Gehäuse reinigen und, wenn erforderlich, auch mit einem Staubsauger aussaugen, um Rückstände gründlich zu entfernen.

■ Motorraumabdeckung und Innenraumklappe über Motor ausbauen.

Demontage des Luftfiltereinsatzes beim Dieselmotor (Bild 17)

■ Umschaltventil für die Abgasrückführung am Luftfilterkastenunterteil (1) lösen und mit angeschlossenen Unterdruckschläuchen sowie angeschlossener elektrischer Steckverbindung zur Seite ablegen.

■ Elektrische Steckverbindung am Heißfilmluftmassenmesser (5) trennen.

■ Schraubschelle (6) lösen und Luftansaugluftleitung (7) am Heißfilmluftmassenmesser (5) abziehen.

■ Halteklammern (3) abclipsen und Luftfilterkastenoberteil (2) mit Heißfilmluftmassenmesser (5) abnehmen.

■ Luftfiltereinsatz (13) aus dem Luftfilterkastenunterteil (1) herausnehmen.

Die Montage erfolgt sinngemäß in umgekehrter Reihenfolge.

Demontage des Luftfiltereinsatzes beim Benzinmotor (Bild 18)

■ Schraubschelle (6) lösen und Luftansaugschlauch (7) vom Luftfiltergehäuse-Oberteil (2) abziehen.

■ Luftfiltereinsatz (13) herausnehmen.

Die Montage erfolgt sinngemäß in umgekehrter Reihenfolge.

■ Luftfiltergehäuse-Oberteil (2) im hinteren Bereich in die Führungen am Luftfiltergehäuse-Unterteil (4) einsetzen und Klammern (3) schließen.

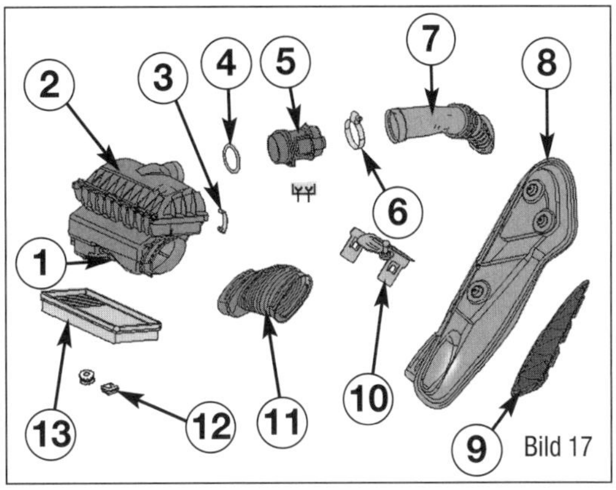

Bild 17

Bild 17
Luftfilter am Dieselmotor.
1 Luftfilterkastenunterteil
2 Luftfilterkastenoberteil
3 Schnellverschluss Luftfilter
4 Dichtring/Dichtung Anschlussflansch Saugrohr
5 Heißfilm-Luftmassensensor
6 Sicherungsklammer/Schelle Luftansaugschlauch/-rohr
7 Reinluftleitung
8 Saugstutzen Luftansaugschlauch Motor
9 Gitter Luftansaugung Luftfilter
10 Halter Luftfilter
11 Luftansaugschlauch Motor
12 Lager Schraube/Mutter Luftfilter
13 Luftfiltereinsatz

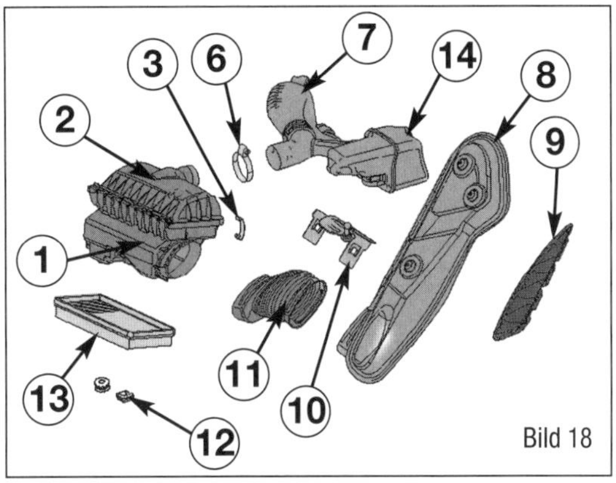

Bild 18

Bild 18
Luftfilter am Benzinmotor.
1 Luftfilterkastenunterteil
2 Luftfilterkastenoberteil
3 Schnellverschluss Luftfilter
6 Sicherungsklammer/Schelle Luftansaugschlauch/-rohr
7 Reinluftleitung
8 Saugstutzen Luftansaugschlauch Motor
9 Gitter Luftansaugung Luftfilter
10 Halter Luftfilter
11 Luftansaugschlauch Motor
12 Lager Schraube/Mutter Luftfilter
13 Luftfiltereinsatz
14 Geräuschdämpfer Ansaugluft

Fahrzeugdiagnosetester einsetzen

Es gibt eine Reihe von Arbeiten im Bereich der Einspritz- und Zündanlage, die man ohne Tester mit Übung und Erfahrung unter Einsatz bestimmter Spezialwerkzeuge und am besten auch mit fachkundiger Beratung in einer Mietwerkstatt ausführen kann. Darauf gehen wir mit den folgenden Arbeitsbeschreibungen ein. Vielfach aber kann man an den elektronisch gesteuerten Einspritzsystemen nur selbst Hand anlegen, wenn man über einen Diagnosetester verfügt. Das Steuergerät kann zwar viele Fehler an elektrischen Teilen der Einspritz- und Zündanlage per Selbstdiagnose erkennen und sie in einem Fehlerspeicher ablegen. Dabei wird auch eine Entscheidung getroffen, ob es sich um permanente Fehler oder um sporadische Mängel handelt.

Diagnosegeräte

Gerade beim Smart werden Sie ab und an mal an die Grenzen eines Diagnosegerätes

Bild 19
Anschluss eines Ladeerhaltungsgerätes an der Batterie

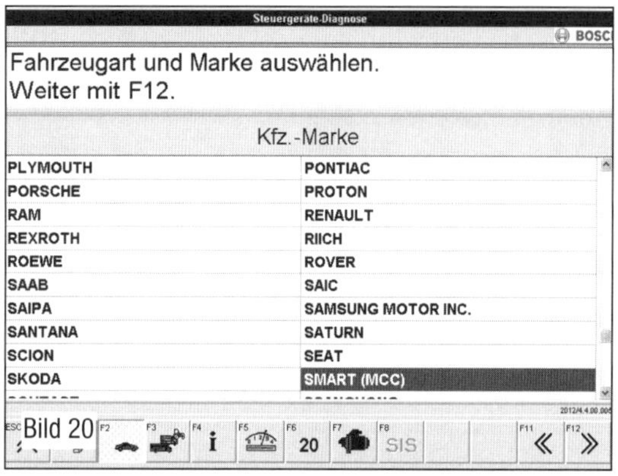

Bild 20
Anwahl des Fahrzeugherstellers.

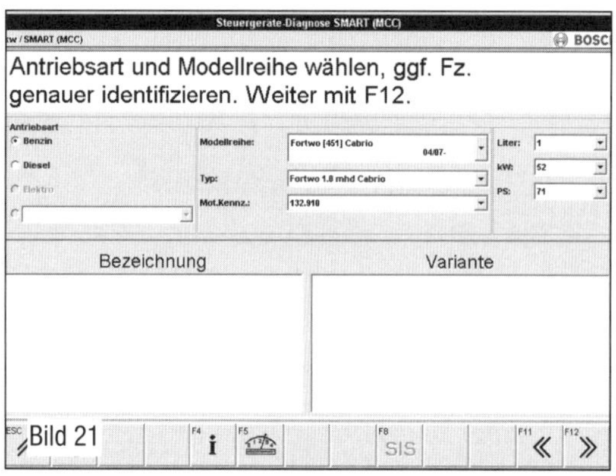

Bild 21
Auswahl des Fahrzeugtyps und der Motorisierung.

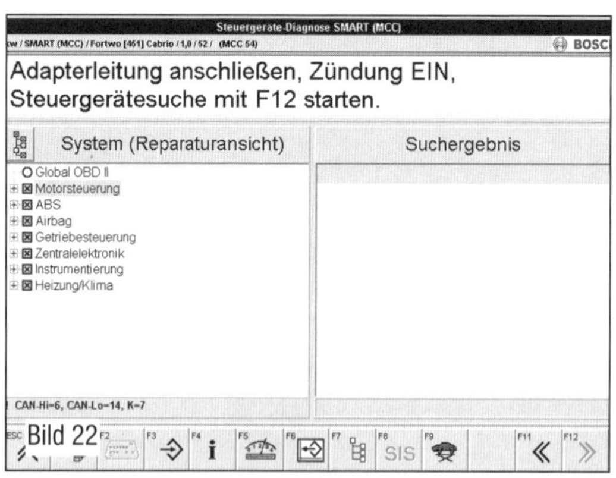

Bild 22
Auswahl der Systeme, die untersucht und abgefragt werden sollen.

stoßen. Auch bei einem großen Hersteller wie Mercedes werden die Testerhersteller nicht jedes Detail für den freien Markt abbilden können. Die Stückzahl der Fahrzeuge und die Funktionen, die dann erreicht werden können, ist zu klein. Es ist letztendlich immer eine Kostenfrage. Für die Standardsituationen kann sich die Anschaffung trotzdem lohnen. Schon die Fehlerspeicherabfrage schlägt bei den meisten Smart-Partnern mit 45 Euro zu Buche. Sollte ein Softwareupdate erforderlich werden, kostet es meist schon um 100 Euro, dies ist aber meist unumgänglich. Da aber die Steuergeräteabfrage schon in der Wartung unabdingbar ist und für die Fehlersuche oftmals wertvolle Hinweise gibt, ist die Anschaffung zumindest eines kleinen Handtestgerätes nicht abzuwenden. Die einfachsten Geräte können Sie durchaus schon für etwa 50 Euro erstehen.

Anschluss am Fahrzeug

- Schließen Sie ein Erhaltungsladegerät an die Batterie an.
- Stecken Sie den Stecker der Diagnoseleitung auf den Diagnoseanschluss im Fahrerfußraum.
- Schalten Sie den Fahrzeugdiagnosetester und die Zündung ein. Schalten Sie alle Verbraucher wie Licht, Lüftung, Radio und Ähnliches aus, um möglichst wenig Strom zu verbrauchen. Die Steuergeräteabfrage kann etwas Zeit in Anspruch nehmen und die Bordbatterie entsprechend beanspruchen. Die Spannungsversorgung des Diagnosetesters erfolgt bei den meisten Testsystemen, die ohne ein Laptop laufen, über die OBD-Dose. Für laptopgestützte Systeme sollten Sie die Spannungsversorgung für das Laptop anschließen.
- Folgen Sie den Anzeigen auf dem Bildschirm, um die gewünschten Funktionen zu starten. Wir zeigen Ihnen hier im Folgenden die Funktionen auf einem KTS Boschtester. Die Menüführung ist generell bildschirmgeführt und recht einfach auch für andere Tester nachzuvollziehen.

Fehlerspeicher auslesen
(am Beispiel »Motor«)
Die meisten Fahrzeugtester arbeiten » menügeführt«. Sie werden mit der Displayanzeige oder der Bildschirmanzeige durch einzelne Menüpunkte geführt, indem Sie diese mit Cursor oder Maustaste anwählen. Die Menüpunkte hängen wesentlich von den freigegebenen Funktionen des Steuergerätes ab. Für die Smart-Scene hat sich noch kein einzelner Standardtester durchgesetzt. Es sind aber durchaus einige etwas spezieller auf den Smart abgestimmte Testgeräte auf dem Markt. Wir zeigen Ihnen am Beispiel der Fehlerspeicherauslese für das Motorsteuergerät die wirklich einfache Vorgehensweise. Sie verändert sich für andere Steuergeräte und auch Funktionen so unwesentlich, dass wir auf weitere Beschreibungen verzichten und den Schwerpunkt auf die praktische Arbeit mit Ihrem Tester legen wollen.

- Schließen Sie ein Erhaltungsladegerät an die Batterie an.
- Stecken Sie den Stecker der Diagnoseleitung auf den Diagnoseanschluss.
- Wählen Sie den Fahrzeughersteller an (Bild 20).
- Wählen Sie den Fahrzeugtyp, das Baujahr und die Motorisierung an (Bild 21).
- Klicken Sie die Steuergeräte an, die Sie abfragen möchten und beginnen Sie die Steuergeräteabfrage mit der Bildschirmtaste »F12«. Vorhandene Fehler werden Ihnen im nächsten Schritt angezeigt. Bei vielen Testern können durch Anwählen des Fehlers die Begebenheiten und der Status angezeigt werden.
- Sie können die Fehleranzeige speichern, drucken oder kopieren. Sie sollten in jedem Fall den Fehler vermerken, um diesem vielleicht einmal nachgehen zu können.
- Anschließend können Sie den Fehler mit einem Klick löschen.
- Schalten Sie die Zündung aus.
- Ziehen Sie den Tester aus der OBD-Dose.

9 Abgasanlage

Die Abgas- oder Auspuffanlage am Unterboden des Smart reinigt mit Partikelfilter beim Diesel plus Oxidationskatalysator die Verbrennungsabgase und leitet sie mit geringem Gegendruck in den Schalldämpfer mit Endrohr am Fahrzeugheck. Der Schalldämpfer reduziert die Verbrennungsgeräusche auf ein Minimum. Der Auspuff moderner Pkw ist für mehr als 60.000 Kilometer gut, wobei die Lebensdauer natürlich auch von den Einsatzbedingungen des Fahrzeugs abhängt. Ist man überwiegend auf kurzen Strecken unterwegs, fallen mehr Kondensat, Ruß und aggressive Säuren im Innern der Anlage an, als beim Langstreckenbetrieb mit voll durchgewärmtem Motor. Das Abgasvorrohr ist seltener als die anderen Teile vom Rost bedroht, weil dort die Verbrennungsgase noch mit Temperaturen zwischen 800 und 1000 °C einströmen. Danach verlieren die Abgase an Temperatur und sind am Endrohr nur noch 150 bis 300 °C heiß. Dort tritt das meiste Kondenswasser aus. Es mischt sich mit Verbrennungsrückständen zu aggressiven Säuren und lässt das Auspuffblech von innen nach außen durchrosten. Falls das Endrohr nicht aus besonders korrosionsbeständigem Material hergestellt wurde, ist Arbeit angesagt: Ausbau des alten und Einbau eines neuen Abgasrohrs mit Schalldämpfer.

Hinweise und Regeln für Arbeiten an der Auspuffanlage

Reparaturen an durchgerosteten Auspuffanlagen, z. B. mit Auspuffkitt und Bandagen, haben nur kurzzeitig Erfolg. Das Blech bricht bald neben der Reparaturstelle. Werkstätten wechseln Auspuffanlagen meist komplett aus. Vor weiteren Arbeiten daher den Zustand der Anlage genau prüfen und dann entscheiden, ob einzelne Teile oder das ganze System erneuert werden sollen. Wird nach gründlicher Prüfung an der Abgasanlage gearbeitet, sollten folgende Grundregeln beachtet werden:

- Bei einer Demontage darf die Abgasanlage keinesfalls herunterfallen. Dabei könnten wichtige Teile beschädigt werden.
- Dichtungen und selbstsichernde Muttern immer ersetzen.
- Verschraubungen der Auspuffanlage lassen sich beim nächsten Mal leichter lösen, wenn die Gewinde beim Einbau mit hochhitzefestem Kupferfett bestrichen werden.

☞ Werden Partikelfilter oder Katalysator ausgebaut und ersetzt, müssen die Altteile vorschriftsmäßig entsorgt werden. Sie dürfen nicht wie Schrott behandelt werden, weil sie wertvolles Edelmetall enthalten, das wieder in den Produktionsprozess eingebracht werden kann.

☞ Für Arbeiten an Lambdasonden gilt: Nur das Gewinde mit Heißschraubenpaste »G 052 112 A3« fetten. An die Schlitze des Sondenkörpers darf kein Fett kommen. Aus- und Einbau am besten mit Ringschlüsselsatz für Lambdasonde (3337). Dichtring bei Undichtigkeit aufkneifen und ersetzen. Festziehen mit 50 bzw. 55 Nm.

- Alle Schlauchverbindungen mit Schlauchschellen sichern, die dem Serienstand entsprechen.
- Alle Kabelbinder, die beim Ausbau gelöst werden, sind beim Einbau an der gleichen Stelle wieder anzubringen.
- Nach Montagearbeiten an der Abgasanlage darauf achten, dass die Anlage nicht verspannt wird und ausreichend Abstand zum Aufbau hat. Gegebenenfalls Schellen lösen und Schalldämpfer und Abgasrohr so ausrichten, dass überall ausreichend Abstand zum Aufbau vorhanden ist und die Aufhängungen gleichmäßig belastet werden.
- Nach getaner Arbeit immer Motorprobelauf durchführen und »Auspuffanlage auf Dichtheit prüfen« (Bild 1). Ansonsten gelten für Arbeiten an Abgasanlage und Abgasrückführung hinsichtlich Sauberkeit und Sicherheit die Vorschriften, die auch für Arbeiten an Motor, Kraftstoff- oder Einspritzsystem üblich sind.

Zustand der Auspuffanlage kontrollieren

- Fahrzeug auf einer Hebebühne anheben oder absolut rüttelsicher aufbocken. Es darf nicht kippeln, wenn heftig an den Rohren der Auspuffanlage gedreht oder gezerrt wird. Die Aufhängungen und Gummiösen dürfen keine Schäden aufweisen.

- Zur Kontrolle die Abgasanlage an den Schraubbefestigungen rütteln. Komponenten auf Brüchigkeit, Einrisse oder sonstige Schäden überprüfen, bei Bedarf ersetzen.
- Wenn sich beim Demontieren eine Verschraubung nicht lösen lässt, mit rostlösendem Mittel behandeln oder durch Überdrehen abreißen. Beim Festziehen von Verschraubungen, z. B. am Abgaskrümmer, die Reihenfolge von innen nach außen und über Kreuz einhalten.
- Wenn Teile der Anlage schon einmal ersetzt wurden, trennt man die Steckverbindung der Rohrenden am besten in erwärmtem Zustand. Schweißbrenner oder Propangasbrenner verwenden und Feuerlöscher bereithalten.
- Schalldämpfer mit einem Hammer rundum gründlich abklopfen, auch an den Stirnseiten (Übergang von den Töpfen zu den Rohren). Nicht zu zaghaft hämmern. Klingt es bei jedem Schlag hell, ist das Blech noch gesund. Wird das Klopfgeräusch an manchen Stellen dumpfer, ist die Außenhaut bereits geschwächt und wird bald durchbrechen.

Ein sehr dumpfer Auspuffton und Knallen im Schiebebetrieb können auf einen durchgerosteten Auspuff hinweisen.

- Dichtheit der Auspuffanlage prüfen (nachfolgende Anleitung).

Abgasanlage auf Dichtheit prüfen

- Motor anlassen und im Leerlauf drehen lassen.
- Auspuffendrohr für die Dauer der Dichtheitsprüfung verschließen (Lappen, Stöpsel). Der Motor kann ausgehen. Grundsätzlich sollten Sie keine lauten Zischgeräusche wahrnehmen können.
- Verbindungsstellen Zylinderkopf/Abgaskrümmer, Abgasturbolader/Abgasvorrohr usw. durch Abhören auf Dichtheit prüfen. Gibt es zischelnde Geräusche an Verbindungsstellen, ist die Anlage an der Geräuschstelle undicht.
- Festgestellte Undichtigkeiten beseitigen.

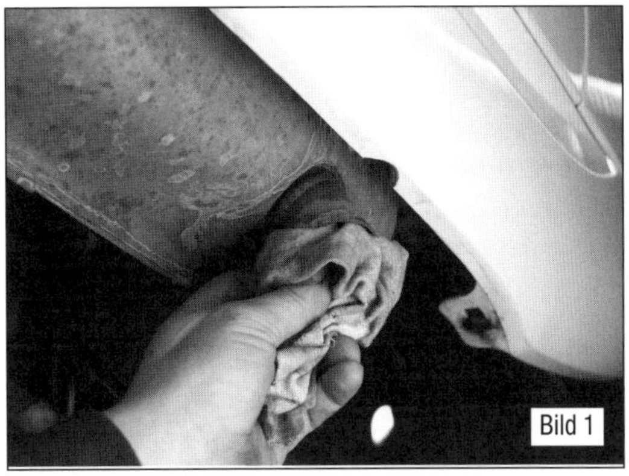

Bild 1
Zuhalten des Abgasrohres zur Dichtheitsprüfung.

Arbeiten am Sekundärluftsystem

Das Sekundärluftsystem wurde für die Ländervarianten USA und Kanada verbaut. Vom Sekundärluft-System wird nach dem Kaltstart (von + 17 °C ... + 33 °C Kühlmitteltemperatur) für max. 100 Sekunden Luft hinter die Auslassventile geblasen. Dadurch reichert sich das Abgas mit Sauerstoff an, leitet eine Nachverbrennung ein und verkürzt somit die Aufheizphase des Katalysators. Die Ansteuerung erfolgt vom Motorsteuergerät über das Relais für Sekundärluftpumpe zum Kombiventil. Das Sekundärluftsystem wird vom Motorsteuergerät angesteuert. Entsprechend ist ein Prüfmodus vorgesehen, der es erleichtert, die Ansteuerung und die Komponenten bewusst anzusteuern und zu beobachten oder messtechnisch zu untersuchen.

Sekundärluftsystem prüfen

Für diese Arbeiten ist es erforderlich, dass die Sicherung für das Relais für Sekundärluftpumpe in der Hauptsicherungsbox auf der Batterie in Ordnung ist. Weiterhin müssen die Sicherungen 10, 28, 29, 34 und 43 in Ordnung sein. Die Batteriespannung muss mindestens 11,5 V betragen und das Fahrzeug steht. Bei Fahrzeugen mit automatischem Getriebe muss der Wählhebel in »P«- oder »N«-Stellung stehen. Alle elektrischen Verbraucher wie z. B. Licht und Heckscheibenheizung müssen ausgeschaltet sein. Die Kühlmitteltemperatur muss mindestens 80 °C betragen.

Systemprüfung mit dem Diagnosetester

- Schließen Sie das Fehlerauslesegerät an.
- Lassen Sie dann den Motor an und im

Leerlauf laufen. Wählen Sie das Motorsteuergerät an.
- Fragen Sie den Fehlerspeicher ab, ggf. Fehler beheben und Fehlerspeicher anschließend löschen.
- Führen Sie die Grundeinstellung für das Sekundärluftsystem durch.

Motor für Sekundärluftpumpe prüfen
- Bauen Sie die Motorabdeckung ab.
- Bauen Sie den Druckschlauch am Motor für Sekundärluftpumpe ab.
- Führen Sie mit dem Diagnosegerät einen Stellgliedtest für das Sekundärluft-System durch. Lassen Sie das Bremspedal von einer 2. Person betätigen und steuern Sie das Relais für Sekundärluft an.
- Der Motor für Sekundärluftpumpe muss anlaufen und am Auslassstutzen muss Luft austreten.
- Läuft der Motor für Sekundärluftpumpe nicht an, stellen Sie den Motor ab.
- Schalten Sie die Zündung aus und ziehen Sie den Zündschlüssel ab.
- Ziehen Sie den Stecker am Motor der Sekundärluftpumpe ab.
- Schließen Sie abgesicherte Hilfskabel an den Motor für die Sekundärluftkabel an.
- Bestromen Sie den Motor. Läuft der Motor nun an, prüfen Sie die Spannungsversorgung nach Schaltplan.

Spannungsversorgung für die Sekundärluftpumpe prüfen
- Bauen Sie die Motorabdeckung ab.
- Bauen Sie den Druckschlauch am Motor für Sekundärluftpumpe ab.
- Schalten Sie die Zündung aus und ziehen Sie den Zündschlüssel ab.
- Ziehen Sie den Stecker am Motor der Sekundärluftpumpe ab.
- Prüfen Sie den Masseanschluss mit dem Multimeter gegen Batterie-Minus. Der Wert sollte 1,5 Ω nicht überschreiten.
- Ziehen Sie das Relais aus den Sicherungsträger heraus.
- Prüfen Sie den Masseanschluss mit dem Multimeter gegen Batterie-Minus. Der Wert sollte 1,5 Ω nicht überschreiten.
- Messen Sie die Spannung aus der Sicherung gegen Masse.
- Messen Sie die Spannung KL 30 im Relaissockel gegen Masse.
- Messen Sie den Widerstand der Zuleitung zwischen Relais und Motor. Der Wert sollte 1,5 Ω nicht überschreiten.

Für weitergehende Prüfungen gehen Sie die Spannungsversorgung nach Schaltplan durch.

Arbeiten am Abgasrückführungssystem

Eine bestimmte Abgasrate wird bei bestimmten Betriebszuständen des Motors dem Ansaugbereich zugeführt. Die beiden Systeme unterscheiden sich in der Bauweise und dadurch auch in der Diagnose.

AGR-Ventil prüfen

Wir werden allgemeingültig auf die Prüfung des Systems eingehen.

Systemprüfung mit dem Diagnosetester
- Schließen Sie das Fehlerauslesegerät an.
- Lassen Sie dann den Motor an und im Leerlauf laufen. Wählen Sie das Motorsteuergerät an.
- Fragen Sie den Fehlerspeicher ab, ggf. Fehler beheben und Fehlerspeicher anschließend löschen.
- Führen Sie den Stellgliedtest für das Sekundärluftsystem durch. Das Ventil wird dann einige Sekunden wechselnd geöffnet und geschlossen. Der Motorlauf verändert sich hörbar im Leerlauf.

Das Ventil wird über das Magnetventil für die Abgasrückführung angesteuert (meistens das schwarze). Die Ansteuerung des Magnetventiles erfolgt durch das Steuergerät. Eine Rückmeldung erfolgt nur indirekt über den Luftmassenmesser. Bei im Fehlerspeicher abgelegten Fehlern rund um den Luftmassenmesser, sollten Sie das AGR-Ventil in die Fehlersuche mit einbeziehen. Die Leitungsprüfung nach Schaltplan kann wie schon am Potenziometer beschrieben durchgeführt werden. Die mechanische Prüfung stellen wir im Folgenden vor:
- Bauen Sie die Motorabdeckung ab.
- Verbindungsschlauch am Saugstutzen abbauen.
- Unterdruckschlauch am Abgasrückführungsventil abziehen.

- Handvakuumpumpe am Abgasrückführungsventil anschließen.
- Handvakuumpumpe betätigen und Membranstange beobachten.

Die Membranstange muss sich in (Pfeilrichtung im Bild 2) bewegen.

- Schlauch der Handvakuumpumpe vom Abgasrückführungsventil abziehen. Die Membranstange muss sich entgegen der Pfeilrichtung (im Bild 2) in die Ausgangslage zurückbewegen.

AGR Ventil reinigen: Ablagerungen und Verkokungen können die Beweglichkeit einschränken oder sogar blockieren. Es muss dann nicht sofort ersetzt werden. Das ausgebaute Ventil lässt sich sehr gut mit Backofenspray reinigen.

AGR-Ventil ausbauen

Für diese Arbeiten ist es erforderlich, dass die Zündung ausgeschaltet und der Zündschlüssel abgezogen ist. Weiterhin muss der Motor kalt sein, um Verbrennungen bei den Montagearbeiten zu vermeiden.

- Bauen Sie die Motorabdeckung aus.
- Bauen Sie das Luftfiltergehäuse aus.
- Ziehen Sie die Steckverbindung vom Ab-

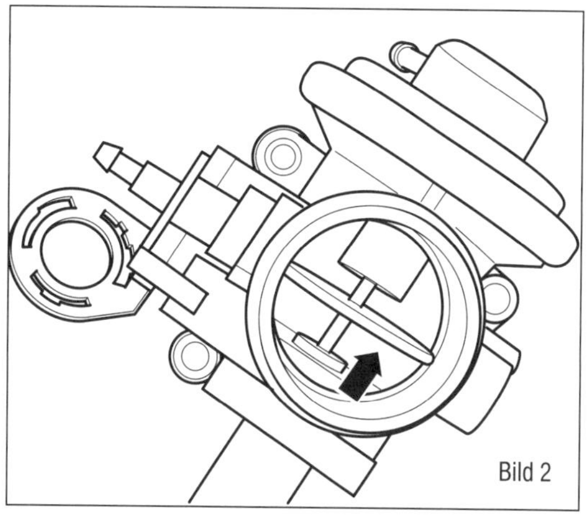

Bild 2
Bewegungsrichtung der Membranstange.

gasrückführungsventil (soweit vorhanden) ab und fädeln Sie die Leitung aus. Beachten Sie die Einbaulage der Leitungsverlegung und des Wärmeschutzes!

Der Einbau erfolgt sinngemäß in umgekehrter Reihenfolge.

Abgasanlage beim Saugmotor

Die eigentlichen Arbeitsschritte unterscheiden sich von Motortyp zu Motortyp kaum. Wir werden auch hier wieder eine allgemeingültige Arbeitsanweisung vorstellen.

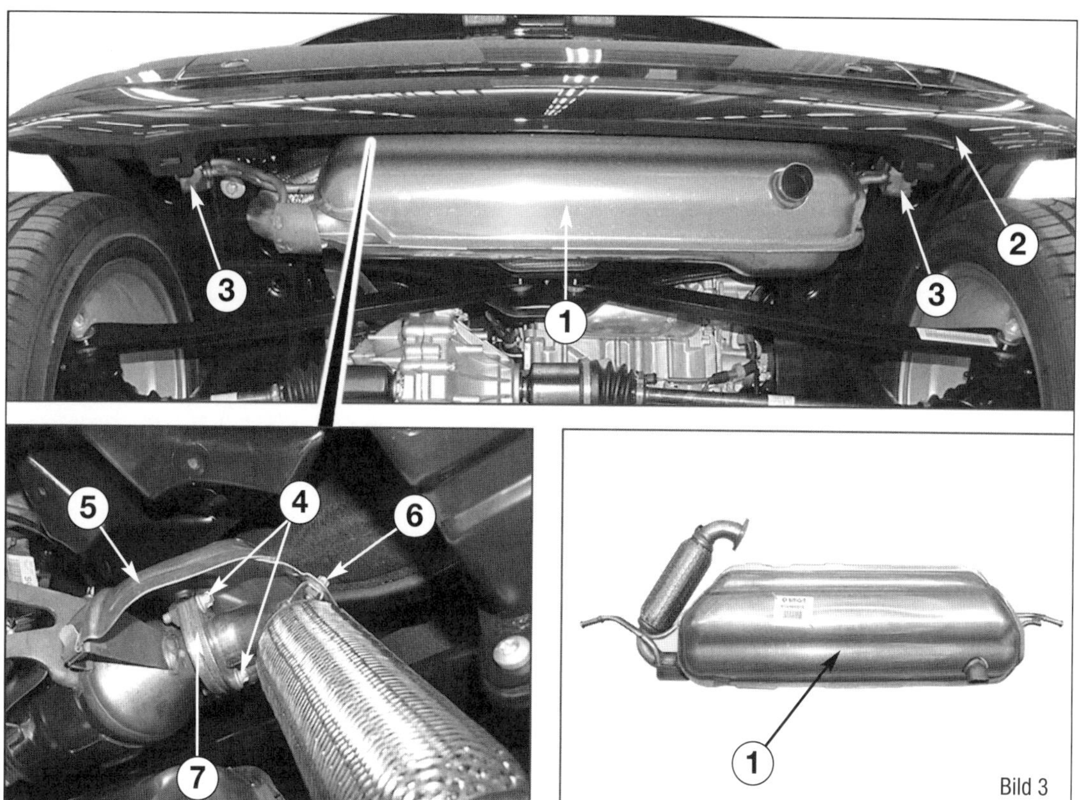

Bild 3
Endschalldämpfer beim Sauger.
1 Endschalldämpfer
2 Heckschürze
3 Haltegummi
4 Schrauben
5 Wärmeschutzblech (Motor 132.910)
6 Schraube (Motor 132.910)
7 Dichtung

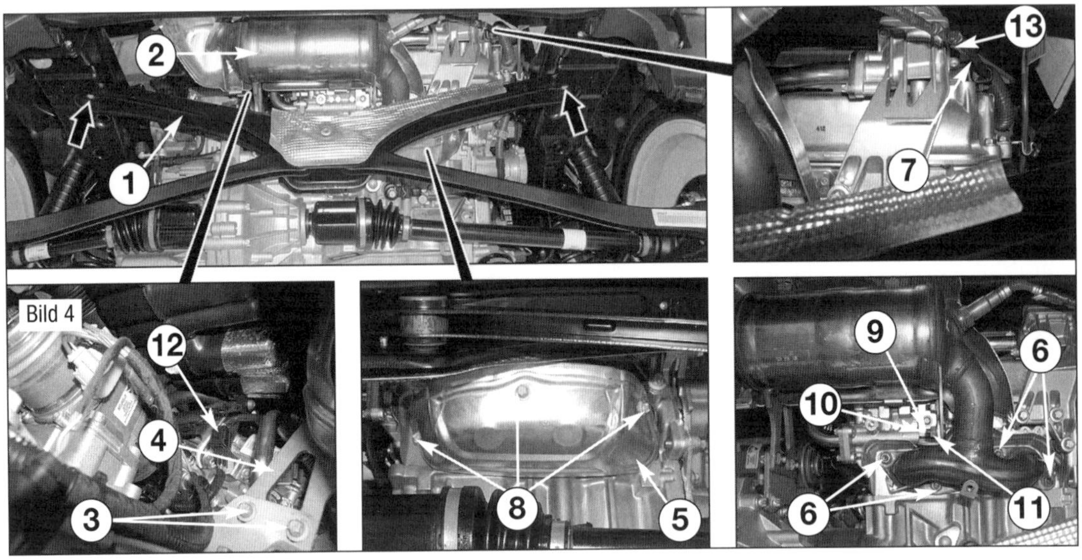

Bild 4
Katalysatorausbau.
1 Querträger Hinterachse
2 Katalysator
3 Schrauben,
4 Halter
5 Wärmeschutzblech
6 Muttern
7 Halter
8 Schrauben
9 Schraube
10 Halter
11 Mutter
12 (G3/1x1) Steckverbindung O2-Sonde nach KAT
13 (G3/2x1) Steckverbindung O2-Sonde vor KAT

⚠ Nach Montagearbeiten an der Abgasanlage darauf achten, dass die Abgasanlage nicht verspannt wird und ausreichend Abstand zum Aufbau hat. Gegebenenfalls Klemmschelle lösen und Schalldämpfer und Abgasrohr so ausrichten, dass überall ausreichend Abstand zum Aufbau vorhanden ist und die Aufhängungen gleichmäßig belastet werden. Selbstsichernde Muttern sind grundsätzlich zu ersetzen.

Endschalldämpfer aus- und einbauen

- Fahrzeug mit der Hebebühne anheben Fahrzeug zwischen den Hebebühnensäulen ausrichten und die vier Aufnahmeteller an den vom Fahrzeughersteller vorgeschriebenen Hebebühnenaufnahmepunkten platzieren.
- Die Heckschürze (2) ausbauen.
- Die Schraube (6) am Wärmeschutzblech (5) herausschrauben.
- Schrauben (4) herausschrauben.
- Endschalldämpfer (1) aus den Haltegummis (3) aushängen und Endschalldämpfer (1) mit Dichtung (7) abnehmen.

Die Montage erfolgt sinngemäß in umgekehrter Reihenfolge.

- Die Dichtung (7) grundsätzlich erneuern.

Katalysator aus- und einbauen

- Endschalldämpfer wie schon beschrieben ausbauen.
- Halter (7) der Steckverbindung O2-Sonde vor KAT (G3/2x1) ausclipsen.
- Die Steckverbindung O2-Sonde vor KAT (G3/2x1) und Steckverbindung O2-Sonde nach KAT (G3/1x1) trennen.
- Den Querträger Hinterachse (1) mit dem Getriebeheber und einer geeigneten Unterlage als Schutz abstützen, die Schrauben (Pfeile) herausschrauben und den Querträger der Hinterachse (1) absenken.
- Die Schrauben (8) herausschrauben und das Wärmeschutzblech (5) abnehmen.
- Die Schrauben (3) am Halter (4) herausschrauben.
- Die Schraube (9) am Halter (10) herausschrauben.
- Die Muttern (6) abschrauben und den Katalysator (2) abnehmen.

Beim Erneuern des Katalysators:

- Das Wärmeschutzblech (5) ausbauen.
- Die O2-Sonde vor KAT und die O2-Sonde nach KAT aus dem Katalysator (2) herausschrauben.
- Die Muttern (11) abschrauben und den Halter (10) abnehmen.

Die Montage erfolgt sinngemäß in umgekehrter Reihenfolge.

- Dichtungen grundsätzlich erneuern.
- Gewinde der O2-Sonden nach KAT und vor KAT mit Paste bestreichen, wenn Sie demontiert wurden.
- Alle selbstsichernden Muttern (6) erneuern.

Abgasanlage beim Benzin-Turbomotor (Otto-Motor)

⚠ Nach Montagearbeiten an der Abgasanlage darauf achten, dass die Abgasanlage nicht verspannt wird und ausreichend Abstand zum Aufbau hat. Gegebenenfalls Klemmschelle lösen und Schalldämpfer und Abgasrohr so ausrichten, dass überall ausreichend Abstand zum Aufbau vorhanden ist und die Aufhängungen gleichmäßig belastet werden. Selbstsichernde Muttern sind grundsätzlich zu ersetzen.

Aus- und einbauen des Endschalldämpfers

Die Demontage des Endschalldämpfers unterscheidet sich nur unwesentlich von den schon beschriebenen Montagearbeiten am Saugmotor. Wir möchten Sie auf diese Anweisung verweisen.

Aus- und einbauen des Katalysators

- Innenraumklappe über Motor ausbauen.
- Steckverbindung O2-Sonde vor KAT (G3/2x1) trennen.
- Fahrzeug mit der Hebebühne anheben. Das Fahrzeug zwischen den Hebebühnensäulen ausrichten und die vier Aufnahmeteller an den vom Fahrzeughersteller vorgeschriebenen Hebebühnenaufnahmepunkten platzieren.
- Heckschürze ausbauen.
- Schrauben (2) herausschrauben und zusammen mit den Federn abnehmen.
- Katalysator (1) aus dem rechten Haltegummi (3) aushängen und so weit absenken, bis die Steckverbindung O2-Sonde nach KAT (G3/1x1) zugängig ist.
- Steckverbindung O2-Sonde nach KAT (G3/1x1) trennen.
- Katalysator (1) aus dem linken Haltegummi (3) aushängen und abnehmen.
- Dichtring vom Abgasrohr abnehmen, auf Beschädigungen prüfen und ggf. erneuern.

Beim Erneuern des Katalysators:

- O2-Sonde vor KAT und O2-Sonde nach KAT aus dem Katalysator (1) herausschrauben.

Die Montage erfolgt sinngemäß in umgekehrter Reihenfolge.

- Dichtflächen am Abgasrohr und am Katalysator (1) reinigen.
- Haltegummi (3) auf Beschädigung prüfen ggf. erneuern.

Auspuffrohr aus- und einbauen

- Innenraumklappe über Motor ausbauen.

Bild 5
Katalysator beim Turbobenzinmotor.
6 (G3/2x1) Steckverbindung O2-Sonde vor KAT

Bild 6
Katalysator beim Turbobenzinmotor.
1 Katalysator
2 Schrauben
3 Haltegummi
7 (G3/1x1) Steckverbindung O2-Sonde nach KAT

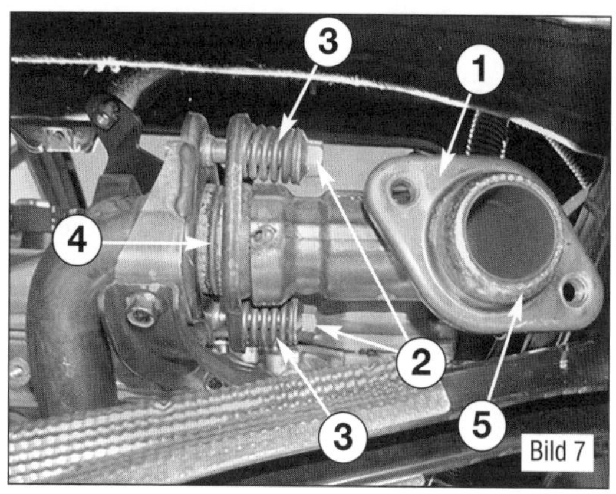

Bild 7
Auspuffrohr.
1 Auspuffrohr
2 Schrauben
3 Federn
4 Dichtring
5 Dichtring

- Wärmeschutzblech der Auspuffanlage ausbauen, Wärmeschutzblech im Motorraum belassen.
- Auspuffrohr (1) abnehmen.

Die Montage erfolgt sinngemäß in umgekehrter Reihenfolge.

- Dichtflächen am Auspuffrohr (1), Katalysator und am Auspuffkrümmer oder Abgasturbolader reinigen.
- Dichtungen grundsätzlich erneuern.

Sichtprüfung Messen

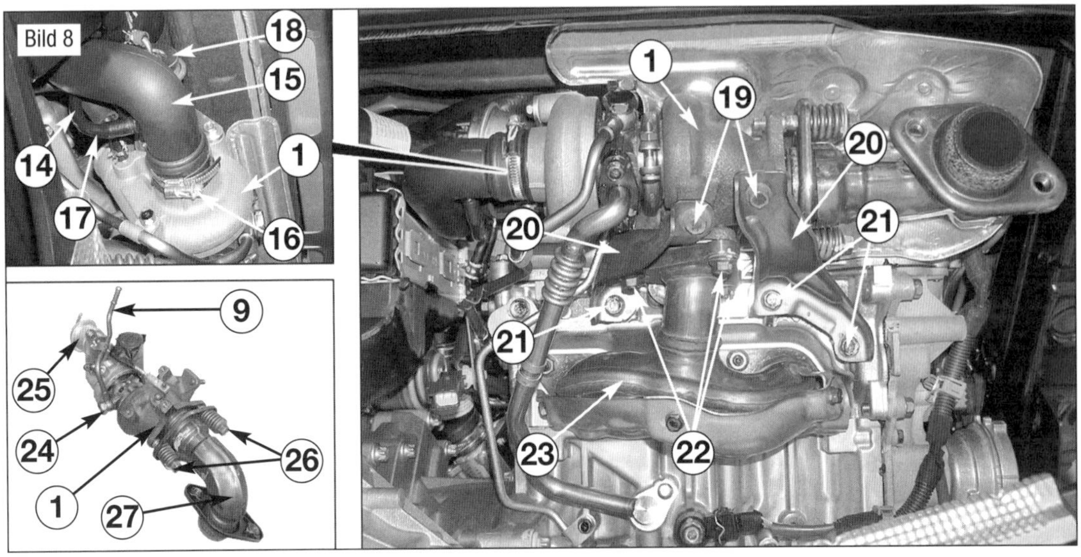

Bild 8
Abgasturbolader.
1 Abgasturbolader
9 Kühlmittelleitung Rücklauf
14 Unterdruckschlauch
15 Luftansaugleitung Resonanzbehälter
16 Schraubschelle
17 Unterdruckschlauch
18 Unterdruckschlauch
19 Schrauben
20 Halter
21 Schrauben
22 Muttern
23 Auspuffkrümmer
24 Hohlschraube
25 Schraube
26 Schrauben (bis 30.8.10)
27 Auspuffrohr (bis 30.8.10)

Turbolader beim Benzin-Motor aus- und einbauen

■ Wartungsklappe (Haube vorne) und Innenraumklappe über dem Motor ausbauen.
■ Den Verschlussdeckel am Ausgleichsbehälter für das Kühlmittel eine halbe Drehung entgegen dem Uhrzeigersinn drehen, Überdruck ablassen und anschließend Verschlussdeckel herunterschrauben.
■ Die Schraubschelle (2) lösen und den Ladeluftschlauch (3) am Abgasturbolader (1) abbauen. Sofort nach der Demontage die Öffnung des Abgasturboladers (1) verschließen.
■ Schrauben (4, 5) herausschrauben und das Wärmeschutzblech (6) zur Seite schieben.
■ Die Klemmschelle (7) lösen und den Kühlmittelschlauch (8) von der Kühlmittelleitung Rücklauf (9) abziehen. Eventuell auslaufendes Kühlmittel in einem geeigneten Behälter auffangen.
■ Die Hohlschraube (10) der Ölvorlaufleitung (11) am Abgasturbolader (1) herausschrauben.
■ Die Kühlmittelleitung »Vorlauf« für Abgasturbolader (1) ausbauen.
■ Den Querträger der Hinterachse (12) mittig mit Getriebeheber abstützen. Dazu eine geeignete Unterlage verwenden. Die Schrauben (13) herausschrauben und den Querträger Hinterachse (12) absenken.
■ Den Unterdruckschlauch (14) an der Luftansaugleitung Resonanzbehälter (15) abziehen, die Schraubschelle (16) lösen und die Luftansaugleitung am Resonanzbehälter (15) am Abgasturbolader (1) abziehen.
■ Den Unterdruckschlauch (17) am Abgasturbolader (1) und Unterdruckschlauch (18) an der Unterdruckdose abbauen. Die Montagepositionen der Unterdruckschläuche (17, 18) durch Farbmarkierungen kennzeichnen.
■ Die Schrauben (19) des linken und rechten Halters (20) am Abgasturbolader (1) herausschrauben.
■ Die Schrauben (21) des linken und rechten Halters (20) am Zylinderkopf lösen und dann herausschrauben. Anschließend mit dem Halter (20) abnehmen.
■ Die Muttern (22) abschrauben und Abgasturbolader (1) vom Auspuffkrümmer (23) abnehmen.

Beim Erneuern des Abgasturboladers (1):
■ Die Hohlschraube (24) und Schraube (25) am Abgasturbolader (1) herausschrauben

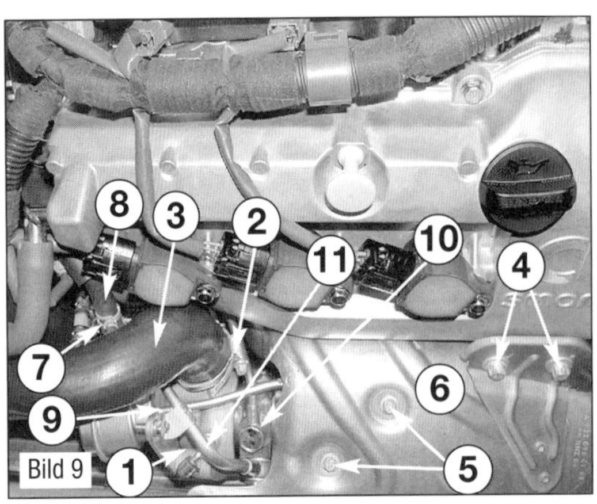

Bild 9
Turbo beim Benzinmotor.
1 Abgasturbolader
2 Schraubschelle
3 Ladeluftschlauch
4 Schrauben
5 Schrauben
6 Wärmeschutzblech
7 Klemmschelle
8 Kühlmittelschlauch
9 Kühlmittelleitung Rücklauf
10 Hohlschraube
11 Ölvorlaufleitung

und Kühlmittelleitung Rücklauf (9) abnehmen.
- Die Schrauben (26) herausschrauben und Auspuffrohr (27) vom Abgasturbolader (1) abnehmen.
Die Montage erfolgt sinngemäß in umgekehrter Reihenfolge.
- Prüfen Sie den Motorölstand mittels Ölmessstab und füllen Sie ihn falls erforderlich auf.
- Die Dichtfläche am Abgasturbolader (1) und am Auspuffkrümmer (23) reinigen.
- Alle selbstsichernden Muttern (22) erneuern.
- Die Dichtung zwischen Abgasturbolader (1) und Auspuffkrümmer (23) grundsätzlich erneuern.

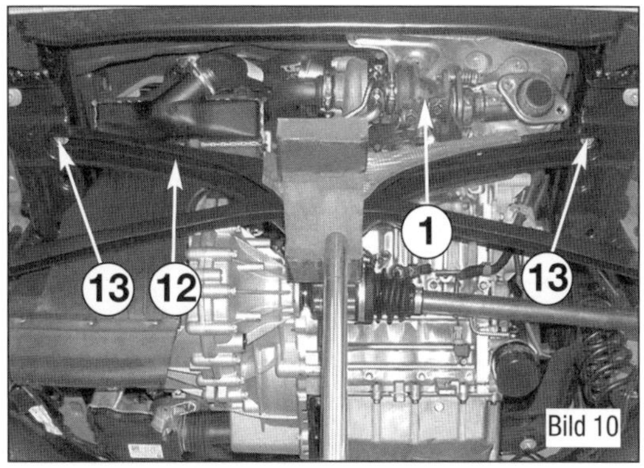

Bild 10
Turbo beim Benzinmotor.
1 Abgasturbolader
12 Querträger Hinterachse
13 Schraube

Bild 11
Auspuff beim Diesel.
6 Elektrischer Leitungssatz
7 (G3/2x1) Steckverbindung O2-Sonde
8 (G3/2) O2-Sonde vor KAT

Abgasanlage beim Diesel-Motor aus- und einbauen

Bei Fahrzeugen mit Dieselpartikelfilter ist im Endschalldämpfer (1) die Katalysator-Dieselpartikelfilter-Einheit integriert.

Ausbauen des Endschalldämpfers
- Fahrzeug mit der Hebebühne anheben.
Das Fahrzeug zwischen den Hebebühnensäulen ausrichten und die vier Aufnahmeteller an den vom Fahrzeughersteller vorgeschriebenen Hebebühnenaufnahmepunkten platzieren.
- Die Heckschürze ausbauen.
- Den Endschalldämpfer (1) mit Kabelbindern an den Aufnahmen (2) der Heckschürze sichern.
- Schrauben (3) oder Muttern am Abgasturbolader (4) abschrauben. Bei Fahrzeugen mit Dieselpartikelfilter ist der Endschalldämpfer (1) anstelle der Schrauben (3) mit Muttern befestigt.

Fahrzeuge ohne Dieselpartikelfilter:
- Endschalldämpfer (1) aus den Haltegummis (5) aushängen.

Fahrzeuge mit Dieselpartikelfilter:
- Kabelbinder an der Steckverbindung O2-Sonde vor KAT (G3/2x1) ausbauen.

weiter für alle Fahrzeuge:
- Elektrischen Leitungssatz (6) der O2-Sonde vor KAT (G3/2) freilegen und Steckverbindung O2-Sonde vor KAT (G3/2x1) trennen.
- Kabelbinder durchtrennen und Endschalldämpfer (1) abnehmen.

Beim Erneuern des Endschalldämpfers:
- O2-Sonde vor KAT (G3/2) aus dem Endschalldämpfer (1) umbauen.
- Haltegummis (5) auf Beschädigung prüfen ggf. erneuern.
- Abgastemperatursensor vor Dieselpartikelfilter (DPF) umbauen.
- Halter der langen und kurzen Druckleitungen umbauen.

Einbauen des Endschalldämpfers
- Endschalldämpfer (1) mit Getriebeheber positionieren und zusammen mit den Dichtungen und Muttern am Abgasturbolader (4) fixieren.
- Steckverbindung der Sonden aufstecken und die Leitungssätze verlegen und wieder mit Kabelbindern befestigen.
- Den Endschalldämpfer (1) am Abgasturbolader (4) positionieren und Schrauben (3) hineinschrauben.
- Die Heckschürze einbauen und das Fahrzeug mit der Hebebühne absenken.
- Den Fehlerspeicher auslesen und löschen.

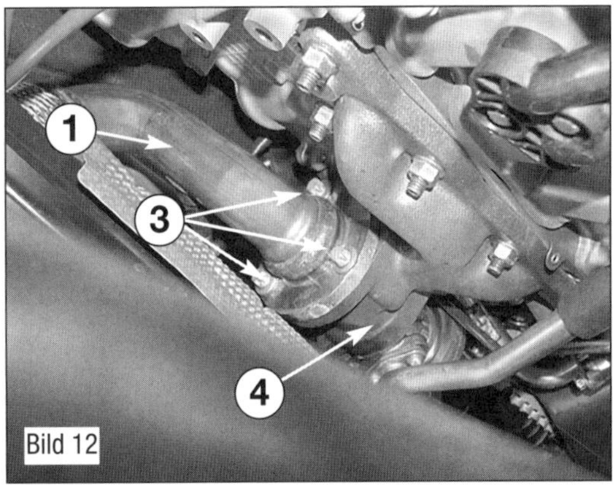

Bild 12
Auspuff beim Diesel.
1 Endschalldämpfer
3 Schrauben (ohne Dieselpartikelfilter)
4 Abgasturbolader

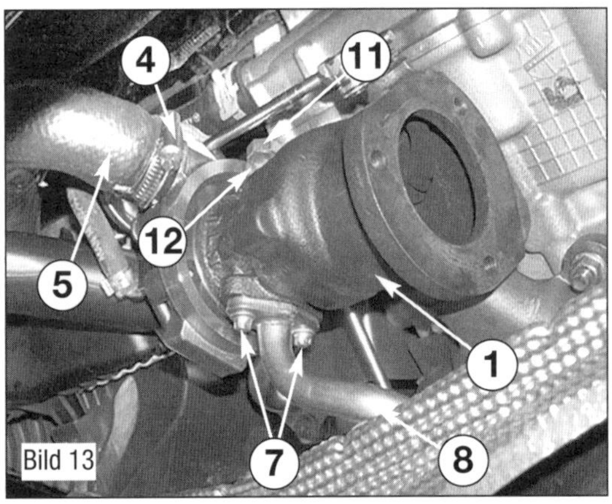

Bild 13
Turbolader beim Diesel.
1 Abgasturbolader
4 Schraubschelle
5 Ladeluftschlauch
7 Schrauben
8 Ölrücklaufleitung
11 Hohlschraube
12 Ölvorlaufleitung

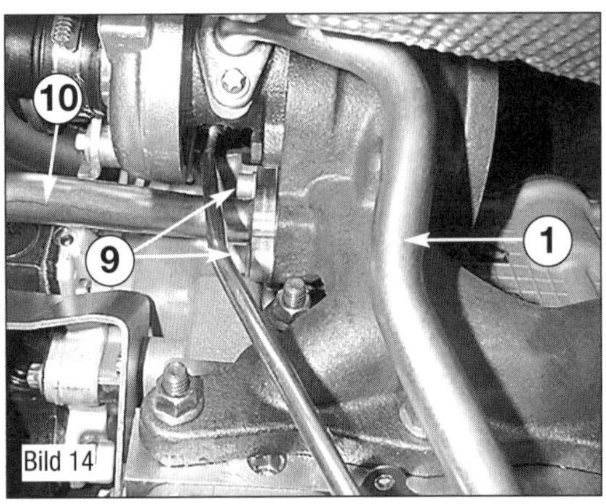

Bild 14
Turbolader beim Diesel.
1 Abgasturbolader
9 Schrauben
10 Abgasrückführrohr

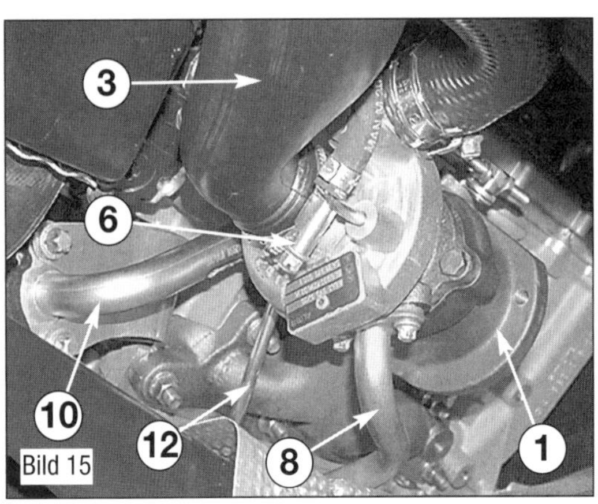

Bild 15
Turbolader beim Diesel.
1 Abgasturbolader
3 Luftansaugleitung
6 Schraubschelle
8 Ölrücklaufleitung
10 Abgasrückführrohr
12 Ölvorlaufleitung

Turbolader beim Diesel-Motor aus- und einbauen

- Innenraumklappe über Motor ausbauen.
- Schraubschelle (2) lösen und Luftansaugleitung (3) am Heißfilmluftmassenmesser (B2/5) abbauen.
- Die Luftansaugleitung (3) am Gehäuse des Lüftermotors Ladeluft (M44) ausclipsen.
- Den Endschalldämpfer wie schon beschrieben ausbauen.
- Die elektrische Steckverbindung Abgastemperatursensor vor Abgasturbolader (B19/11x1) trennen.
- Schraubschelle (4) lösen und den Ladeluftschlauch (5) am Abgasturbolader (1) abbauen.
- Die Schraubschelle (6) lösen und die Luftansaugleitung (3) am Abgasturbolader (1) abbauen.
- Die Schrauben (7) herausschrauben und die Ölrücklaufleitung (8) am Abgasturbolader (1) abbauen.
- Schrauben (9) herausschrauben und das Abgasrückführrohr (10) am Abgasturbolader (1) abbauen.
- Hohlschraube (11) herausschrauben und die Ölvorlaufleitung (12) am Abgasturbolader (1) abbauen.
- Die Muttern des Abgasturboladers (1) am Zylinderkopf abschrauben und den Abgasturbolader (1) abnehmen.

Beim Erneuern des Abgasturboladers:

- Überwurfmutter (13) abschrauben und Abgastemperatursensor vor Abgasturbolader (B19/11) aus dem Abgasturbolader (1) herausnehmen.

Die Montage erfolgt sinngemäß in umgekehrter Reihenfolge.

- Motorprobelauf durchführen und Abgasanlage im Bereich des Abgasturboladers (1) auf Dichtheit prüfen.
- Den Fehlerspeicher mit dem Diagnosetester auslesen und wenn erforderlich löschen.

Kontrollen am Ladeluftsystem

Die Ladeluftsysteme unterscheiden sich nicht wesentlich voneinander. Auch das System für den Benzinmotor ist lediglich durch wenige Bauteile und den Aufbau des

Turboladers vom Dieselaufladesystem zu unterscheiden. Wir werden Ihnen eine allgemeingültige Beschreibung zur Verfügung stellen, die für alle Ladesysteme am Smart angewendet werden kann.

Kontrollen am Aufladungssystem

- Verwenden Sie für die Sicherung der Schlauchverbindungen mit Schlauchschellen nur solche, die dem Serienstand entsprechen.
- Schlauchstutzen und Schläuche für Ladeluftsystem müssen unbeschädigt und dicht sein. Geringe Ölspuren können im Laufe der Betriebszeit schon auftreten. Erheblichem Ölverlust muss aber nachgegangen werden.
- Achten Sie auf die korrekte Lage der Anschlusskabel und Schläuche.
- Die Laderegelung mit der Druckdose muss sich leicht und ruckfrei von Hand bewegen lassen.
- Die Ölversorgung und der Ablauf müssen dicht sein.
- Kühlmittelpumpe und Anschlüsse für den Kompressor müssen dicht sein.
- Achten Sie auf die korrekte Befestigung der Abschirmbleche und der Geräuschdämmmatten.

Prüfung der Ladedruckdose

In der Werkstatt steht hierfür eine kleine Handpumpe zur Verfügung, mit der ein Unterdruck erzeugt werden kann.

Diese Prüfung können Sie aber durchaus mit einer handelsüblichen Medizinspritze durchführen. Mit dieser Prüfung können Sie die Dichtheit der Leitung sowie die Funktion der Druckdose, die Betätigung der Abregelmechanik für beide Systeme überprüfen. In Ruhestellung ist beim Bypass-Lader das Bypass-Ventil geschlossen. Beaufschlagt mit Unterdruck wird beim Bypass-Lader das Bypass-Ventil geöffnet.

- Ziehen Sie den Unterdruckschlauch an der Druckdose ab.
- Schließen Sie mit einem Schlauch (2) eine Medizinspritze (1) an die Druckdose (3) an.
- Ziehen Sie die Spritze langsam auf und erzeugen Sie so einen Unterdruck an der Druckdose.

Bild 16
Turbolader beim Diesel.
1 Abgasturbolader
13 Überwurfmutter
14 (B19/11) Abgastemperatursensor
15 (B19/11x1) elektrische Steckverbindung

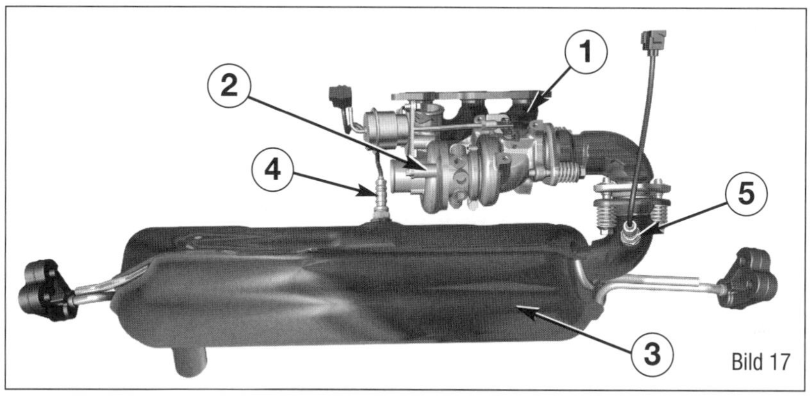

Bild 17
Aufladesystem in der Übersicht.
1 Abgaskrümmer
2 Abgasturbolader
3 Hauptschalldämpfer mit Partikelfilter und/oder Kat
4 (G3/1) O2 Sonde nach Kat
5 (G3/2) O2 Sonde vor Kat

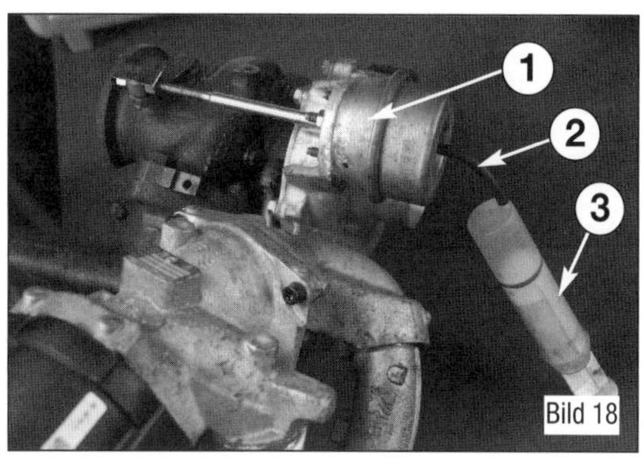

Bild 18
Druckdosenprüfung.
1 Medizinspritze
2 Schlauch
3 Unterdruckdose

- Beobachten Sie das Regelgestänge des Turboladers. Das Ladedruckregelgestänge der Druckdose muss sich leicht und ruckfrei synchron zu der Bewegung des Kolbens Ihrer Medizinspritze bewegen lassen.
- Achten Sie auf die Dichtheit der Ladedose.

10 Kraftübertragung

Bauweise beim Smart

Zum System der Kraftübertragung bei Fahrzeugen mit Schaltgetriebe gehören Getriebe, Kupplung und Achsantrieb. Damit alle Akteure perfekt zusammenarbeiten und die vom Motor produzierte Leistung an die Antriebsräder übertragen, sind sie durch Gelenke, Wellen und Zahnräder miteinander verbunden. Welche Kraft tatsächlich an den Rädern benötigt wird, hängt davon ab, was dem Fahrzeug während der Fahrt abverlangt wird. Der Motor bietet jedoch nur in einem begrenzten Drehzahlbereich eine verwertbare Leistung an. Damit der Wagen beim Beschleunigen und bei Bergfahrten trotzdem genügend Zugkraft entwickelt, ist das Getriebe nötig. Mit seinen verschiedenen Gängen gewährleistet es eine jeweils passende Übersetzung. Je nach Motor werden vier verschiedene Getriebe verbaut. Gerade beim Ersetzen des Getriebes aus dem Gebrauchtmarkt ist es wichtig, die Getriebe unterscheiden zu können.

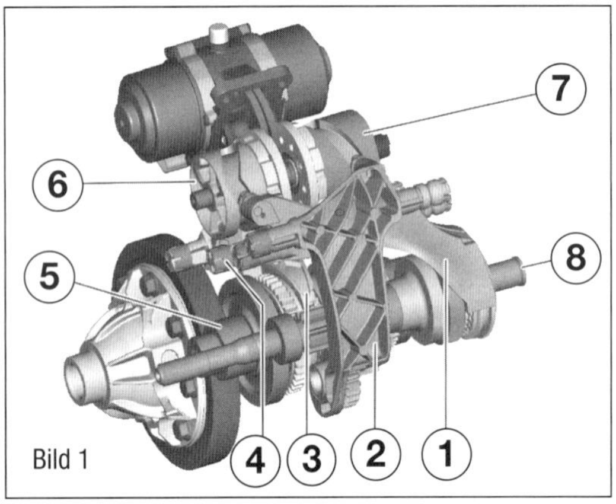

Bild 1

Bild 1
1 Schaltgabel Schaltmuffe 5
2 Schaltgabel Schieberad Rückwärtsgang
3 Schaltgabel Schaltmuffe 1/3
4 Schaltgabel Schaltmuffe 2/4
5 Hauptwelle
6 Schaltwalze 1/3, 5
7 Schaltwalze 2/4, R
8 Eingangswelle

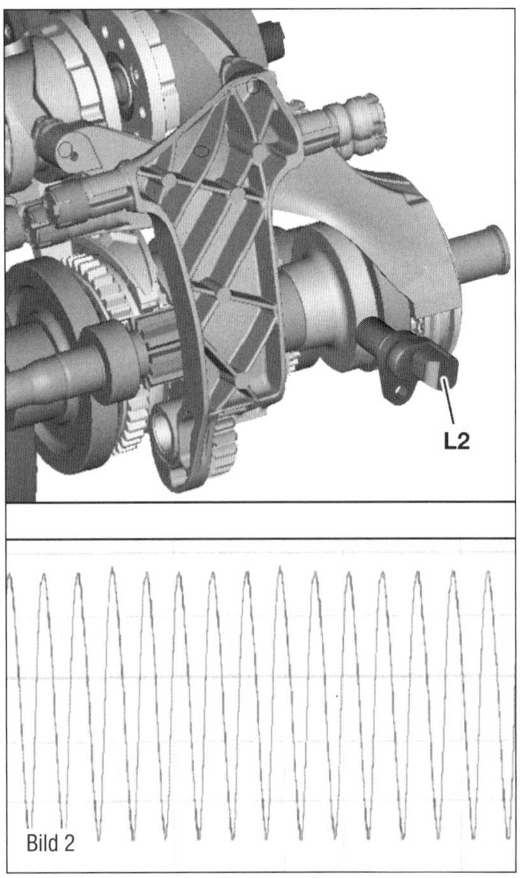

Bild 2

Bild 2
L2 Drehzahlgeber im Getriebe: Das Signalbild zeigt den Spannungsverlauf des Drehzahlgebers L2 am Oszilloskop.

Besonderheiten beim Smart
Automatisierte Schaltgetriebe sind heute bei vielen Fahrzeugen verbaut. Smart hat auch hier eine kleine Besonderheit. Wie beim Motorrad kommen Schaltwalzen zur Betätigung zum Einsatz. Die Verdrehung erfolgt elektrisch mit einem Stellmotor. Auch die Kupplungsbetätigung erfolgt über einen Stellmotor. Beide Motoren werden über das Steuergerät angesteuert und überwacht. Eine wichtige Aufgabe hat hier der Drehzahlgeber (L2 im Bild 2), er ermittelt die Drehzahl der Eingangswelle. Aus den ermittelten Drehzahlen der Kurbelwelle und der Eingangswelle wird die Arbeit der Kupplung überwacht. Aus den Drehzahlen der Eingangswelle und der Antriebsräder wird auch der tatsächlich geschaltete Gang ermittelt. So ist durchaus eine Aussage über zu großen Schlupf oder eine fehlerhafte Schaltpositionierung möglich. Neben mechanischen Fehlern werden Sie nun auch Fehler in der Elektromechanik und der Sensorik untersuchen müssen.

Montagearbeiten am Getriebe

Die Arbeitsbeschreibungen zur Demontage des Getriebes erfordern einige spezielle Werkzeuge und auch Erfahrung in der Montage. Im Rahmen dieses Buches gehen wir nur auf Arbeiten ein, die üblicherweise in privater Hand von Schraubern angegangen werden.
Hinzu kommt, dass der Umfang der Arbeitsbeschreibungen für die Demontage den Rahmen dieses Buches sprengen würde.

Wir stellen Ihnen trotzdem einige Montageübersichten mit einigen Anzugsdrehmomenten vor. Sicherlich ersetzen diese nicht die Handbücher, die für eine sachgerechte Montage erforderlich sind, verschaffen Ihnen aber eine Übersicht über die Bauteile.

Ölwechsel am Getriebe

Das Getriebeöl grundsätzlich nur bei betriebswarmem Getriebe (2) ablassen. Austretendes Getriebeöl in einem geeigneten Behälter auffangen. Das Getriebeöl immer vollständig ablaufen lassen.

Ölwechsel am Getriebe

- Das Fahrzeug mit der Hebebühne anheben. Das Fahrzeug zwischen den Hebebühnensäulen ausrichten und die vier Aufnahmeteller an den vom Fahrzeughersteller vorgeschriebenen Hebebühnenaufnahmepunkten platzieren.
- Die Umgebung der Öleinfüllschraube (1) am Getriebe (2) reinigen und die Öleinfüllschraube (1) herausschrauben.
- Ölablassschraube (3) am Getriebe (2) herausschrauben und Getriebeöl ablassen.
- Die Ölablassschraube (3) am Getriebe (2) festschrauben.
- Das Getriebeöl bis zur Unterkante der Einfüllöffnung einfüllen.
- Die Öleinfüllschraube (1) am Getriebe (2) festschrauben.
- Das Fahrzeug mit der Hebebühne absenken.

Getriebeöle mit Freigabe

MB 235.72 Getriebeöl A 001 989 51 03,
Castrol Manual BOT 328,
Castrol Syntrans Multivehicle 75W-90,
Castrol Transmax Manual Multivehicle.

Komponenten rund um das Getriebe

Wir werden hier zuerst die Anbaukomponenten rund um das Getriebe und die Montagearbeiten beschreiben.

Drehzahlsensor aus- und einbauen

- Das Fahrzeug mit der Hebebühne anheben und sichern.
- Die elektrische Steckverbindung (1) am Drehzahlgeber Getriebe (L2) trennen.
- Die Schraube (2) herausschrauben und Drehzahlgeber Getriebe (L2) abnehmen.

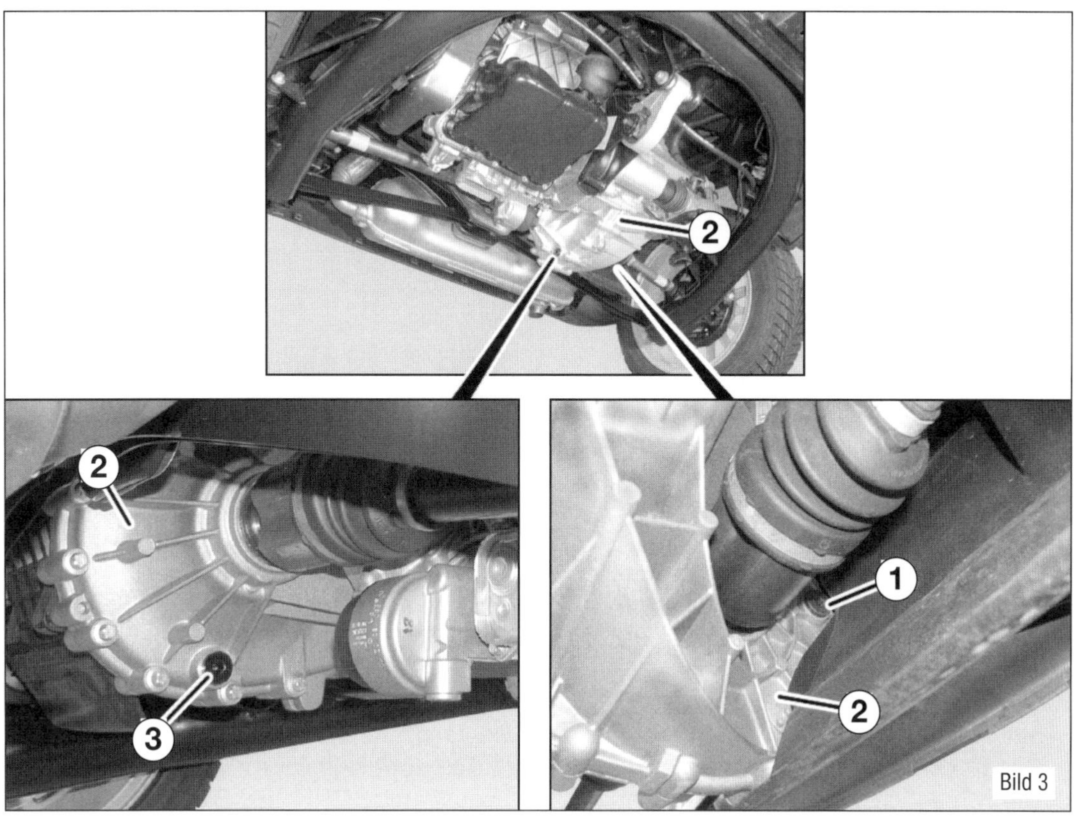

Bild 3
1 Öleinfüllschraube
2 Getriebe
3 Ölablassschraube

Bild 4
1 Elektrische Steckverbindung
2 Schraube
L2 Drehzahlgeber Getriebe

Der Einbau erfolgt sinngemäß in umgekehrter Reihenfolge.

- Den Fehlerspeicher auslesen, wenn erforderlich löschen.

Steuergerät automatisiertes Schaltgetriebe aus- und einbauen

Das Steuergerät für das automatisierte Schaltgetriebe befindet sich im Fahrgastraum unter dem Fahrersitz. Das Steuergerät »Automatisiertes Schaltgetriebe« steuert, überwacht und koordiniert die gesamte Getriebesteuerung. Dazu tauscht es mit anderen Steuergeräten über Control Area Network (Datenbus/CAN Bus) (CAN) Daten aus.

- Zündung ausschalten.
- Sitz links (1) ausbauen.
- Bodenbelag unter dem Sitz links (1) im hinteren Bereich so weit umlegen, bis das Steuergerät »Automatisiertes Schaltgetriebe« (N15/6) zugängig ist.

⚠ Beim Umlegen des Bodenbelages darauf achten, dass dieser nicht durch Brechen oder Einreißen beschädigt wird.

- Elektrische Steckverbindungen (2) am Steuergerät »Automatisiertes Schaltgetriebe« (N15/6) trennen.
- Muttern (3) am Steuergerät »Automatisiertes Schaltgetriebe« (N15/6) abschrauben und Masseleitung (4) beiseitelegen.
- Steuergerät »Automatisiertes Schaltgetriebe« (N15/6) abnehmen.

Der Einbau erfolgt umgekehrter Reihenfolge.

- Wird das Steuergerät für das automatisierte Schaltgetriebe (N15/6) erneuert, muss diese mit dem Tester zurückgesetzt und angelernt werden (flashen).

Schaltmodul aus- und einbauen

- Den Bodenbelag vorn (1) ausbauen.
- Die Schrauben (2 im Bild 5) links und rechts am Steuergerät »Elektronisches Wählhebelmodul« (N15/5) herausschrauben.
- Die elektrische Steckverbindung der Transponderspule (3) trennen.
- Das Steuergerät des elektronischen Wählhebelmodul (N15/5) anheben, die elektrische Steckverbindung (4) trennen und das Steuergerät des elektronischen Wählhebelmodul (N15/5) abnehmen.

⚠ Beim Erneuern des Steuergerätes die Transponderspule und den Schließzylinder Zündstartschalter ausbauen.

Der Einbau erfolgt sinngemäß in umgekehrter Reihenfolge.

- Das Steuergerät des elektronischen Wählhebelmoduls (N15/5) prüfen. Die Umschaltfunktion (Automatik/Manuell) durch Drücken des Umschaltknopfes am Wählhebel betätigen. Die Anzeige muss dann über das Display im Kombiinstrument erfolgen.

Kupplungsaktuator aus- und einbauen

Der Kupplungsmotor kann im Schadensfall auch einzeln erneuert werden.

Demontage:

- Das Fahrzeug mit der Hebebühne anheben.
- Die elektrische Steckverbindung (2 im Bild 6) am Kupplungsmotor (M18) trennen.
- Die Schrauben (3) herausschrauben und Kupplungsaktuator (1) vom Getriebe abnehmen.
- Die Schrauben (4) herausschrauben und den Kupplungsmotor (M18) vom Kupplungsaktuator (1) abnehmen. Den Kupplungsmotor (M18) nur im Schadensfall ausbauen.

Montage:

- Den Kupplungsmotor (M18) im Kupplungsaktuator (1) gemäß Bild (Pfeil B) po-

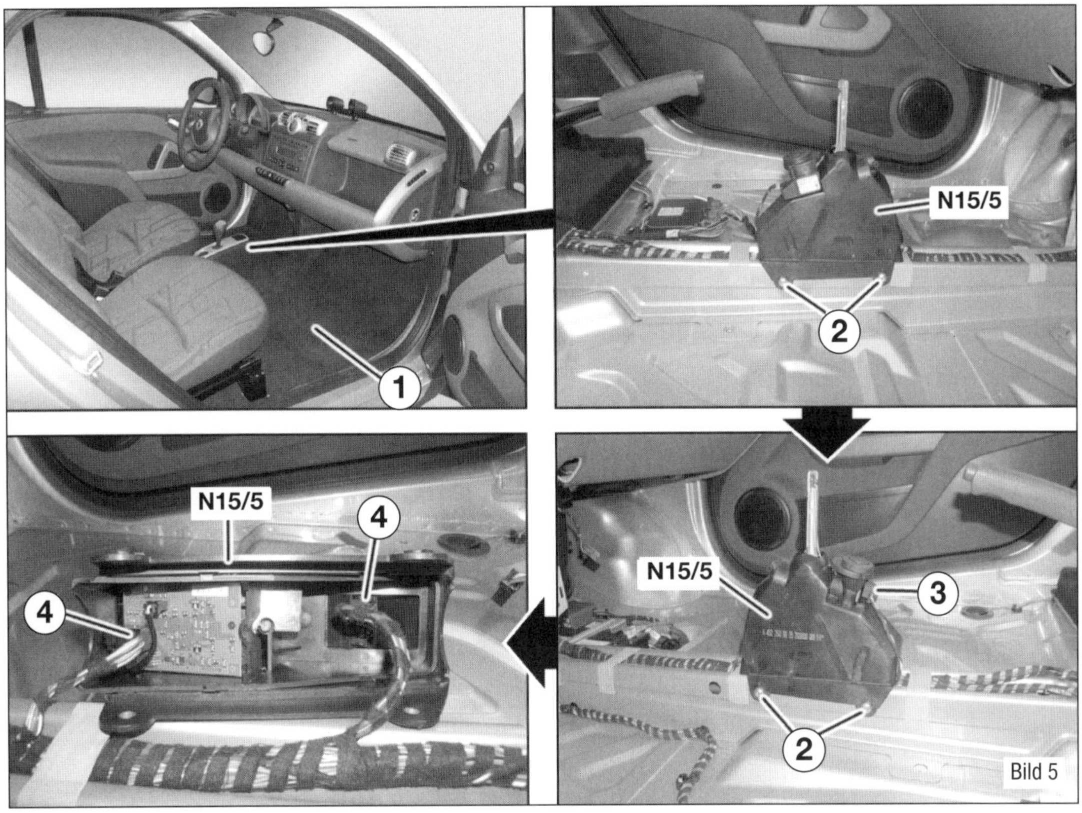

Bild 5

Bild 5
1 Bodenbelag vorn
2 Schrauben
3 Elektrische Steckverbindung Transponderspule
4 Elektrische Steckverbindung
N15/5 Steuergerät elektronisches Wählhebelmodul

sitionieren und mit den Schrauben (4) festschrauben.

- Den Kupplungsaktuator (1) am Getriebe positionieren und mit den Schrauben (3) fixieren. Die Schrauben (3) noch nicht festschrauben.

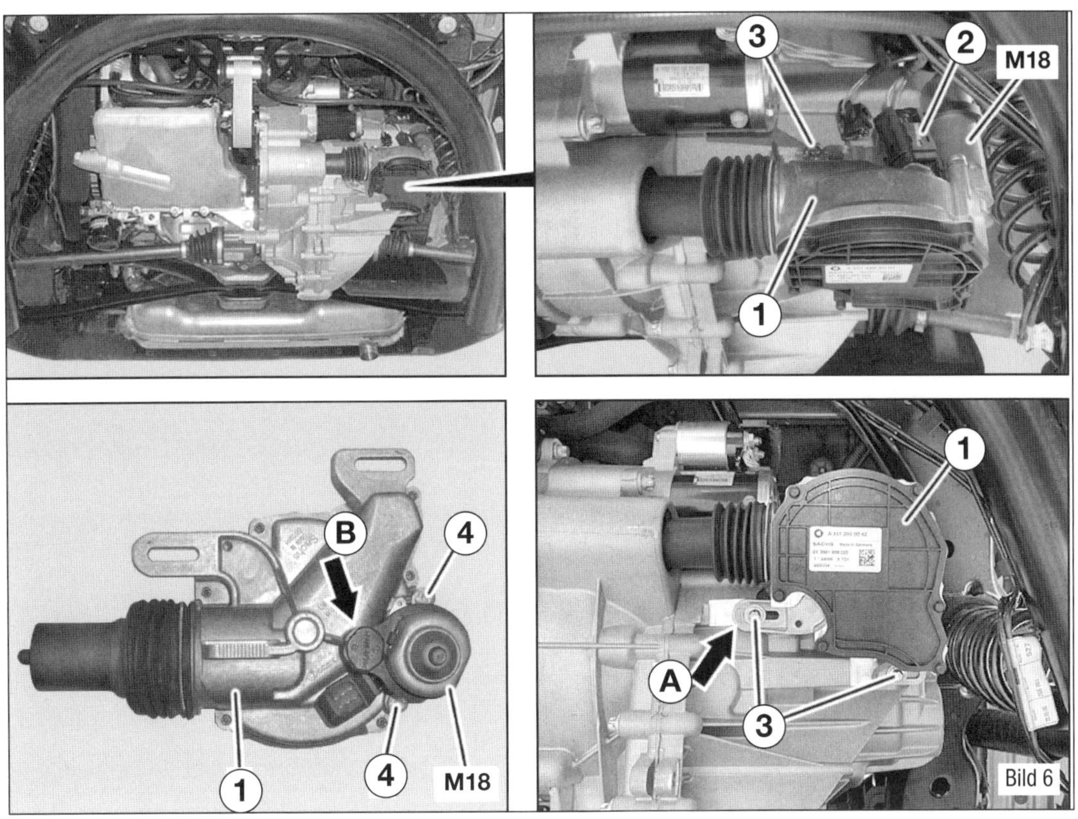

Bild 6

Bild 6
1 Kupplungsaktuator
2 elektrische Steckverbindung
3 Schrauben
4 Schraube
M18 Kupplungsmotor
B Einbauposition des Kupplungsmotors

■ Den Kupplungsaktuator (1) so weit in Richtung Kupplungsglocke schieben, bis der Stößel des Kupplungsaktuators (1) am Ausrückhebel der Kupplungsbetätigung anliegt.
■ Den Kupplungsaktuator (1) von dieser Position aus um weitere drei Teilstriche (Pfeil A) in Richtung Kupplungsglocke schieben und Schrauben (3) festschrauben.
■ Die elektrische Steckverbindung (2) am Kupplungsmotor (M18) aufstecken.
■ Das Fahrzeug anschließend mit der Hebebühne absenken.
■ Die Inbetriebnahme ohne Steuergerätetausch vornehmen. Dazu einen geeigneten Diagnosetester anschließen, den Fehlerspeicher auslesen. Beachten Sie die Menüführung der Testersoftware und des Diagnoseprogrammes.

Zentralausrücker aus- und einbauen
■ Das Getriebe ausbauen.
■ Die Schrauben (3 im Bild 7) herausschrauben.
■ Die Feder (4) am Ausrückhebel (2) aushängen.

⚠ Feder (4) nicht überdehnen, da sonst der richtige Sitz des Ausrückhebels (2) nicht mehr gewährleistet werden kann.

■ Den Zentralausrücker (1) mit Ausrückhebel (2) und Führungshülse (5) vom Getriebe (6) abnehmen.
■ Die Führungshülse (5) aus dem Zentralausrücker (1) herausziehen. Die Führungshülse (5) so verdrehen, dass die Sicherungen an der Führungshülse (5) in die Aussparungen am Zentralausrücker (1) passen.
■ Die Rasthaken (7) vorsichtig zusammendrücken und den Zentralausrücker (1) vom Ausrückhebel (2) abnehmen.

Der Einbau erfolgt sinngemäß in umgekehrter Reihenfolge.

■ Alle Lagerstellen des Ausrückhebels (2) reinigen und mit einem Lagerfett einfetten.
■ Den Zentralausrücker (1) auf Geräusche, rauen Lauf, Undichtigkeit und Verschleiß prüfen und ggf. erneuern.

Gelenkwellen ausbauen/prüfen

Aus- und Einbau der Gelenkwellen
■ Linkes bzw. rechtes Hinterrad abmontieren.
■ Schraube (2 im Bild 8) der Hinterachswelle (1) herausschrauben.

☞ Zum Lösen und Festschrauben der Schraube (2) zwei Radschrauben (9) in die Radnabe hineinschrauben und Radnabe mit geeignetem Werkzeug gegenhalten.

■ Den Querträger der Hinterachse (3) mit einem Getriebeheber abstützen, die Schrauben (4) herausschrauben und den Querträger der Hinterachse (3) absenken.
■ Die Radschrauben (9) aus der Radnabe herausschrauben, die Adaption (10) entsprechend dem Lochkreis positionieren und mit den Radschrauben (9) an der Radnabe befestigen.
■ Das Aus- und Einziehwerkzeug (11) entsprechend dem Lochkreis positionieren und mit den Schrauben (12) an der Adaption (10) festschrauben.
■ Die Hinterachswelle (1) aus der Radnabe herauspressen und anschließend das Aus- und Einziehwerkzeug (11) sowie Adaption (10) von der Radnabe abbauen.
■ Das Achsrohr (5) mit Aggregatehubtisch oder Getriebeheber abstützen.
■ Den Spreizclip an der Abdeckung (13) ausbauen und die Abdeckung (13) abnehmen.
■ Die Schraube (6) des Stoßdämpfers (8) am Achsrohr (5) herausschrauben.
■ Achsrohr (5) vorsichtig absenken und Hinterachswelle (1) aus der Radnabe herausführen. Dabei darauf achten, dass

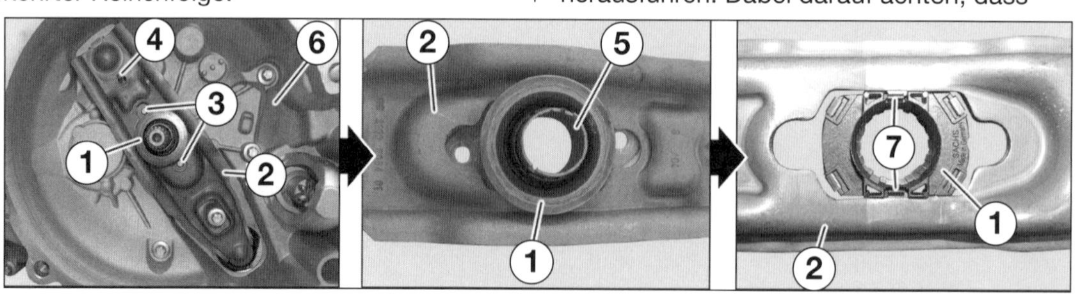

Bild 7
1 Zentralausrücker
2 Ausrückhebel
3 Schrauben
4 Feder
5 Führungshülse
6 Getriebe
7 Rasthaken

Bild 8
1 Hinterachswelle
2 Schraube
3 Querträger Hinterachse
4 Schraube
5 Achsrohr
6 Schraube
7 Ausziehwerkzeug
8 Stoßdämpfer
9 Radschraube
10 Adaption
11 Einziehwerkzeug
12 Schrauben
13 Abdeckung

das innere Gelenk der Hinterachswelle (1) nicht auseinandergezogen wird. Die Hinterachswelle (1) kann sonst beschädigt werden.

⚠ Beim Absenken des Achsrohres (5) darauf achten, dass die Hinterachsfeder nicht aus ihren Aufnahmen herausfällt.

- Das Achsrohr (5) anheben und mit Schraube (6) am Stoßdämpfer (8) fixieren.
- Die Hinterachswelle (1) mit Schlagauszieher und Ausziehwerkzeug (7) am Getriebe lösen und abnehmen. Austretendes Getriebeöl in einem geeigneten Behälter auffangen.
- Die Getriebeöffnung der Hinterachswellen mit Verschlussstopfen verschließen.

Der Einbau erfolgt sinngemäß in umgekehrter Reihenfolge.

- Getriebeölstand prüfen, ggf. richtigstellen.
- Auf den richtigen Sitz der Hinterachsfeder(n) in den Aufnahmen am Achsrohr (5) und am Integralträger achten.

Gelenkwellen prüfen

Es gibt eigentlich nur drei Gründe eine Achsgelenkwelle zu zerlegen. Zuerst einmal möchten wir den Hintergrund für diese Arbeiten genauer beleuchten:

Spiel an den Gelenken

- Spiel an den Achswellen prüfen.

Halten Sie den Lageraußenring mit der Hand fest und verdrehen Sie die Achswelle. Sie sollte möglichst kurze schnelle Bewegungen machen (einfach schnell hin und herdrehen). So bemerken Sie ein mögliches Lagerspiel in den Achswellen sehr schnell. Spiel an den Gelenken sollte immer nachgegangen werden.

Denken Sie daran, dass Ihr Fahrzeug beim Anheben einen anderen Winkel der Achswelle bewirkt. Die Prüfungen sollten immer am Boden stattfinden. Zumindest sollte das Fahrzeug auf dem Boden stehen. Eine Grube in der Garage oder eine Mutterbühne ist hier sehr hilfreich. Stellen Sie übermäßiges Spiel fest, sollte die Gelenkwelle erneuert oder zerlegt und repariert werden. Zumeist zeigen sich bei der Demontage erhebliche Schäden an Lagerflächen oder Kugeln. Wird das Spiel zu groß (mehr als 2 mm Spiel in der Verdrehung), kann die Antriebswelle »auseinanderfliegen« und sorgt dann im günstigsten Fall für eine Panne. Im schlimmsten Fall kann die Achswelle weitere Schäden verursachen, wenn sie aus den Führungen herausrutscht.

Geräusche

Die Prüfung der Achsgelenkwellen auf diese Schäden erfolgt in der Regel bei einer Probefahrt. Es sollten hier enge Radien gefahren werden können (z. B. Supermarktparkplatz) und auch der Lastwechsel vom Beschleunigen zum Schiebebetrieb (Gefahren vermeiden! Auf den Verkehr achten!) simuliert werden. Geräusche an den Achswellen lassen sich leider nur für das radseitige Gelenk sicher orten. Die Getriebeseite wird oftmals als »Getriebeschaden« wahrgenommen. Sollten also Geräusche beim Lastwechsel entstehen, nehmen Sie auch die Antriebswellen einmal genauer unter die Lupe. Ein deutliches »Klackern« oder durchaus schon »Schläge«, gerade beim Kurvenfahren in engen Radien, weisen auf einen Achswellenschaden hin. Je lauter diese Geräusche werden, umso dringender besteht Handlungsbedarf. Auch hier sind oft an den zerlegten Wellen sehr gut sichtbare Schäden vorhanden.

Manschette beschädigt
Das Ende der Lagerungen einer Achswelle wird natürlich schneller erreicht, wenn Schmutz, Wasser und Straßendreck durch eine defekte Manschette eindringen können. Kontrollieren Sie die Lenkmanschetten und die Gelenkmanschette regelmäßig. Bei Schäden führt an einer Reinigung des Gelenkes und dem Ersatz der Manschette kein Weg vorbei. Achten Sie auch auf kleine Fettspritzer im Radlaufbereich oder an den Bremsteilen. Oftmals zeichnen schon kleinste Schäden an der Manschette deutliche Spuren. Durch die hohe Drehzahl wird das Fett im Gelenk sehr schnell in der Landschaft verteilt. Daraufhin läuft das Gelenk trocken und wird mit der Unterstützung des eindringenden Schmutzes ein erhebliches Verschleißverhalten entwickeln.

Gelenkwellen zerlegen

Achsmanschette außen (radseitig) wechseln

- Die entsprechende Antriebswelle (6 im Bild 9) ausbauen.
- Die Gelenkwelle mit Schutzbacken in Schraubstock einspannen.
- Die Antriebswellenmanschette (2) aufschneiden, abziehen und das Gleichlaufgelenk (1) in Pfeilrichtung mit einem Dorn von der Antriebswelle (6) treiben.
- Den Sicherungsring (7) ausbauen.
- Das Gleichlaufgelenk (1) reinigen.
- Die Klemmschelle (4) auf die Antriebswelle (6) aufschieben.
- Die neue Antriebswellenmanschette (2) auf die Antriebswelle (6) aufschieben.
- Den neuen Sicherungsring (7) einbauen.
- Das Gleichlaufgelenk (1) bis zur Oberkante des Innensterns mit im Lieferumfang enthaltenem Fett befüllen.
- Das Gleichlaufgelenk mit einem Plastikhammer (1) auf die Antriebswelle (6) auftreiben, bis Sicherungsring einrastet.
- Die Antriebswellenmanschette (2) und Gleichlaufgelenk (1) mit der Restmenge Fett befüllen.
- Die Antriebswellenmanschette (2) auf das Gleichlaufgelenk (1) aufschieben. Der Wulst der Antriebswellenmanschette (2) muss in der Nut am Gleichlaufgelenk (1) liegen.
- Die Klemmschellen (4, 5) auf der Antriebswellenmanschette (2) positionieren und befestigen.
- Antriebswelle (6) aus dem Schraubstock (3) lösen und abnehmen.
- Antriebswelle (6) wieder einbauen.

Achsmanschette innen (getriebeseitig) wechseln

- Die entsprechende Antriebswelle (6 im Bild 10) ausbauen.
- Zuerst die Antriebswellenmanschette (5) radseitig demontieren.
- Klemmschellen (3, 4 im Bild 10) abbauen.
- Die Antriebswellenmanschette (1) aufschneiden und abziehen.
- Gelenknabe (2) und den Innenstern reinigen.
- Die Antriebswelle (6) aus dem Schraubstock lösen und abnehmen.
- Die neue Antriebswellenmanschette (1) in Pfeilrichtung auf die Antriebswelle (6) aufschieben.
- Die Klemmschelle (4) auf die Antriebswelle (6) aufschieben.
- Die Antriebswelle (6) mit Schutzbacken in den Schraubstock einspannen.
- Die Gelenknabe (2) mit dem im Liefer-

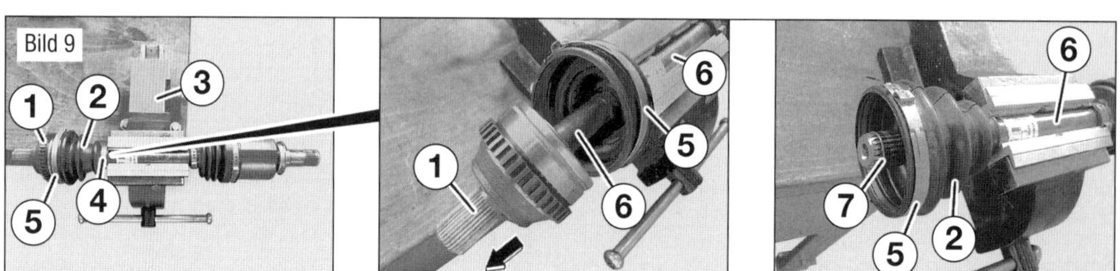

Bild 9
Radseitiges Gleichlaufgelenk.
1 Gleichlaufgelenk
2 Antriebswellenmanschette
3 Schraubstock
4 Klemmschelle
5 Klemmschelle
6 Antriebswelle
7 Sicherungsring

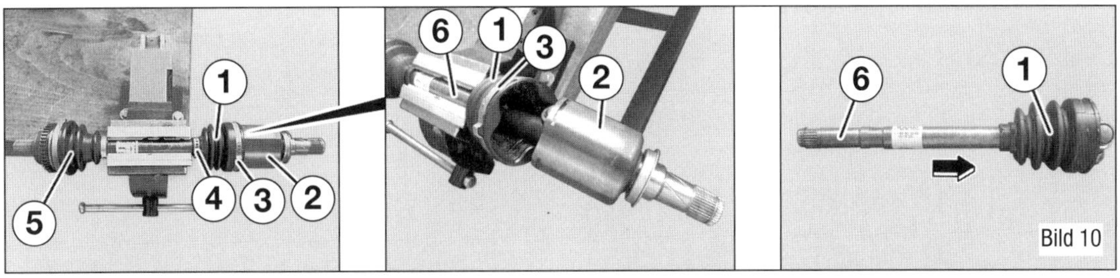

Bild 10
Getriebeseitiges Gleichlaufgelenk.
1 Antriebswellenmanschette
2 Gelenknabe
3 Klemmschelle
4 Klemmschelle
5 Antriebswellenmanschette
6 Antriebswelle

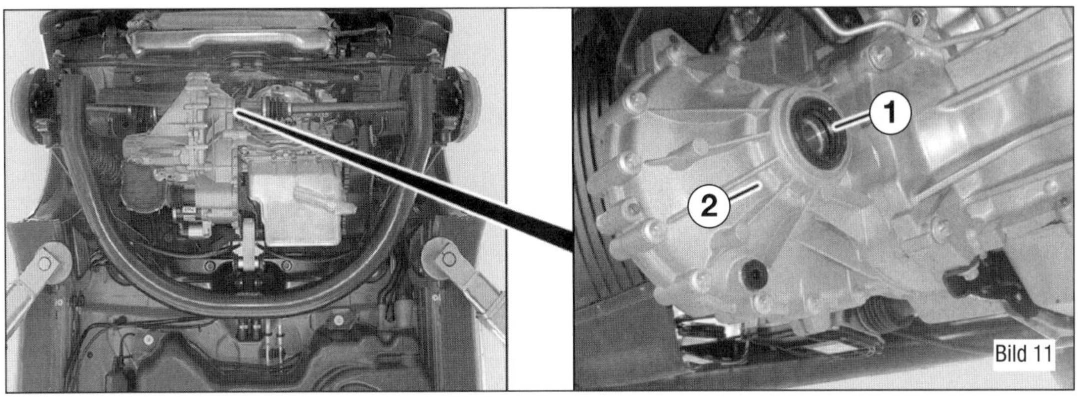

Bild 11
1 Radialwellendichtring
2 Getriebe

umfang enthaltenem Fett befüllen.

- Die Gelenknabe (2) auf die Antriebswelle (6) aufschieben.
- Antriebswellenmanschette (1) und die Gelenknabe (2) mit der Restmenge Fett befüllen.
- Die Antriebswellenmanschette (1) auf die Gelenknabe (2) aufschieben. Der Wulst der Antriebswellenmanschette (2) muss in der Nut am Gleichlaufgelenk (1) liegen.
- Die Klemmschellen (3, 4) auf der Antriebswellenmanschette (1) positionieren und befestigen.
- Antriebswelle (6) aus dem Schraubstock lösen und abnehmen.
- Antriebswellenmanschette (5) radseitig wieder einbauen.
- Die Antriebswelle (6) wieder einbauen.

Radialwellendichtringe der Achswellen aus- und einbauen

- Die entsprechende Antriebswelle ausbauen.
- Den Radialwellendichtring (1) mit geeignetem Werkzeug aus dem Getriebe (2) heraushebeln.

⚠ Dichtfläche am Getriebe (2) nicht beschädigen, da es sonst zu Undichtigkeiten im Bereich des Radialwellendichtrings (1) kommen kann.

- Den Radialwellendichtring (1) vorsichtig mit einem Dorn in das Getriebe (2) einschlagen. Der Radialwellendichtring (1) muss bündig mit dem Getriebe (2) abschließen.

Der weitere Einbau erfolgt sinngemäß in umgekehrter Reihenfolge.

- Getriebeölstand prüfen, ggf. richtigstellen.

Kupplung aus- und einbauen

Demontage der Kupplung

- Getriebe ausbauen.
- Haltesperre zum Blockieren des Motors anbauen.
- Die Schrauben (3 im Bild 12) der Druckplatte (2) herausschrauben. Die Schrauben (3) jeweils in Schritten von 1,5 Umdrehungen diagonal lösen.
- Die Druckplatte (2) und die Kupplungsscheibe (1) abnehmen.
- Die Reibfläche der Druckplatte (2) entfetten und mit grober Schmirgelleinwand anrauen.
- Die Druckplatte (2) und die Kupplungsscheibe (1) prüfen.
- Das Schwungrad (4) auf Verschleiß und Beschädigung prüfen.
- Den Zentralausrücker auf Geräusche, rauen Lauf, Undichtigkeit, Verschleiß und Beschädigung prüfen.

Bild 12
1 Kupplungsscheibe
2 Druckplatte
3 Schrauben
4 Schwungrad
5 Zentrierwerkzeug

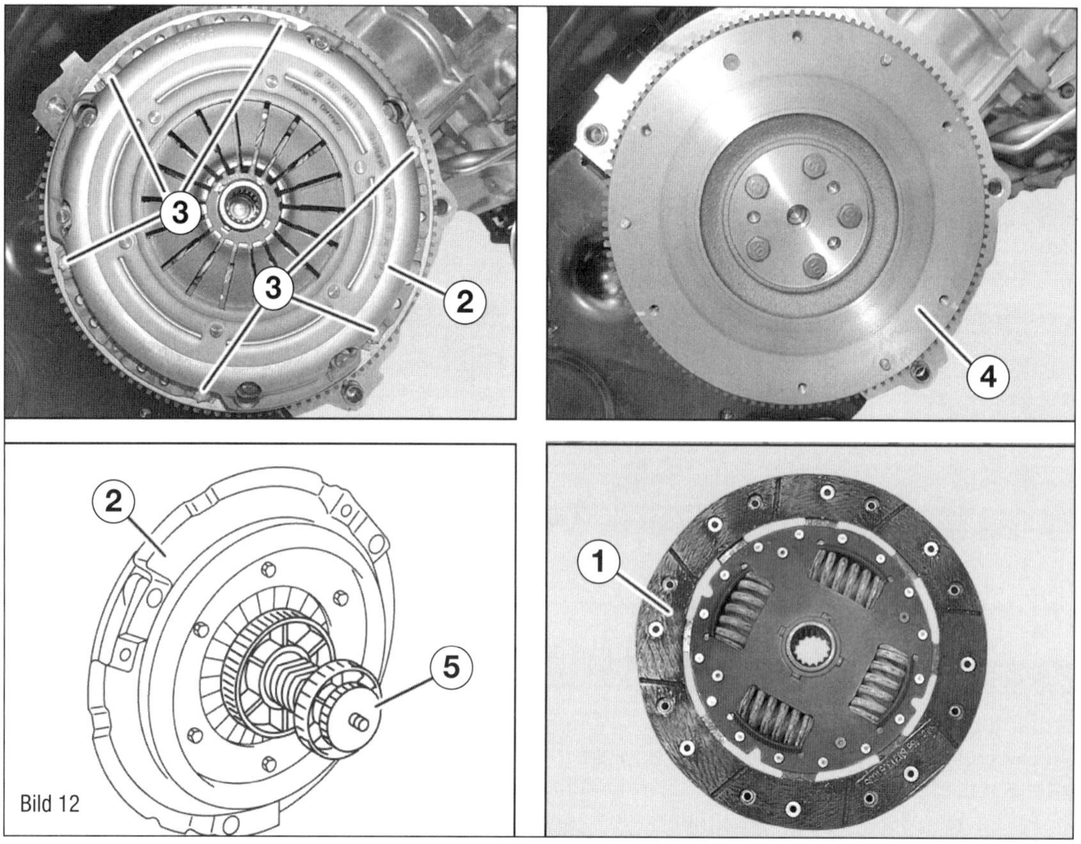

Bild 13
Reibbelag Druckplatte.
6 Druckplatte
Pfeil Membranfeder

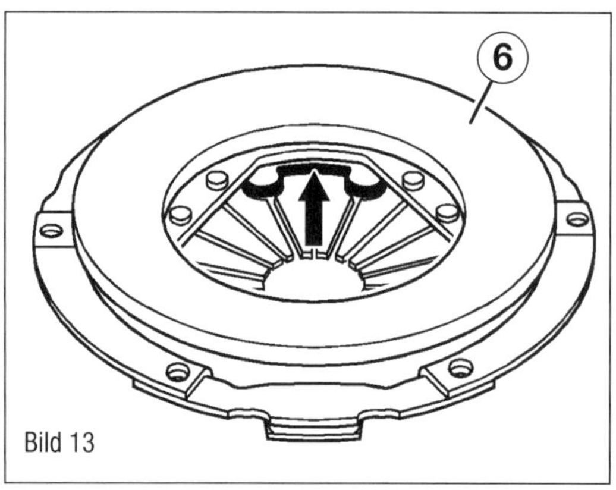

Der Montage erfolgt sinngemäß in umgekehrter Reihenfolge.

Druckplatte prüfen

■ Die Druckplatte beziehungsweise die Reibfläche (6 im Bild 13) auf Risse und Riefen sowie Membranfeder (Pfeil) auf Brüche prüfen.

■ Die Zungen (Pfeile im Bild 14) der Membranfeder auf Verschleiß und gleichmäßige Höhe prüfen.

Bild 14
Druckplatte von oben:
Pfeile Zungen der Membranfeder.

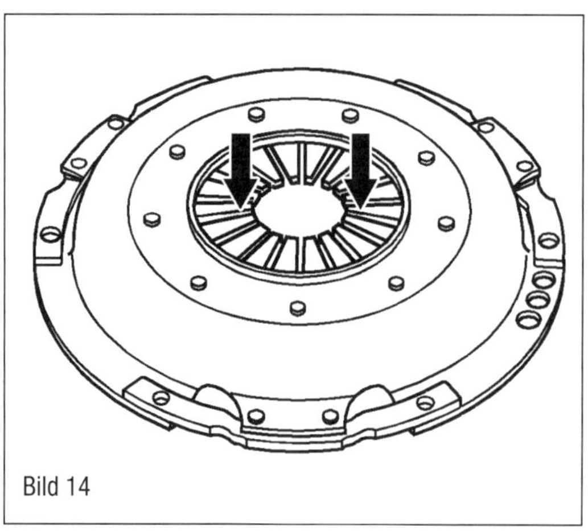

Bild 15
Kupplungsscheibe.
1a Reibbeläge
1b Dämpferfedern
1c Keilwellenprofil

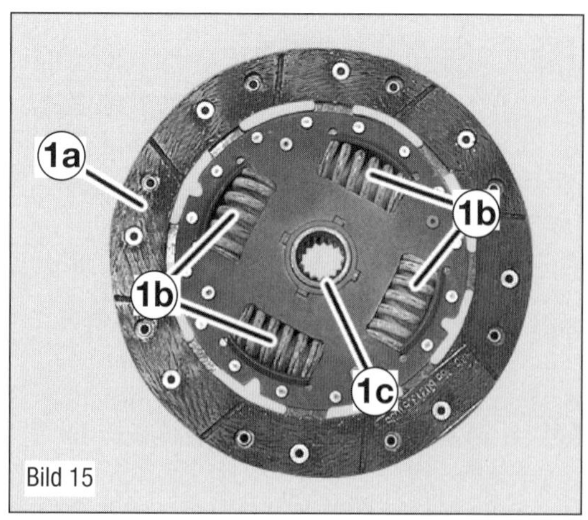

Bild 16
1 Schwungrad
2 Schrauben

Kupplungsscheibe prüfen

■ Reibbeläge (1a im Bild 15) der Kupplungsscheibe auf Verölung, Risse, Ausbrüche und Verschleiß prüfen.

■ Die Dämpferfedern (1b) auf Brüche und festen Sitz prüfen.

■ Das Keilwellenprofil in der Mitte (1c) auf Verschleiß und Ausbrüche prüfen. Die Kupplungsscheibe muss sich mit geringem Kraftaufwand auf der Antriebswelle des Getriebes verschieben lassen.

Verschleißmaße für die Kupplung

Belagstärke	3,1 mm
Max. Gesamtverschleiß	2,0 mm
Max. Seitenschlag	0,75 mm
Kupplungsdurchmesser	200 mm
Dicke ungepresst	7,6 ... 8,2 mm

Schwungrad aus- und einbauen

■ Die Kupplung wie bereits beschrieben ausbauen.

■ Die Schrauben (2 im Bild 16) am Schwungrad (1) herausdrehen.

■ Eine Haltesperre zum Blockieren des Motors anbauen.

■ Das Schwungrad (1) von der Kurbelwelle

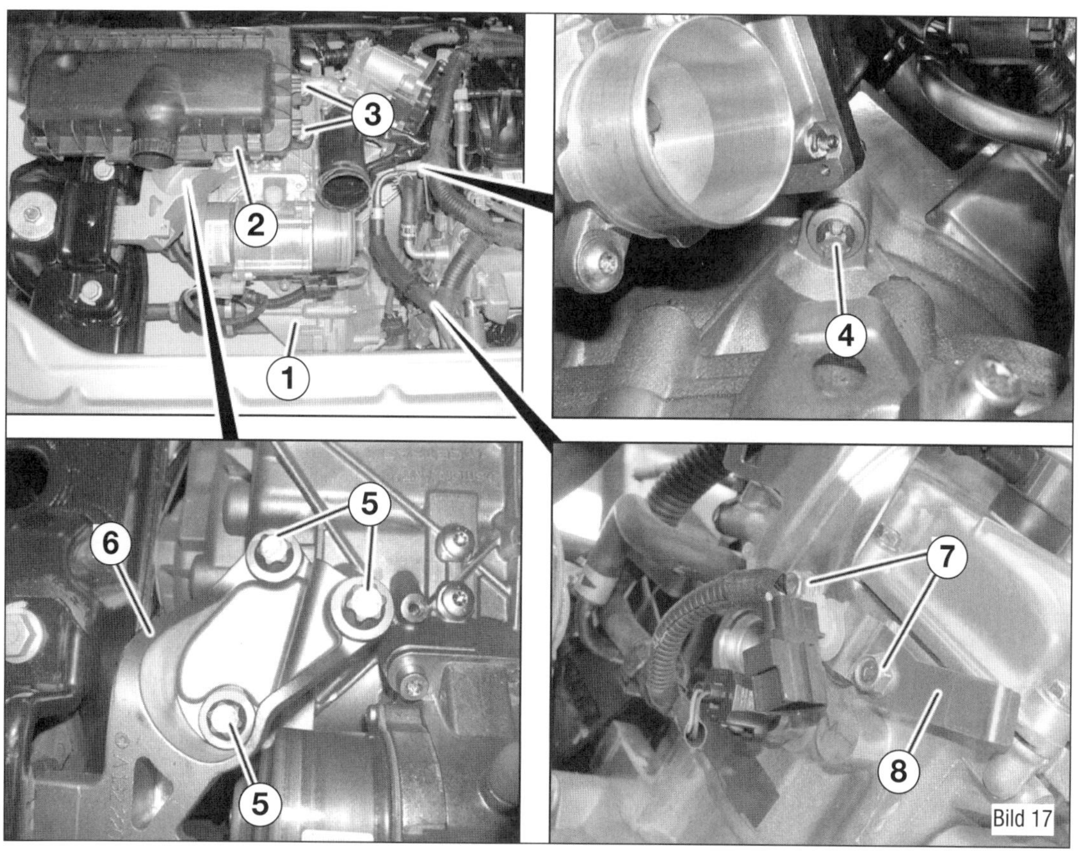

Bild 17
Benzinmotoren.
1 Getriebe
2 Luftfiltergehäuse
3 Schrauben
4 Schraube
5 Schrauben
6 Getriebeaufhängung
7 Schrauben
8 Halter

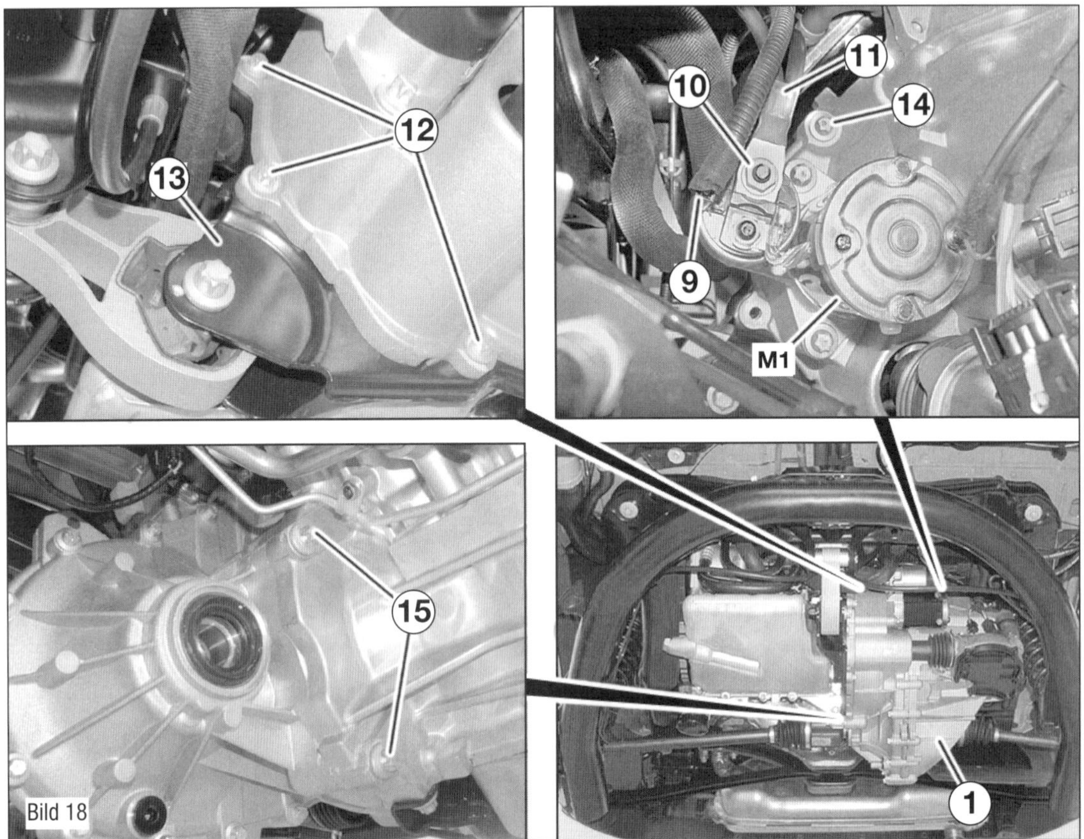

Bild 18
Benzinmotoren.
1 Getriebe
9 Stecker
10 Mutter
11 Ladestromleitung
12 Schrauben
13 Träger für Motoraufhängung vorn
14 Schraube
15 Schrauben
M1 Starter

abnehmen. Dabei auf die Einbaulage des Schwungrades (1) achten.

Die Montage erfolgt sinngemäß in umgekehrter Reihenfolge.

Getriebe aus- und einbauen

Demontage bei den Benzinmotoren

- Die Innenraumklappe über Motor ausbauen und die Matten sicher nach innen schieben.
- Masseleitung an der Batterie abklemmen.
- Das Luftfiltergehäuse (2 im Bild 17) ausbauen.
- Das Fahrzeug mit der Hebebühne anheben.
- Die Hinterachswellen ausbauen.
- Den Innenkotflügel im linken hinteren Kotflügel ausbauen.
- Das Fahrzeug mit der Hebebühne absenken und bei den Varianten mit Turbomotoren die Luftführung zum Ladeluftkühler ausbauen.
- Die Schrauben (3) herausschrauben und das Luftfiltergehäuse (2) nach oben abnehmen.
- Die Schraube (4) herausschrauben.
- Die Schrauben (5) des Lagers Getriebeaufhängung (6) am Getriebe (1) lösen.

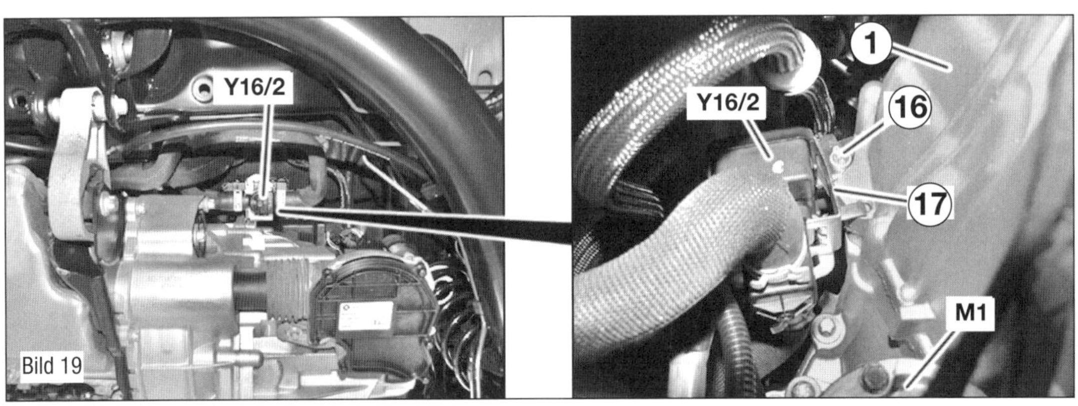

Bild 19
Benzinmotoren.
1 Getriebe
16 Schraube
17 Halter
M1 Starter (außer Typ 451.380/480)
Y16/2 Absperrventil Heizungsanlage

- Die Schrauben (7) des Halters (8) am Zylinderkopf herausschrauben und den Halter (8) zur Seite ablegen.
- Die Halteplatte mit einer Schraube (7) an der oberen Gewindebohrung im Zylinderkopf befestigen.
- Die Stützen an die Motorhebevorrichtung anbauen, die Motorhebevorrichtung positionieren und eine geeignete Kette in die Halteplatte einhängen.
- Das Fahrzeug mit der Hebebühne anheben.
- Elektrischen Leitungssatz am Getriebe (1 im Bild 18) abbauen.
- Den Stecker (9) am Starter (M1) abziehen.
- Die Mutter (10) abschrauben und die Ladestromleitung (11) vom Starter (M1) abnehmen.
- Das Absperrventil der Heizungsanlage (Y16/2 im Bild 19) lösen.
- Die Schraube (16) herausdrehen, den Halter (17) und Absperrventil Heizungsanlage (Y16/2) mit angeschlossenen Leitungen zur Seite drücken und an geeigneter Stelle mit einem Kabelbinder fixieren.
- Die Schrauben (12 im Bild 18) des Trägers für Motoraufhängung vorn (13) am Getriebe (1) herausdrehen.
- Die Schraube (14) herausdrehen.
- Das Getriebe (1) mit Getriebeheber und Ausbauvorrichtung abstützen und mit einem Spanngurt sichern.
- Die Schrauben (5) des Lagers der Getriebeaufhängung (6) am Getriebe (1) herausschrauben.
- Die Schrauben (15) herausdrehen.
- Das Getriebe (1) vom Motor lösen und absenken. Hierzu ist ein Helfer zum Führen des Getriebes (1) erforderlich.

⚠ Beim Aus- und Einbau des Getriebes (1) darauf achten, dass keine elektrischen Leitungen und Schläuche beschädigt werden.

- Den Spanngurt lösen und das Getriebe (1) vom Getriebeheber abnehmen.
- Den Halter des Luftfiltergehäuses (2) am Getriebe (1) herausschrauben.
- Den Starter (M1) vom Getriebe (1) abbauen.

Die Montage erfolgt sinngemäß in umgekehrter Reihenfolge.

- Die Getriebeeingangswelle leicht einfetten.

⚠ Die Zentrierhülsen müssen fest im Zylinderkurbelgehäuse sitzen, wenn erforderlich die Zentrierhülsen erneuern.

- Fehlerspeicher mit einem Diagnosetester auslesen.

Demontage bei den Dieselmotoren

- Das Fahrzeug mit der Hebebühne anheben.
- Die Hinterachswellen ausbauen.
- Das Mischgehäuse ausbauen.
- Zuluftführung Ladeluftkühler ausbauen.
- Das Fahrzeug mit der Hebebühne absenken.
- Das Umschaltventil ARF mit Halter am Luftfiltergehäuse (2 im Bild 20) lösen und mit angeschlossenen Unterdruckschläuchen

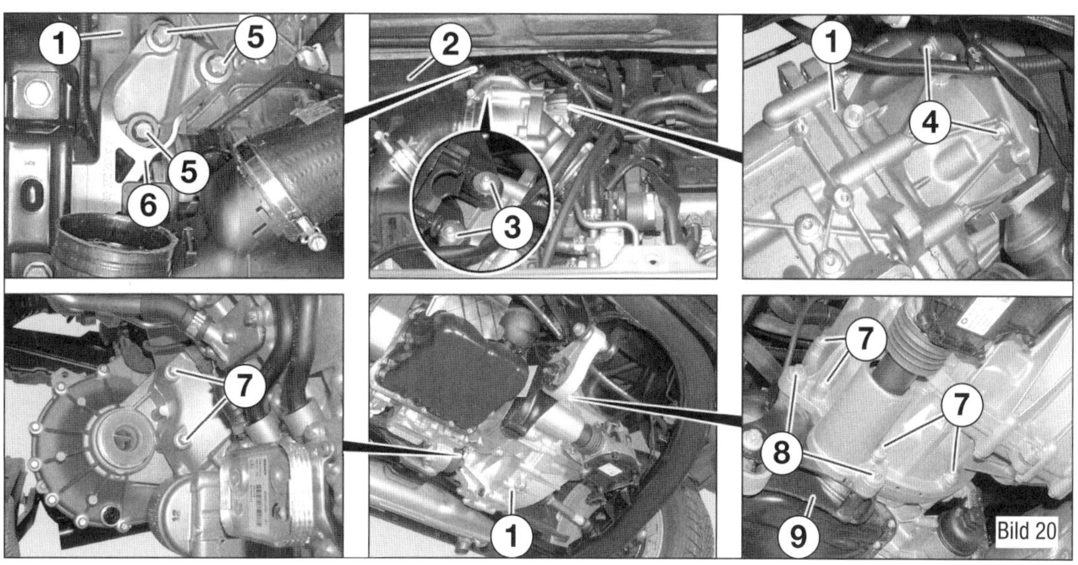

Bild 20
Dieselmotoren.
1 Getriebe
2 Luftfiltergehäuse
3 Schrauben
4 Schrauben
5 Schrauben
6 Lager Getriebeaufhängung
7 Schrauben
8 Schrauben
9 Träger für Motoraufhängung vorn

Sichtprüfung Messen

sowie angeschlossener elektrischer Steckverbindung zur Seite ablegen.
- Die Schrauben (3) herausdrehen und das Luftfiltergehäuse (2) nach oben abnehmen.
- Die Schrauben (4) des Starters am Getriebe (1) herausschrauben.
- Die Schrauben (5) des Lagers Getriebeaufhängung (6) am Getriebe (1) lösen.
- Das Fahrzeug mit der Hebebühne anheben.
- Den elektrischen Leitungssatz am Getriebe (1) abbauen.
- Die Schrauben (7) herausdrehen. Achten Sie auf die unterschiedlichen Längen der Schrauben (7).
- Den Motor mit einem geeigneten Getriebeheber an der Ölwanne abstützen.

⚠ Geeignete Schutzunterlage verwenden, um Beschädigungen an der Ölwanne zu vermeiden.

- Die Schrauben (8) des Trägers für Motoraufhängung vorn (9) am Getriebe (1) herausschrauben.
- Das Getriebe (1) mit einem zweiten Getriebeheber und einer geeigneten Ausbauvorrichtung abstützen und mit einem Spanngurt sichern.
- Die Schrauben (5) des Lagers Getriebeaufhängung (6) am Getriebe (1) herausdrehen.
- Das Getriebe (1) vom Motor lösen und absenken.

⚠ Beim Aus- und Einbauen des Getriebes (1) darauf achten, dass keine elektrischen Leitungen und Schläuche beschädigt werden.

- Den Spanngurt lösen und das Getriebe (1) vom Getriebeheber abnehmen.
- Den Halter des Luftfiltergehäuses (2) am Getriebe (1) herausschrauben.

Die Montage erfolgt sinngemäß in umgekehrter Reihenfolge.
- Die Getriebeeingangswelle leicht einfetten.
- Den Fehlerspeicher auslesen, eventuell die Gangposition, den Kupplungsmotor mit Schleifpunkt und den Schaltaktuator mithilfe des Testers neu anlernen (lassen).

Getriebe zerlegen

Für die Demontage des Getriebes sind einige Spezialwerkzeuge erforderlich, welche lediglich erfahrene Schrauber und Werkstätten zur Verfügung haben, die solche Arbeiten öfter angehen. Dem Buchumfang geschuldet, werden wir Ihnen hier lediglich die Öffnung des Getriebes an einem Beispiel vorstellen.

- Das Getriebeöl wie schon beschrieben ablassen.
- Das Getriebe ausbauen.
- Den Kupplungsaktuator demontieren.
- Den Zentralausrücker (3) ausbauen.
- Die Schrauben (4) herausdrehen.
- Das Getriebegehäuse-Vorderteil (2) mit geeignetem Werkzeug vom Getriebegehäuse-Hinterteil (1) lösen und vorsichtig abnehmen.

⚠ Darauf achten, dass beim Lösen die Dichtflächen am Getriebegehäuse-Vorderteil (2) und am Getriebegehäuse-Hin-

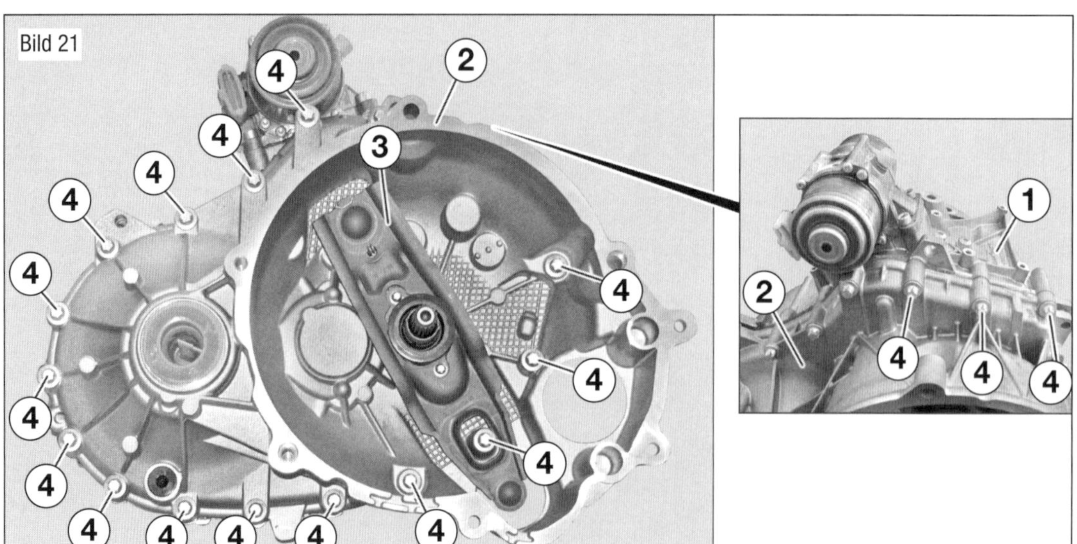

Bild 21
1 Getriebegehäuse-Hinterteil
2 Getriebegehäuse-Vorderteil
3 Zentralausrücker
4 Schraube

terteil (1) nicht beschädigt werden. Anderenfalls ist die Dichtheit des Getriebes nicht mehr gewährleistet.

Auf Führungshülsen im Getriebegehäuse-Hinterteil (1) achten.

■ Den Magnet (5) aus dem Getriebegehäuse-Hinterteil (1) herausnehmen.

Die Montage erfolgt sinngemäß in umgekehrter Reihenfolge.

■ Den Magnet (5) und die Umgebung im Getriebegehäuse-Hinterteil (1) vor dem Einsetzen reinigen.

■ Die Dichtflächen reinigen und geeignetes Dichtmittel (Loctite 5971 nach DB Angaben) auf die Dichtfläche am Getriebegehäuse-Hinterteil (1) auftragen.

Arbeiten am Schalthebel

Kontaktfeder für die Automatikfunktion Schaltmodul aus- und einbauen

■ Den Schaltknauf (1) vorsichtig in Pfeilrichtung abziehen. Dabei den Schaltknopf »Automatikfunktion« (2) während dem Abziehen nicht betätigen, da sonst die Kontaktfeder (3) bzw. der Mikroschalter »Automatikfunktion« (4) beschädigt wird.

■ Die Kontaktfeder (3) am Mikroschalter für die Automatikfunktion (4) aushängen.

■ Die Kontaktfeder (3) auf Beschädigung prüfen.

■ Den Befestigungspunkt (Pfeil) links und rechts am Mikroschalter »Automatikfunktion« (4) prüfen.

■ Wenn der Befestigungspunkt (Pfeil) links beziehungsweise rechts am Mikroschalter »Automatikfunktion« (4) beschädigt ist, muss das Steuergerät »Elektronisches Wählhebelmodul« (N15/5) erneuert werden. Dazu wird dann das Schaltmodul, wie schon beschrieben aus- und eingebaut.

Bild 22
1 Getriebegehäuse-Hinterteil
5 Magnet

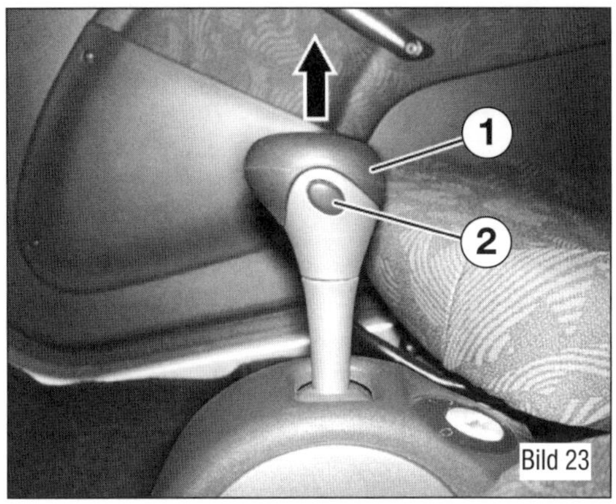

Bild 23
1 Schaltknauf
2 Schaltknopf Automatikfunktion

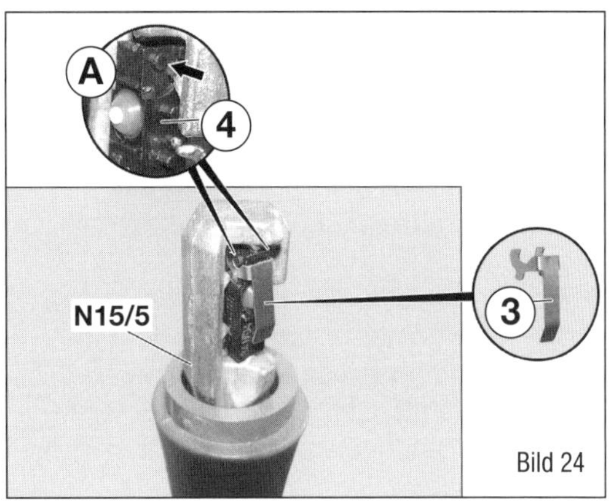

Bild 24
3 Kontaktfeder
4 Mikroschalter Automatikfunktion
N15/5 Steuergerät elektronisches Wählhebelmodul
A Einbauposition Microschalter¡

11 Fahrwerk

Arbeiten am Fahrwerk

Bei der Instandsetzung von tragenden und radführenden Bauteilen zum Beispiel an Unfall-Fahrzeugen, können Schäden am Fahrwerk unentdeckt bleiben. Diese unentdeckten Schäden führen unter Umständen im späteren Fahrbetrieb zu schweren Folgeschäden. Bei Unfall-Fahrzeugen auf jeden Fall müssen deshalb die im Folgenden aufgeführten Bauteile in der beschriebenen Weise und Reihenfolge kontrolliert werden. Wichtig ist immer auch eine Vermessung des Fahrwerks. Werden dabei keine Abweichungen von den Sollwerten festgestellt, liegen auch keine Verformungen am Fahrwerk vor.

Sicht- und Funktionsprüfung für das Lenksystem

- Sichtprüfung auf Verformung und Risse.
- Spielprüfung der Spurstangengelenke und des Lenkgetriebes.
- Sichtprüfung auf defekte Falten- und Fettbälge.
- Elektrische Leitungen auf Scheuer-, Schnitt- und Knickstellen untersuchen.
- Verschraubungen und Lenkgetriebe auf Dichtheit kontrollieren.
- Lenkgetriebe und Leitungen auf Festsitz überprüfen.
- Einwandfreie Funktion über den gesamten Lenkeinschlag prüfen, indem die Lenkung von Anschlag zu Anschlag betätigt wird. Dabei muss das Lenkrad mit gleichbleibender Betätigungskraft ohne zu haken, drehbar sein.

Sicht- und Funktionsprüfung für das Fahrwerk

- Alle in den Montageübersichten dargestellten Bauteile auf Verformung, Risse und sonstige Beschädigungen überprüfen.
- Beschädigte Teile ersetzen.
- Fahrzeug auf einem Computer-Achsmessstand vermessen lassen.
- Räder und Reifen auf Rundlauf und Unwucht untersuchen.
- Reifen auf Einschnitte und Stoßverletzungen im Profil und an den Flanken überprüfen.
- Bereifung auf Fülldruck (Angaben in der Tankklappe), Zustand, Reifenlaufbild und Profiltiefe prüfen.
- Bei Beschädigungen am Scheibenrad und/oder am Reifen ist der Reifen oder auch das ganze Rad zu ersetzen. Dies gilt auch, wenn ein Unfallhergang und Schäden am Fahrzeug auf eine mögliche, wenngleich nicht sichtbare Beschädigung schließen lassen.
- Reifen sollten nicht älter als 6 Jahre sein.

Elektronische Fahrzeugsysteme

Sicherheitsrelevante Systeme wie zum Beispiel: ABS/EDS, Airbag, elektronisch geregelte Fahrwerksysteme, elektromechanische Lenk- und sonstige Fahrerassistenzsysteme müssen mit einem Fahrzeugdiagnose-, Mess- und Informationssystem auf eventuell gespeicherte Fehlermeldungen abgefragt werden. Wurden in den Fehlerspeichern der genannten Systeme Fehler gespeichert, sind diese entsprechend den Vorgaben von Smart instand zu setzen. Nach erfolgter Reparatur sind die jeweils betroffenen Systeme nochmals auf Fehlerspeichereinträge zu prüfen, um sicher zu sein, dass die Funktion wieder gewährleistet ist.

Hinweise und Vorschriften

- Schweiß- und Richtarbeiten an tragenden und radführenden Bauteilen der Radaufhängung sind nicht zulässig.
- Selbstsichernde Muttern sowie korrodierte Schrauben und Muttern müssen immer ersetzt werden.
- Gummimetalllager haben einen begrenzten Verdrehbereich. Ziehen Sie deshalb die Schraubverbindungen an den Bauteilen mit Gummimetalllagern erst dann fest, wenn das Radlagergehäuse angehoben ist (siehe »Radlagerung in Leergewichtslage heben«).

Prüfungen an der Achslagerung

⚠ Achsgelenke und Achslager: Sichtprüfung

- Bitte prüfen Sie die Dichtungsbälge der Achsgelenke auf Undichtigkeiten und Beschädigungen.
- Weiterhin prüfen Sie die Achslager: Es darf kein Spiel vorhanden sein, das vulkanisierte Gummilager darf keine Risse und poröse Stellen aufweisen.

Achsgelenk prüfen
Es darf bei beiden Prüfungen kein fühl- oder sichtbares »Spiel« vorhanden sein. Während der Prüfungen Achsgelenk beobachten. Eventuell vorhandenes Radlagerspiel oder Spiel im Federbeinlager oben berücksichtigen. Gummibalg auf Beschädigung prüfen, ggf. Achsgelenk ersetzen.

Axialspiel prüfen
■ Achslenker kräftig in Pfeilrichtung (Bild 1) nach unten ziehen und wieder hochdrücken.

Radialspiel prüfen
■ Rad unten kräftig in (Pfeilrichtung) nach innen und außen drücken (Bild 2).

⚠ Auf beschädigungsfreien und nicht verdrillten Dichtbalg achten.

Radlagerung in Leergewichtslage heben
Alle Schrauben an Fahrwerksteilen mit Gummimetalllagern müssen grundsätzlich in Leergewichtslage (unbeladener Zustand) festgezogen werden. Gummimetalllager haben einen begrenzten Verdrehbereich. Achsbauteile mit Gummimetalllagern müssen deshalb vor dem Festziehen in eine Position gebracht werden, die der Position im Fahrbetrieb entspricht (Leergewichtslage). Anderenfalls wird das Gummimetalllager verspannt, eine geringere Lebensdauer wäre dann die Folge.
Durch Anheben der entsprechenden Radaufhängung mit dem Motor -und Getriebeheber und der Aufnahme kann diese Position auf der Hebebühne simuliert werden. Bevor die entsprechende Radaufhängung angehoben wird, muss das Fahrzeug auf beiden Fahrzeugseiten an den Tragarmen der Hebebühne mit den Spanngurten verzurrt werden.

⚠ Wird das Fahrzeug nicht verzurrt, besteht die Gefahr, dass das Fahrzeug von der Hebebühne abrutschen kann!

■ Radnabe so weit drehen, bis eine der Bohrungen für Radschrauben oben steht.
■ Aufnahme mit einer Radschraube an die Radnabe anbauen.
■ Das Festziehen der betroffenen Schrauben/Muttern darf nur dann erfolgen, wenn das Maß (Pfeil) zwischen der Radnabenmitte und der Unterkante des Radhauses erreicht ist.

Bild 1

Bild 1
Axialspiel prüfen.

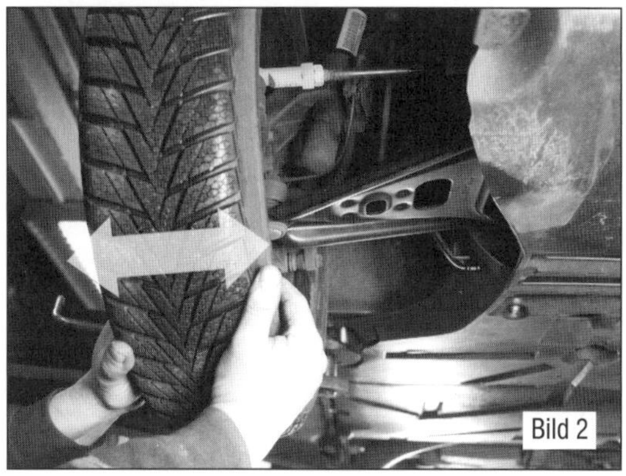
Bild 2

Bild 2
Radialspiel prüfen.

Bild 3

Bild 3
Abstandsmaß für die Standhöhe. Vor dem Anheben des Fahrzeugs messen!

■ Das Maß (Pfeil) ist abhängig von der Standhöhe des eingebauten Fahrwerks und wird im Stand bei unbeladenem Zustand in neutraler Federlage ermittelt.

Achsgelenk aus- und einbauen

Traggelenkbolzen (Achsgelenkbolzen) wechseln

☞ Der Wechsel des Traggelenkbolzens ist werkseitig nicht vorgesehen.
Zudem sind die kompletten Querlenker derartig günstig, dass der Ersatz des Bolzens, wenn überhaupt zu beschaffen, nicht sinnvoll ist.

Sichtprüfung Messen

Querlenker wechseln

- Linkes bzw. rechtes Vorderrad abmontieren.
- Die Unterbodenverkleidungen ausbauen.
- Mutter (2 im Bild 4) abschrauben und Flanschgelenk (3) mit Abzieher vom Achsschenkel (4) abpressen und aushängen.

⚠ Flanschgelenk (3) vorsichtig abpressen. Die Gummimanschette kann beschädigt werden, und der Querlenker muss dann ersetzt werden.

☞ Den Gewindebolzen des Flanschgelenkes (3) beim Abschrauben mit einem Torxschlüssel Größe T40 gegenhalten.

- Mutter (5) abschrauben und die 2-teilige Halteschelle (6) vom Stabilisator (8) abnehmen.
- Verbindungsstange (9) mit geeignetem Werkzeug gegenhalten und Schrauben (10 und 11) herausschrauben.
- Den Querlenker (1) abnehmen.
- Die Verbindungsstange (9) (Koppelstange) vom Vorderachsträger (12) lösen und erneuern.

Die Montage erfolgt sinngemäß in umgekehrter Reihenfolge.

Querlenkerlager wechseln

☞ Auch hier sollten Sie überlegen, ob der Neuteilersatz des Querlenkers nicht die bessere Wahl ist. Die Gummilager müssen aus dem Querlenker ausgepresst werden.

⚠ Ersetzen Sie grundsätzlich alle Gummilager in den Querlenkern gleichzeitig. Unterschiedliche Härtegrade können merklichen Einfluss auf die Radführung haben.

- Bauen Sie den Querlenker wie schon beschrieben aus.
- Markieren Sie die Einbaurichtung der Lager.
- Drücken Sie die Querlenkerlager mit einem Presswerkzeug für Gummimetalllager (Silentlager) oder einer Gewindestange und passenden Hülsen heraus.

⚠ Achten Sie darauf, dass sich das Lager nicht verkanten kann und gerade hineinrutscht.

- Reinigen Sie die Sitzfläche gründlich.
- Fetten Sie die Sitzfläche leicht ein.
- Drücken Sie die Querlenkerlager mit einem Presswerkzeug für Gummimetalllager (Silentlager) oder einer Gewindestange und passenden Hülsen hinein.

Achsschenkel vorne aus- und einbauen

- Heben Sie das Fahrzeug an.
- Schrauben Sie das entsprechende Rad ab.
- Bremsträger mit Bremssattel abbauen und mit Draht am Aufbau aufhängen.
- Schraube für Bremsscheibe herausschrauben und Bremsscheibe abnehmen.
- Linkes beziehungsweise rechtes Spritzschutzblech der Vorderbremse ausbauen.
- Die Mutter (2) abschrauben; die Verbindungsstange (3) am Federbein (4) aushängen.

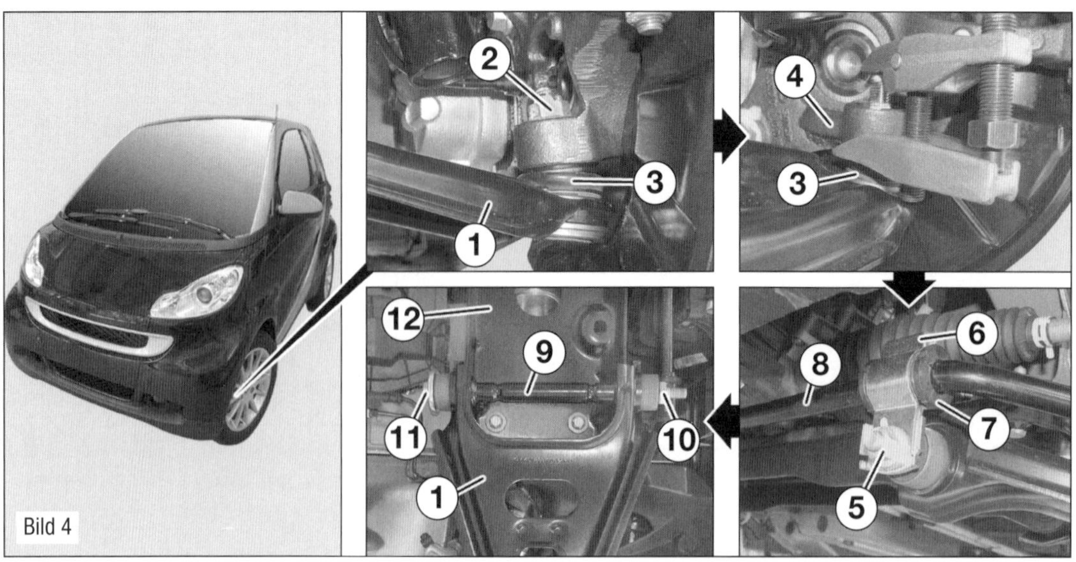

Bild 4

Bild 4
1 Querlenker
2 Mutter
3 Flanschgelenk
4 Achsschenkel
5 Mutter
6 Halteschelle
7 Gummilager
8 Stabilisator
9 Verbindungsstange
10 Schraube
11 Schraube
12 Vorderachsträger

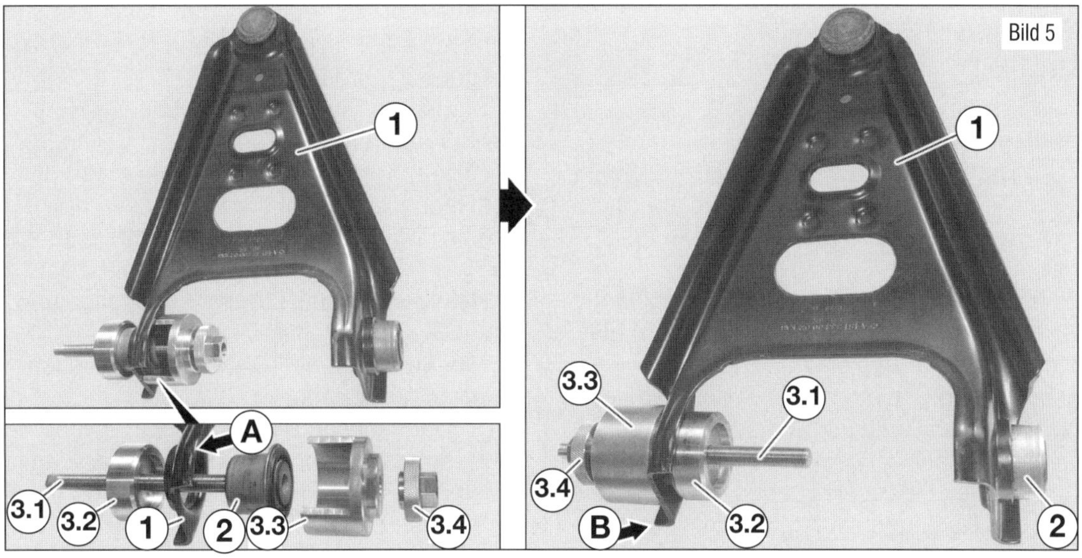

Bild 5
1 Querlenker Vorderachse
2 Gummilager
3.1 Gewindestange
3.2 Druckstück
3.3 Gegenhalter
3.4 Mutter
A Kanten innen
B Kante außen

- Die Mutter (5) abschrauben und den Spurstangenkopf (6) mit Abzieher vom Achsschenkel (1) abpressen und aushängen.
- Schraube (7) herausschrauben und den Drehzahlgeber vorn links (L6/1) beziehungsweise den Drehzahlgeber vorn rechts (L6/2) aus dem Achsschenkel (1) herausziehen.
- Den Halter (8) mit geeignetem Werkzeug am Federbein (4) ausclipsen und den Drehzahlgeber vorn links (L6/1) beziehungsweise den Drehzahlgeber vorn rechts (L6/2) zur Seite legen.
- Die Mutter (9) abschrauben und die Schraube (10) aus dem Achsschenkel (1) herausziehen.
- Die Spannvorrichtung (11) am Achsschenkel (1) ansetzen, den Haltestift (12) in die Bohrung im Achsschenkel (1) einfahren und Achsschenkel (1) mit Spreizschraube (13) aufspreizen.
- Die Mutter (14) abschrauben und das Flanschgelenk (15) mit Abzieher vom Achsschenkel (1) abpressen und aushängen.

⚠ Das Flanschgelenk (15) vorsichtig abpressen, um Beschädigungen an der Gummimanschette zu vermeiden.

⚠ Den Querlenker an der Vorderachse nur so weit wie unbedingt notwendig nach unten drücken, da sonst die Gummibuchsen im Querlenker beschädigt werden.

- Den Achsschenkel (1) vom Federbein (4) abziehen und abnehmen.

Die Montage erfolgt sinngemäß in umgekehrter Reihenfolge.

- Lassen Sie eine Fahrwerksvermessung durchführen.

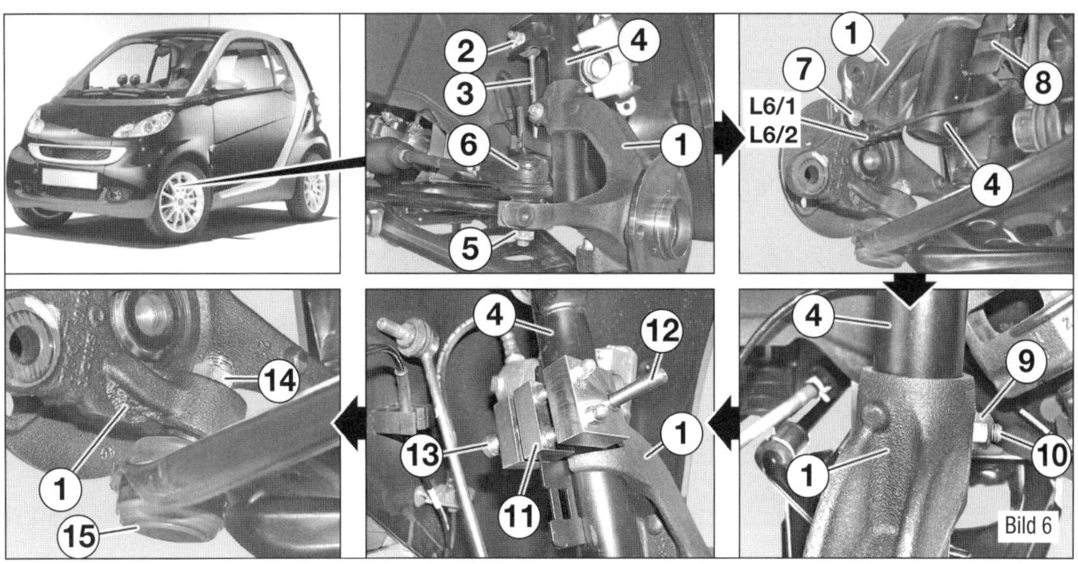

Bild 6
1 Achsschenkel
2 Mutter
3 Verbindungsstange
4 Federbein
5 Mutter
6 Spurstangenkopf
7 Schraube
8 Halter
9 Mutter
10 Schraube
11 Spannvorrichtung
12 Haltestift
13 Spreizschraube
14 Mutter
15 Flanschgelenk
L6/1 Drehzahlgeber vorn links
L6/2 Drehzahlgeber vorn rechts

Radlagereinheit aus- und einbauen

Radlager vorne wechseln

Der Wechsel der vorderen Radlager ist werkseitig zwar vorgesehen, aber nur mit Spezialwerkzeug (Bilder 7 und 8) machbar.

Es ist ein modernes Kompaktlager verbaut. Sowohl zum Auspressen, als auch zum Einpressen des Lagers sind spezielle Aufnahmen erforderlich, da sonst das Radlager und/oder das Radlagergehäuse beschädigt werden können. Zudem sind die kompletten Achsschenkel derartig günstig, dass der Ersatz des Radlagers wirtschaftlich nicht sinnvoll ist.

- Heben Sie das Fahrzeug an.
- Schrauben Sie das entsprechende Rad ab.
- Bremsträger mit Bremssattel abbauen und mit einem Draht am Aufbau aufhängen.
- Die Schraube für die Bremsscheibe herausschrauben und Bremsscheibe abnehmen.

Je nach Auspresssystem kann der Achsschenkel auch im Fahrzeug verbaut bleiben. Ist das nicht der Fall, muss der Achsschenkel vorne wie schon beschrieben ausgebaut werden.

- Montieren Sie den Presssatz nach Herstellervorschrift des Werkzeugherstellers.
- Ziehen Sie das Radlager zusammen mit der Radnabe heraus. Die Haltenasen am Sprengring brechen hierbei wie vorgesehen ab.
- Reinigen Sie den Lagersitz gründlich und fetten Sie die Anlagestellen leicht ein.
- Montieren Sie den Distanzring zwischen Lager und Radnabe.

Ohne diesen Distanzring wird Druck auf das Lager ausgeübt und das Lager sofort irreparabel beschädigt.

- Pressen Sie das Lager zusammen mit der Radnabe bis Anschlag ein.

Die weitere Montage erfolgt sinngemäß in umgekehrter Reihenfolge.

Bild 7
Spezialwerkzeuge für Kompaktradlager im Einsatz.

Bild 8
Montierter Distanzring zwischen Radlager und Radnabe.

Radlager hinten wechseln (Bild 9)

- Heben Sie das Fahrzeug an.
- Schrauben Sie das entsprechende Rad ab.
- Die linke bzw. rechte Hinterachswelle radseitig lösen.
- Die Bremstrommel ausbauen.
- Die Schrauben (2 im Bild 9) herausschrauben.
- Das Radlager (1) mit der Radnabe abnehmen und das Bremsankerblech (3) mit Getriebeheber und Ausbauvorrichtung abstützen.

Achten Sie darauf, dass sich die Bremsleitung zum Radbremszylinder nicht verbiegt, sonst muss diese erneuert werden.

Die Montage erfolgt sinngemäß in umgekehrter Reihenfolge.

Federbein vorne aus- und einbauen

- Heben Sie das Fahrzeug an.
- Schrauben Sie das entsprechende Rad ab.
- Bremsträger mit montiertem Bremssattel an der Vorderachse abbauen und mit angeschlossenem Bremsschlauch zur Seite hängen.

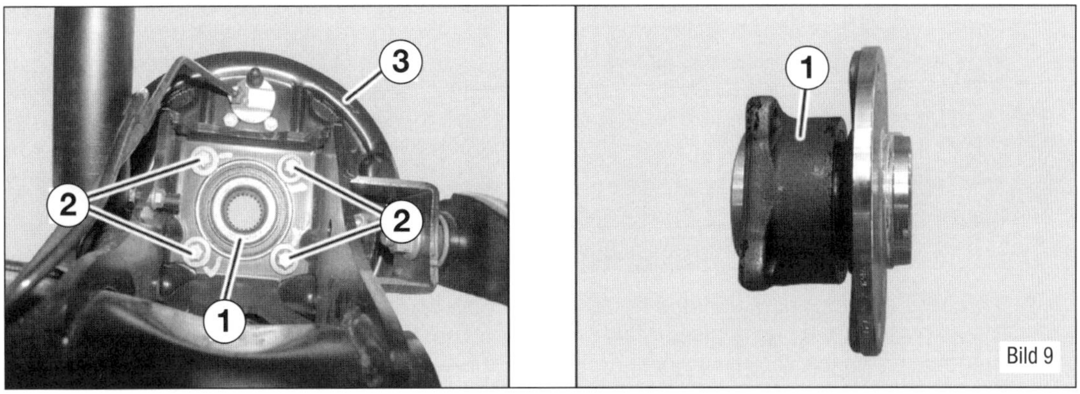

Bild 9
1 Radlager
2 Schrauben
3 Bremsankerblech

■ Die Schraube (2 im Bild 10) herausschrauben und Drehzahlgeber vorn links (L6/1), bzw. Drehzahlgeber vorn rechts (L6/2) aus dem Achsschenkel (3) herausziehen.
■ Den Halter (4) mit geeignetem Werkzeug am Federbein (1) ausclipsen und Drehzahlgeber vorn links (L6/1), bzw. Drehzahlgeber vorne rechts (L6/2) zur Seite legen.
■ Die Mutter (5) abschrauben und Verbindungsstange (6) am Federbein (1) aushängen.
■ Mutter (7) abschrauben und Spurstangenkopf (8) mit Abzieher vom Achsschenkel (3) lösen und aushängen.

⚠ Spurstangenkopf (8) vorsichtig auspressen. Anderenfalls kann die Gummimanschette beschädigt werden.

⚠ Die Gummimanschette auf Beschädigung prüfen, wenn erforderlich den Spurstangenkopf (8) erneuern.

■ Die Mutter (9) abschrauben und das Flanschgelenk (10) mit Abzieher vom Achsschenkel (3) lösen und aushängen.
■ Mutter (11) abschrauben und Schraube (12) aus dem Achsschenkel (3) herausziehen.
■ Die Spannvorrichtung (13) am Achsschenkel (3) ansetzen, den Haltestift (14) in die Schraubenbohrung im Achsschenkel (3) einfahren und den Achsschenkel (3) mit der Spreizschraube (15) aufspreizen.

⚠ Die Spreizschraube (15) nur bis zum Widerstand anziehen, nicht überdrehen. Anderenfalls kann die Spannvorrichtung (13) bzw. der Achsschenkel (3) beschädigt werden.

■ Den Achsschenkel (3) vom Federbein (1) abziehen.

⚠ Querlenker an der Vorderachse nur so weit wie unbedingt notwendig nach unten drücken. Anderenfalls können die Gummibuchsen im Querlenker beschädigt werden.

■ Fahrzeug mit der Hebebühne absenken.
■ Mutter (16) abschrauben und Federbein (1) abnehmen.

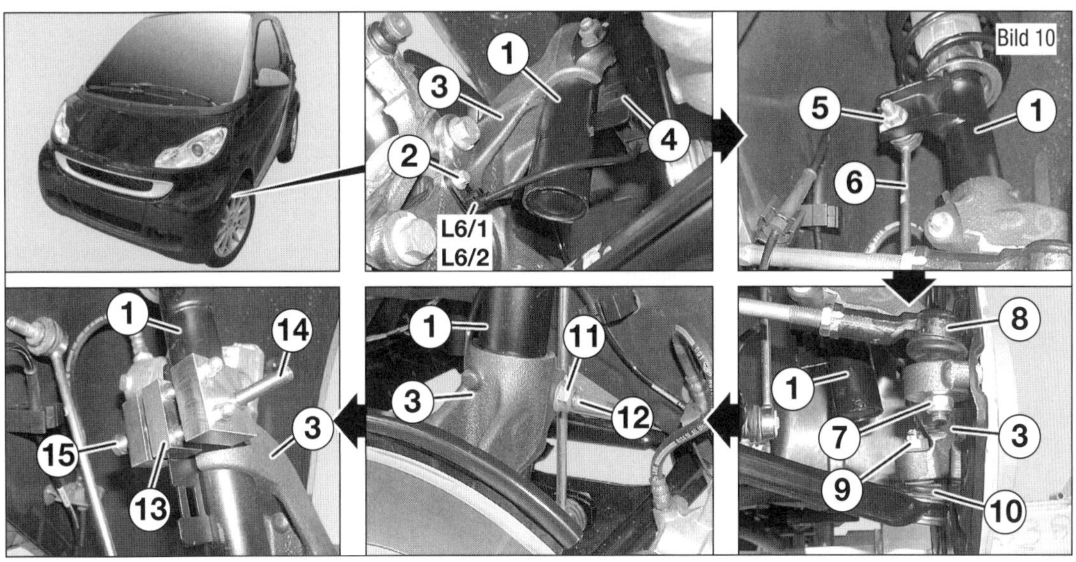

Bild 10
1 Federbein
2 Schraube
3 Achsschenkel
4 Halter
5 Mutter
6 Verbindungsstange
7 Mutter
8 Spurstangenkopf
9 Mutter
10 Flanschgelenk
11 Mutter
12 Schraube
13 Spannvorrichtung
14 Haltestift
15 Spreizschraube
L6/1 Drehzahlgeber vorn links
L6/2 Drehzahlgeber vorn rechts

Bild 11
16 Mutter
17 Haltevorrichtung
18 Gabelschlüssel

Bild 11

⚠ Nicht an der Kolbenstange des Federbeins (1) drehen. Anderenfalls kann das Federbein (1) beschädigt werden.

- Kolbenstange des Federbeins (1) mit einem Torx-Bit der Größe T45 und einer Schaftlänge von 100 mm gegenhalten.

☞ Bei festsitzender Mutter (16 im Bild 11) die Manschette zurückschieben und Haltevorrichtung (17) an der Kolbenstange des Federbeins (1) befestigen und mit Gabelschlüssel (18) gegenhalten.

Die Montage erfolgt sinngemäß in umgekehrter Reihenfolge.

Schraubenfeder vorne ausbauen

- Linkes beziehungsweise das rechte Federbein vorn ausbauen.
- Den Montagewerkzeugsatz (2 im Bild 12) in Schraubstock einspannen.
- Das Federbein mit der Feder (1) in den Montagewerkzeugsatz (2) einsetzen und leicht vorspannen.
- Die Feder (1) spannen.

⚠ Zuerst die Feder so weit vorspannen, dass der obere Federteller entlastet ist!

- Die Mutter (4) abschrauben.

⚠ Nicht an der Kolbenstange drehen, da sonst der Stoßdämpfer (7) beschädigt werden kann.

☞ Kolbenstange des Stoßdämpfers (7) mit einem Torx-Bit der Größe T45 und einer Schaftlänge von 100 mm gegenhalten. Bei festsitzender Mutter (4) die Manschette zurückschieben und Haltevorrichtung (9) an der Kolbenstange des Stoßdämpfers (7) befestigen und mit Gabelschlüssel (10) gegenhalten.

- Gummilager (5) mit Axiallager (6) abnehmen Federteller (3) abnehmen und Stoßdämpfer (7) aus der Feder (1) herausführen.
- Zinkbeilage (12) abnehmen.
- Untere Federauflage des Stoßdämpfers (7) mit Drahtbürste reinigen.
- Feder (1) entspannen.

Die Montage erfolgt sinngemäß in umgekehrter Reihenfolge.

⚠ Feder (1) die ohne Zinkbeilagen (11, 12) verbaut war, muss durch eine neue Feder (1) mit größerem Durchmesser ersetzt werden, da das Federbein sonst beschädigt wird.

Bild 12
1 Feder
2 Montagewerkzeug-Satz
3 Federteller
4 Mutter
5 Gummilager
6 Axiallager
7 Stoßdämpfer
8 Anschlag
9 Haltevorrichtung
10 Gabelschlüssel
11 Zinkbeilage (oben)
12 Zinkbeilage (unten)

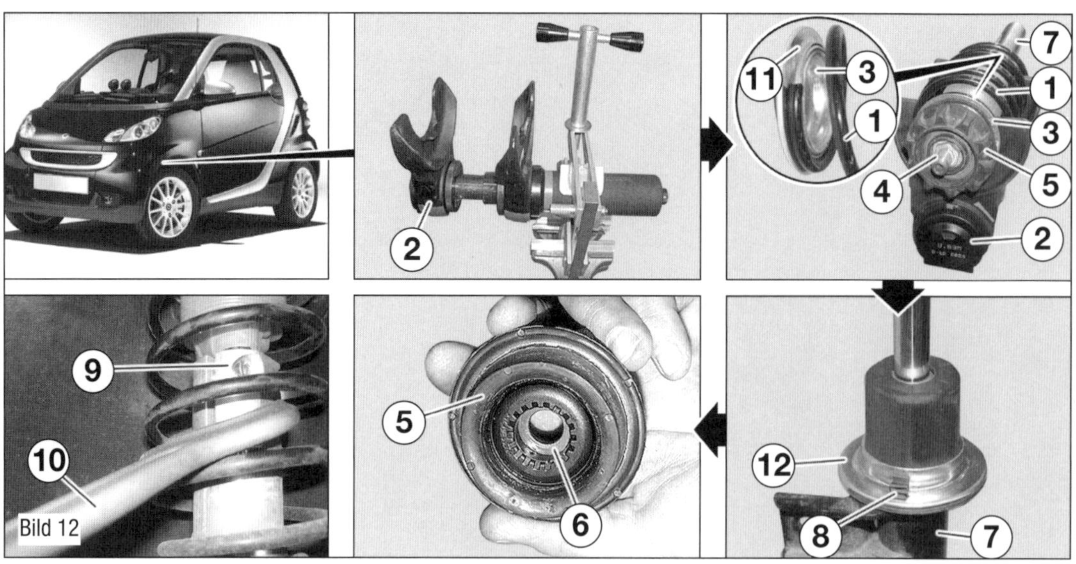

Bild 12

Neue Zinkbeilage (12) einsetzen. Auf richtige Lage des Anschlags (8) achten. Die Zinkbeilage (12) muss bündig an der unteren Federauflage aufliegen.

Schraubenfeder hinten ausbauen

Ein paarweiser Tausch der Hinterfedern (1 im Bild 13) wird von Daimler Chrysler nicht vorgeschrieben, ist aber zu empfehlen.

- Heben Sie das Fahrzeug an.
- Schrauben Sie das entsprechende Rad ab.
- Lösen Sie die linke bzw. rechte Hinterachswelle radseitig.
- Das Achsrohr (2) mit Aggregatehubtisch oder einem Getriebeheber so weit absenken, dass die Hinterfeder (1) aus ihren Aufnahmen am Achsrohr (2) und am Integralträger (3) herausgenommen werden kann.
- Die Hinterfeder (1) herausnehmen.

Die Montage erfolgt sinngemäß in umgekehrter Reihenfolge.

Einbaulage der Hinterfeder (1) beachten. Oberes und unteres Gummilager der Hinterfeder (1) reinigen, prüfen und ggf. erneuern.

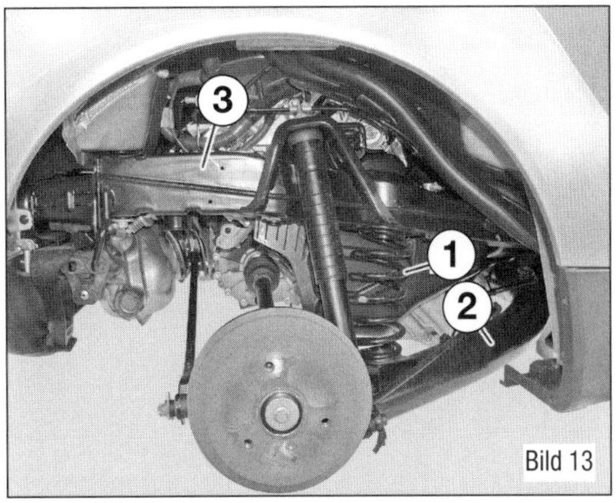

Bild 13

Bild 13
1 Hinterfeder
2 Achsrohr
3 Integralträger

Stoßdämpfer ausbauen

Stoßdämpfer vorne aus- und einbauen

Grundsätzlich sollten immer alle Stoßdämpfer einer Achse (zumindest) zeitgleich ersetzt werden. Bei unterschiedlichem Dämpfungsverhalten kann es leicht zu unvorhersehbarem und somit zu gefährlichem Fahrzeugverhalten kommen.

- Heben Sie das Fahrzeug an.
- Schrauben Sie das entsprechende Rad ab.
- Bauen Sie die Schraubenfeder vorne aus.
- Ersetzen Sie den Stoßdämpfer vorne.

Neue Zinkbeilage (12 im Bild 14) einsetzen. Auf richtige Lage des Anschlags (8) achten. Die Zinkbeilage (12) muss bündig an der unteren Federauflage aufliegen.

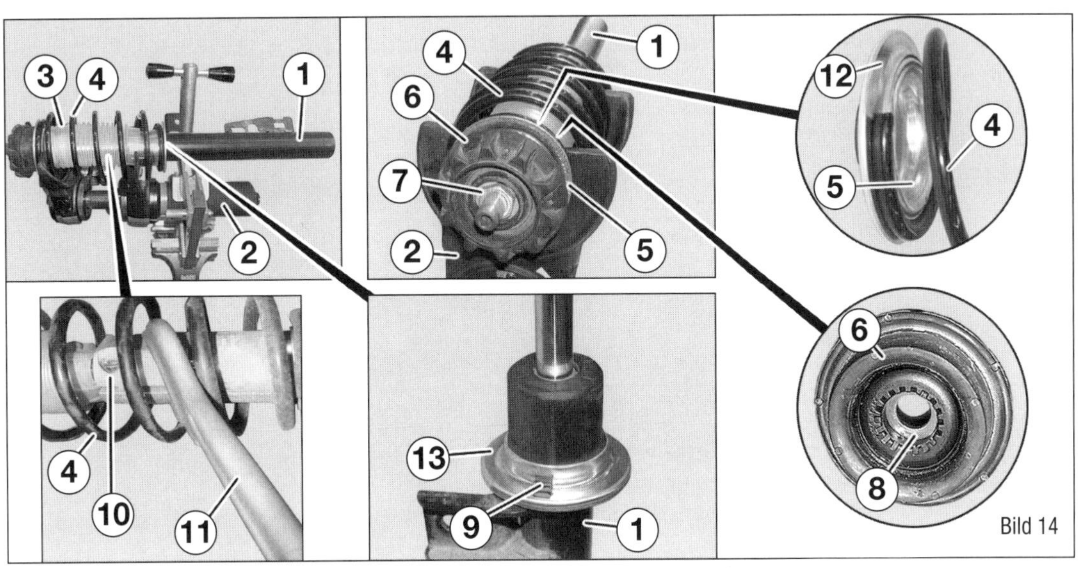

Bild 14

Bild 14
1 Stoßdämpfer
2 Montagewerkzeug-Satz
3 Manschette
4 Feder
5 Federteller
6 Gummilager
7 Mutter
8 Axiallager
9 Anschlag
10 Haltevorrichtung
11 Gabelschlüssel
12 Zinkbeilage (oben)
13 Zinkbeilage (unten)

Sichtprüfung Messen

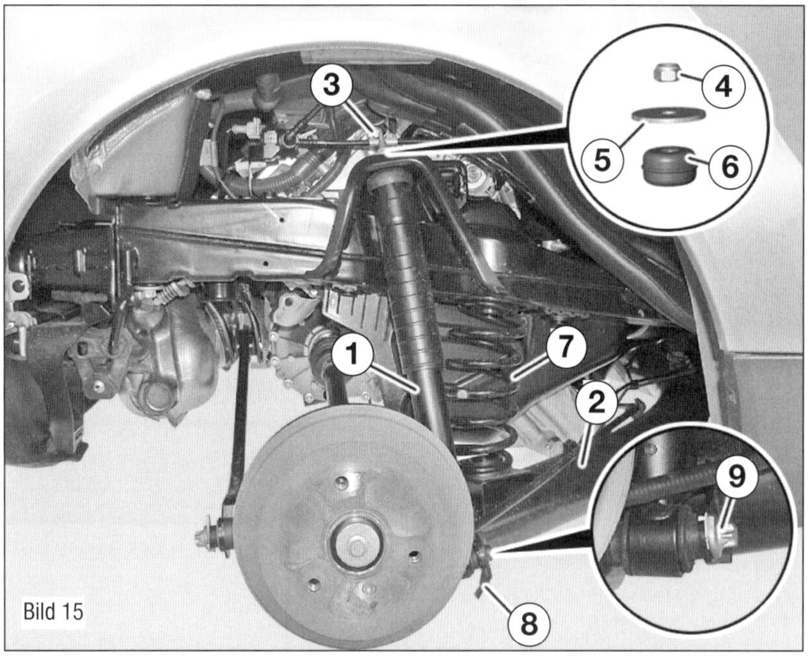

Bild 15
1 Stoßdämpfer
2 Achsrohr
3 Kolbenstange
4 Mutter
5 Unterlegscheibe
6 Gummilager
7 Hinterfeder
8 Abdeckung
9 Schraube

Stoßdämpfer hinten aus- und einbauen

⚠ Grundsätzlich sollten immer alle Stoßdämpfer einer Achse (zumindest) zeitgleich ersetzt werden. Bei unterschiedlichem Dämpfungsverhalten kann es leicht zu unvorhersehbarem und somit gefährlichem Fahrzeugverhalten kommen.

- Heben Sie das Fahrzeug an.
- Schrauben Sie das entsprechende Rad ab.
- Den Innenkotflügel im linken bzw. rechten hinteren Kotflügel ausbauen.
- Das Achsrohr (2 im Bild 15) mit einem geeigneten Getriebeheber oder einem Aggregatehubtisch abstützen.
- Die Kolbenstange (3) mit geeignetem Werkzeug gegenhalten und Mutter (4) abschrauben.
- Die Unterlegscheibe (5) und Gummilager (6) vom Stoßdämpfer (1) abnehmen.
- Das Achsrohr (2) vorsichtig so weit absenken, bis der Stoßdämpfer (1) vollständig entlastet ist.

⚠ Das Achsrohr (2) nicht zu weit absenken, da sonst die hinteren Federn (7) aus ihren Aufnahmen herausfallen und beschädigt werden können.

☞ Darauf achten, dass das innere Gelenk der hinteren Achswelle nicht auseinandergezogen wird, da es dadurch zerstört werden kann.

- Den Spreizclip an der Abdeckung (8) ausbauen und Abdeckung (8) abnehmen.
- Die Schraube (9) herausschrauben und Stoßdämpfer (1) abnehmen.

Die Montage erfolgt sinngemäß in umgekehrter Reihenfolge.

👁 Auf richtigen Sitz der hinteren Feder (7) in ihren Aufnahmen achten.

Spurstangenkopf ausbauen

- Fahrzeug mit der Hebebühne anheben und gegen Abrutschen oder Kippen sichern.
- Rad an der betreffenden Seite abbauen.
- Lösen Sie die Kontermutter (3 im Bild 16).
- Drehen Sie die Befestigungsmutter am Spurstangenkopf (4) ab.
- Drücken Sie mit einem Gelenkbolzenabzieher den Spurstangenkopf (1) vom Lenkhebel ab.
- Drehen Sie den Spurstangenkopf von der Spurstange ab. Zählen Sie hierbei die Umdrehungen, die der Spurstangenkopf aufgeschraubt ist.

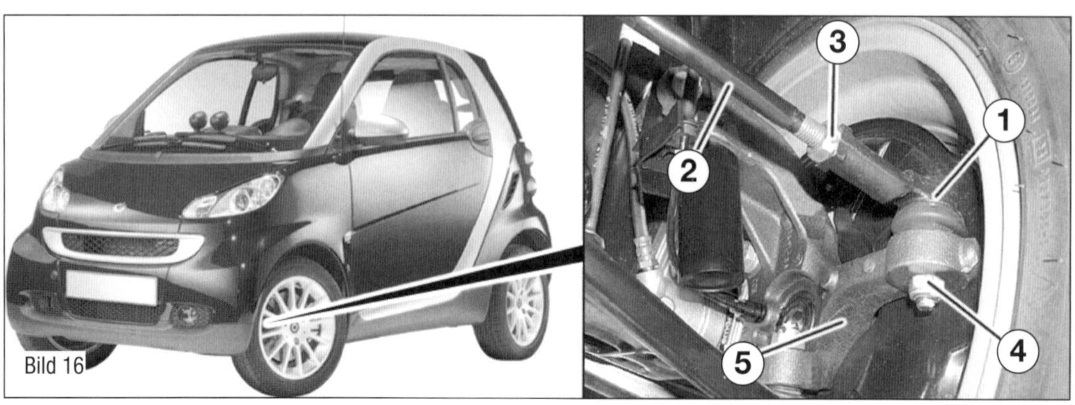

Bild 16
1 Spurstangenkopf
2 Spurstange
3 Mutter
4 Mutter
5 Achsschenkel

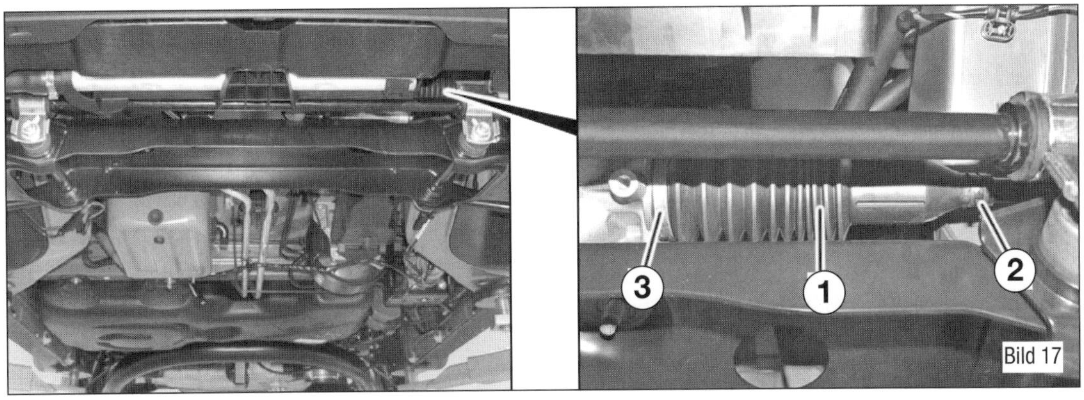

Bild 17
1 Faltenbalg
2 Klemmschelle
3 Klickschelle

Montage

- Drehen Sie den Spurstangenkopf mit den abgezählten Umdrehungen auf die Spurstange auf.
- Ziehen Sie die Befestigungsmutter am Spurstangenkopf (1) an.
- Ziehen Sie die Kontermutter (3) wieder an.
- Bauen Sie das Rad an der betreffenden Seite wieder an und ziehen Sie es auf Drehmoment fest.
- Lassen Sie eine Achsvermessung durchführen.

Lenkmanschette wechseln

- Fahrzeug mit der Hebebühne anheben und gegen Abrutschen oder Kippen sichern.
- Rad an der betreffenden Seite abbauen.
- Bauen Sie an der betroffenen Seite den Spurstangenkopf wie beschrieben ab.
- Drehen Sie die Kontermutter ab.
- Die Klemmschelle (2) und die Klickschelle (3) am Faltenbalg (Lenkmanschette) (1) lösen und abnehmen.
- Ziehen Sie die Lenkmanschette ab.
- Reinigen Sie die Lenkstange im Lenkgetriebe, die Spurstange und die Auflageflächen der Manschetten gründlich und fetten Sie sie leicht ein. Verschmutzungen können das Lenkgetriebe schädigen.
- Schieben Sie die Schelle (2), die neue Manschette (1) und die Schelle (3) auf.

Die weitere Montage erfolgt sinngemäß in umgekehrter Reihenfolge.

Die Laschen an der Klemmschelle (2) und an der Klickschelle (3) müssen nach unten zeigen, da sonst der Kühlmittelschlauch beschädigt werden kann.

Zahnstangenlenkung aus- und einbauen

- Das Fahrzeug mit der Hebebühne anheben und Unterbodenverkleidungen ausbauen.
- Die Schottwand vorn ausbauen. Die

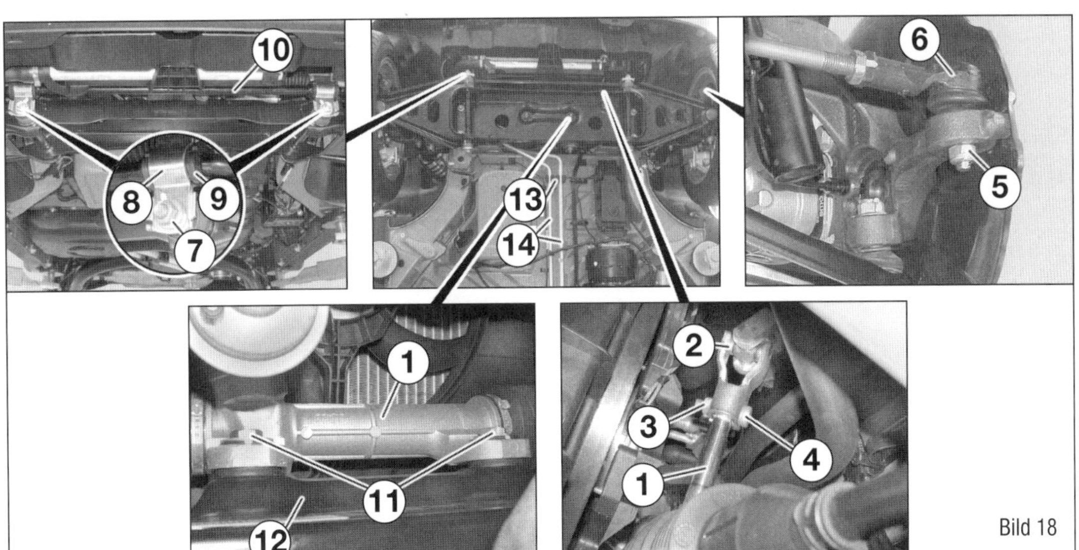

Bild 18
1 Zahnstangenlenkung
2 Lenkungskupplung
3 Mutter
4 Schraube
5 Mutter
6 Spurstangenkopf
7 Mutter,
8 Halteschelle
9 Gummilager
10 Stabilisator
11 Schrauben
12 Vorderachsträger
13 Halter
14 Kältemittelleitungen

Schottwand vorn ist mit zwei Muttern befestigt.

■ Die Mutter (3) an der Lenkungskupplung (2) lösen, bis sie von Hand drehbar ist.

⚠ Die Mutter (3) nicht komplett abschrauben, da sonst die Schraube (4) herausfallen und die Lenkungskupplung (2) getrennt werden kann. Dies hat zur Folge, dass beim Geradeausstellen der Vorderräder die Kontaktspirale Fanfaren und Airbag beschädigt werden kann.

■ Das Fahrzeug mit der Hebebühne absenken.

■ Die Vorderräder in Geradeausstellung stellen und das Lenkrad mit einer Haltevorrichtung blockieren, da sonst die Kontaktspirale Fanfaren und Airbag sehr leicht beschädigt werden kann.

■ Fahrzeug mit der Hebebühne anheben.

■ Die Mutter (3) an der Lenkungskupplung (2) abschrauben, Schraube (4) abnehmen und Lenkungskupplung (2) nach oben von der Zahnstangenlenkung (1) herunterschieben.

☞ Nach dem Lösen der Mutter (3) dreht sich die nockenförmige Schraube (4) ca. eine halbe Umdrehung mit. Die Schraube (4) muss jedoch nicht gegengehalten werden.

■ Die Lenkungskupplung (2) auf Leichtgängigkeit prüfen und wenn erforderlich erneuern.

■ Die Räder vorn abmontieren.

■ Die Mutter (5) am linken und rechten Spurstangenkopf (6) abschrauben, den linken und den rechten Spurstangenkopf (6) mit Abzieher abpressen und aushängen.

■ Bei Fahrzeugen mit Klimaanlage die Kältemittelleitungen (14) aus Halter (13) im Bereich der Batteriemulde lösen und Halter (13) abschrauben.

■ Die Muttern (7) abschrauben und Halteschellen (8) vom Stabilisator (10) abnehmen.

■ Den Stabilisator (10) nach vorne ziehen und nach unten wegklappen.

■ Die Schrauben (11) herausschrauben.

■ Die Zahnstangenlenkung (1) nach vorn drehen und über den linken Radlauf herausführen.

ə Die Gummilager zur Befestigung der Zahnstangenlenkung (1) auf Beschädigung prüfen, wenn erforderlich erneuern.

■ Die Zahnstangenlenkung (1) über den

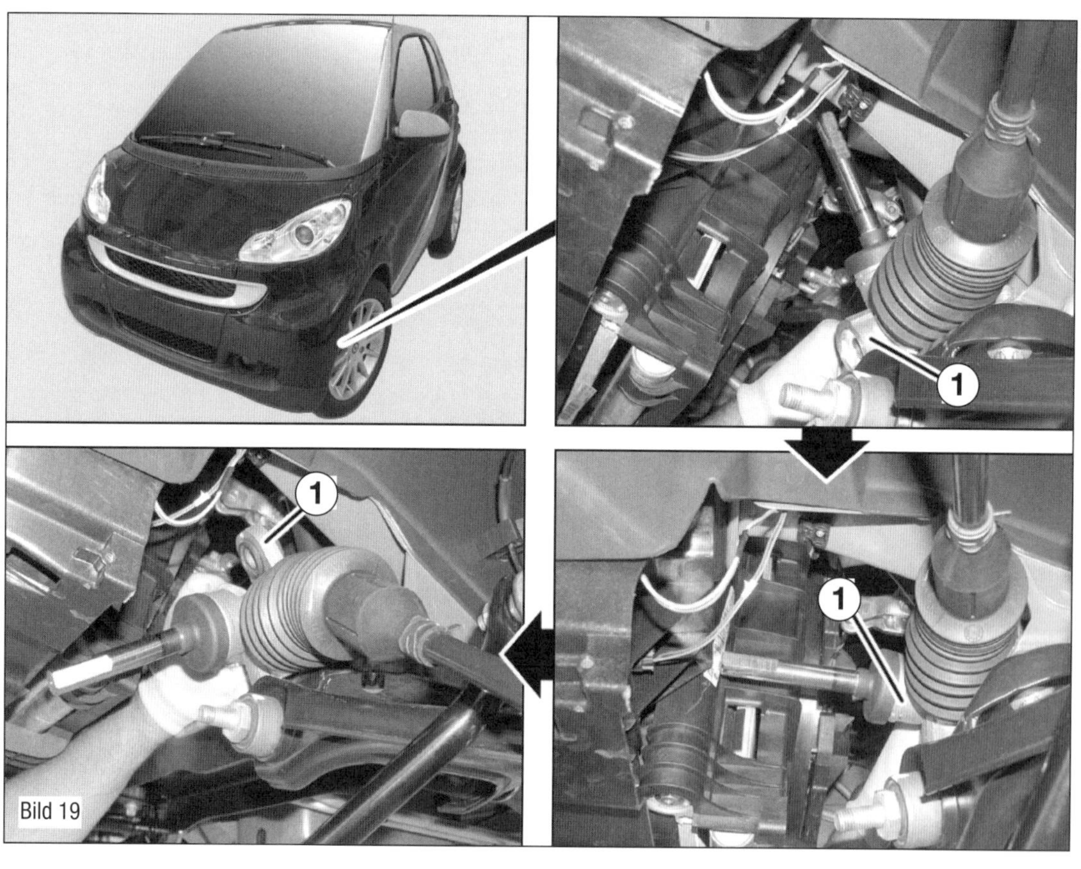

Bild 19
1 Zahnstangenlenkung

linken Radlauf auf den Vorderachsträger (12) aufsetzen.

- Die Schrauben (11) festschrauben.
- Den Stabilisator (10) nach oben klappen und positionieren.
- Die Halteschellen (8) im rechten Winkel zum Stabilisator (10) einsetzen und Muttern (7) festschrauben.
- Die Gummilager (9) prüfen und ggf. erneuern.
- Die Öffnung der Gummilager (9) muss in Fahrtrichtung zeigen.
- Den Halter (13) der Kältemittelleitungen (14) am Unterboden ansetzen, festschrauben und Kältemittelleitungen (14) in den Halter (13) einclipsen.
- Den linken und rechten Spurstangenkopf (6) in den Achsschenkel einhängen und Muttern (5) festschrauben.
- Die Räder vorn wieder montieren.
- Die Lenkungskupplung (2) auf die Zahnstangenlenkung (1) aufsetzen, die Schraube (4) einsetzen und die Mutter (3) anschrauben.
- Das Fahrzeug mit der Hebebühne absenken und die Haltevorrichtung vom Lenkrad abnehmen.
- Das Fahrzeug mit der Hebebühne anheben.
- Die Mutter (3) an der Lenkungskupplung (2) festschrauben. Dazu die Vorderräder so weit einschlagen, bis die Mutter (3) zugänglich ist.
- Die Schottwand vorn einbauen.
- Die Unterbodenverkleidungen wieder einbauen.
- Abschließend eine Fahrwerksvermessung durchführen.

Rund um die Lenkung

Zwar ist die erforderliche Kraft zum Lenken beim Smart von Haus aus schon aufgrund des geringen Gewichts und der schmalen Vorderräder recht gering. Den Smart gab es aber auch mit einer Lenkkraftunterstützung. Wie bei allen anderen Fahrzeugen auf dem Markt beschränkt sich die Ausführung der Lenkung auch nicht nur auf ein einzelnes System. Neben der konventionellen Zahnstangenlenkung gibt es auch für den Smart eine Lenkung mit Lenkkraftunterstützung. Ein Smart wäre kein Smart, wenn nicht auch hier ein System zum Einsatz käme, das man zuerst einmal nicht in einem kleinen Fahrzeug erwarten würde. Verbaut wird hier eine elektrisch unterstützte Lenkung, die bedarfsgerecht die Lenkung unterstützt und weder Hydrauliköl noch Hydraulikpumpe benötigt. Verschlauchungen von ganz hinten nach ganz vorne entfallen dann hier auch. Das Lenkunterstützungssystem beim Smart hat nichts mehr mit einem hydraulischen System zu tun, wie man es eigentlich erwarten würde. Entsprechend wird es wichtig, sich über das System und die Komponenten zu informieren. Wir möchten Ihnen hier sowohl einige einzelne Komponenten, als auch das Lenksystem mit seinen Bauteilen näherbringen.

Funktion der elektrischen Lenkung
Die elektrische Lenkung basiert auf einem konventionellen Zahnstangenlenkgetriebe, das vom Lenkhilfemotor unterstützt wird. Die Lenkkraftunterstützung erfolgt stufenlos und geschwindigkeitsabhängig.

Lenkkraftunterstützung:
Durch Drehen des Lenkrades wird ein Moment an der Lenkstange erzeugt, das vom Momentsensor Lenkhilfe erfasst und an das Steuergerät »Lenkhilfe« weitergeleitet wird. Anhand des ermittelten Lenkmoments, des Lenkeinschlags und der Fahrzeuggeschwindigkeit wird vom Steuergerät »Lenkhilfe« das Unterstützungsmoment festgelegt und der Lenkhilfemotor entsprechend angesteuert.
Dieser unterstützt das Lenkmoment des Fahrers über ein Schneckengetriebe am Antriebsritzel der Zahnstangenlenkung. Die Lenkkraftunterstützung ist bei niedrigen Geschwindigkeiten bzw. bei Fahrzeugstillstand am größten und nimmt mit zunehmender Fahrzeuggeschwindigkeit ab. Nach Abstellen des Motors oder Anhalten des Fahrzeugs erfolgt nach ca. 3 Sekunden eine schrittweise Deaktivierung der Lenkkraftunterstützung.

Lenkungsrücklaufunterstützung:
Die Rückstellung der Lenkung wird aufgrund des Nachlaufs eingeleitet. Dadurch wird der Lenkhilfemotor passiv erregt und arbeitet als Generator. Auf Grundlage dieses Signals erkennt das Steuergerät der Lenkhilfe den Unterstützungsbedarf und unterstützt die Rückstellkraft durch entsprechende Bestromung des Lenkhilfemotors.

Funktion »active center feeling«:
Bei erkannter Mittelstellung des Lenkrades und ausbleibenden Lenkbewegungen wird der Motor Lenkhilfe vom Steuergerät Lenkhilfe so bestromt, dass ein ausreichendes Moment erzeugt wird, um die Lenkung in der Mittelstellung zu halten.

Bauteile der elektrischen Lenkung
Drehmomentsensor (Bild 21):
Der Momentensensor befindet sich an der Lenkstange und ist im Lenkgetriebe integriert. Durch das Drehen des Lenkrades und dem Widerstand der Lenkung wird in der Lenkstange ein Moment erzeugt, welches vom Momentensensor eingelesen, in ein Spannungssignal umgewandelt und an das Steuergerät Lenkhilfe weitergeleitet wird. Hier wird dann die erforderliche Ansteuerung des Elektromotors zur Lenkunterstützung erzeugt.

Steuergerät Lenkhilfe (N68 Bild 21):
Das Steuergerät Lenkhilfe befindet sich links oben an der Fahrzeugstirnwand. Das Steuergerät Lenkhilfe übernimmt die Steuerung des Motors der Lenkhilfe (M19). Hierzu werden folgende Signale eingelesen über den CAN-Bus vom Steuergerät ESP (N47-5): die Fahrzeuggeschwindigkeit, Lenkwinkel und Lenkgeschwindigkeit vom Lenkwinkelsensor (N49). Direkte Signale kommen vom Momentensensor der Lenkhilfe (B23) und die Rückstellanforderung vom Motor der Lenkhilfe. Das Steuergerät Lenkhilfe ermittelt anhand der Eingangssignale die Drehrichtung und Bestromungsstärke des Motors und überprüft permanent alle Eingangssignale auf Plausibilität. Im Falle eines fehlerhaften Signals wird die elektrische Lenkung abgeschaltet und der jeweilige Fehler im internen Fehlerspeicher abgelegt. Im Falle eines fehlerhaften Bauteils wird die Lenkkraftunterstützung abgeschaltet und ein Fehler im Steuergerät Lenkhilfe abgespeichert. Die Lenkung funktioniert dann als herkömmliche Zahnstangenlenkung weiter.

Lenkwinkelsensor (N49 Bild 21):
Der Lenkwinkelsensor befindet sich hinter dem Lenkrad auf der Lenksäule. Der Lenkwinkelsensor erfasst den Lenkeinschlag, die Lenkdrehrichtung sowie die Lenkgeschwindigkeit über einen Messbereich von 720°. Diese Informationen werden über den CAN-Bus an das Steuergerät ESP (N47-5) und an

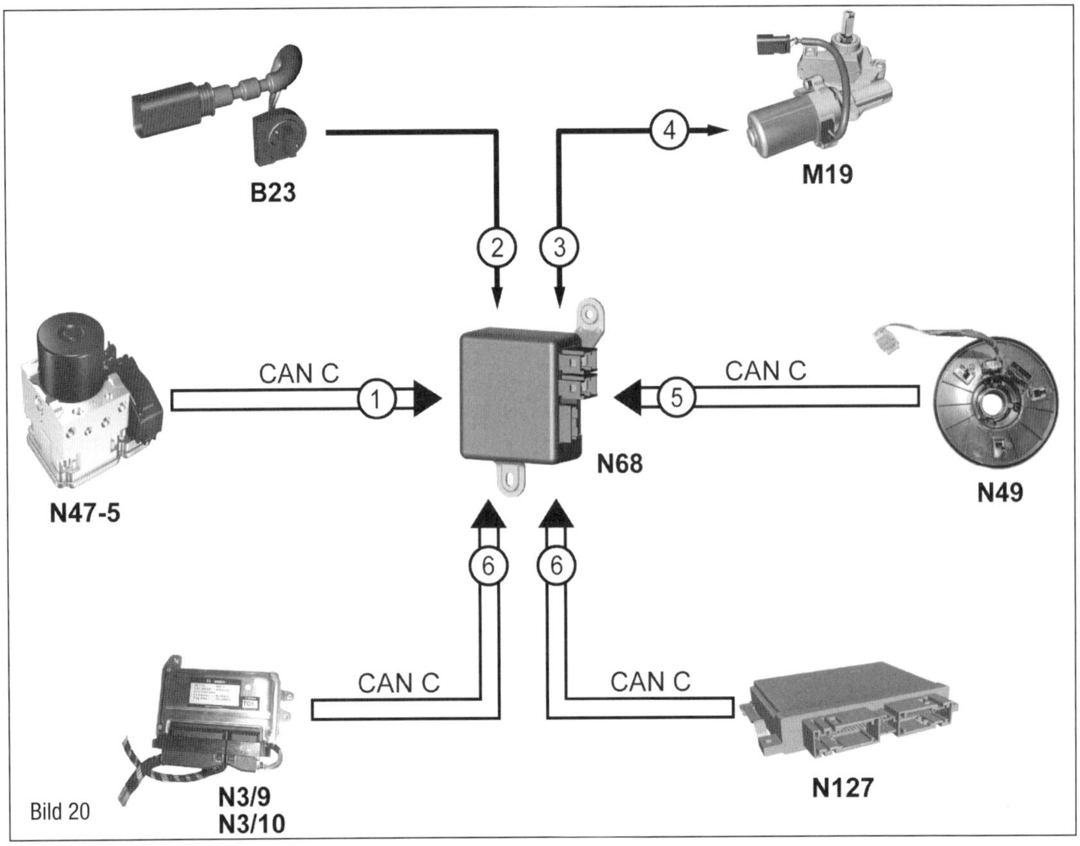

Bild 20

Bild 20
1 Fahrzeuggeschwindigkeit
2 Lenkmoment
3 Anforderung Lenkradrückstellung
4 Anforderung Lenkkraftunterstützung
5 Lenkwinkel und Lenkgeschwindigkeit
6 Motordrehzahl
B23 Momentensensor Lenkhilfe
M19 Motor Lenkhilfe
N3/9 Steuergerät CDI
N3/10 Steuergerät ME
N47-5 Steuergerät ESP
N49 Lenkwinkelsensor

Bild 21
Systemübersicht.
B23 Momentensensor Lenkhilfe
M19 Motor Lenkhilfe
N3/9 Steuergerät CDI (bei Motor 660.9)
N3/10 Steuergerät ME (bei Motor 132.9)
N47-5 Steuergerät ESP
N49 Lenkwinkelsensor
N68 Steuergerät Lenkhilfe
N127 Steuergerät Antriebsstrang (bei Typ 451.390/490)

das Steuergerät Lenkhilfe (N68) Servolenkung EPS übermittelt.

Antriebsmotor Lenkhilfe aus- und einbauen

- Das Fahrzeug mit der Hebebühne anheben, gegen Herabfallen sichern und die Unterbodenverkleidungen ausbauen.
- Die Schottwand vorn ausbauen.
- Die Mutter (3 im Bild 23) an der Lenkungskupplung (2) lösen.
- Das Fahrzeug mit der Hebebühne absenken, die Vorderräder in Geradeausstellung stellen und das Lenkrad mit Haltevorrichtung blockieren.
- Die Mutter (3) an der Lenkungskupplung (2) abschrauben, Schraube (4) abnehmen und die Lenkungskupplung (2) nach oben von der Zahnstangenlenkung (1) herunterschieben.

Nach dem Lösen der Mutter (3) dreht sich die nockenförmige Schraube (4) ca. eine halbe Umdrehung mit. Die Schraube (4) muss jedoch nicht gegengehalten werden.

- Die Steckverbindung Momentsensor Lenkhilfe (B23x1) und die Steckverbindung Lenkhilfe (M19x1) trennen.
- Den Masseanschluss zur Entstörung der Lenkhilfspumpe (W30/2) abziehen.
- Die Abstützung des Vorderachsträgers ausbauen.
- Den Vorderachsträger (5) mit einem Teleskopheber und einer geeigneten Ausbauvorrichtung abstützen.
- Die Schrauben (6) am Vorderachsträger (5) herausschrauben.
- Den Vorderachsträger (5) mit dem Teleskopheber vorsichtig so weit absenken, bis der Motor der Lenkhilfe (M19) zugänglich ist.

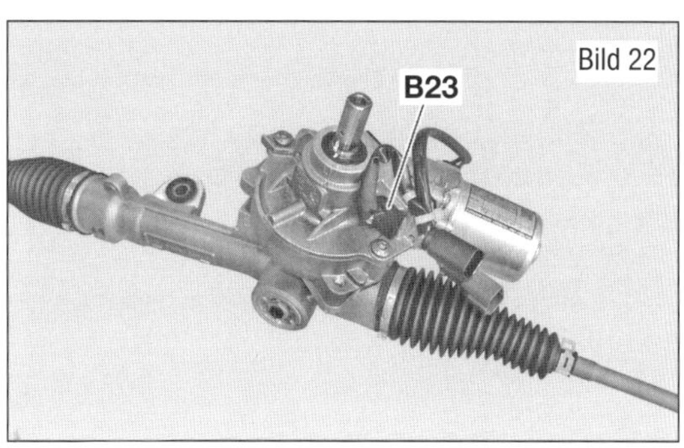

Bild 22
B23 Momentensensor der Lenkhilfe

Sichtprüfung Messen

Bild 23
1 Zahnstangenlenkung
2 Lenkungskupplung
3 Mutter
4 Schraube
5 Vorderachsträger
6 Schrauben
B23x1 Steckverbindung Momentsensor Lenkhilfe
M19x1 Steckverbindung Lenkhilfe
W30/2 Masse Entstörung Lenkhilfepumpe

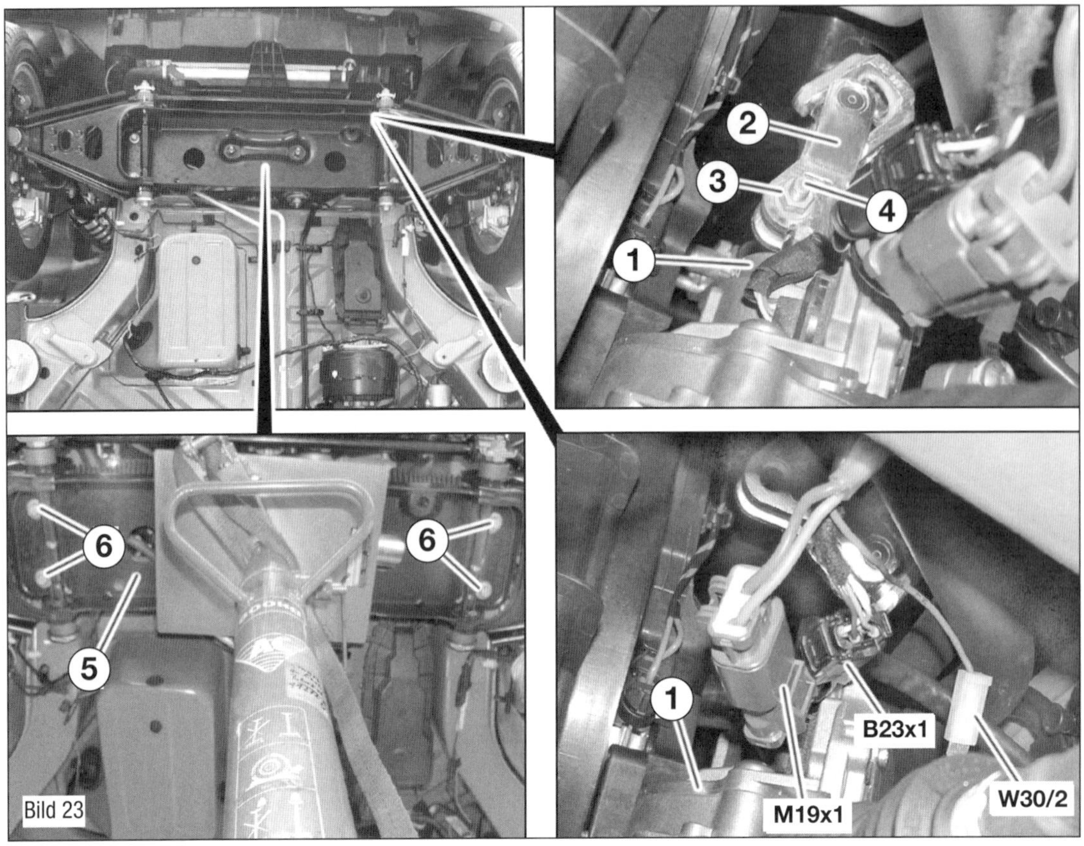

Bild 23

- Die Kabelbinder (10 im Bild 24) entfernen und elektrische Leitung (11) zur Seite legen.
- Die Schrauben (12) am Motor Lenkhilfe (M19) herausschrauben.
- Den Motor der Lenkhilfe (M19) von der Zahnstangenlenkung (1) abnehmen.

⚠ Achten Sie darauf, dass kein Schmutz in den Motor Lenkhilfe (M19) und in die Zahnstangenlenkung (1) gelangt.

Den Dichtring (14) auf Zustand und Sitz am Motorgehäuse prüfen.

Die Montage erfolgt sinngemäß in umgekehrter Reihenfolge.

☞ Zur leichteren Montage des Motors Lenkhilfe (M19) den Dichtring (14) leicht einfetten.

⚠ Achten Sie auf die Einbaulage der Kontaktfahne (13) und die Verlegung der elektrischen Leitung (11).

- Lassen Sie eine Fahrwerkvermessung durchführen.

Fehlerspeicherabfrage mit dem Tester

Wie wir ja schon mehrfach erwähnt haben, ist der Einsatz eines Fahrzeugtesters beim Smart in einigen Aufgaben etwas schwieriger als bei Fahrzeugen der großen Hersteller. Bei Bauteilen wie der elektrischen Lenkung kommt noch hinzu, dass diese in dem ohnehin schon seltenen Fahrzeug nicht immer verbaut wurden. Entsprechend schlecht sieht es dann auch für die Diagnosesoftware aus. Hier bleibt nur der Besuch des Smart-Händlers zum Auslesen des Fehlers.

Typische Fehlerquellen bei elektrischen Lenkungen

Ein klarer Nachteil des Lenksystems ist seine Einbaulage. Wassernebel, Salz und Straßendreck machen auch dem Lenkgetriebe zu schaffen. Oftmals sind die Fehler auch im Einfluss dieser widrigen Betriebsumgebung entstanden. Bevor Sie also beginnen Lenkung und Komponenten zu

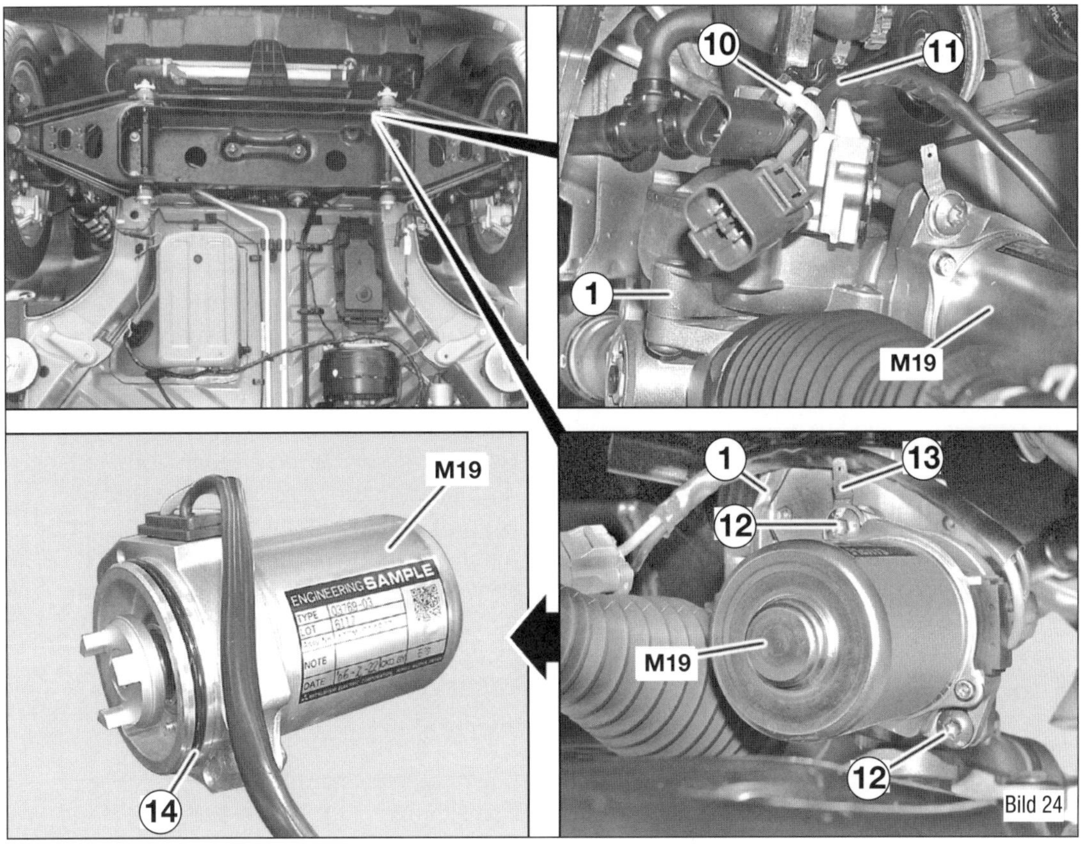

Bild 24
1 Zahnstangenlenkung
10 Kabelbinder
11 elektrische Leitung
12 Schraube
13 Kontaktfahne
14 Dichtring
M19 Motor Lenkhilfe

demontieren, sollten Sie eine gründliche Kontrolle durchführen:

Sichtkontrolle

- Kabel und Kabelführungen auf Beschädigungen und Scheuerspuren kontrollieren.
- Ziehen Sie die Steckverbindungen vorsichtig ab. Kontrollieren Sie, ob die Dichtungen intakt sind.
- Kontrollieren Sie, ob Korrosion oder Korrosionsspuren erkennbar sind.
- Kontrollieren Sie, ob Stecker aufgebogen oder durch Hitze zerstört wurden.
- Bei Schäden an Kabeln und Steckern müssen die betroffenen Bauteile ersetzt werden. Ein Übergangswiderstand kann zur Abschaltung des Systems, aber auch zu schwer nachvollziehbaren Fehlern führen.

Stromaufnahme des Motors

Sind keine Fehler in den Steckverbindungen feststellbar, kann der Fehler auch durch den Motor selber entstehen.

- Messen Sie den Strom mit einer Strommesszange an den Anschlusskabeln des Motors. Die Stromaufnahme kann je nach Belastung bis etwa 100 A betragen. Mit wenig Last sind es etwa 40 A. Bei sehr kleinen Strömen und intakten Kabeln muss der Drehmomentsensor geprüft werden. Ist der auch befundlos, liegt der Fehler in der Spannungsversorgung oder am Motor selbst.

12 Verdeck und Gestell

Im Band 305 »Smart fortwo« der Buchreihe »Jetzt helfe ich mir selbst« betrachten wir die Montagearbeiten rund um das Verdeck im Detail. In diesem Band werden wir uns um die Einstellung und einige technische Reparaturen kümmern.

Hinweise zum Verdeck

Montageplatz
Zur Vermeidung von Verwindungen bzw. Verspannungen der Karosserie, die zu Einstellungsfehlern bei Reparaturarbeiten am Verdeck bzw. dessen Anbauteilen führen, muss das Fahrzeug waagerecht auf dem Boden stehen.

Setzzeit
Nach dem Erneuern des Faltdachs bzw. Heckverdecks können erhöhte Schließkräfte am Faltdach und am Spannbügel auftreten. Das Fahrzeug muss mit geschlossenem Verdeck mindestens 12 h bei Raumtemperatur stehen.

Antriebskabel des Faltdachs
Die Antriebskabel des Faltdachs dürfen weder gefettet noch geölt werden. Die Antriebskabel sind werkseitig mit einem speziellen Öl benetzt. Die Antriebskabel, die Verdeckgleiter und die Verdecklager an der A-Säule dürfen nur paarweise gewechselt werden.

Wartung der Seitenholme
Bei Wartungsarbeiten am Fahrzeug müssen die Seitenholme gereinigt und gefettet werden. Es dürfen nur die von der Daimler AG freigegebenen Reinigungsfilze und Fette verwendet werden. Bei Fahrzeugen, die hoher Staubeinwirkung ausgesetzt sind, kann es erforderlich sein, zwischen den Wartungsarbeiten die Seitenholme zu reinigen und zu fetten.

Dachkassettenschlösser
Das Reinigen und Fetten der Dachkassettenschlösser muss ebenfalls bei

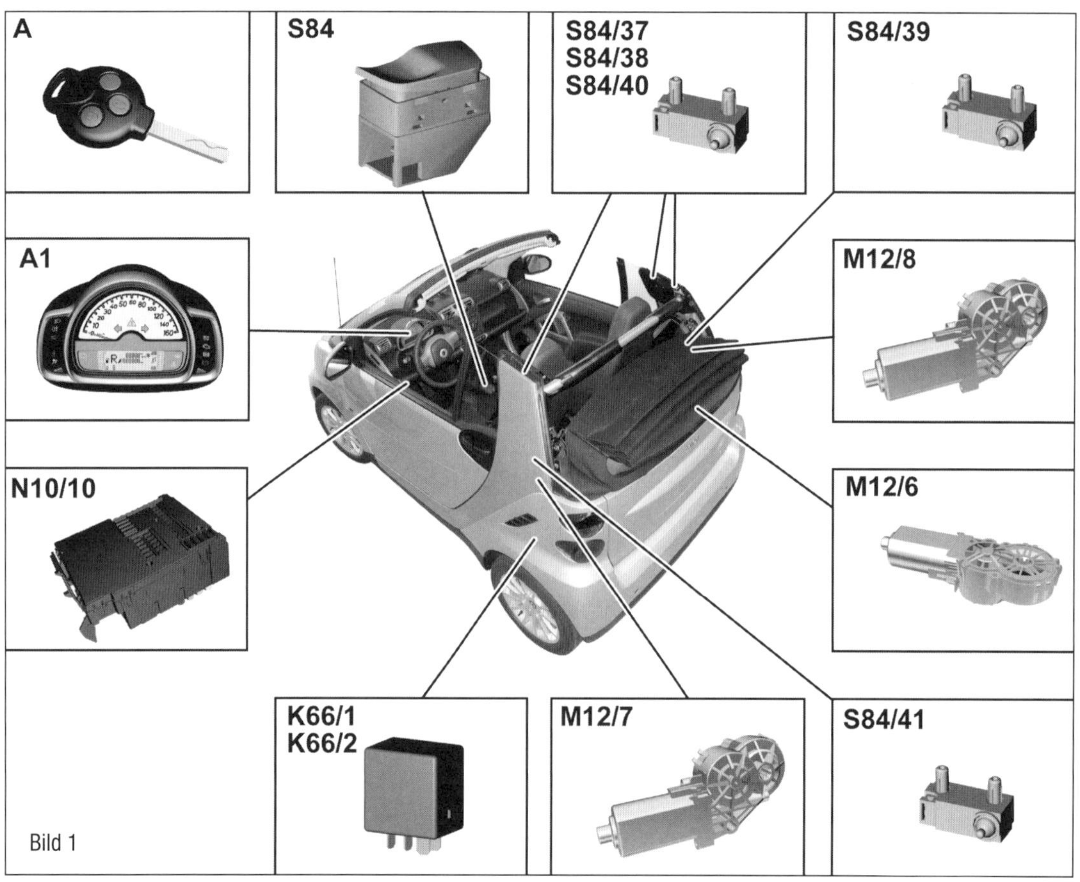

Bild 1

Bild 1
Bauteilübersicht.
A1 Kombiinstrument
K66/1 Relais Verdeck öffnen
K66/2 Relais Verdeck schließen
M12/6 Motor elektrisches Verdeck
M12/7 Antrieb Verdeck links
M12/8 Antrieb Verdeck rechts
N10/10 Steuergerät SAM
S84 Schalter Verdeckbetätigung
S84/37 Mikroschalter Faltverdeck
S84/38 Mikroschalter Dachkassette links
S84/39 Mikroschalter Heckverdeck rechts
S84/40 Mikroschalter Dachkassette rechts
S84/41 Mikroschalter Heckverdeck links
A Senderschlüssel

Wartungsarbeiten vorgenommen werden. Die Dachkassettenschlösser sollten nur an den vorgesehenen Stellen, mit den von der Daimler AG freigegebenen Fetten gefettet werden. Die Federn der Mikroschalter dürfen nicht beschädigt bzw. verbogen werden.

Grundeinstellung des Verdecks

Übersicht der Einstellmaße:	
Längenversatz zwischen Seitenholm und Dachkassette	1,5 ± 0,5 mm
Höhenversatz zwischen Seitenholm und Dachkassette	≤ 0,5 mm
Seitlicher Versatz zwischen Seitenholm und Dachkassette	≤ 1,0 mm
Unterkante oberes Verdecklager zu Karosseriebohrung (Bild 3)	51 ± 0,5 mm
Bolzen oberes Verdecklager zu Karosseriebohrung (Bild 3)	155 ± 0,5 mm

Verdeckeinstellung prüfen

- Verdeck öffnen.
- Seitenholme (2 im Bild 2) ausbauen.
- Unterlegscheiben unter dem Verdecklager A-Säule (3) entfernen (wenn vorhanden).
- Unterlegscheiben unter dem Verschluss B-Säule oben (5 im Bild 3) entfernen, soweit vorhanden. Die Schrauben (6) nur bis zur Anlage hineinschrauben.
- Verschluss B-Säule oben (5) anhand der Maße (a, b) positionieren und Schrauben (6) festschrauben.
- Schrauben (8) lösen und Verdecklager B-Säule unten (5 Bild 3) mittig ausrichten.

Tipp: Das Verdecklager B-Säule unten (7 im Bild 4) kann um mehrere Millimeter waagerecht und senkrecht verschoben werden. Die Grundstellung ist erreicht, wenn es in beiden Richtungen mittig zum Verstellbereich positioniert ist.

- Heckverdeck des Verdecks (1 im Bild 5) schließen.
- Längenversatz (x1) zwischen Seitenholm (2) und Dachkassette (4) prüfen, wenn erforderlich erneut einstellen.
- Höhenversatz (z1) zwischen Seitenholm (2) und Dachkassette (4) prüfen, wenn erforderlich erneut einstellen.
- Seitlichen Versatz (y1) zwischen Seitenholm (2) und Dachkassette (4) prüfen, wenn erforderlich erneut einstellen.

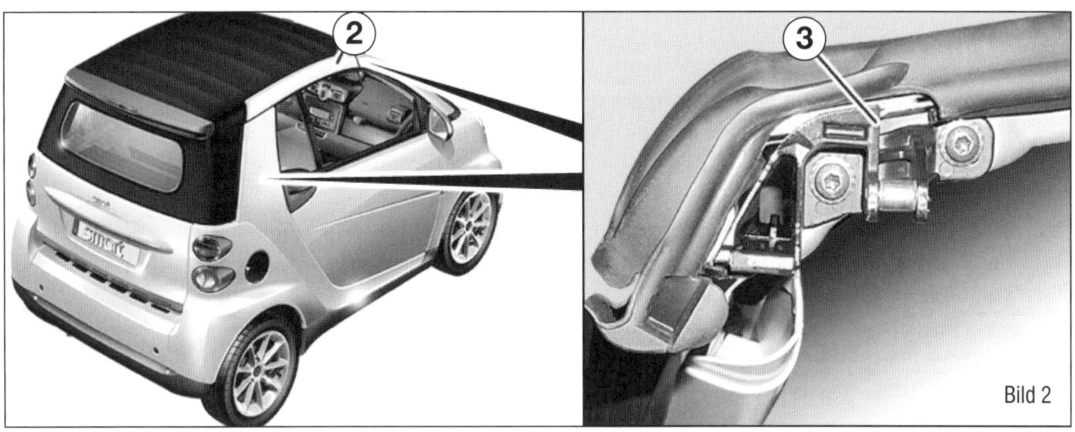

Bild 2
2 Seitenholme
3 Verdecklager A-Säule

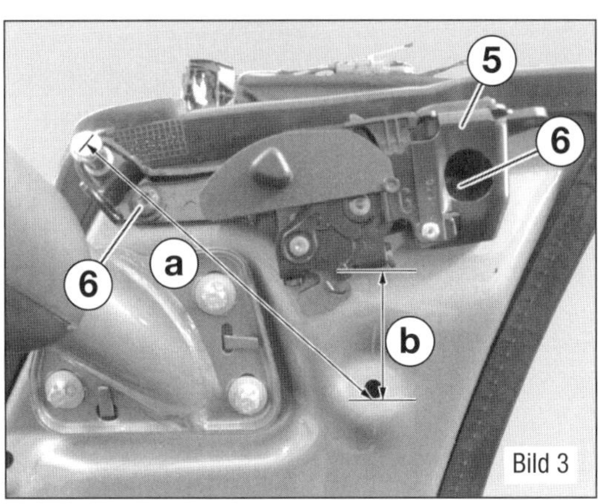

Bild 3
Verschluss oben.
5 Verschluss B-Säule oben
6 Schrauben
a Maß Bolzen oberes Verdecklager zu Karosseriebohrung
b Maß Unterkante oberes Verdecklager zu Karosseriebohrung

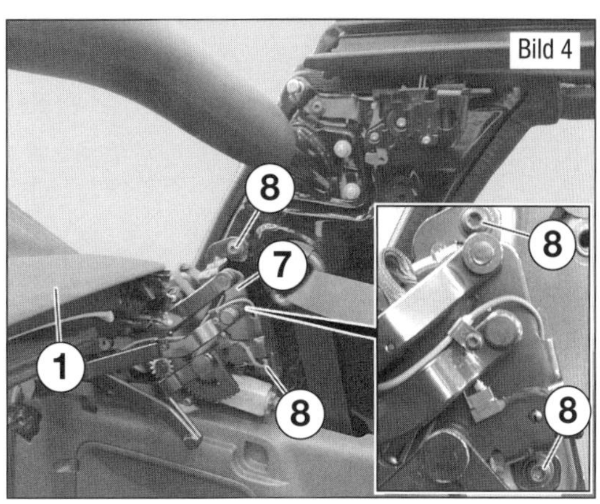

Bild 4
Verschluss unten.
1 Verdeck
7 Verdecklager unten
8 Schrauben

Bild 5
1 Verdeck
2 Seitenholm
4 Dachkassette
x1 Längenversatz Seitenholm und Dachkassette
y1 Seitenversatz Seitenholm und Dachkassette
z1 Höhenversatz Seitenholm und Dachkassette
x Verstellung Längst
y Verstellung quer
z Verstellung Höhe

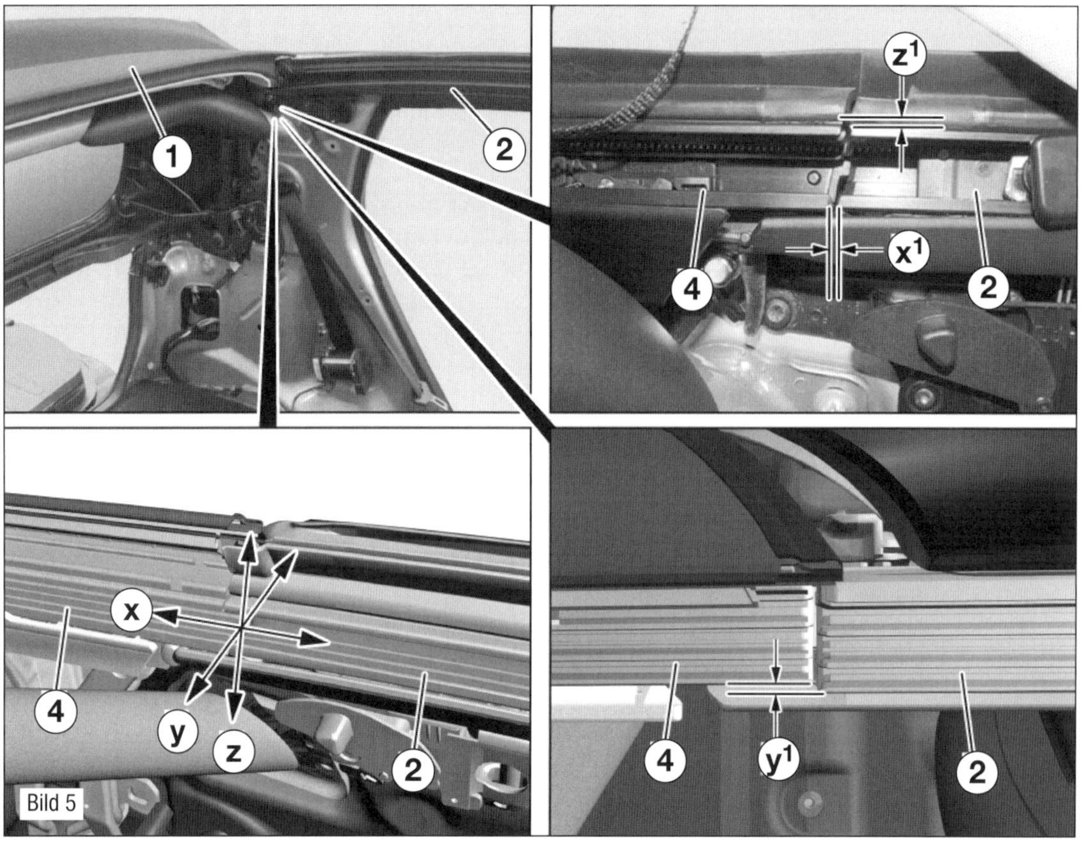

Verdeck einstellen

- Die Fußstütze Beifahrerseite ausbauen.
- Ein Erhaltungsladegerät an der Batterie anschließen.
- Die linke und rechte Verkleidung am Dachrahmen ausbauen.
- Die linke und rechte Verkleidung an der B-Säule ausbauen.
- Die Verkleidung am Dachrahmen vorn ausbauen.
- Die Verkleidung an der C-Säule ausbauen.

Bild 6
B-Säule.
2 Schraube
3 Verschluss B-Säule
4 Dachkassette
5 Seitenholm
y seitlicher Versatz

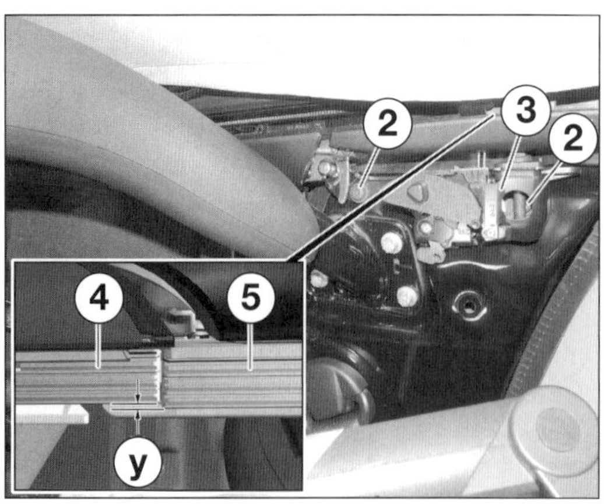

- Die Grundeinstellung Verdeck prüfen und ggf. einstellen.

Seitlichen Versatz einstellen
Der nachfolgende Arbeitsablauf ist an der linken Fahrzeugseite dargestellt und muss in gleicher Weise an der rechten Fahrzeugseite durchgeführt werden.

- Seitenholm (5 im Bild 6) einbauen.
- Heckverdeck schließen. Das Faltdach muss geöffnet bleiben.
- Den seitlichen Versatz (y) zwischen Seitenholm (5) und Dachkassette (4) prüfen.

- Den Seitenholm (5) ausbauen, die Schrauben (2) herausschrauben und Unterlegscheiben zwischen dem Verschluss B-Säule oben (3) und der Karosserie einlegen.

Maße Unterlegscheibe: Außendurchmesser = 24 mm, Innendurchmesser = 8 mm, Stärke = 1 mm

- Den Verschluss an der B-Säule oben (3) anhand der Maße (a, b) positionieren und mit Schrauben (2) festschrauben.

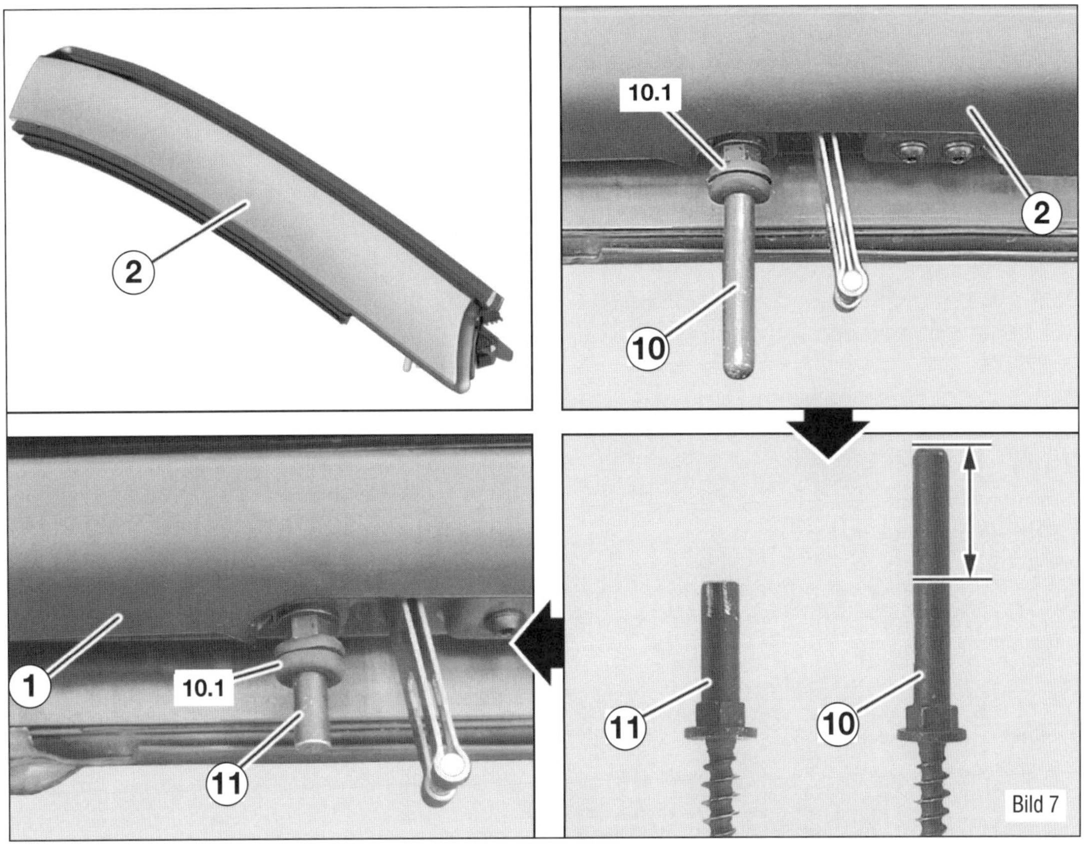

Bild 7
B-Säule.
1 Seitenholm
2 Seitenholm
10 Führungsbolzen
10.1 Anschlag
11 gekürzter Führungsbolzen

- Den Seitenholm (5) wieder einbauen.
- Den seitlichen Versatz (y) zwischen dem Seitenholm (5) und Dachkassette (4) erneut prüfen. Wird das Mindestmaß nicht erreicht, muss der seitliche Versatz (y) zwischen Seitenholm (5) und Dachkassette (4) erneut eingestellt werden.

Verschluss B-Säule einstellen

Der nachfolgende Arbeitsablauf ist an der linken Fahrzeugseite dargestellt und muss in gleicher Weise an der rechten Fahrzeugseite durchgeführt werden.

- Seitenholm (2 im Bild 7) ausbauen.
- Anschlag (10.1) abziehen und Führungsbolzen Seitenholm (10) herausschrauben.
- Kürzen Sie für die Einstellarbeiten einen neuen Satz Führungsbolzen um 25 mm (11) und schrauben Sie sie in den Seitenholm hinein.
- Anschlag (10.1) auf gekürzten Führungsbolzen Seitenholm (11) aufschieben.
- Seitenholm (2) wieder einbauen.
- Faltdach des Verdecks (1) öffnen.
- Längenversatz (x im Bild 8) und Höhenversatz (y) zwischen Seitenholm (2) und Dachkassette (4) prüfen und Werte aufschreiben.

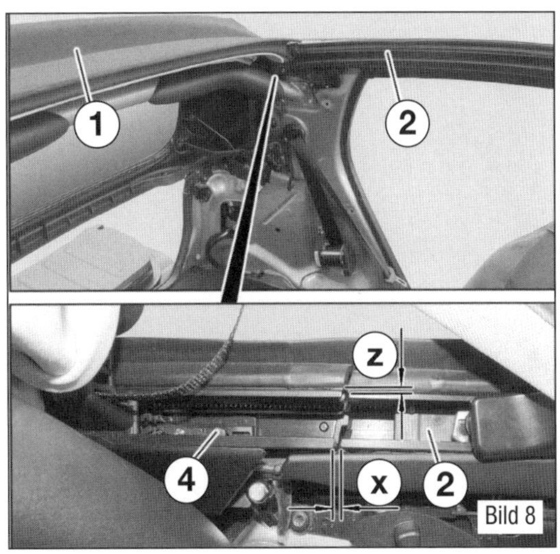

Bild 8
B-Säule.
1 Faltdach des Verdecks
2 Seitenholm
4 Dachkassette
x Längenversatz
z Höhenversatz

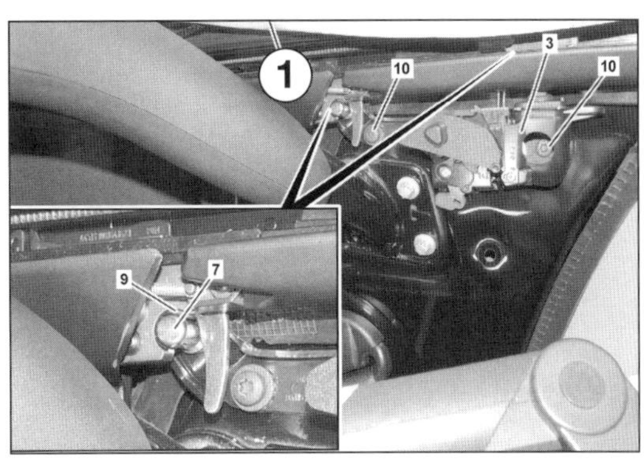

Bild 9
B-Säule.
1 Heckverdeck des Verdecks
3 Verdecklager B-Säule oben
7 Schließbolzen
9 Rasthaken
10 Schrauben

■ Heckverdeck des Verdecks (1 im Bild 9) am Schließbolzen (7) des Verdecklagers B-Säule oben (3) anlegen und Lage des Rasthakens (9) zum Schließbolzen (7) prüfen. Der Schließbolzen (7) muss sich zentrisch im Rasthaken (9) befinden. Ist dies nicht der Fall, das Verdecklager B-Säule oben (3) neu ausrichten.
■ Den Seitenholm (2) ausbauen.
■ Anschlag (10.1) abziehen und gekürzten Führungsbolzen im Seitenholm (11) durch den serienmäßigen Führungsbolzen ersetzen.
■ Anschlag (10.1) auf Führungsbolzen Seitenholm (10) aufschieben.
■ Seitenholm (2) einbauen.

Seitenholmlager einstellen
Der nachfolgende Arbeitsablauf ist an der linken Fahrzeugseite dargestellt und muss in gleicher Weise an der rechten Fahrzeugseite durchgeführt werden.

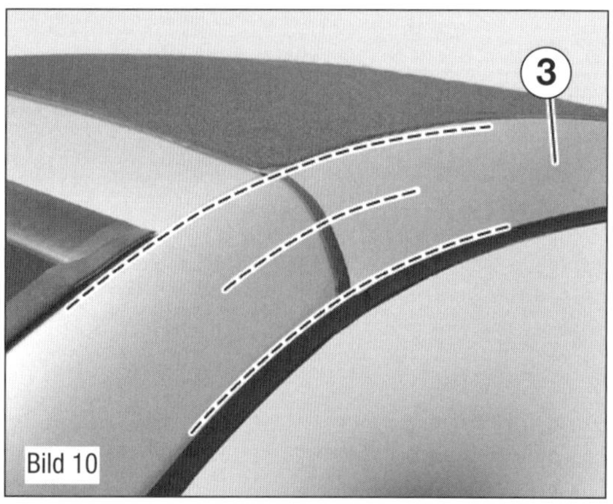

Bild 10
3 Seitenholm

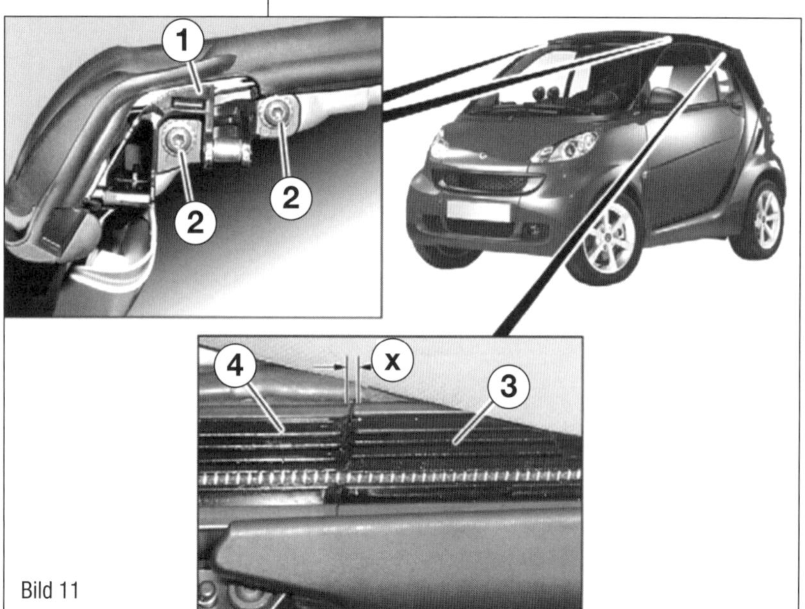

Bild 11
1 Verdecklager
2 Schrauben
3 Seitenholm
4 Dachkassette
x Längenversatz

■ Seitenholm (3) einbauen.
■ Verlauf Dachrahmen und Seitenholm (3) prüfen. Der Verlauf Dachrahmen und Seitenholm (3) muss der Karosseriekontur folgen.

Im Verlauf Dachrahmen und Seitenholm (3) darf sich kein Versatz bilden.

■ Seitenholm ausbauen.
■ Verlauf Dachrahmen und Seitenholm einstellen, dazu Schrauben (2) am Verdecklager A-Säule (1) lösen und Verdecklager A-Säule (1) nachjustieren.
■ Seitenholm einbauen.
■ Den Verlauf des Dachrahmens und des Seitenholms erneut prüfen. Im Verlauf des Dachrahmens und des Seitenholms darf sich kein Versatz bilden.

Sollte der Verlauf des Dachrahmens und des Seitenholms der Karosseriekontur nicht folgen, muss der Einstellvorgang wiederholt werden.
■ Längenversatz (x) zwischen Seitenholm (3) und Dachkassette (4) prüfen.

Der Längenversatz (x) zwischen Seitenholm (3) und Dachkassette (4) kann über den Einbau von Ausgleichsscheiben zwischen den Schrauben (2) und dem Verdecklager A-Säule (1) verringert werden. Es sind unterschiedliche Ausgleichsscheiben in 0,5 mm und 1,0 mm erhältlich.

■ Den Seitenholm ausbauen.
■ Die Schrauben (2) lösen und Ausgleichsscheiben zwischen den Schrauben (2) und dem Verdecklager A-Säule (1) einschieben.
■ Den Seitenholm einbauen.
■ Das Faltdach (7) schließen.
■ Ein Blechlineal (9), wie im Bild 12 dargestellt, anlegen und Eintauchtiefe (Pfeil B) Haltebügel Verdeck (6) im Verdecklager A-Säule (1) prüfen.

Wird das Mindestmaß (Abstand von Lineal zum Verdeck) nicht erreicht, muss das Verdecklager auf der A-Säule (1) neu ausgerichtet werden.
■ Eintauchtiefe des Faltdachs (7) zur Dachspitzendichtung (8) im Bereich (C) prüfen.

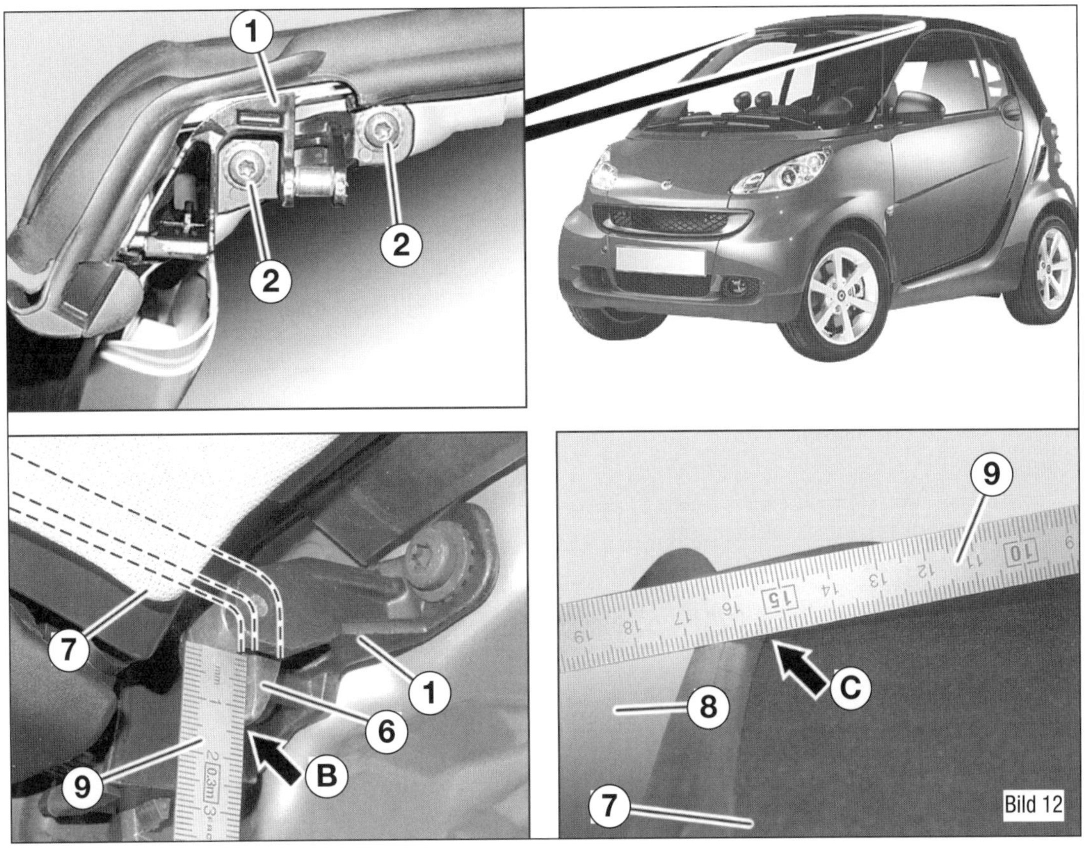

Bild 12

Bild 12
1 Verdecklager
2 Schrauben
7 Eintauchtiefe des Faltdachs
8 Dachspitzendichtung
9 Blechlineal
B Eintauchtiefe
C Kontrollbereich

Verwindung des Seitenholms zur Dachkassette einstellen

■ Den entsprechenden Seitenholm (2 im Bild 13) ausbauen.

■ Die Schaumstoffunterlage (6) unter die Blende (4) im schraffierten Bereich einlegen.

■ Den entsprechenden Seitenholm (2) einbauen.

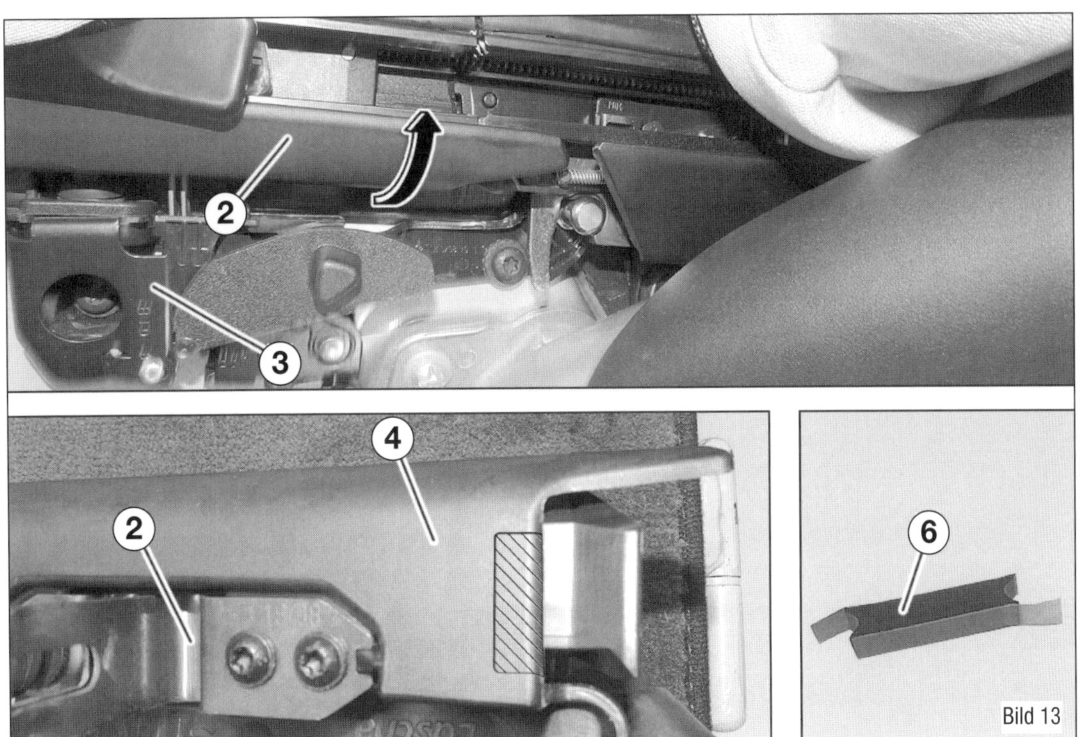

Bild 13

Bild 13
Verwindung ausgleichen.
2 Seitenholm
3 Verdecklager B-Säule oben
4 Blende
6 Schaumstofflage

Sichtprüfung
Messen

■ Verlauf von Dachrahmen und Seitenholm (3) prüfen.

Dachspitze zur Dichtung einstellen:
■ Den Seitenholm ausbauen.
■ Die Dachspitzendichtung (1 im Bild 14) vom Dachrahmen (2) abnehmen.

Dachspitzendichtung (1) auf Beschädigungen prüfen. Bei Beschädigung die Dachspitzendichtung (1) erneuern. Ist der Dachrahmen im Bereich der Dachspitzendichtung (1) verformt, muss die Kontur des Dachrahmens nachgearbeitet werden.

■ Den Seitenholm wieder einbauen.
■ Die Eintauchtiefe des Faltdachs (3) zur Dachspitzendichtung (1) prüfen. Faltdach (3) muss unterhalb der Dachspitzendichtung (1) liegen (Pfeil). Wird das Mindestmaß nicht erreicht, muss das Verdecklager A-Säule neu ausgerichtet werden.

Hauptlager Verdeck einstellen:
Das Verschieben des Verdecklagers an der B-Säule unten (5) nach oben bzw. unten führt zu einer Veränderung des Höhenversatzes. Ein Verschieben des Verdecklagers an der B-Säule unten (5) nach vorn führt zu einer Veränderung des Längenversatzes und zum Entspannen des Stoffbezuges am Heckverdeck. Das Verschieben des Verdecklagers an der B-Säule unten (5) nach hinten führt zu einer Veränderung des Längenversatzes und zum Spannen des Stoffbezuges am Heckverdeck.

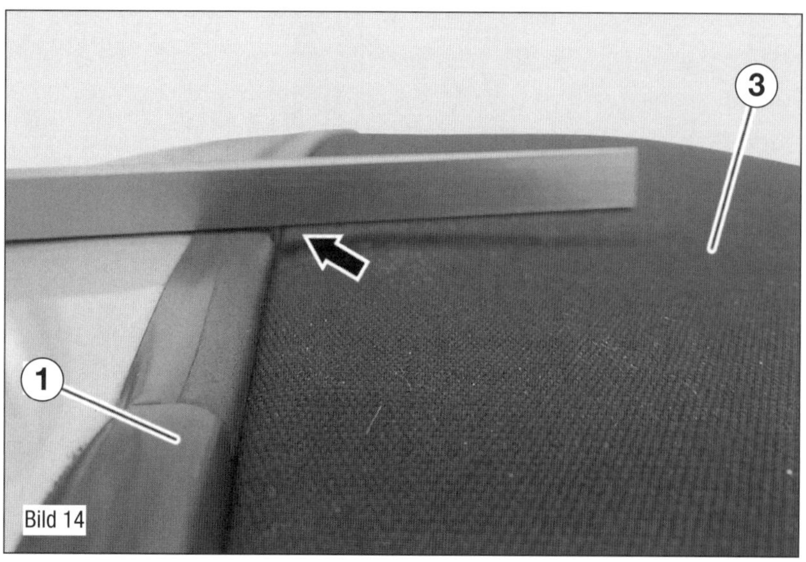

Bild 14
Dachspitze.
1 Dachspitzendichtung
3 Faltdach
Pfeil Kontrollpunkt

■ Schrauben (8 im Bild 15) lösen und Verdecklager B-Säule unten (5) entsprechend der vorher ermittelten Maße ausrichten, anschließend Schrauben (8) festschrauben.
■ Das Faltdach schließen.
■ Längenversatz (x1 im Bild 16) und Höhenversatz (z1) zwischen Seitenholm (2) und Dachkassette (4) prüfen. Sind der Längenversatz (x1) bzw. Höhenversatz (z1) außerhalb der Toleranz, muss das Verdeck eingestellt werden.

Spannbügel Heckverdeck einstellen
■ Das Heckverdeck (1 im Bild 17) öffnen.
■ Die Schrauben (2) und Muttern (4) am Spannbügel (3) des Verdecklagers B-Säule unten (5) lösen.
■ Heckverdeck (1) schließen.
■ Heckverdeck (1) am Spannbügel nach hinten ziehen (Pfeile).
■ Spalt zwischen Heckverdeck (1) und B-Säule (7) prüfen. Der Abstand (A) muss oben und unten gleich groß sein. Der Bezug des Heckverdecks (1) muss an der Dichtung der Heckscheibe (6) anliegen.
■ Bei geschlossenem Heckverdeck (1 im Bild 17) Schrauben (2) und Muttern (4) am Verdecklager B-Säule unten (5) festschrauben.
■ Das Heckverdeck (1) öffnen und schließen.
Der Spannbügel (3) muss sich leicht schließen lassen,

Der Bezug des Heckverdecks (1) muss straff und faltenfrei sitzen. Falls erforderlich den Einstellvorgang wiederholen.

Anpressdruck der Dachspitze mit dem Diagnosesystem einstellen
Über das Diagnosesystem kann der Anpressdruck an den Scheibenrahmen verstärkt oder abgeschwächt werden.
■ Die Eintauchtiefe des Faltdachs (3) zur Dachspitzendichtung (1) prüfen.
■ Das Faltdach (3) muss unterhalb der Dachspitzendichtung (1 im Bild 14) liegen (Pfeil).
Wird das Mindestmaß nicht erreicht, wird der Abschaltstrom des Faltdachs (3) beim Schließvorgang mit Diagnosesystem erhöht.
■ Die Einstellung erfolgt im Menü Systeme/Steuergerät SAM/Verdeck/Symptome des Verdecks. Die Korrektur ist in wenigen Minuten durch-

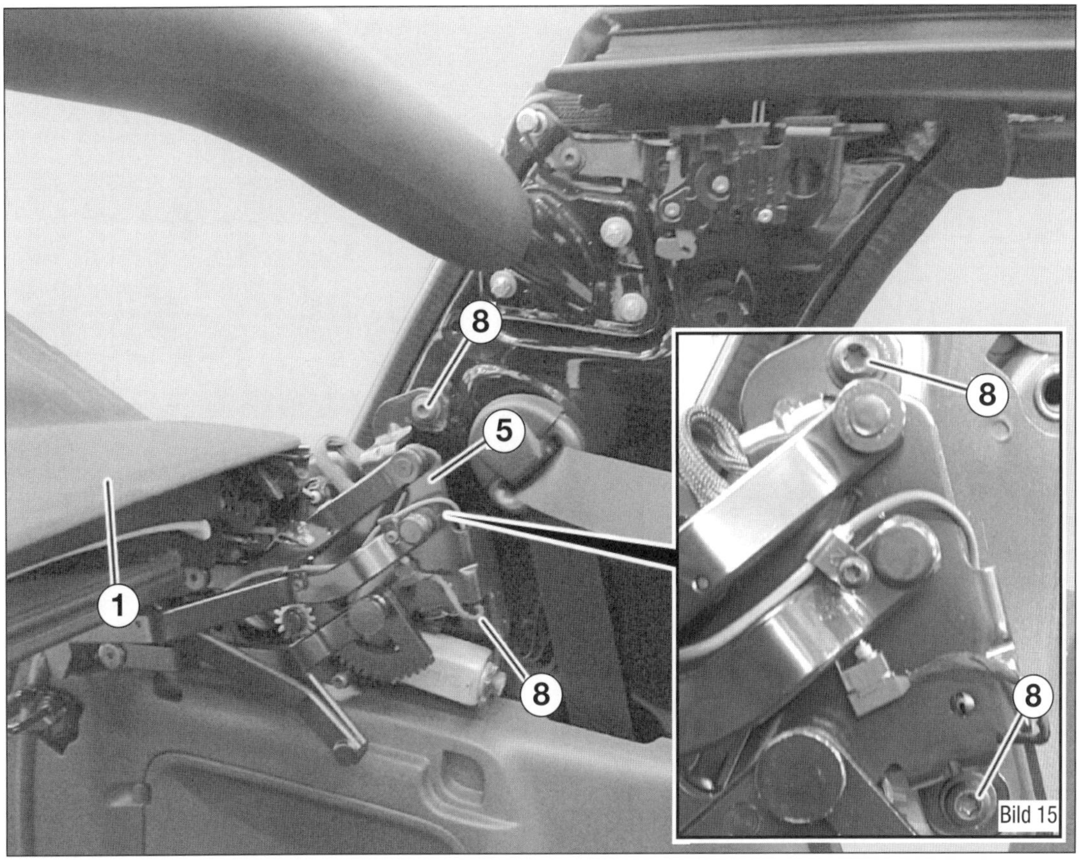

Bild 15
1 Verdeck
5 Verdecklager B-Säule unten
8 Schrauben

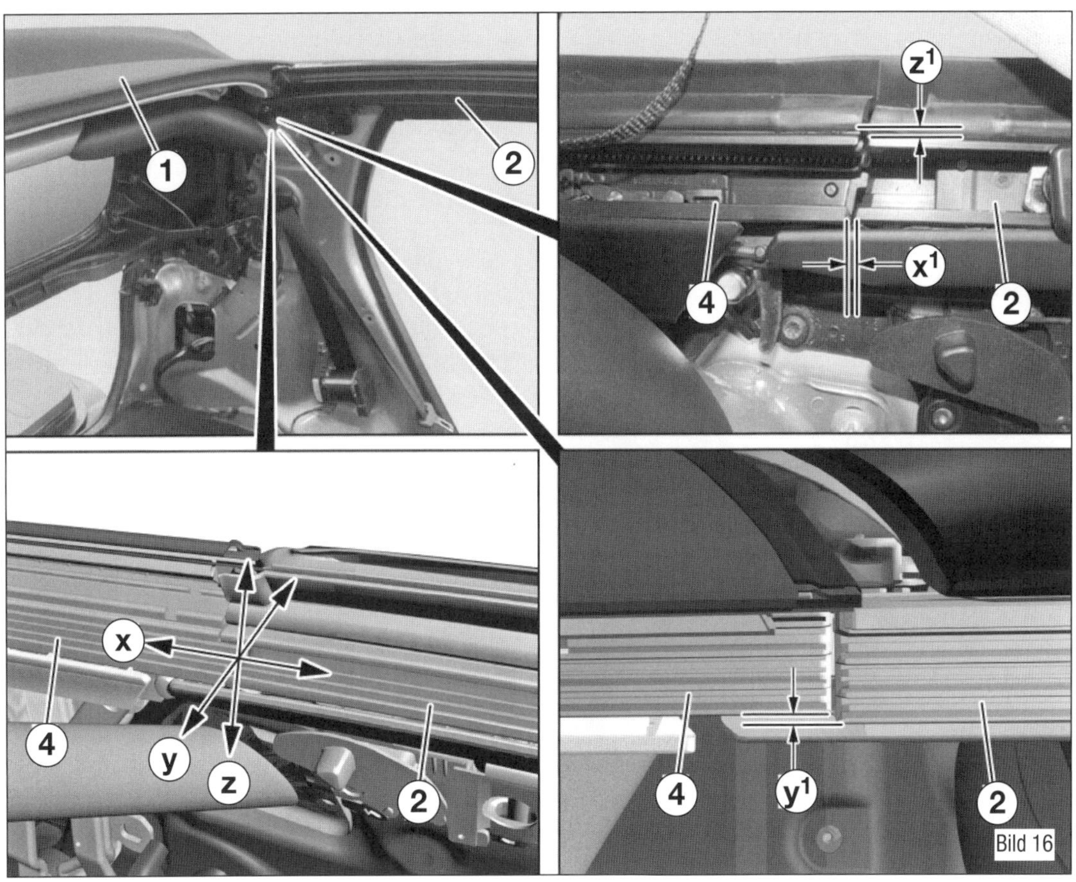

Bild 16
1 Verdeck
2 Seitenholm
4 Dachkassette
x Verstellung längs
y Verstellung seitlich
z Verstellung der Höhenlage
x1 Längenversatz
y1 Seitenversatz
z1 Höhenversatz

Bild 17
1 Heckverdeck
2 Schrauben
3 Spannbügel
4 Muttern
5 Verdecklager B-Säule unten

Bild 18
1 Heckverdeck
6 Dichtung der Heckscheibe
7 B-Säule
A Abstandsmaß

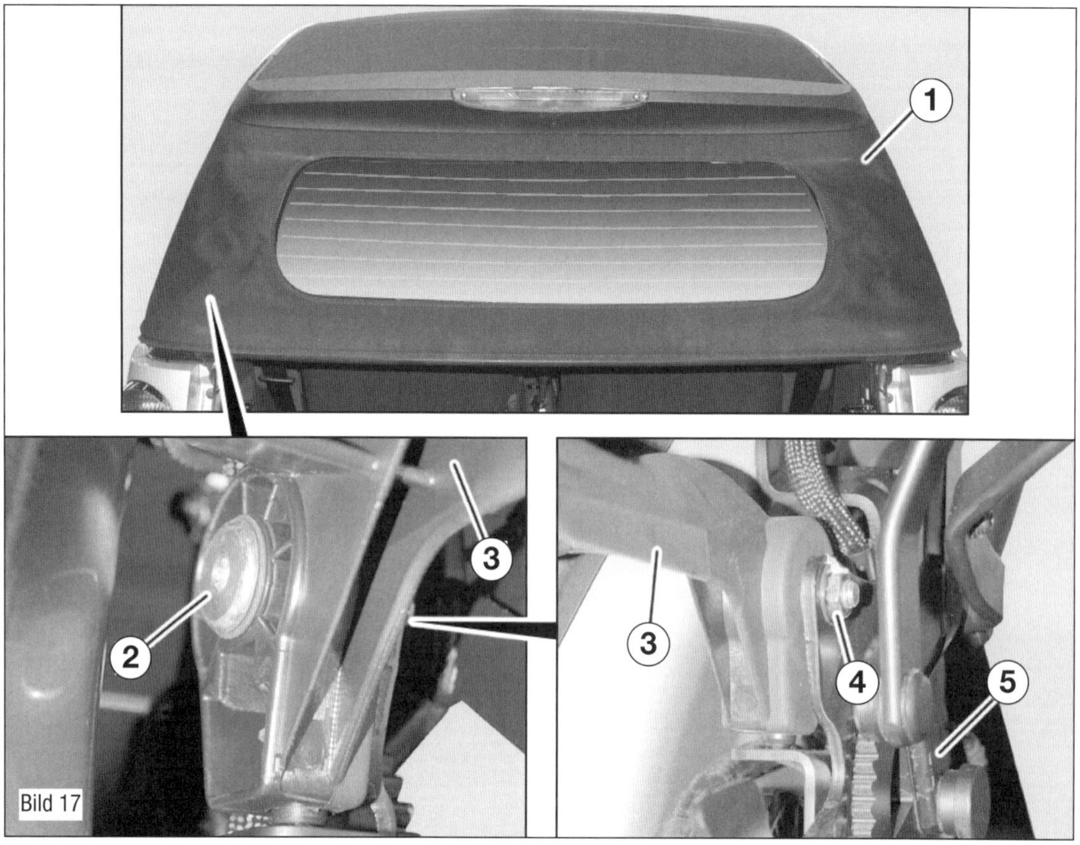

Bild 17

geführt. Leider ist das meist nur mit dem originalen Testgerät zu bewerkstelligen. Hier bleibt Ihnen dann nur der Weg zum Smart-Vertragspartner.

Motor Faltverdeck

Antriebskabel des Faltdaches

Demontage:

- Das Faltdach (1 im Bild 20) ausbauen.

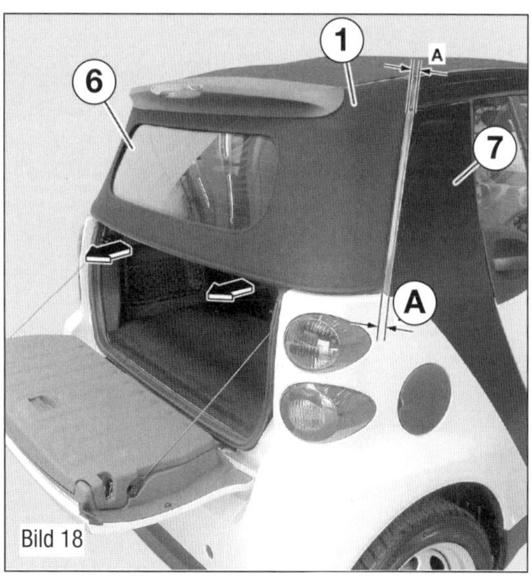

Bild 18

- Die Abdeckung (2) ausbauen.
- Die beiden Muttern (3) abschrauben und den Gehäusedeckel (4) abnehmen.
- Die Führungsrohre (5) der Antriebskabel (6) anheben.
- Die Antriebskabel (6) aus den Führungen (9) herausziehen.

Montage:

- Die Antriebskabel (6 im Bild 21) in die Führungen (9) einschieben, bis die Enden der Antriebskabel (6) links und rechts den gleichen Abstand (A) zu den Führungen (9) haben.

⚠ Einbauorte der Antriebskabel (6) beachten. Es können sonst Fehlfunktionen und Schäden am Faltdach (1) entstehen.

- Das Ritzel (7 im Bild 20) ausrichten und die Führungsrohre (5) mit dem Antriebskabel (6) in das Gehäuse (8) einsetzen.
- Den Gehäusedeckel (4) wieder aufsetzen und die Muttern (3) ansetzen.
- Den Abstand (A) der Antriebskabel (6) zu den Führungen (9) prüfen.
- Die Muttern (3) festschrauben.
- Die Abdeckung (2) wieder einbauen.
- Das Faltdach (1) wieder einbauen.

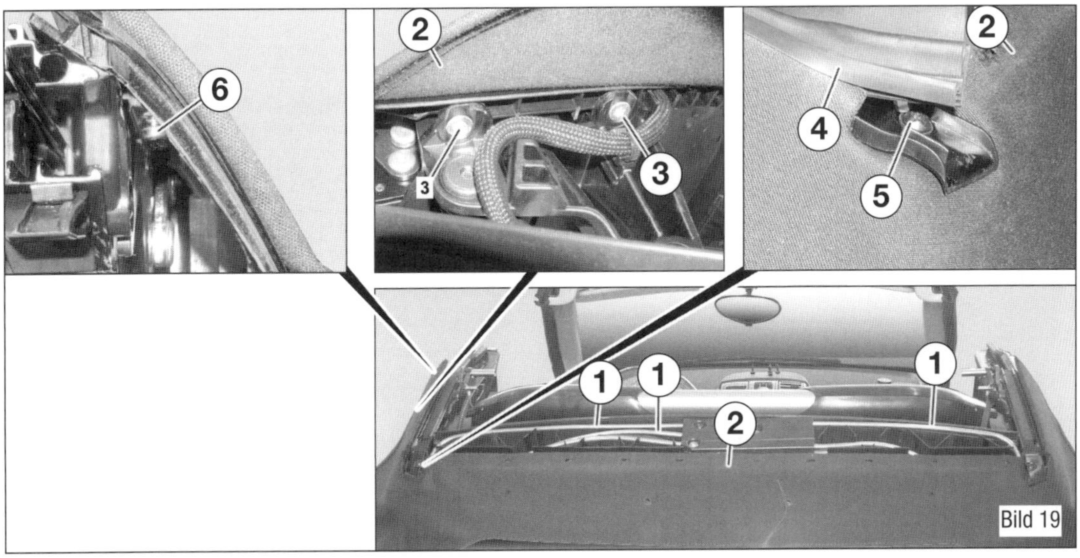

Bild 19
1 Führungsrohr
2 Heckverdeck
3 Schraube
4 Dichtung Dachkassette
5 Schraube
6 Schraube

Führungsrohre der Antriebskabel aus- und einbauen

Demontage:

■ Das Antriebskabel des Faltdaches wie beschrieben ausbauen.

■ Die Dichtungen der Dachkassette (4 im Bild 23) ausbauen.

■ Die Schrauben (5) und die Schrauben (3, 6) herausschrauben.

■ Das Heckverdeck (2) an der Dachkassette (9) aushängen und nach hinten klappen.

■ Schrauben (10, 11 im Bild 24) herausschrauben.

■ Den Kabelbinder (8) entfernen.

■ Die Führungsrohre (1) abnehmen.

Montage:

■ Die Führungsrohre (1) einsetzen und Schrauben (10, 11 im Bild 24) festschrauben.

■ Den Kabelbinder (8) anbringen.

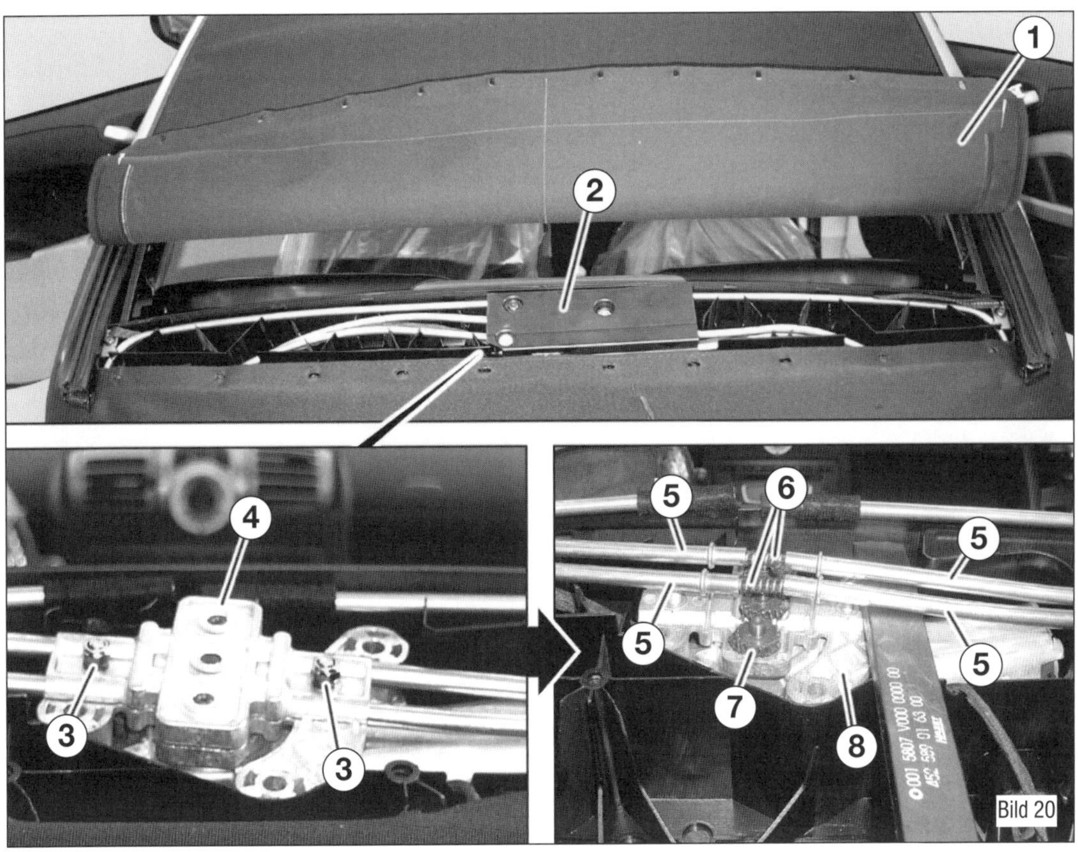

Bild 20
1 Faltdach
2 Abdeckung
3 Mutter
4 Gehäusedeckel
5 Führungsrohr
6 Antriebskabel
7 Ritzel
8 Gehäuse

Bild 21
6 Antriebskabel
9 Führung
A Abstand

Bild 22
6 Antriebskabel
10 Gleitplatte

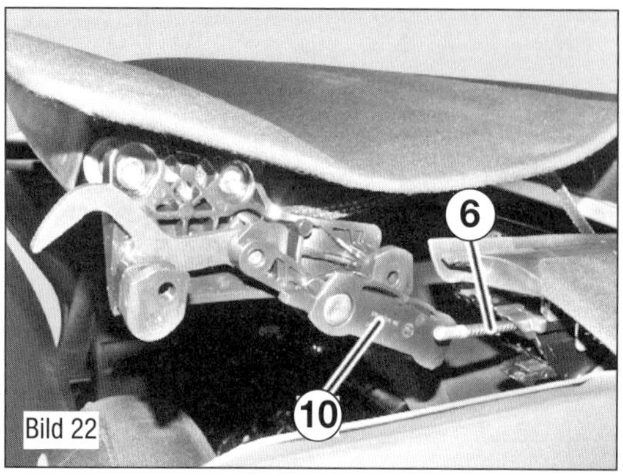

■ Das Heckverdeck (2) links und rechts an der Dachkassette (9) einhängen.
■ Schrauben (3, 6) und dann die Schrauben (5) festschrauben.
■ Die Dichtungen der Dachkassette (4 im Bild 23) einbauen.
■ Das Antriebskabel des Faltdaches wie beschrieben einbauen.

Motor Faltverdeck aus- und einbauen
■ Die Führungsrohre (1 im Bild 25) der Antriebskabel wie schon zuvor beschrieben ausbauen.
■ Den Motor des elektrischen Verdecks (M12/6) aus der Dachkassette (2) herausheben.
■ Die elektrische Steckverbindung (3) des Motors trennen.

Die Montage erfolgt sinngemäß in umgekehrter Reihenfolge.
■ Achten Sie auf die richtige Verlegung der elektrischen Leitungen.

Motor Heckverdeck aus- und einbauen
Demontage:
■ Den Verschlusshebel entriegeln und Heckverdeck nach oben klappen.
■ Die Sicherung (1 im Bild 26) der Antriebsachse (4) ausbauen.
■ Linke bzw. rechte Verkleidung (2) an der Hecksäule ausbauen.
■ Die Verkleidung seitlich im Kofferraum ausbauen.
■ Das Heckverdeck schließen.

Bild 23
1 Führungsrohr
2 Heckverdeck
3 Schraube
4 Dichtung Dachkassette
5 Schraube
6 Schraube

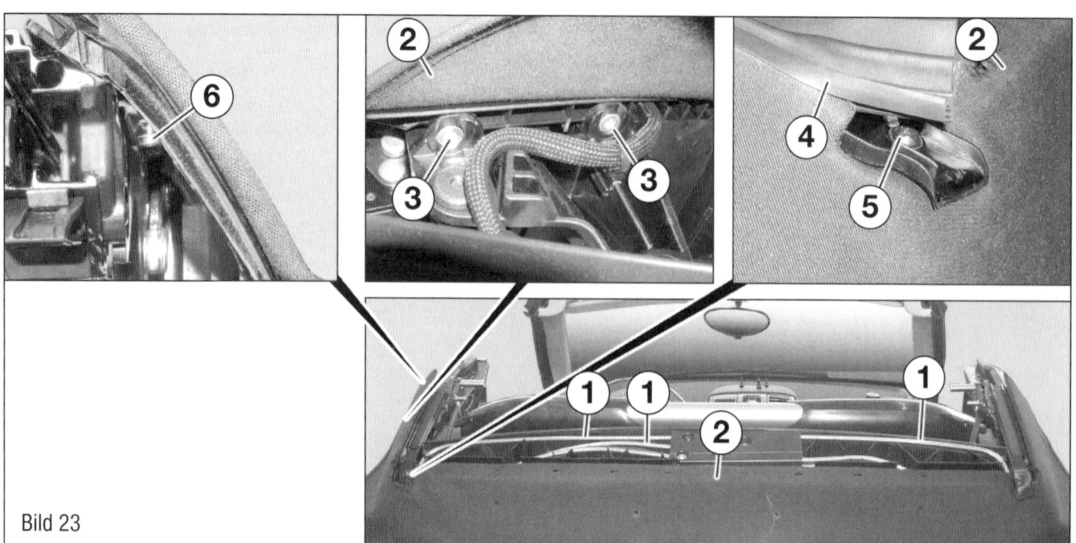

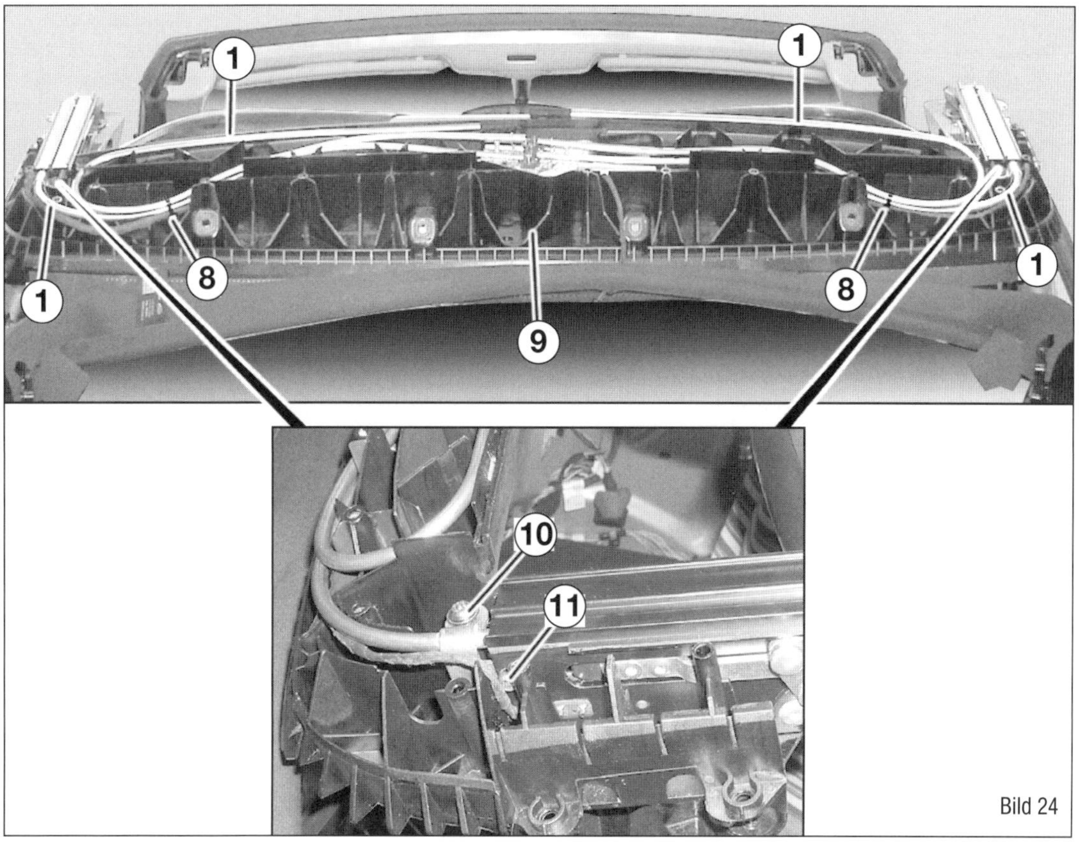

Bild 24

Bild 24
1 Führungsrohr
8 Kabelbinder
9 Dachkassette
10 Schraube
11 Schraube

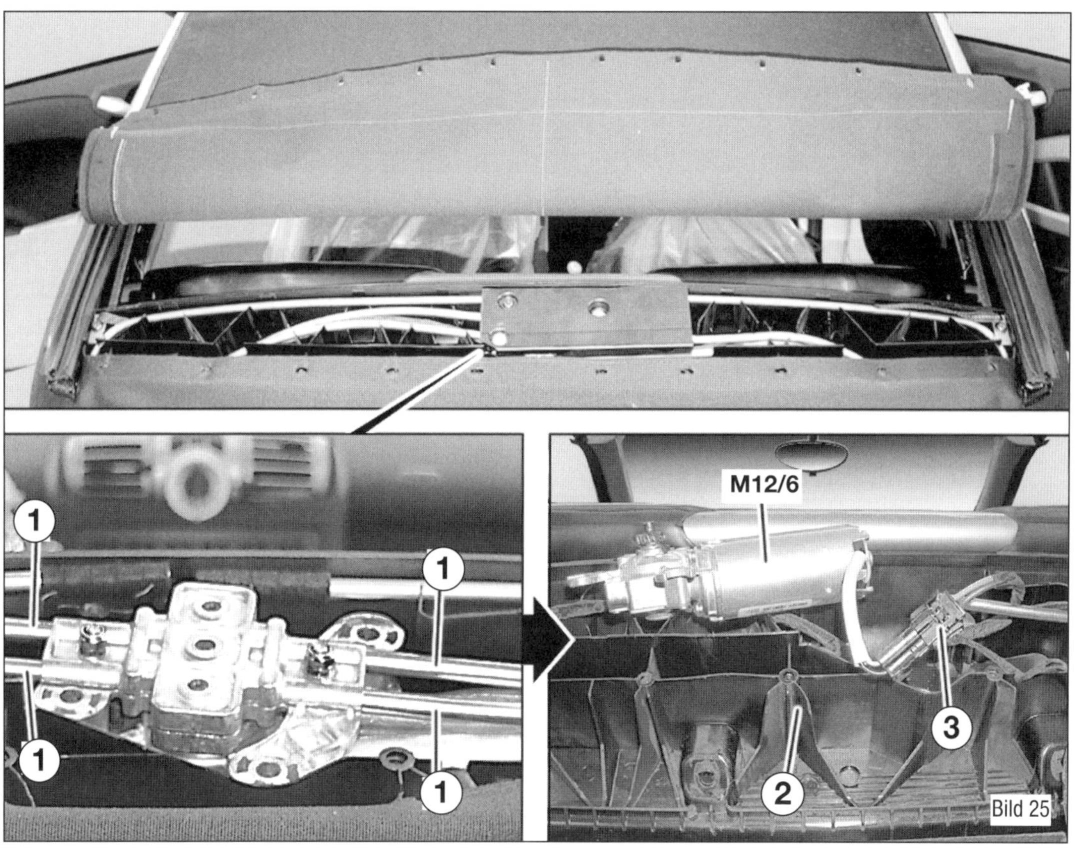

Bild 25

Bild 25
1 Führungsrohr
2 Dachkassette
3 elektrische Steckverbindung
M12/6 Motor elektrisches Verdeck

■ Das Verdeck so weit öffnen, bis der Verschluss an der B-Säule geöffnet ist.
■ Die Antriebsachse durch Anheben der Dachkassette entlasten und Antriebsachse ausbauen. Hierzu ist ein Helfer erforderlich.
■ Die Befestigungsschraube am Motor herausschrauben und Antrieb Verdeck links (M12/7) oder Antrieb Verdeck rechts (M12/8) abnehmen. Die Mutter der Schraube dazu gegenhalten.
■ Die elektrische Steckverbindung am Verdeckmotor links (M12/7) oder am Antrieb Verdeck rechts (M12/8) trennen.

Montage:
■ Elektrische Steckverbindung mit dem Verdeckmotor (Antrieb Verdeck) links (M12/7) oder rechts (M12/8) verbinden.
■ Den Antrieb des Verdecks links (M12/7) oder den Antrieb des Verdecks rechts (M12/8) in das Hauptlager einsetzen und Schraube mit Mutter wieder festschrauben.
■ Die Dachkassette so weit anheben, bis sich die linke und rechte Seite des Verdecks in gleicher Position befinden, anschließend Antriebsachse einbauen. Hierzu ist ein Helfer erforderlich.
■ Das Verdeck schließen.
■ Den Verschlusshebel entriegeln und das Heckverdeck nach oben klappen. Das Heckverdeck muss auf beiden Seiten richtig eingerastet sein.
■ Die Sicherung (1) der Antriebsachse einbauen.
■ Die Verkleidung seitlich im Kofferraum einbauen.
■ Verkleidung (2) an der Hecksäule einbauen
■ Heckverdeck schließen.
■ Funktion des Verdecks prüfen.

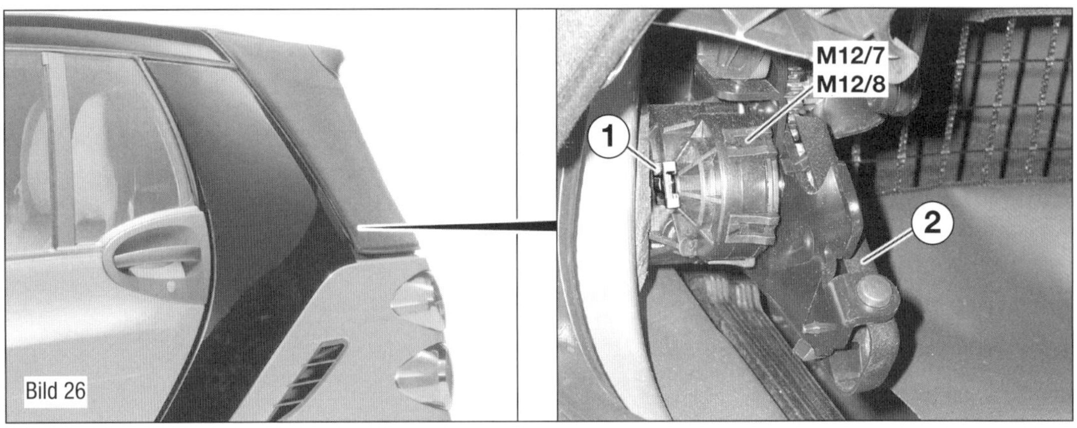

Bild 26
1 Sicherung
2 Verkleidung
M12/7 Antrieb Verdeck links
M12/8 Antrieb Verdeck rechts

13 Bremsanlage

Die Bremsen des Smart

Der Smart wird kraftvoll und sicher über ein Hydraulik-Zweikreis-Bremssystem mit Scheibenbremsen an der Vorderachse und Trommelbremsen auf der Hinterachse verzögert. Die vorderen Scheibenbremsen sind nicht innenbelüftet, die Bremstrommeln hinten sind derzeit durchweg für alle Motorisierungen baugleich. Die mechanische Feststellbremse wirkt über Seilzüge auf die Hinterräder. Die Bremsunterstützung erfolgt pneumatisch durch Vakuumbremskraftverstärker. In ihnen wird der hydraulische Druck, der dann an den Bremsen wirkt, mehr als verdoppelt. Auf diese Weise werden etwa 60% der wirkenden Bremskraft aufgebracht. Das Vakuum für den Unterdruck im Bremskraftverstärker wird dem Saugrohr entnommen oder mit einer Vakuumpumpe erzeugt. Je nach Motorisierung werden unterschiedliche Bremsenmodelle eingesetzt. Da sich die Bremssysteme oft nur durch die Hersteller im Zubehörbereich oder im Detail unterscheiden, sollten Sie sich grundsätzlich immer die richtigen Bauteile durch ein aktuelles Ersatzteilprogramm Ihres Zulieferers oder Händlers heraussuchen lassen.

Bremse vorne
Es handelt sich um eine Scheibenbremse aus Vollmaterial ohne Innenbelüftung. Die vordere Bremse wird nur als Betriebsbremse eingesetzt. Die Bremssättel werden hydraulisch betätigt.

Scheibendurchmesser	280 mm (279,8 mm)
Bauhöhe	38 mm
Scheibendicke	9,7 mm
Verschleißmaß Dicke	8 mm
Zentrierlochdurchmesser	58 mm
Bauhöhe	38,5 mm
Lochkreis Radschraube	112 mm
Lockkreis Halteschraube	90 mm

Bremse hinten
Es handelt sich um eine Trommelbremse mit einer Trommel aus Vollmaterial (Stahlguss). Die Betätigung der Bremsbacken für die Betriebsbremse erfolgt hydraulisch. Für die Handbremse werden die gleichen Beläge mechanisch über Seilzüge betätigt.

Trommeldurchmesser	203 mm
Verschleißmaß Durchmesser	204,5 mm
Bauhöhe außen	58,8 mm
Bauhöhe innen	52,4 mm
Zentrierlochdurchmesser	58 mm
Lochkreis Radschraube	112 mm
Lockkreis Halteschraube	90 mm

Antiblockiersystem (ABS und ESP)
Der Smart verfügt serienmäßig über ein Antiblockiersystem. Im Smart der Typenreihe 451 kommt eine Weiterentwicklung des ESP 8.0, das bereits in der Vorgängertypenreihe bekannt war, zum Einsatz. Die eingesetzte Variante heißt entsprechend 8.1. Hier sind nun folgende Funktionen realisiert worden: ABS (Blockierverhinderer beim Bremsen), ASR (verhindert durchdrehende Räder), BAS (erkennt eine erforderliche Gefahrenbremsung), EBV (regelt den Bremsdruck an der Hinterachse), ESP (Stabilitätsprogramm um Schleudern einzudämmen), MSR (Schlupfregelung bei Motorbremse), Anfahrassistent (Berganfahrhilfe).

Die im Hydrauliksystem zirkulierende Flüssigkeit ist Bremsflüssigkeit nach dem Standard »FMVSS 116 DOT 4«, wovon auch die Weiterentwicklung »DOT 4 plus« erhältlich ist.

Bremsflüssigkeit auf keinen Fall mit mineralölhaltigen Flüssigkeiten (Öl, Benzin, Reinigungsmittel) in Verbindung bringen. Mineralöle beschädigen die Dichtungen und Gummitüllen der Bremsanlage!
- Bremsflüssigkeit ist giftig. Sie darf wegen ihrer ätzenden Wirkung auch nicht mit Lack in Berührung kommen. Eventuell ausgetretene Bremsflüssigkeit mit viel Wasser abspülen!
- Bremsflüssigkeit ist hygroskopisch, das heißt, sie nimmt aus der umgebenden Luft Feuchtigkeit auf und ist darum stets in luftdicht verschlossenen Behältern aufzubewahren.

Störungen am ABS haben keinen Einfluss auf Bremsanlage und Bremskraftverstärkung. Die herkömmliche Bremsanlage

Sichtprüfung Messen

Bild 1
Datenfluss am elektronischen Stabilitätsprogramm ESP.
1 Status ESP/ABS/ASR
2 Anzeigestatus ESP/ABS/ASR
3 Signal Raddrehzahl
4 Lenkwinkel
5 Lenkgeschwindigkeit
6 Querbeschleunigung
7 Drehgeschwindigkeit
8 Motor-Drehmomentregelung
9 Eingriff Getriebesteuerung
10 Status Bremspedal
11 Referenzgeschwindigkeit Notbremsung
12 Status Fahrertür geschlossen
13 Status Handbremse
14 Status Bremsflüssigkeit
A1 Kombiinstrument
A1e41 Warnleuchte ESP
B24/15 Sensor Dreh- und Querbeschleunigung
L6/1 Drehzahlgeber vorne links
L6/2 Drehzahlgeber vorne rechts
L6/3 Drehzahlgeber hinten links
L6/4 Drehzahlgeber hinten rechts
N3/9 Steuergerät CDI (beim Diesel)
N3/10 Steuergerät ME (beim Benziner)
N10/10 Steuergerät SAM (Bordnetz)
N15/6 Steuergerät Getriebe
N47-5 Steuergerät ESP
N49 Lenkwinkelsensor
S9/1 Bremslichtschalter
S11 Schalter Bremsflüssigkeitskontrolle
S12 Schalter Handbremskontrolle
CAN »Control Area Network« Zweileitungs-Datenbus (CAN-Bus)

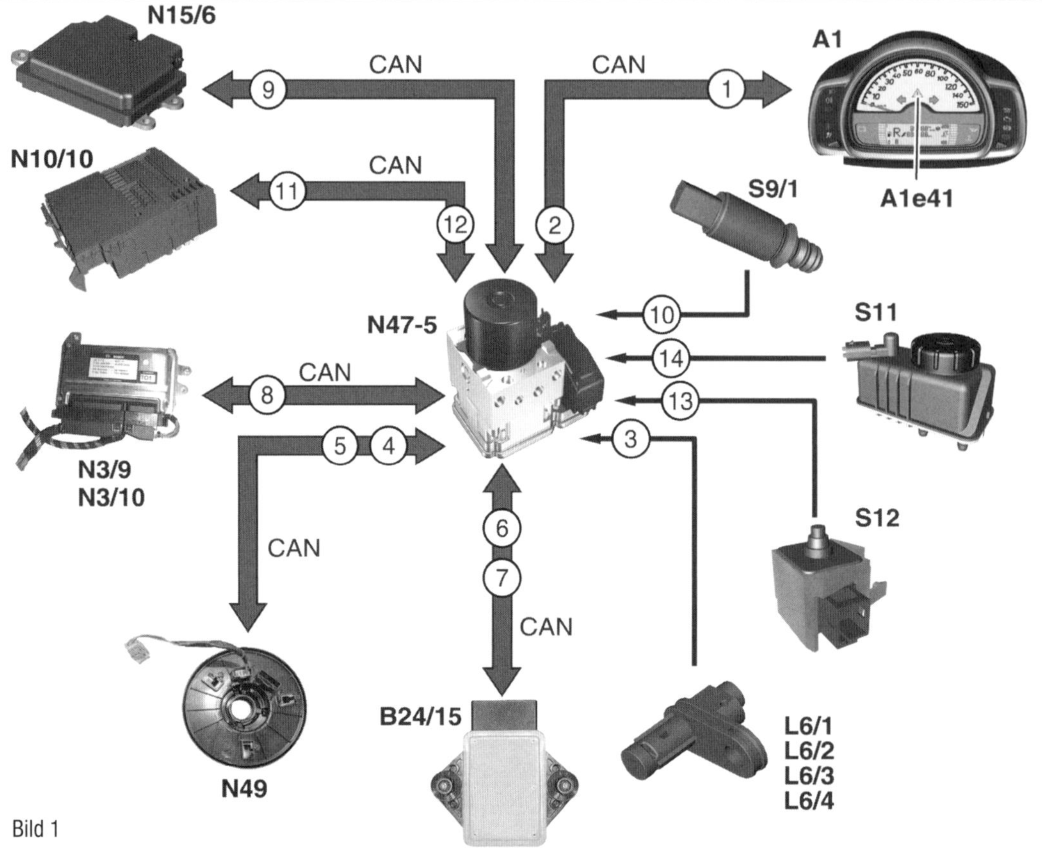

Bild 1

bleibt auch ohne ABS funktionsfähig. Es muss jedoch mit einem veränderten Bremsverhalten gerechnet werden. Nach Aufleuchten der ABS-Kontrollleuchte können die Hinterräder beim Bremsen frühzeitig blockieren.

Bremsflüssigkeitsstand (abhängig vom Belagverschleiß) prüfen

Der Stand der Bremsflüssigkeit ist an den Markierungen des Bremsflüssigkeitsbehälters abzulesen.

- Der Bremsflüssigkeitsstand (Menge) ist stets in Abhängigkeit vom Bremsbelagverschleiß zu beurteilen. Im Fahrbetrieb sinkt durch Abnutzung und automatische Nachstellung der Bremsbeläge der Flüssigkeitsstand geringfügig ab.
- Bei einem Flüssigkeitsstand an der »Min.«-Markierung und etwas darüber ist kein Nachfüllen erforderlich, wenn die Bremsbelagverschleißgrenze nahezu erreicht ist.
- Sind die Bremsbeläge neu bzw. weit von der Belagverschleißgrenze entfernt, muss der Flüssigkeitsstand zwischen der »Min.«- und der »Max.«-Markierung liegen.
- Die »Max.«-Markierung darf jedoch nicht überschritten werden, damit die Flüssigkeit nicht aus dem Bremsflüssigkeitsbehälter austritt.
- Ist der Flüssigkeitsstand unter die »Min«-Markierung abgesunken, muss, bevor Bremsflüssigkeit ergänzt wird, das ganze Bremssystem überprüft werden, ggf. sind Reparaturen einzuleiten.

Bremsanlage auf Undichtigkeiten und Beschädigungen prüfen

Sichtprüfung

Folgende Bauteile müssen auf Undichtigkeiten und Beschädigungen überprüft werden:

- Hauptbremszylinder
- Bremskraftverstärker
- Hydraulikeinheit
- Bremssättel

Weiterhin sind zu prüfen:

- Vorhandensein der Staubkappen an den Entlüftungsventilen für Bremsflüssigkeit.
- Dass die Bremsschläuche nicht verdreht sind und sie beim maximalen Lenkeinschlag keine Fahrzeugbauteile berühren.
- Dass Bremsschläuche nicht porös und brüchig sind.
- Dass Bremsschläuche und Bremsleitungen keine Scheuerstellen aufweisen.
- Dass Bremsanschlüsse und Befestigungen richtig sitzen, nicht undicht und frei von Korrosion sind.

Festgestellte Mängel sind unbedingt durch entsprechende Reparaturmaßnahmen zu beseitigen.

Dichtigkeitsprüfung unter Druck
Diese Prüfung erfordert ein Prüfgerät für Bremssysteme mit Adapter (z. B. V.A.G 1310 A mit -/6). Prüfvoraussetzung ist, dass Funktion und Dichtheit der Bremsanlage gewährleistet sind.

- Entlüftungsventil an einem der vorderen Bremssättel herausschrauben. Das Prüfgerät für Bremssysteme anschließen und entlüften.
- Bremspedal belasten, bis das Druckmanometer 50 bar Überdruck anzeigt. Während der Prüfdauer von 45 Sekunden darf der Druckabfall nicht mehr als 4 bar betragen. Bei größerem Druckabfall Hauptbremszylinder ersetzen.

Bremsanlage mit Gerät entlüften

Normale Entlüftung

Tipp: Den Arbeitsablauf zum Entlüften der Bremsanlage genau einhalten.

- Bremsenfüll- und Entlüftungsgerät anschließen, d. h. Adapter statt Verschlussdeckel auf Bremsflüssigkeitsbehälter aufschrauben, Druck einstellen und Befüllschlauch des Gerätes an den Adapter anschließen.
- Abdeckkappen von den Entlüftungsventilen abziehen (Bild 2), Schlauch der Entlüfterflasche aufstecken und dann Entlüftungsventile mit einem passenden Schlüssel in folgender Reihenfolge öffnen und jeweiligen Radbremszylinder/Bremssättel entlüften:

1. Bremssattel hinten links
2. Bremssattel vorn links
3. Bremssattel vorn rechts
4. Bremssattel hinten rechts

- Entlüftungsventil bei aufgestecktem Schlauch der Entlüfterflasche so lange geöffnet lassen, bis blasenfreie Bremsflüssigkeit ausströmt.

Tipp: Geeigneten Entlüfterschlauch verwenden. Er muss straff auf dem Entlüftungsventil sitzen, damit keine Luft in die Bremsanlage gelangen kann!

Vorentlüftung
Wenn bei Fahrzeugen mit EDS, EDS/ASR oder EDS/ASR/ESP eine Kammer des Bremsflüssigkeitsbehälters komplett leergelaufen ist (z. B. bei Undichtigkeiten der Bremsanlage), muss zuerst eine Vorentlüftung erfolgen.

- Bremssattel vorn links und vorn rechts gleichzeitig zusammen entlüften.
- Bremssattel hinten links und hinten rechts gleichzeitig zusammen entlüften.
- Entlüftungsventile bei aufgesteckten Schläuchen der Entlüfterflasche so lange geöffnet lassen, bis blasenfreie Bremsflüssigkeit ausströmt.
- Anschließend muss über die Funktion »Grundeinstellung« mit dem Diagnosetester VAS 505x (oder VCDS) die Hydraulikeinheit nochmals entlüftet werden. Grundeinstellung einleiten (zum Entlüften der Bremsanlage): VAS oder VCDS anschließen und Funktion anwählen. Zum Entlüften der Hydraulikeinheit ist ein Vordruck von 2 bar nötig.
- Danach die Bremsanlage normal entlüften (siehe oben).

Bremsanlage ohne Gerät entlüften

Steht kein Bremsenfüll- und Entlüftungsgerät zur Verfügung, muss die Bremsanlage mit einfachen Mitteln entlüftet werden. Nötig dafür sind neue Bremsflüssigkeit und ein geeigneter, möglichst durchsichtiger Kunststoffschlauch, wie ihn Baumärkte im Sortiment haben. Er muss straff auf der Entlüfterschraube Radbremszylinder/Bremssattel sitzen, damit keine Luft in die Bremsanlage gelangen kann.

Sichtprüfung Messen

■ Wenn erforderlich, die Entlüftungsventile einige Stunden vor der Arbeit mit Rostlöser einsprühen. Das mindert das Risiko, dass die Ventile beim Lösen abgerissen werden.
■ Entlüftungsreihenfolge wie bei »Entlüftung normal«.
■ Staubkappe vom Entlüftungsventil abziehen, Ventilnippel säubern, den Kunststoffschlauch auf den Nippel schieben und das freie Schlauchende in einen teilweise mit Bremsflüssigkeit gefüllten Auffangbehälter stecken.
■ Entlüftungsschraube mit einem Ringschlüssel maximal eine Umdrehung lösen. Ein Helfer tritt das Bremspedal langsam bis zum Boden, damit die Bremsflüssigkeit und die darin eingeschlossene Luft herausgepumpt werden.

Auf Schlauch und Auffangbehälter achten: die Luftbläschen müssen zu sehen sein.

■ Das Bremspedal am Boden halten.
■ Nun die Entlüftungsschraube schließen, erst dann das Bremspedal zurücknehmen.
■ Diesen Vorgang so lange wiederholen, bis keine Luftbläschen mehr aufsteigen, es ist dann keine Luft mehr im System. Dabei aber ständig den Stand der Bremsflüssigkeit im Ausgleichsbehälter beobachten. Bei Bedarf nachfüllen, aber nur so viel, dass der vorherige Stand im Bremsflüssigkeitsbehälter nicht überschritten wird. Dadurch wird verhindert, dass bei einem späteren Wechsel der Bremsbeläge zu viel Bremsflüssigkeit im System ist und der Behälter beim Zurückdrücken der Bremskolben überläuft.
■ Nach dem letzten Durchgang muss der Helfer das Bremspedal wieder am Boden halten, bis das Entlüftungsventil endgültig geschlossen ist (Schraube nicht anknallen).
■ Die Arbeit an den anderen Entlüftungsventilen wiederholen.
■ Lässt sich die Bremse nach vorgenannter Methode nicht vollständig entlüften, alle Entlüftungsventile schließen, den Motor starten und mehrfach die Bremse betätigen. Dann nochmals einen Entlüftungsdurchgang vornehmen.
■ Zum Schluss noch einmal alle Bremsleitungen, Entlüftungsventile (angezogen?), den Stand im Bremsflüssigkeitsbehälter und die Funktion der Bremsen bei einer (vorsichtigen) Probefahrt prüfen. Dabei einmal so stark bremsen, dass die ABS-Regelung greift.

Bremsflüssigkeit wechseln

■ Verschlussdeckel vom Bremsflüssigkeits-Vorratsbehälter abschrauben. Das Sieb darf nicht aus dem Behälter entfernt werden!
■ Mit dem Saugschlauch vom Bremsenfüll- und Entlüftungsgerät so viel Bremsflüssigkeit wie möglich absaugen. Abgesaugte Bremsflüssigkeit darf nicht wieder verwendet werden.
■ Adapter (aus dem Bremsenentlüftungswerkzeug) auf den Bremsflüssigkeits-Vorratsbehälter schrauben, den richtigen Druck am Bremsenfüll- und Entlüftungsgerät einstellen (Bedienungsanleitung des Gerätes beachten) und den Befüllschlauch des Geräts an den Adapter anschließen.
■ Abdeckkappe des Entlüftungsventils am Bremssattel vorn links abziehen und Entlüfterschlauch der Auffangflasche auf das Ventil stecken, Entlüftungsventil öffnen und die entsprechende Bremsflüssigkeitsmenge (siehe folgende Tabelle) ausfließen lassen. Entlüftungsventil mit 10 Nm schließen. Abdeckkappe am Entlüftungsventil des Bremssattels vorn links wieder aufstecken.
■ Diesen Arbeitsablauf an der rechten Fahrzeugseite vorn wiederholen.
■ Schrauben Sie ggf. beide Räder an der Hinterachse ab, um nun dort an die Entlüftungsventile zu gelangen. Abdeckkappe am Entlüftungsventil des Bremssattels hinten links abziehen und Entlüfterschlauch der Auffangflasche auf das Entlüftungsventil hinten links stecken, Entlüftungsventil öffnen und die entsprechende Bremsflüssigkeitsmenge (siehe folgende Tabelle) ausfließen lassen. Entlüftungsventil mit 10 Nm schließen. Abdeckkappe am Entlüftungsventil des Bremssattels hinten links wieder aufstecken.
■ Diesen Arbeitsablauf an der rechten Fahrzeugseite hinten wiederholen.

Ausfließende Bremsflüssigkeitsmengen

Reihenfolge Entlüftungsventile	Bremsflüssigkeitsmengen
Bremssattel vorn links	0,20 Liter
Bremssattel vorn rechts	0,20 Liter
Bremssattel hinten links	0,30 Liter
Bremssattel hinten rechts	0,30 Liter
Kupplungsnehmerzylinder	0,15 Liter

Bremslichtschalter aus- und einbauen

Vorbereitung
Der Bremslichtschalter ist vom Unterboden aus zugänglich.

- Hierzu muss die Unterbodenverkleidung demontiert werden.
- Fahrzeug zwischen den Hebebühnensäulen ausrichten und die vier Aufnahmeteller an den vom Fahrzeughersteller vorgeschriebenen Hebebühnenaufnahmepunkten platzieren.

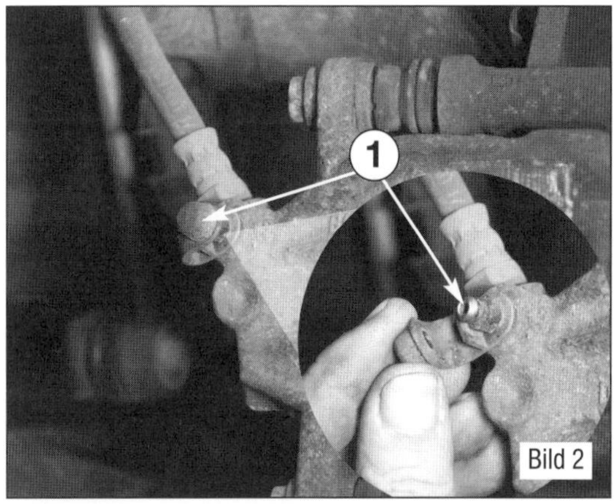

Bild 2
1 Entlüftungsnippel am Bremssattel

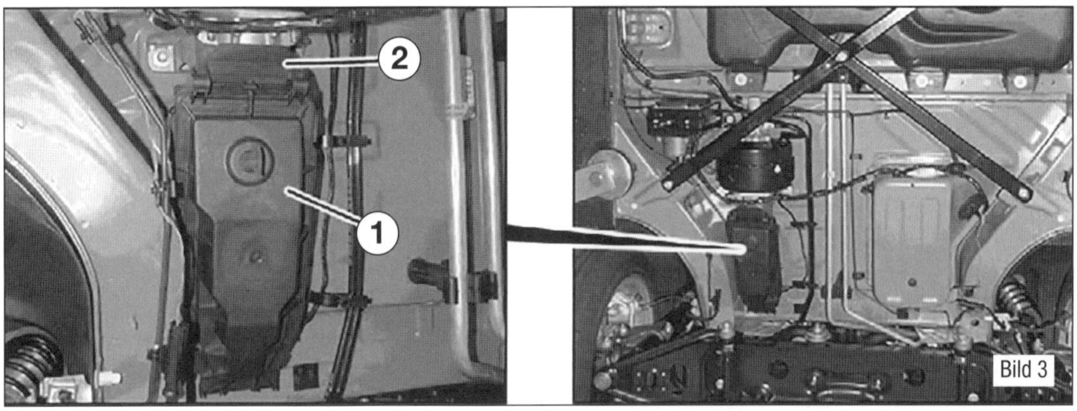

Bild 3
Am Unterboden.
1 Deckel Bremspedalmodul
2 Lasche

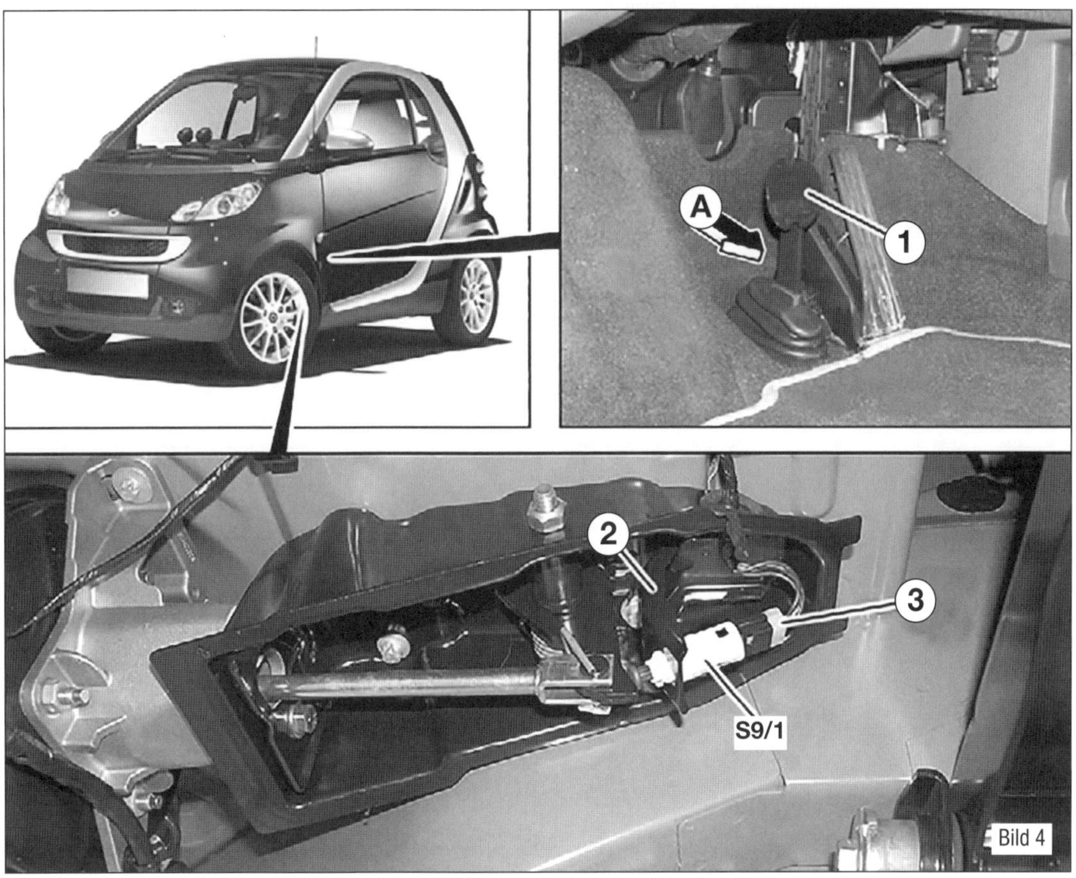

Bild 4
1 Bremspedal
2 Halter
3 Elektrische Steckverbindung
S9/1 Bremslichtschalter

Lebensgefahr durch Abrutschen oder Kippen des Fahrzeuges von der Hebebühne.

- Lasche (2) am Deckel Bremspedalmodul (1) nach unten ziehen und Deckel des Bremspedalmoduls (1) abnehmen. Der Deckel soll nach Arbeitsanweisungen von Mercedes erneuert werden.
- Auflagefläche des Deckels Bremspedalmodul (1) an der Pedalanlage reinigen.

Der Einbau erfolgt sinngemäß in umgekehrter Reihenfolge.

Ausbau des Bremslichtschalters
- Deckel Bremspedalmodul ausbauen.
- Elektrische Steckverbindung (3) am Bremslichtschalter (S9/1) trennen.
- Bremslichtschalter (S9/1) um 90° nach links verdrehen und vom Halter (2) abnehmen.
- Prüfen, ob die Rasthaken der Pedalwerkabdichtung alle richtig verrastet sind.

Einbau
Vor dem Einbau des neuen selbstjustierenden Bremslichtschalters ist sicherzustellen, dass der Stößel vollständig herausgezogen worden ist.
- Den Bremslichtschalter (S9/1) in den Halter (2) einsetzen und um 90° bis zum Anschlag nach rechts verdrehen.
- Elektrische Steckverbindung (3) am Bremslichtschalter (S9/1) aufstecken.
- Neuen Deckel des Bremspedalmoduls einbauen.
- Das Bremspedal (1) kräftig in Pfeilrichtung (Pfeil A) zurückziehen. Das automatische Einstellen des Bremslichtschalters (S9/1) beim Zurückziehen des Bremspedals (1) ist gut hörbar.
- Diagnosetester anschließen und den Fehlerspeicher löschen.
- Signal des Bremslichtschalters mit dem Tester über die Istwerteauswertung prüfen.

Arbeiten am Hauptbremszylinder

Pedalwerkabdichtung aus- und einbauen
Demontage:
- Den Fahrersitz ganz nach hinten verstellen.
- Den Faltenbalg (2) von der Pedalwerkabdichtung (3) lösen und nach oben stülpen.
- Die Schraube (4) herausdrehen.
- Den Bolzen (6) des Bremspedals (1) aushängen und das Bremspedal (1) abnehmen.
- Die Pedalwerkabdichtung (3) nach oben aus dem Bodenblech lösen, aus dem Bodenbelag (5) herausnehmen und abnehmen. Den Halter der Pedalwerkabdichtung (3) dabei mit einem geeigneten Schraubendreher durch die Öffnungen (Pfeile) entriegeln.

Montage:
- Den Faltenbalg (2) ausrichten und die Pedalwerkabdichtung (3) am Faltenbalg (2) positionieren.
- Den Faltenbalg (2) vorsichtig am Bremspedal (1) nach oben schieben.

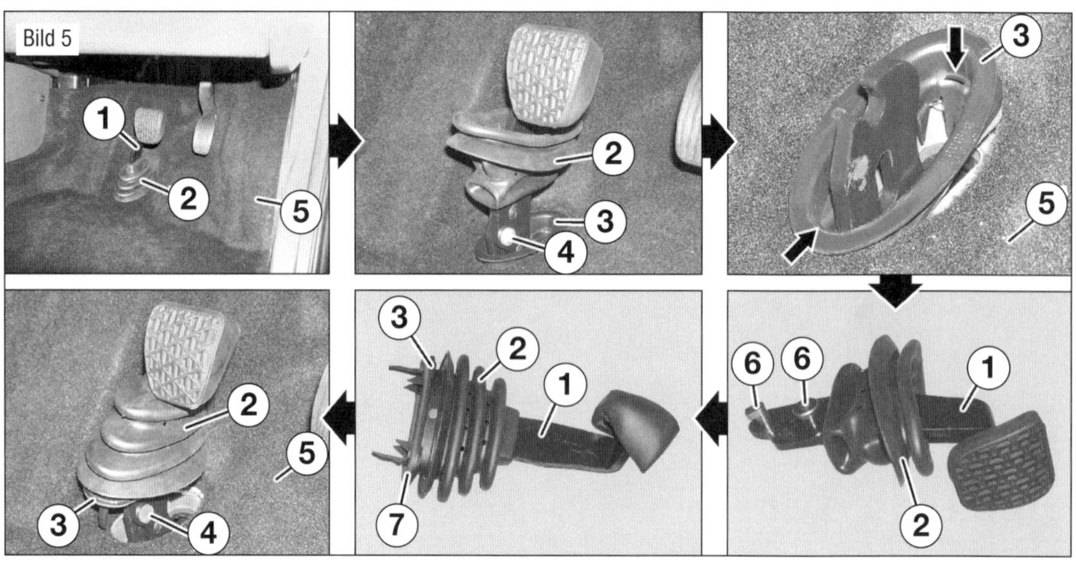

Bild 5
1 Bremspedal
2 Faltenbalg
3 Pedalwerkabdichtung
4 Schraube
5 Bodenbelag
6 Bolzen
7 Dichtungen

Die Dichtungen (7) an der Pedalwerkabdichtung (3) nicht beschädigen, da es sonst zu Wassereintritt kommen kann.

- Das Bremspedal (1) ansetzen und mit der Schraube (4) festschrauben, auf richtigen Sitz der Bolzen (6) achten.
- Den Faltenbalg (2) nach unten schieben, dabei die Pedalwerkabdichtung (3) im Bodenbelag (5) positionieren und in das Bodenblech einclipsen.

Hauptbremszylinder aus- und einbauen

Die Pedalanlage (1), der Bremskraftverstärker (6) und der Hauptbremszylinder (7) werden als ein Ersatzteil geliefert. Der Ersatz einzelner Komponenten ist zwar möglich, aber werkseitig nicht vorgesehen.

- Das Bremspedal mehrmals betätigen, um evtl. vorhandenen Unterdruck abzubauen.
- Die Wartungsklappe vorne ausbauen.
- Den Verschlussdeckel des Bremsflüssigkeit-Ausgleichsbehälters abschrauben und die Bremsflüssigkeit absaugen.
- Die Pedalwerkabdichtung ausbauen.
- Die Diagonalstreben ausbauen. Bremslichtschalter (S9/1) ausbauen.
- Die Tülle (4) mit der elektrischen Leitung (5) aus der Pedalanlage (1) herausziehen.
- Die Unterdruckleitung Bremskraftverstärker (11) aus dem Bremskraftverstärker (6) herausziehen.
- Die Verbindungsleitung zum Ausgleichsbehälter (9) aus dem Halter (12) an der Pedalanlage (1) ausclipsen.
- Die Sicherung (8) abbauen und Verbindungsleitung Ausgleichsbehälter (9) am Hauptbremszylinder (7) mit geeignetem Werkzeug vorsichtig herausdrücken.
- Schraubverbindungen der Bremsleitungen (10) mit dem Hauptbremszylinder (7) auf Farbmarkierung prüfen und für den richtigen Einbau kenntlich machen.
- Die Schraubverbindungen der Bremsleitungen (10) mit dem Hauptbremszylinder (7) lösen und trennen.

Bremsflüssigkeit in einem geeigneten Behälter auffangen. Anschlüsse mit geeigneten Stopfen verschließen.

- Die Schrauben (2, 3) herausdrehen.
- Die Pedalanlage (1) mit Bremskraftverstärker (6) und Hauptbremszylinder (7) abnehmen.

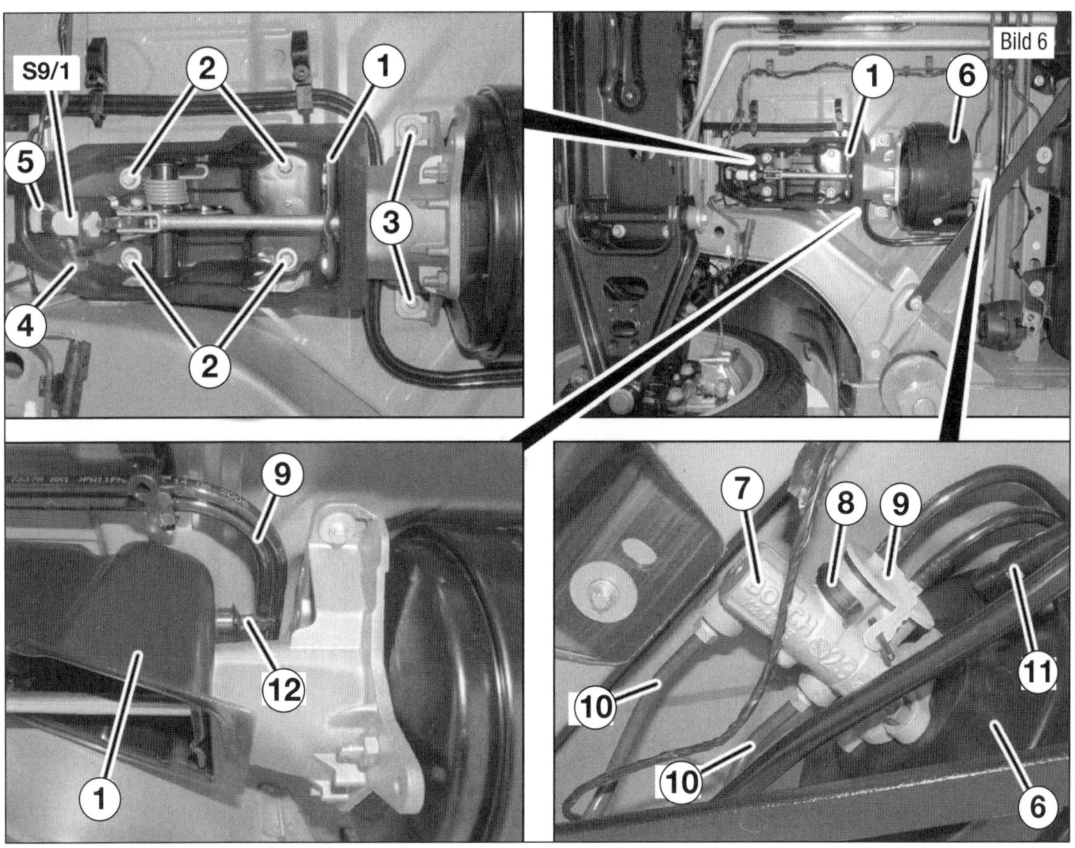

Bild 6
1 Pedalanlage
2 Schrauben
3 Schrauben
4 Tülle
5 elektrische Leitung
6 Bremskraftverstärker
7 Hauptbremszylinder
8 Sicherung
9 Verbindungsleitung Ausgleichsbehälter
10 Bremsleitung
11 Unterdruckleitung Bremskraftverstärker
12 Halter
S9/1 Bremslichtschalter

Der Einbau erfolgt sinngemäß in umgekehrter Reihenfolge. Beim Zusammensetzen des Hauptbremszylinders mit dem Bremskraftverstärker auf richtigen Sitz der Druckstange im Hauptbremszylinder achten.

- Bremsanlage wie beschrieben entlüften.

Funktion des Bremskraftverstärkers prüfen

- Bremspedal bei stehendem Motor mehrere Male kräftig durchtreten (dadurch wird der im Gerät vorhandene Unterdruck abgebaut).
- Bremspedal jetzt mit mittlerer Fußkraft in Bremsstellung halten und Motor starten. Bei einem einwandfrei funktionierenden Bremskraftverstärker gibt das Bremspedal dabei unter dem Fuß spürbar nach (Verstärkung wird wirksam). Senkt sich das Pedal nicht, liegt eine Störung vor.

Diese kann in der Unterdruckversorgung (Leitung, Pumpe, Anschluss) oder am Bremskraftverstärker selbst zu finden sein. In diesem Fall muss er ersetzt werden. Reparaturen an diesen Bauteilen sind nicht vorgesehen.

Unterdruckpumpe aus- und einbauen

- Die Glühendstufe ausbauen.
- Die Unterdruckleitung zum Bremskraftverstärker (2 im Bild 7) entriegeln und von der Unterdruckpumpe (1) abziehen.
- Die Schraube (3) herausschrauben und die Masseleitung abnehmen.
- Die Schraube (4) herausdrehen und den Halter (5) am Ölmessstab-Führungsrohr zur Seite drehen.
- Die Schrauben (6) herausdrehen und die Unterdruckpumpe (1) vom Zylinderkopf abnehmen.
- Die Dichtflächen reinigen. Die Dichtung (7) an der Unterdruckpumpe (1) erneuern.
- Den Mitnehmer (8) an der Unterdruckpumpe (1) entsprechend der Stellung der Nockenwelle ausrichten.
- Die Unterdruckpumpe (1) am Zylinderkopf positionieren und Schrauben (6) bis zur Anlage hineinschrauben.
- Den Ölmessstab-Führungsrohr mit dem Halter (5) positionieren und die Schraube (4) bis zur Anlage hineinschrauben.
- Die Masseleitung positionieren und die

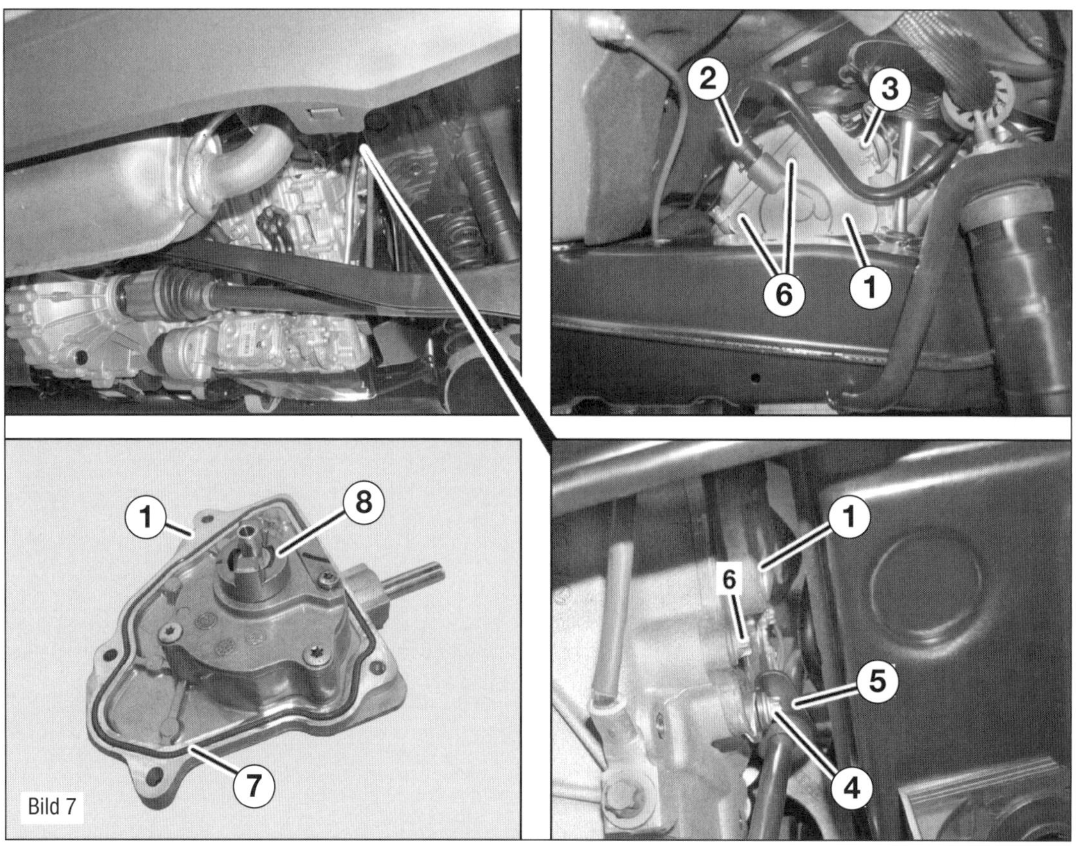

Bild 7
1 Unterdruckpumpe
2 Unterdruckleitung Bremskraftverstärker
3 Schraube
4 Schraube
5 Halter
6 Schrauben
7 Dichtung
8 Mitnehmer

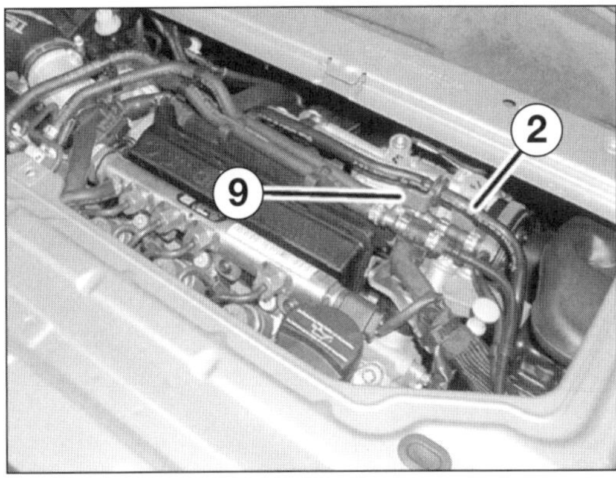

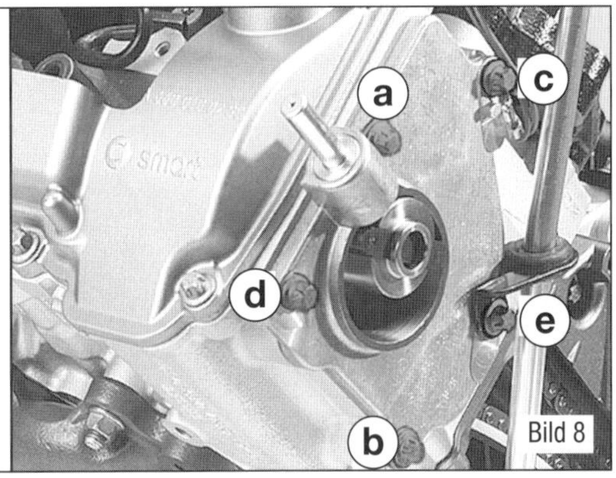

Bild 8
2 Unterdruckleitung Bremskraftverstärker
9 Halter
a – e Anziehreihenfolge

Schraube (3) bis zur Anlage hineinschrauben.

■ Die Schrauben (3, 4, 6) der Unterdruckpumpe (1) entsprechend der Anziehreihenfolge (a bis e in Bild 8) festschrauben.

■ Motorprobelauf durchführen und den Motorölkreislauf im Bereich der Unterdruckpumpe (1) auf Dichtheit prüfen.

⚠ Unfallgefahr durch selbsttätiges Anfahren bei laufendem Motor. Fahrzeug gegen selbsttätiges Anfahren sichern.

Bremsscheiben und Beläge vorne

Bremsbeläge prüfen

Mit einer Taschenlampe durch einen Durchbruch in der Felge leuchten. Die Dicke des äußeren Belages durch Sichtprüfung ermitteln. Den inneren Belag anleuchten und einen Spiegel anhalten. Dann die Dicke des inneren Belages durch Sichtprüfung ermitteln.

■ Zur besseren Beurteilung der Restbelagdicke einen Prüfspiegel benutzen oder das Rad abnehmen.

■ Anbauposition des Rades kennzeichnen.

■ Dicke des äußeren und inneren Belages messen. Bei einer Belagdicke (2 mm ohne Rückenplatte) haben die Bremsbeläge ihre Verschleißgrenze erreicht und sind zu ersetzen.

■ Rad in der gekennzeichneten Position wieder anschrauben. Radbefestigungsschrauben über Kreuz mit 110 Nm anziehen, ggf. Radschrauben kappen aufstecken.

Bremsscheiben prüfen

Wenn die Scheibenbremsbeläge ersetzt werden müssen, sind unbe-

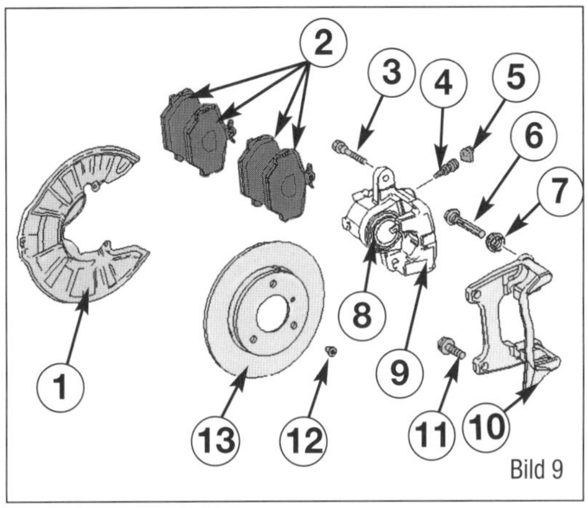

Bild 9
Bremse Vorderachse.
1 Ankerblech
2 Bremsbeläge
3 Schraube
4 Entlüftungsnippel
5 Kappe
6 Führungsbolzen
7 Schutzkappe
8 Bremskolben
9 Bremssattel
10 Bremssattelträger
11 Schraube
12 Sicherungsschraube
13 Bremsscheibe

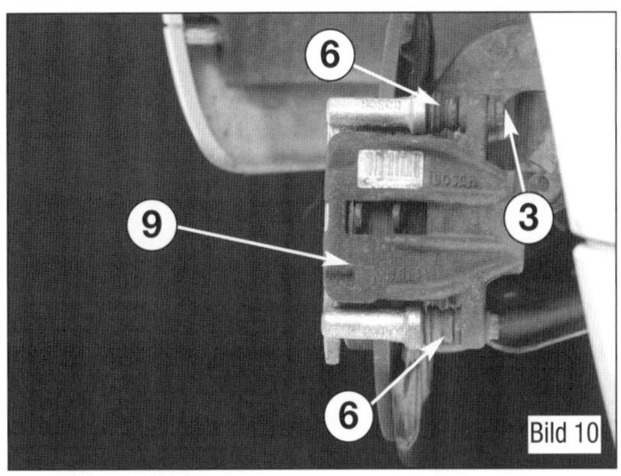

Bild 10
Bremssattel.
3 Schraube
6 Führungsbolzen
9 Bremssattel

Bild 11
Bremssattel.
10 Bremssattelträger
14 Belagverschleißanzeige

dingt auch die Bremsscheiben auf Verschleiß zu prüfen. Fehlerbilder sind:
- Risse
- Riefen
- Rost und
- Grat am Bremsscheibenrand

■ Ggf. Bremsscheiben ersetzen (grundsätzlich achsweise).

Bremsbeläge wechseln

⚠ Weiter zu verwendende Bremsbeläge beim Ausbau kennzeichnen. Die Beläge an gleicher Stelle wieder einbauen, sonst kann ungleichmäßige Bremswirkung entstehen!

■ Radschrauben lösen, aber noch nicht herausdrehen. Das Fahrzeug anheben, die Räder abbauen, die elektrische Steckverbindung für Belagverschleißanzeige trennen. Eventuell den Bremsschlauch aus dem Halter nehmen.
■ Den Bremssattel an der entsprechenden Radseite demontieren.
■ Die Anlageflächen für die Beläge am Bremsträger gründlich reinigen, Korrosion entfernen.
■ Bremsen-Montagepaste oder Kupferpasten auf die Auflagestellen an Bremsträger und Bremssattel dünn auftragen.
■ Neue Bremsbeläge in den Bremsträger einlegen.
■ Den Bremssattel zurückstellen. Der Kolben (8 im Bild 9) des Bremssattels (9) muss zurückgedrückt werden. Verwenden Sie dazu ein Bremssattelrückstellwerkzeug. Mit einer Zange werden leicht Schäden an Bremskolben-Manschette oder am Sattel selbst verursacht.

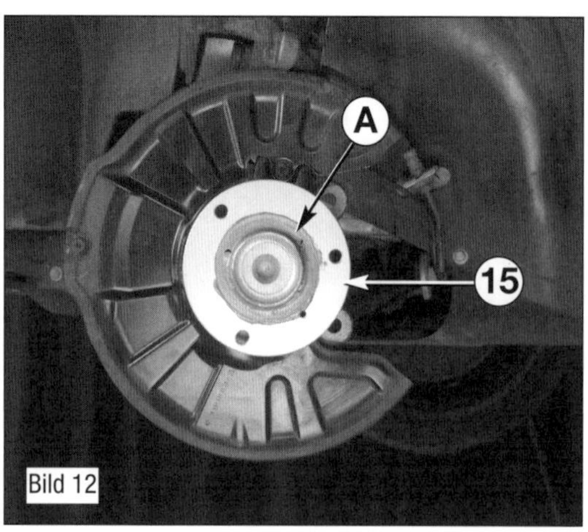

Bild 12
Auflage der Bremsscheibe auf der Radnabe.
A Bereich Auftrag der Kupferpaste
15 Radnabe

■ Den Bremssattel (9) auflegen und andrücken. Der Bremssattel liegt nun auf den Haltefedern der Bremsbeläge auf.
■ Beide selbstsichernden Schrauben aus den Bremssätteln hineindrehen und festziehen. Es müssen neue selbstsichernde Schrauben verwendet werden.

Die weitere Montage erfolgt sinngemäß in umgekehrter Reihenfolge.

Bremsscheiben vorne wechseln

Wenn Sie die Bremsscheiben erneuern, müssen Sie auch neue Bremsbeläge verwenden. Sollen Beläge und Scheiben wiederverwendet werden, markieren Sie die Einbauposition von Bremsscheiben und Belägen.

■ Heben Sie das Fahrzeug an.
■ Radschrauben lösen, aber noch nicht herausdrehen. Das Fahrzeug anheben, die Räder abbauen, elektrische Steckverbindung für Belagverschleißanzeige trennen. Eventuell den Bremsschlauch aus dem Halter nehmen. Bremsbeläge herausnehmen.
■ Drehen Sie die Kreuzschlitzschraube (12) in der Bremsscheibe heraus. Verwenden Sie unbedingt einen passenden Schraubendreher. Lösen Sie die Schraube durch einige Hammerschläge auf den Schraubendreher. Sie sind recht oft festgerostet.
■ Nehmen Sie die Bremsscheibe von der Radnabe (15 im Bild 12) ab. Auch hier kann Rostbildung dafür sorgen, dass die Bremsscheibe sehr fest sitzt. Im Extremfall helfen nur gezielte Hammerschläge von hinten auf die Bremsscheibe, um sie zu lösen. Der Ersatz ist dann nicht mehr abzuwenden.
■ Reinigen Sie die Auflagefläche der Bremsscheibe auf der Radnabe sehr gründlich. Sehr gut und einfach gelingt das mit einer Topfbürste auf dem Winkelschleifer oder der Bohrmaschine. Geringe Korrosionsreste können das saubere Aufliegen der Bremsscheibe verhindern. Daraus resultiert eine ungleichmäßige Wärmeableitung, die schnell einen Verzug der Scheibe nach sich ziehen kann.
■ Tragen Sie im Bereich (A) der Auflage der Bremsscheibe auf der Radnabe etwas (sehr wenig!) Montagepaste oder Kupferpaste auf, so wird das Festkorrodieren etwas hinausgezögert.

■ Ersetzen Sie die Befestigungsschraube (12) in der Bremsscheibe (Kreuzschlitz) in jedem Fall.

Die weitere Montage erfolgt sinngemäß in umgekehrter Reihenfolge.

Die Hinterradbremse

Bremsbeläge prüfen

Mit einer Taschenlampe durch die Kontrollöffnung der Bremsankerplatte leuchten. Die Dicke des Belages durch Sichtprüfung ermitteln.

Für eine exakte Messung der Belagdicke und der Begutachtung des Zustandes der Bremstrommeln ist die Demontage der Räder empfehlenswert. Kontrollieren Sie den Zustand der Bremstrommeln stets gemeinsam mit dem der Beläge. Auch den Radbremszylindern sollten Sie bei dieser Gelegenheit unter die Staubmanschette sehen, um eventuell eine Undichtigkeit frühzeitig erkennen zu können. Zusätzlich sollten Sie die Radlager mit in diese Kontrolle mit einbeziehen.

■ Beim Erneuern von Bremsbelägen beachten: Grundsätzlich immer auf beiden Seiten austauschen!

■ Bei nassen Bremsbelägen durch undichte Radbremszylinder müssen die Bremsbeläge beidseitig mit den Radbremszylindern ersetzt werden!

■ Ziehen Sie den Stopfen (18) im Bremsenschutzblech heraus.

■ Kontrollieren Sie die Belagstärke durch die Bohrung hindurch.

Zur besseren Unterscheidung drehen Sie an der Bremstrommel. So können Sie Belag und Trommel (10) besser erkennen.

De- und Montage der Bremstrommel

■ Radschrauben lösen, aber noch nicht herausdrehen, das Fahrzeug anheben, die Räder abbauen. Legen Sie vor und hinter die Vorderräder Holzblöcke oder andere geeignete Gegenstände, um das Wegrollen zu verhindern.

■ Verdrehen Sie die Bremstrommeln so, dass Sie durch eine Gewindebohrung den Nachsteller (4) zur Bremsnachstellung sehen können (Taschenlampe). Verdrehen Sie den Nachsteller mit einem Schraubendreher so, dass die Bremsbeläge weitmöglichst von der Bremstrommel wegstehen. Sie haben so die Nachstellung zurückgenommen und haben etwas mehr Platz zur Demontage der Trommel.

■ Drehen Sie die Schraube der Bremstrommel (9) heraus und nehmen Sie die Bremstrommel ab.

Die Montage erfolgt sinngemäß in umgekehrter Reihenfolge.

■ Reinigen Sie die Bremsanlage mit Bremsenreiniger und lassen Sie die Bremse abtrocknen.

■ Tragen Sie im Bereich (A im Bild 12) der Auflage der Bremstrommel auf der Radnabe etwas (sehr wenig!) Montagepaste oder Kupferpaste auf. So wird das Festkorrodieren etwas hinausgezögert.

Bremsbacken hinten wechseln

Weiterzuverwendende Bremsbeläge müssen beim Ausbau gekennzeichnet werden. Sie müssen an gleicher Stelle wieder eingebaut werden, da sonst ungleichmäßige Bremswirkung entstehen kann!

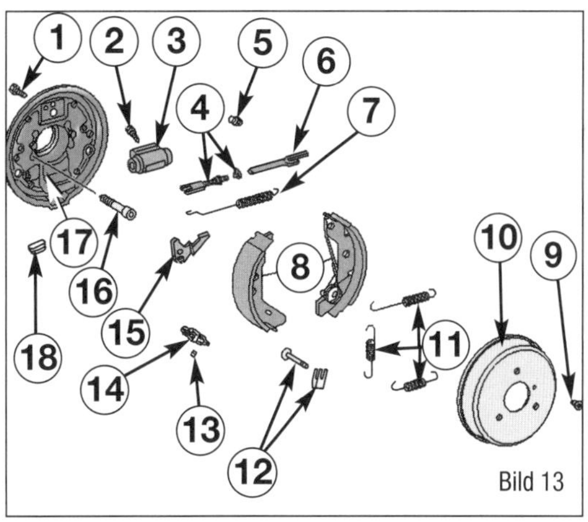

Bild 13

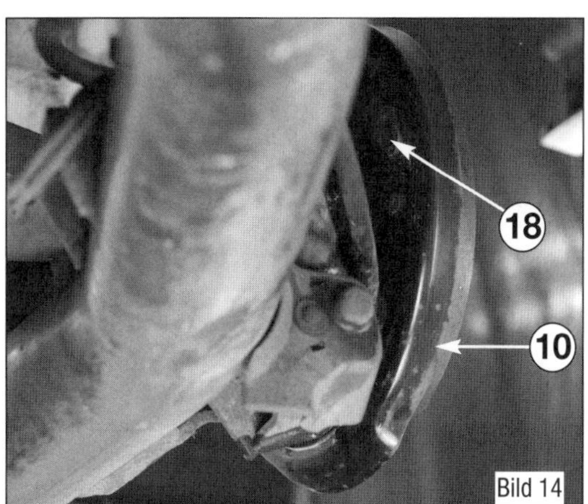

Bild 14

Bilder 13 und 14
Bremse hinten.
1 Schraube Radbremszylinder
2 Entlüftungsschraube,
3 Radbremszylinder
4 Nachsteller
5 Nachstellschraube Feststellbremse
6 Druckstück Bremsbacke
7 Feder
8 Bremsbacken
9 Schraube Bremstrommel
10 Bremstrommel
11 Federn
12 Bolzen/Federbolzen Lasche
13 Spreizschloss Feststellbremse
14 Bremsbackenbolzen
15 Nachsteller
16 Schraube
17 Bremsträgerplatte (Ankerplatte)
18 Stopfen Bremsenschutzblech

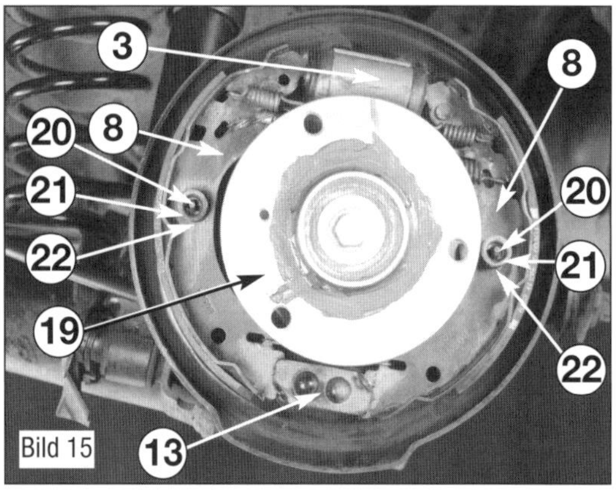

Bild 15
Trommelbremse hinten.
3 Radbremszylinder
8 Bremsbacke, Bremsträgerplatte (Ankerplatte)
13 Spreizschloss Feststellbremse
19 Radnabe
20 Bolzen
21 Sicherungsplatte
22 Feder

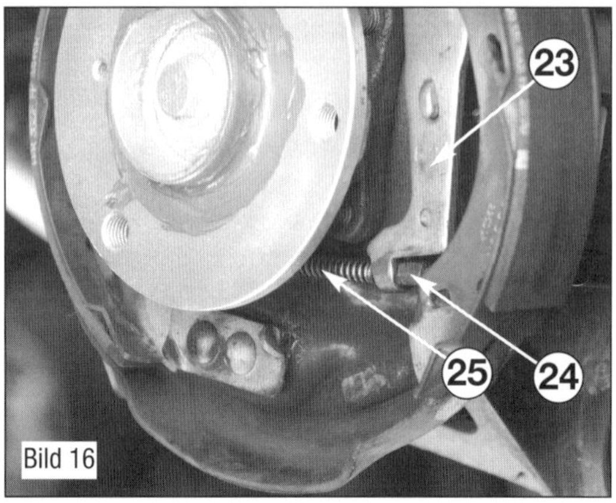

Bild 16
Handbremsbetätigung.
23 Betätigungshebel
24 Handbremszug
25 Feder

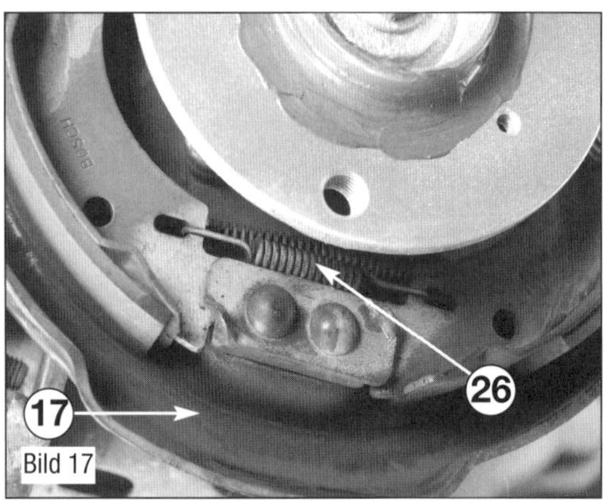

Bild 17
Trommelbremse unten.
17 Bremsträgerplatte (Ankerplatte)
26 Feder

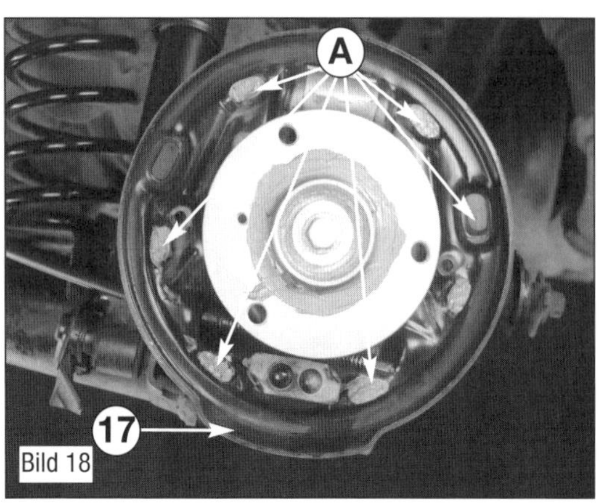

Bild 18
Trommelbremse hinten.
17 Bremsträgerplatte (Ankerplatte)
A Anlagepunkte der Bremsbeläge

Die Bremsen sind achssymmetrisch aufgebaut. Entsprechend setzen Sie zuerst eine Seite instand und belassen die andere Seite im zusammengebauten Zustand. So haben Sie ein Muster zum Nachschauen, wenn doch mal vergessen gehen sollte, was wie zusammengebaut war.

- Radschrauben lösen, aber noch nicht herausdrehen.
- Bocken Sie das Fahrzeug auf der entsprechenden Seite oder besser gleich auf beiden Seiten auf. Legen Sie den Gang ein, um ein Wegrollen zu verhindern, und lösen Sie die Handbremse.
- Demontieren Sie die Bremstrommel wie schon beschrieben.
- Halten Sie die Sicherungsplatte (21) mit einer Wasserpumpe fest und drücken Sie sie gegen den Federdruck der Feder (22) an.
- Demontieren Sie die Rückzugsfeder unten (11) und nehmen Sie sie heraus.
- Verdrehen Sie von hinten mit der Hand den jeweiligen Bolzen (20) um 90° und nehmen Sie die Sicherungsplatte (21) und die Feder (22) ab.
- Die Radnabe (19) so weit verdrehen, bis sich eine Gewindebohrung in der unteren Position befindet.
- Schieben Sie die Feder (25) am Betätigungshebel (23) etwas zurück und hängen Sie das Bremsseil (24) aus.
- Den Bremsbacken mit dem Betätigungshebel 90° über die Radnabe (19) nach oben kippen.
- Bremskolben des Radbremszylinders (3) zusammendrücken und den Bremsbacken nach oben herausführen. Die Arbeiten mit den Bremsbacken vorsichtig handhaben. Anderenfalls können die Staubmanschetten der Bremskolben des Radbremszylinders (3) beschädigt werden.

Die Montage erfolgt sinngemäß in umgekehrter Reihenfolge.

- Reinigen Sie die Bremsträgerplatte (Ankerplatte) (17) gründlich und tragen Sie etwas Kupferpaste auf die Anlagepunkte (A) der Bremsbeläge auf der Ankerplatte auf.
- Prüfen Sie den Zustand und die Leichtgängigkeit des Radbremszylinders (3).

De- und Montage der Handbremsseile

Prüfen Sie die Handbremsseile auf Leichtgängigkeit und auch auf Schäden an der Außenhülle. Korrosionsschäden und daraus folgend schwergängige Seile sind leicht vorauszusehen.

■ Demontieren Sie die Bremstrommel an der Seite, an der das Handbremsseil erneuert werden soll.
■ Bauen Sie die Bremsbacken wie bereits beschrieben aus.
■ Hängen Sie das Bremsseil (6) am Bremsbacken aus.
■ Schieben Sie eine Hülse (2) über das Handbremsseil (6) um die Verrastung (1) am Handbremsseil mit Hilfe der Hülse (2) zusammendrücken und führen Sie das Handbremsseil (6) aus dem Bremsankerblech (3) heraus.
■ Das Handbremsseil (6) an der Wippe Zugstange (4) aushängen, die Verrastung am Handbremsseil (6) wiederum mittels Hülse (2) zusammendrücken und Handbremsseil aus der Aufnahme am Integralträger (5) herausführen.
■ Anschließend das Handbremsseil aus den Haltern am Achsrohr (6) ausclipsen und abnehmen.

Die Montage erfolgt sinngemäß in umgekehrter Reihenfolge.
■ Achten Sie darauf, dass die Bremsseile sicher in der Führung sitzen.
■ Verlegen Sie die Bremsseile ausschließlich in der originalen Einbauposition.
■ Achten Sie darauf, dass alle Befestigungspunkte in Ordnung sind.
■ Kontrollieren Sie die Einstellung der Handbremsseile.

Handbremse (Seile) einstellen

Tipp: Eine Nachstellung der Hinterradbremse ist normalerweise nicht erforderlich. Sie muss nur bei Ersatz der Handbremsseile, der Bremssättel und Bremsscheiben erfolgen. Bei montierter Bremstrommel dürfen keine manuellen Einstellungen am automatischen Nachsteller vorgenommen werden.
■ Handbremse einmal betätigen und wieder lösen.
■ Betriebsbremse betätigen, lösen und ca. 1 Sekunde warten.
■ Handbremse bei gedrücktem Knopf anziehen und lösen. Diesen Vorgang wiederholen, bis kein »Betätigungsklicken« mehr in der Bremstrommel hörbar ist.
■ Das Freidrehen der Hinterräder prüfen.

Nach Abschluss der Arbeiten die Fahrzeugbremse auf dem Bremsenprüfstand überprüfen. Bremskraftunterschiede über 20% sind nicht zulässig.

Handbremshebel aus- und einbauen
■ Den Bodenbelag des Laderaums (Kofferraum) ausbauen.
■ Den Halteclip (2) des Leitungssatzes (3) am Handbremshebel ausclipsen, die elektrische Steckverbindung (4) am Schalter der Feststellbremskontrolle (S12) trennen und die Schrauben (5) herausschrauben.
■ Den Handbremshebel (1) abnehmen. Durch vollständiges Lösen des Handbremshebels (1) löst sich die Verzahnung der Zugstange. Sollte sich die Zugstange nicht lösen, kann das Klemmstück (7) durch Drücken mit einem Schraubendreher entriegelt werden.
■ Den Schalter Feststellbremskontrolle (S12) am Handbremshebel (1) ausclipsen.

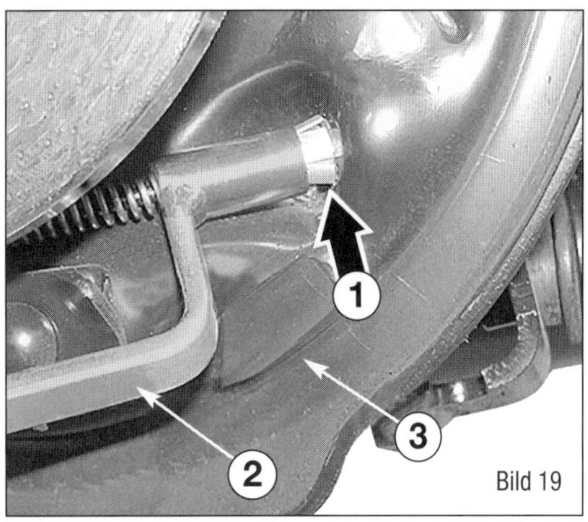

Bild 19
Handbremsseil in der Trommelbremse.
1 Verrastung
2 Hülse (Werkzeug)
3 Bremsträgerplatte (Ankerplatte)

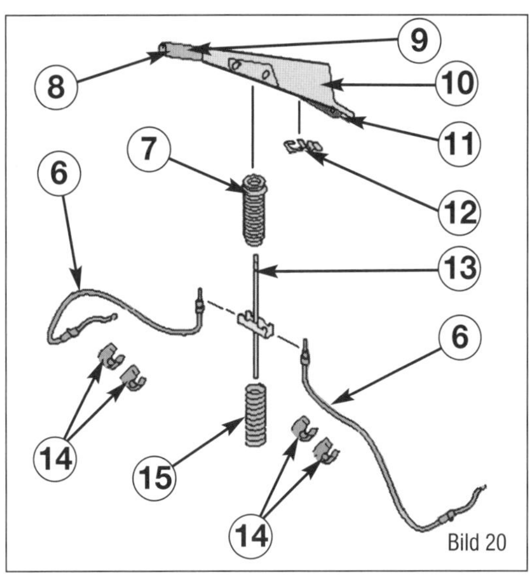

Bild 20
Handbremsmechanik.
6 Handbremsseil
7 Führungsbuchse Zugstange
8 Entriegelung
9 Griff Feststellbremshebel
10 Betätigung Feststellbremse
11 Rastenbogen und Sperrklinke
12 Halteclip Feder
13 Bremszwischenhebel
14 Halter Bremsseilzug
15 Einstellmutter mit Feder

Bild 21
Bremsseile im Integralträger,
4 Wippe Zugstange
5 Integralträger
6 Handbremsseile

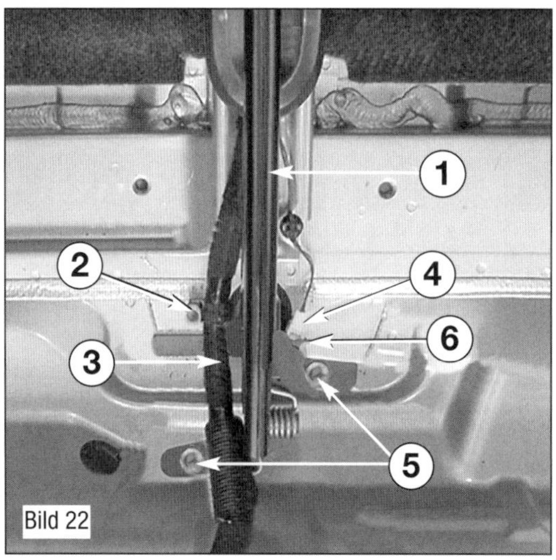

Bild 22
Handbremshebel.
1 Handbremshebel
2 Halteclip
3 Leitungssatz
4 elektrische Steckverbindung
5 Schraube
6 (S12) Schalter Feststellbremskontrolle

Bild 23
1 Radbremszylinder
2 Bremsleitung
3 Schrauben

Die Montage erfolgt sinngemäß in umgekehrter Reihenfolge.

- Die Riffelung der Zugstange muss zur linken Seite (zum Klemmstück) zeigen. Ist die Zugstange falsch positioniert, ist die Funktion der Handbremse nicht gewährleistet.

Radbremszylinder aus- und einbauen

- Demontieren Sie die Hinterräder und die Bremstrommeln.
- Den linken beziehungsweise rechten Bremsbacken an der Hinterachse ausbauen.
- Die Schraubverbindung der Bremsleitung (2) mit dem Radbremszylinder (1) auf Farbmarkierung prüfen. Wenn die Bremsleitung (2) mit roter Farbmarkierung gelöst wurde, muss die Bremsleitung erneuert werden.
- Die Schraubverbindung der Bremsleitung (2) mit dem Radbremszylinder (1) lösen und trennen. Anschlüsse mit geeigneten Stopfen verschließen.

⚠ Bremsflüssigkeit nur in geeignete und entsprechend gekennzeichnete Behältnisse einfüllen. Beim Umgang mit Bremsflüssigkeit Schutzkleidung und Schutzbrille tragen.

- Die Schrauben (3) am Radbremszylinder (1) herausschrauben und den jeweiligen Radbremszylinder (1) abnehmen.
- Das Bremsankerblech reinigen.

Die Montage erfolgt sinngemäß in umgekehrter Reihenfolge.

- Bremsanlage wie beschrieben entlüften.

14 Elektrische Anlage

Schon im Stand, aber erst recht während der Fahrt benötigt der Smart elektrischen Strom. Motorsteuerung, Lenkung und Kraftstoffeinspritzung müssen mit Elektroenergie versorgt werden. Alle weiteren unbedingt erforderlichen oder für die Sicherheit und Bequemlichkeit eingebauten automatischen Systeme sowie natürlich die gesamte Lichtanlage sind ohne elektrische Energie arbeitsunfähig. Viele Störungen und Funktionsprüfungen gerade in diesem Bereich gehören, ähnlich wie bei anderen Baugruppen, in die Fachwerkstatt. Denn zum genauen Erkennen und Beseitigen der Mängel muss häufig das auch in anderen Kapiteln schon mehrfach erwähnte Fahrzeugdiagnosegerät angeschlossen und der Fehlerspeicher abgefragt werden. Der Diagnoseanschluss im Fahrzeug (Steckkontakt für das Werkstattsystem) befindet sich, wie inzwischen international festgelegt, im Fußraum Fahrerseite über dem Bremspedal. Nun sind die meisten Innovationen im Kraftfahrzeug heute zwar von immer komplizierterer Elektronik geprägt, Reparaturen an der elektrischen Anlage sind aber durchaus nicht in jedem Fall von ihr verursacht. Oft sitzt nur ein Kabel lose, sind Sicherungen durchgebrannt oder Kontakte korrodiert, oder messtechnisch zu ermittelnde Bauteile sind defekt. Nicht wenige Störungen an der Elektrik lassen sich mit einfachen Mitteln beheben. Natürlich muss man sich etwas auskennen und die Grundbegriffe verstehen.

Arbeiten an der Spannungsversorgung

Zu allererst haben wir es im Smart II (451) noch immer mit elektrischen Bauteilen zu tun, die schon die gesamte Entwicklungsgeschichte des Automobils begleiten: Batterie, Anlasser (Starter) und Lichtmaschine (Drehstromgenerator). Sie sind zusammen für die Arbeitsaufnahme des Motors verantwortlich. Um seine Aufgabe zu erfüllen, ist jedes dieser drei Bauteile auf das andere angewiesen. Wir wenden uns hauptsächlich ihnen zu.

Einbaulage der Relais und Sicherungen
Die Sicherungen für das Bordnetz finden Sie im Fahrerfußraum unter der Armaturentafel. Die Belegung des Sicherungsträgers ist in Ihrem Bordbuch unter dem Begriff »Sicherung« für Ihren Modelltyp genau beschrieben. Ersetzen Sie niemals eine Sicherung gegen eine stärkere. Das kann erhebliche Schäden auch im Bordnetzsteuergerät verursachen.

Batterie an- und abklemmen
Auf das Prüfen (Sichtprüfung, Batterietester) und Laden sowie auf Warnhinweise und allgemeine Sicherheitsregeln bei Arbeiten an der Batterie (Kennzeichnungen auf der Batterie selbst) gehen wir in diesem Ratgeber nur begrenzt ein. Sie sind ausführlich in der Bedienungsanleitung des Fahrzeugs behandelt.
Um Beschädigungen der Batteriepolklemmen und der Batteriepole zu vermeiden, schreibt der Hersteller vor:

- Die Batteriepolklemmen dürfen nur gewaltfrei von Hand aufgesteckt werden.
- Die Batteriepole dürfen nicht gefettet werden.
- Die Batteriepolklemmen sind so zu montieren, dass der Batteriepol bündig mit der Klemme abschließt oder aus ihr herausragt.
- Nach dem Anziehen der Batteriepolklemmen mit dem vorgeschriebenen Anzugsdrehmoment von 6 Nm dürfen die Verschraubungen nicht nochmals nachgezogen werden.
- Durch das Abschrauben der Batterie-Minuspolklemme (Stromunterbrechung) wird das sichere Arbeiten an der elektrischen Anlage gewährleistet. Das Abschrauben der Batterie-Pluspolklemme ist nur für den Ausbau der Batterie erforderlich. In jedem Fall müssen die Hinweise zum Anklemmen der Batterie beachtet werden.

Abklemmen

- Zündung und alle elektrischen Verbraucher ausschalten, Zündschlüssel abziehen.
- Bei Fahrzeugen mit Batteriekasten die Verriegelung an der linken Kastenseite öffnen und den Deckel abnehmen.
- Bei Fahrzeugen mit Batterieschutzhülle die Abdecklasche der Schutzhülle öffnen.
- Die Befestigungsmutter Batteriepolklemme Masseleitung lösen und die Minuspolklemme von der Batterie abnehmen.

⚠ Falls, wie beim Batterieausbau, die Pluspolklemme auch abgenommen wird: Immer zuerst die Minusklemme abnehmen!

■ Die Batterie-Masseleitung darf karosserieseitig nicht gelöst werden.

Anklemmen

■ Die Batteriepolklemme Masseleitung in der richtigen Stellung auf den Minuspol der Batterie stecken und die Befestigungsmutter mit 6 Nm anziehen. Dabei auf festen Sitz der Batterieklemme achten.

⚠ Falls, wie beim Batterieausbau, die Pluspolklemme auch abgenommen wird: Immer zuerst die Pluspolklemme wieder anklemmen! Erst danach die Masseleitung wie beschrieben anklemmen.

Nach Anklemmen der Batterie und Einschalten der Zündung leuchtet die Kontrollleuchte für ESP und ASR dauerhaft. Die Kontrollleuchte erlischt automatisch, wenn mit 15 bis 20 km/h eine Wegstrecke geradeaus gefahren wird. Dadurch wird der Geber für Lenkwinkel wieder aktiviert.

Arbeitsschritte nach Anklemmen der Batterie

■ Zündung mit dem Zündschlüssel einschalten und wieder ausschalten.

■ Fehlerspeicher auslesen: »Geführte Fehlersuche« mit dem Fahrzeugdiagnosegerät.

■ Uhrzeiteinstellung prüfen, ggf. nach Bedienungsanleitung neu einstellen.

■ Zündung einschalten und mit Fensterheberschalter alle Fenster bis Endanschlag öffnen und wieder vollständig schließen.

■ Die Taster für die Fensterheber nach oben ziehen und mindestens eine Sekunde lang in dieser Stellung halten.

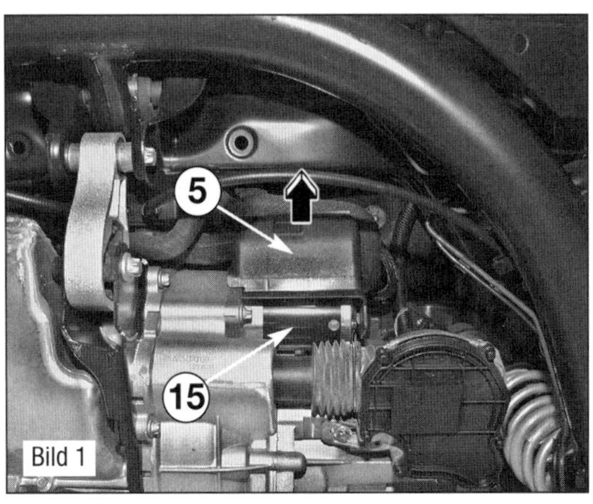

Bild 1
Abdeckung am Starter (ab 31.08.2010).
5 Abdeckung
15 (M1) Starter (Anlasser)

■ Anschließend bei geschlossenen Fenstern den Fensterheberschalter ziehen, bis das Relais hörbar schaltet.

■ Die Komfortschaltung der Fensterheber prüfen: Das Fenster muss bei betätigter Komfortschaltung ohne Halten des Schalters schließen.

■ Alle elektrischen Verbraucher auf Funktion prüfen.

Batterie aus- und einbauen

■ Batterie wie beschrieben abklemmen.

■ Je nach Ausstattung entweder die Wand des Batteriekastens oder die Vliestasche nach oben von der Batterie abziehen.

■ Die Befestigungsschraube abschrauben und den Befestigungsbügel herausnehmen.

■ Die Griffe nach oben klappen und die Batterie herausnehmen.

■ Einbau in umgekehrter Reihenfolge.

Batterie anklemmen

■ Die Schraubverbindungen mit den geforderten Anzugsdrehmomenten anziehen: Muttern an den Polklemmen 6 Nm, M8-Schraube am Klemmbügel 35 Nm.

■ Batterie nach dem Einbau auf festen Sitz prüfen.

⚠ Bei einer lose montierten Batterie bestehen folgende Gefahren: Verkürzte Lebensdauer durch Rüttelschäden (Explosionsgefahr!), Schädigung der Gitterplatten, Beschädigung des Batteriegehäuses durch den Befestigungsbügel (möglicher Säureaustritt, hohe Folgekosten) und mangelhafte Crash-Sicherheit.

Anlasser(Starter) aus- und einbauen

Nicht alle Fahrzeuge verwenden den gleichen Starter. Für viele Motorentypen wie den Dieseln werden spezielle Bauweisen verwendet. Wenn Sie sich beim Zubehörhändler einen Anlassermotor besorgen, achten Sie darauf, dass er dem Original entspricht. Weiterhin können Sie Ihren alten Starter in den meisten Fällen als Altteil zurückgeben. Heben Sie die Quittung auf, um das Altteilepfand bei der Rückgabe Ihres alten Starters auslösen zu können. Eine Besonderheit liegt in den Startern der mhd-Modelle. Hier handelt es sich um eine Kom-

Bild 2
Einbauposition des Starters. Ansicht von unten in Fahrtrichtung links.

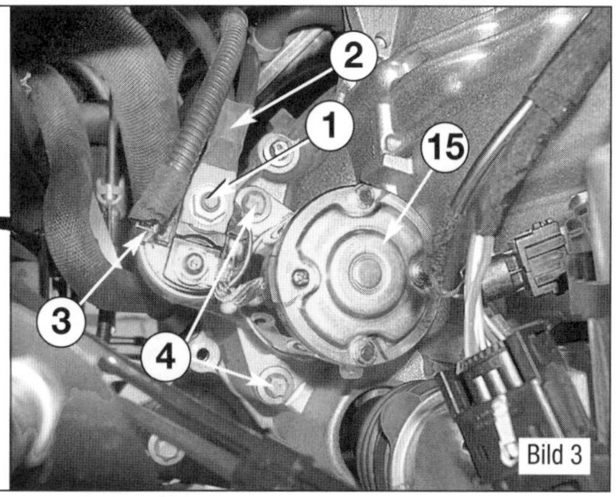

Bild 3
Starteranschluss und Verschraubung.
1 Mutter
2 Ladestromleitung
3 Stecker
4 Schraube
15 (M1) Starter (Anlasser)

bination aus Starter und Generator. Der Ausbau unterscheidet sich zum Generator kaum. Wir werden im Unterkapitel Generator auf den Wechsel eingehen.

Demontage des Starters beim Benzinmotor

- Masseleitung an der Batterie abschließen.
- Fahrzeug zwischen den Hebebühnensäulen ausrichten und die vier Aufnahmeteller an den vom Fahrzeughersteller vorgeschriebenen Hebebühnenaufnahmepunkten platzieren.
- Das Fahrzeug mit der Hebebühne anheben.

Fahrzeuge ab 31.8.10:

- Die Abdeckung (5) am Starter (M1) nach vorn abziehen.

Weiter für alle Fahrzeuge:

- Die Mutter (1) abschrauben und die Ladestromleitung (2) vom Starter (M1) abnehmen.
- Den Stecker (3) am Starter (M1) abziehen.
- Die Schrauben (4) herausschrauben und den Starter (M1) vom Getriebe abnehmen.

Die Montage erfolgt sinngemäß in umgekehrter Reihenfolge.

- Prüfen Sie die Funktion des Starters.

Demontage des Starters beim Dieselmotor

- Masseleitung an der Batterie abklemmen.
- Kühlmittel ablassen.
- Heckantriebsmodul ablassen.
- Den Keilrippenriemen des Kompressors ausbauen.

Fahrzeugen mit Klimaanlage Plus:

- Kältemittelverdichter abbauen und an geeigneter Stelle mit einem Kabelbinder fixieren.

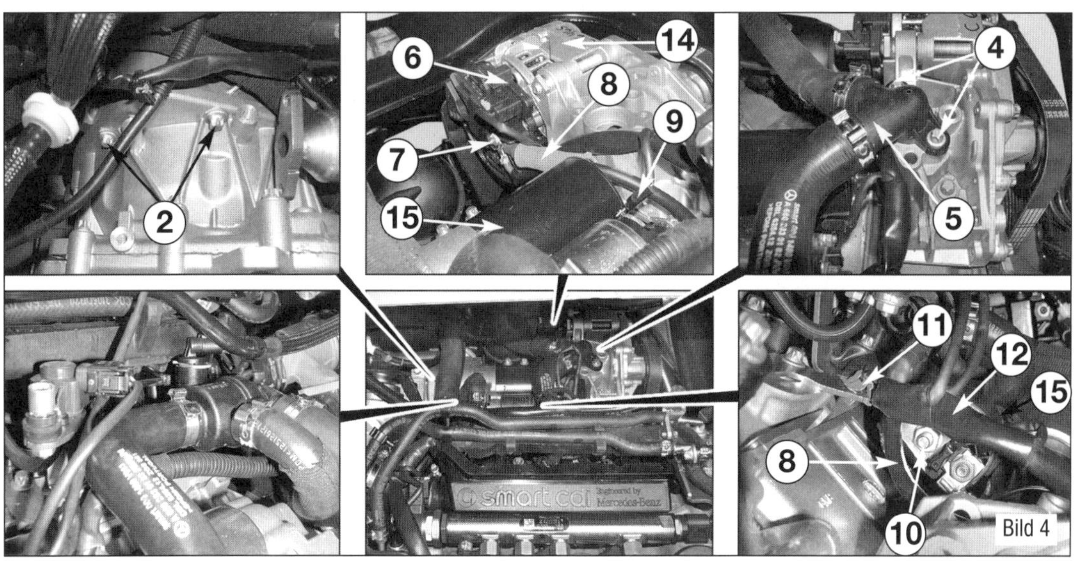

Bild 4
Startermotor beim Diesel.
2 Schrauben
4 Schrauben
5 Kühlmittelanschluss
6 elektrische Steckverbindung
7 Mutter
8 Ladestromleitung
9 Stecker
10 Mutter
11 Halteklammer
12 elektrischer Leitungssatz
14 (G2) Generator
15 (M1) Starter

Bild 5
Einbauposition des Generators. Ansicht von rechts unten Blickrichtung in Fahrtrichtung links.

Bild 6
Verschraubungen oben.
1 Elektrische Steckverbindung
2 Mutter
3 Ladestromleitung
14 (G2) Generator

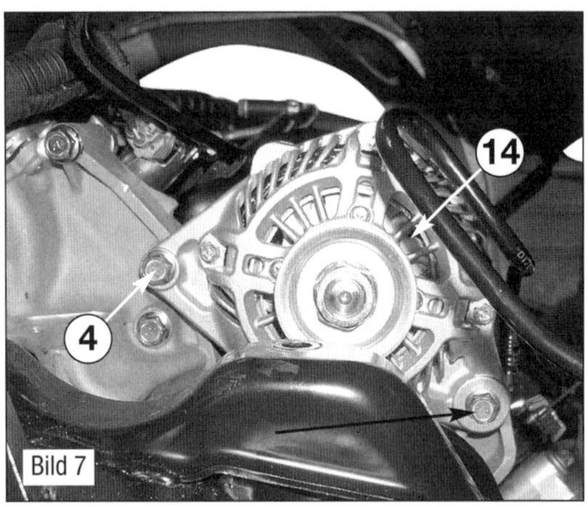

Bild 7
Verschraubungen unten.
4 Schrauben
14 (G2) Generator

- Mischgehäuse ausbauen.
- Klemmschelle (1) lösen und Kühlmittelleitung (2) am Kühlmitteltemperaturregler (3) abbauen.
- Die Schrauben (4) herausschrauben, Kühlmittelanschluss (5) abnehmen und zur Seite ablegen.
- Die elektrische Steckverbindung (6) am Generator (G2) entriegeln und trennen.
- Mutter (7) abschrauben und Ladestromleitung (8) am Generator (G2) abnehmen.
- Den Stecker (9) am Starter (M1) abziehen.
- Mutter (10) abschrauben und Ladestromleitung (8) am Starter (M1) abnehmen.
- Halteklammer (11) lösen und elektrischen Leitungssatz (12) zur Seite ablegen.
- Schrauben (2) herausschrauben und Starter (M1) aus dem Motorgehäuse herausführen.

Die Montage erfolgt sinngemäß in umgekehrter Reihenfolge.

- Prüfen Sie die Funktion des Starters.

Generator aus- und einbauen

Auch für die Demontage des Generators gibt es markante Unterschiede für die beiden Motorkonzepte. Natürlich können für die unterschiedlichen Leistungsstufen des Motors aber auch im Laufe der Bauzeit leichte Änderungen vorliegen. Diese verändern den Arbeitsablauf allerdings nur unwesentlich.

Demontage des Generators beim Benzinmotor
Die Demontagearbeiten am Startgenerator unterscheiden sich nicht wesentlich von den Montagearbeiten am normalen Generator. Im wesentlichen kommen weitere Anschlusskabel hinzu. Die Demontage des Keilrippenriemens haben wir bereits im Kapitel 4 im Detail beschrieben. Im Folgenden werden wir Ihnen die Montage allgemeingültig für die Benziner-(Otto)Motoren beschreiben.

- Innenraumklappe (Motorraumklappe) über Motor ausbauen.
- Die Masseleitung an der Batterie abklemmen.
- Das Heckantriebsmodul ablassen.
- Den Innenkotflügel im rechten hinteren Kotflügel ausbauen.
- Den Keilrippenriemen ausbauen.
- Das Fahrzeug vorsichtig mit der Hebebühne absenken. Prüfen Sie den sicheren Stand des Fahrzeuges auf der Hebebühne. Im Zweifel verzurren Sie das Fahrzeug mit Spanngurten.
- Elektrische Steckverbindung (1) am Generator (G2) trennen.
- Die Mutter (2) am Generator (G2) ab-

schrauben und die Ladestromleitung (3) abnehmen.

■ Den Motor an der Ölwanne mit handhydraulischem Rangierheber abstützen. Verwenden Sie eine geeignete Schutzunterlage, um Beschädigungen an der Ölwanne zu vermeiden.
■ Das Motorlager rechts ausbauen.
■ Die Schrauben (4) herausschrauben.
■ Den Generator (G2) abnehmen.

Die Montage erfolgt sinngemäß in umgekehrter Reihenfolge.

■ Prüfen Sie die Ladespannung und den Lauf des Keilrippenriemens.

Demontage des Generators beim Dieselmotor

■ Masseleitung an der Batterie abklemmen.
■ Unterdruckspeicher ausbauen.
■ Schrauben (1) herausschrauben und Halter (2) des Unterdruckspeichers abnehmen.
■ Keilrippenriemen (3) ausbauen.
■ Elektrische Steckverbindung (4) am Generator (G2) entriegeln und trennen.
■ Mutter (5) abschrauben und Ladestromleitung vom Generator (G2) abnehmen.
■ Schraube (6) herausschrauben und Vierkantmutter abnehmen.
■ Mutter (7) abschrauben und Schraube (8) abnehmen.
■ Generator (G2) abnehmen.

Die Montage erfolgt sinngemäß in umgekehrter Reihenfolge.

■ Prüfen Sie die Ladespannung und den Lauf des Keilrippenriemens.

Scheinwerfer ausbauen

Die folgende Beschreibung kann auf beide Scheinwerfer angewendet werden. Der Aufbau der Halterungen ist symmetrisch.

■ Schalten Sie die Zündung und alle elektrischen Verbraucher aus.
■ Ziehen Sie den Zündschlüssel ab.
■ Die CBS-Front ausbauen.
■ Wartungsklappe vorne abnehmen.
■ Elektrische Steckverbindung (1) an der Leuchteinheit trennen.
■ Elektrische Steckverbindung (2) am Standlicht trennen.

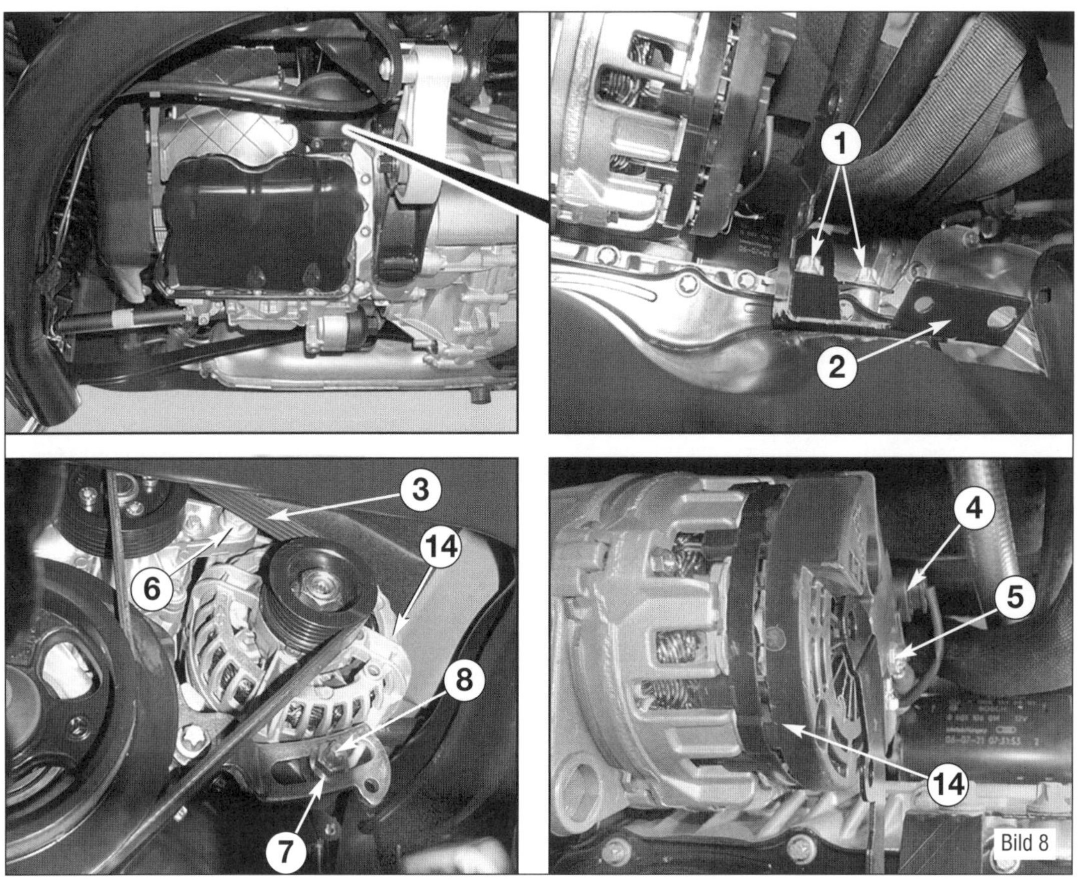

Bild 8
Generator beim Diesel.
1 Schrauben
2 Halter
3 Keilrippenriemen
4 elektrische Steckverbindung
5 Mutter
6 Schraube
7 Mutter
8 Schraube
14 (G2) Generator

Bild 9
Scheinwerferbefestigung.
1 Elektrische Steckverbindung
2 elektrische Steckverbindung
3 Schrauben
4 (E1) Leuchteinheit vorn links
5 (E2) Leuchteinheit vorn rechts

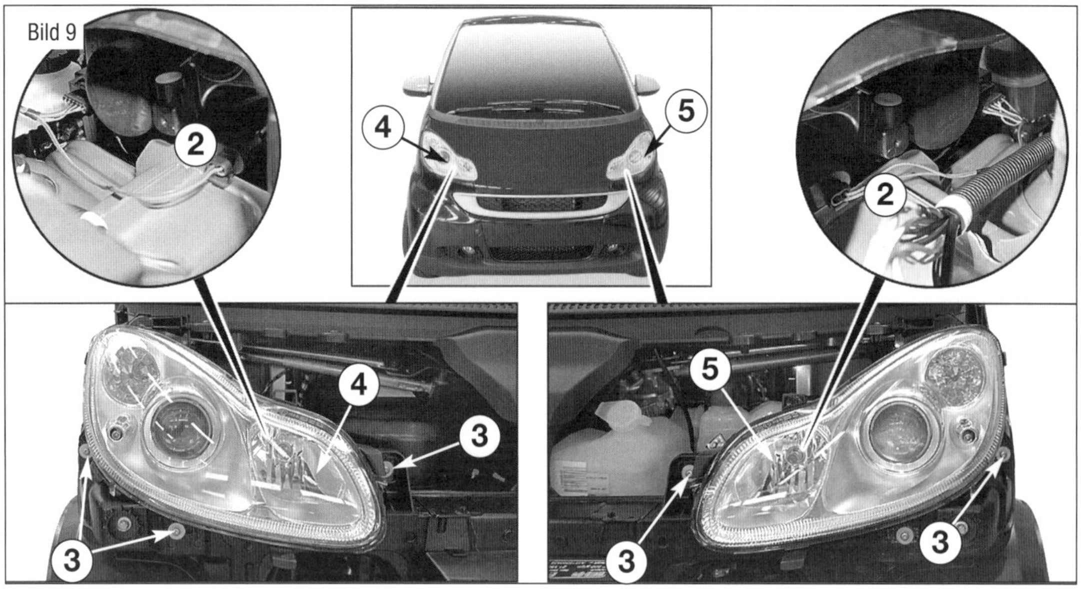

■ Schrauben (3) der Leuchteinheit vorn herausschrauben.
■ Leuchteinheit vorn abnehmen.

Die Montage erfolgt sinngemäß in umgekehrter Reihenfolge.
■ Einstellung der Leuchteinheit vorn überprüfen, ggf. Richtigstellen der Scheinwerfereinstellung.

Leuchtmittel wechseln (Halogenscheinwerfer)

☞ Beim Einbau einer Lampe nicht den Glaskolben berühren. Die Finger hinterlassen Fettspuren auf dem Glaskolben, die beim Einschalten der Lampe verdampfen und den Glaskolben trüben.
■ Schalten Sie die Beleuchtung des Fahrzeuges aus.
■ Schalten Sie die Zündung aus.

Bild 10
Scheinwerfer links.
1 Lampenhalter Standlicht
2 Lampenhalter Blinker
3 Gehäusedeckel Abblendlicht
4 Gehäusedeckel Fernlicht

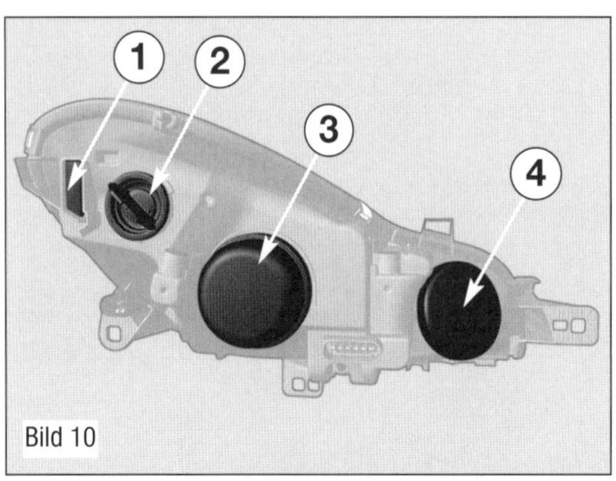

Standlichtlampe wechseln
■ Drehen Sie die Lampenfassung (1) nach links gegen den Uhrzeigersinn.
■ Ziehen Sie die Lampenfassung (1) aus dem Scheinwerfer heraus.
■ Ziehen Sie die Lampe aus der Lampenfassung heraus.

Die Montage erfolgt sinngemäß in umgekehrter Reihenfolge.
■ Prüfen Sie die Funktion der Lampe nach der Montage.

Abblendlichtlampe wechseln
■ Nehmen Sie den Deckel (3) von der Rückseite des Scheinwerfers ab.
■ Ziehen Sie den Stecker an der Glühlampe ab.
■ Drücken Sie die Spange schräg nach unten weg und hängen Sie sie aus dem Reflektor aus und nehmen die Glühlampe heraus.

Die Montage erfolgt sinngemäß in umgekehrter Reihenfolge.
■ Prüfen Sie die Funktion der Lampe nach der Montage.

Fernlichtlampe wechseln
■ Nehmen Sie den Deckel (4) von der Rückseite des Scheinwerfers ab.
■ Kippen Sie den Lampenhalter nach unten und ziehen Sie ihn heraus.
■ Nehmen Sie die Glühlampe heraus.

Die Montage erfolgt sinngemäß in umgekehrter Reihenfolge.

■ Setzen Sie die Lampe so ein, dass die Rastnase des Sockeltellers nach oben zeigt.
■ Drücken Sie die Lampe so in die Halterung im Reflektor ein, dass sie merklich einrastet.
■ Prüfen Sie die Funktion der Lampe nach der Montage.

Blinklampe wechseln
■ Drehen Sie den Lampenhalter etwa eine Viertelumdrehung gegen den Uhrzeigersinn.
■ Nehmen Sie die Lampe zusammen mit dem Lampenhalter heraus.
■ Drücken Sie leicht auf die Lampe und drehen Sie sie im Lampenträger gegen den Uhrzeigersinn etwa eine Viertelumdrehung.
■ Nehmen Sie die Lampe aus dem Lampenträger heraus.

Die Montage erfolgt sinngemäß in umgekehrter Reihenfolge.
■ Die Pfeilmarkierung auf dem Lampenträger und der Strich auf der Scheinwerferverkleidung müssen sich zum Einsetzen gegenüberstehen.

Nebelscheinwerfer vorne

In der Verkleidung können unterschiedliche Scheinwerfersysteme untergebracht sein. Wir stellen Ihnen hier exemplarisch die Nebelscheinwerfer vor. Die Vorgehensweise für andere Scheinwerfersysteme ist ähnlich.
■ Schalten Sie die Zündung und alle elektrischen Verbraucher aus.
■ Ziehen Sie den Zündschlüssel ab.

Nebelscheinwerfer aus- und einbauen
■ Die Verkleidung (1) der Nebelleuchte links in den gekennzeichneten Bereichen (Pfeile) ausclipsen und abnehmen.
■ Schrauben (2) der Nebelleuchte herausschrauben.
■ Nebelleuchte nach vorn herausnehmen, bis die elektrische Steckverbindung (4) zugängig ist. Nebelleuchte vorsichtig aus der CBS-Front herausführen, da diese sonst durch Verkratzen beschädigt werden kann.
■ Elektrische Steckverbindung (4) an der Nebelleuchte links trennen und Nebelleuchte abnehmen.

Die Montage erfolgt sinngemäß in umgekehrter Reihenfolge.
■ Einstellung der Leuchteinheit vorn überprüfen, ggf. Richtigstellen Scheinwerfereinstellung.

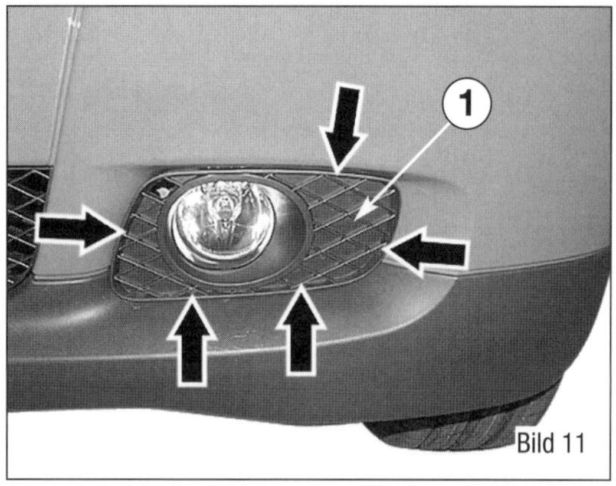

Bild 11
Nebelscheinwerfer-Abdeckung.
1 Verkleidung
Pfeile Position der Rastnasen

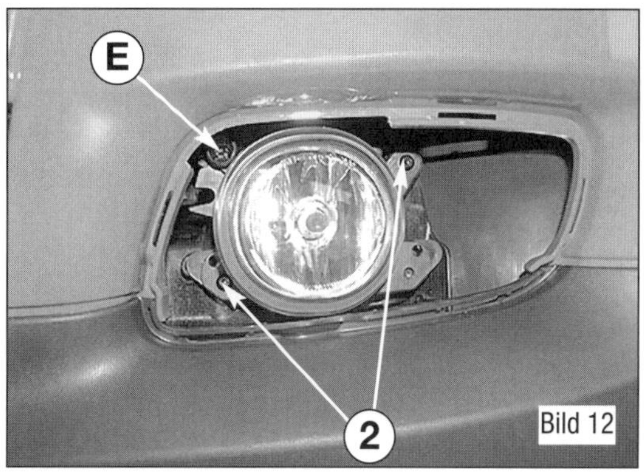

Bild 12
Nebelscheinwerfer-Befestigung.
2 Schraube E5/1 E5/2 Nebelleuchte
E Einstellschraube Abblendhöhe

Leuchtmittel wechseln
■ Schalten Sie die Beleuchtung des Fahrzeuges und die Zündung aus.
■ Drehen Sie die Lampenfassung (1) nach links gegen den Uhrzeigersinn und ziehen Sie die Lampenfassung (1) aus dem Scheinwerfer heraus.
■ Ziehen Sie die Lampe aus der Lampenfassung heraus. Fassen Sie die Lampen niemals mit den Fingern an. Führen Sie die Montagearbeiten grundsätzlich mit einem Tuch durch.

Die Montage erfolgt sinngemäß in umgekehrter Reihenfolge.
■ Prüfen Sie die Funktion der Lampe nach der Montage.
■ Prüfen Sie die Höheneinstellung der Lampe.

Scheinwerfer einstellen

Der Reifendruck muss in Ordnung sein. Die Scheinwerferscheiben dürfen weder beschädigt noch verschmutzt sein. Reflektoren und Glühlampen sind intakt. Die Fahrzeugbelastung muss hergestellt sein. Das Fahrzeug muss einige Meter gerollt bzw. vorn und hinten mehrmals durchgefedert werden, damit sich die Federn setzen. Das Fahrzeug und Scheinwerfer-Einstellgerät müssen auf einer ebenen Fläche stehen, eingestellt und ausgerichtet sein.

- Scheinwerferhöhenverstellung prüfen, indem die maximale Stufe eingestellt und dabei das Licht der Scheinwerfer beobachtet wird.
- Anschließend das Rändelrad für die Leuchtweitenregelung, falls vorhanden, in Position stellen.

Einstellung Scheinwerfer vorne

- Das Fahrzeug muss sich im fahrbereiten Zustand befinden (Leermasse, Kraftstoffbehälter voll oder entsprechendes Zusatzgewicht).
- Die Vorderräder müssen in Geradeausstellung stehen.
- Reifendruck prüfen und richtigstellen.
- Fahrersitz mit 75 kg oder einer Person belasten und Leuchtweitenregulierung auf »0« stellen.
- Wartungsklappe (Fronthaube) ausbauen.
- Scheinwerfer-Einstellgerät zum Fahrzeug ausrichten und Höheneinstellung nach Mitte der Scheinwerfer vornehmen.
- Fernlicht und Fernlicht einschalten, dann die Lichteinstellung der beiden Leuchten prüfen und, soweit erforderlich, die Einstellung korrigieren.

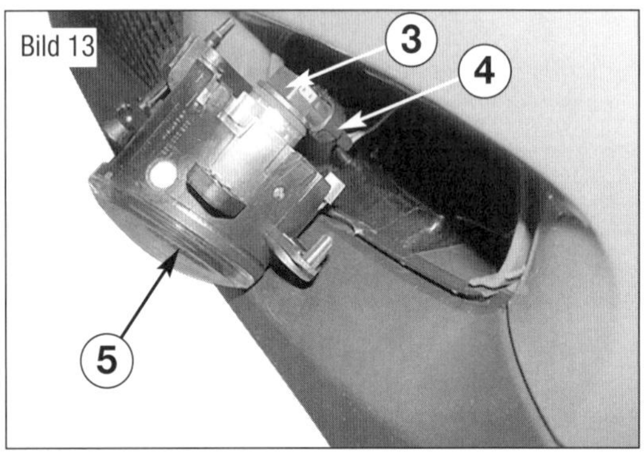

Bild 13
Nebelscheinwerfer-Anschluss.
3 Fassung
4 Elektrische Steckverbindung
5 (E5/1 E5/2) Nebelleuchte rechts oder links

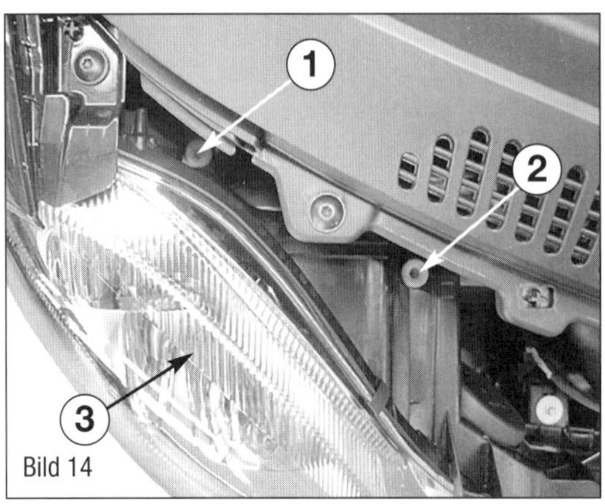

Bild 14
Scheinwerfer links.
1 Einstellschraube (vertikal)
2 Einstellschraube (horizontal)
6 (E1e1) Fern- und Abblendlicht links

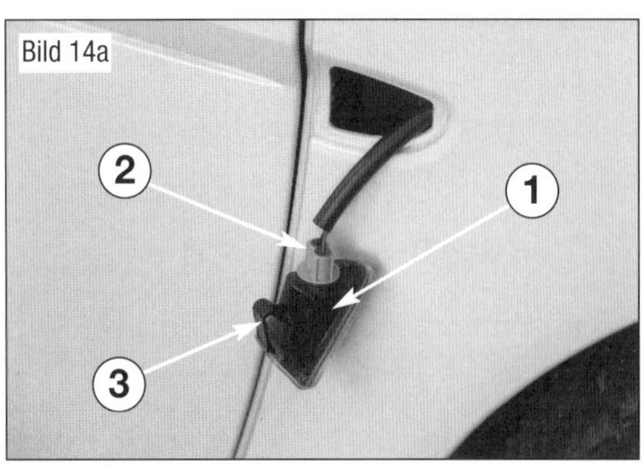

Bild 14a
1 Seitenblinkleuchte (E22/1 E22/2)
2 Fassung
3 Verrastungen Seitenblinkleuchte

Einstellung Nebelscheinwerfer

Das Neigungsmaß für Nebelscheinwerfer beträgt »2,0%«.

- Drehen Sie zum Verstellen der Leuchtweite die Einstellschraube (E im Bild 12).
- Eine Seitenverstellung ist nicht vorgesehen.

Seitenblinkleuchte

Seitenblinkleuchte ausbauen

- Verrastung der Blinkleuchte (3) lösen und Zusatzblinkleuchte so weit aus der CBS-Front herausnehmen, bis die Fassung (2) zugänglich ist.
- Fassung (2) um 90° gegen den Uhrzeigersinn drehen und aus der Zusatzblinkleuchte herausnehmen.

Die Montage erfolgt sinngemäß in umgekehrter Reihenfolge.

- Achten Sie darauf, dass die Blinkleuchte sicher einrastet.
- Prüfen Sie die Funktion der Lampe nach der Montage.

Lampe ausbauen

- Blinkleuchte aus der CBS-Front (1) ausclipsen und herausnehmen.
- Fassung (2) um 90° gegen den Uhrzeigersinn drehen und aus der Zusatzblinkleuchte links (E22/1) bzw. der Zusatzblinkleuchte rechts (E22/2) herausnehmen.
- Lampe gerade aus der Fassung herausziehen.

Die Montage erfolgt sinngemäß in umgekehrter Reihenfolge.

- Prüfen Sie die Funktion der Lampe nach der Montage.

Berühren Sie beim Einbau einer Lampe nicht den Glaskolben. Ihre Finger hinterlassen Fettspuren auf dem Glaskolben, die beim Einschalten der Lampe verdampfen und den Glaskolben trüben.

Heckleuchten

Rückleuchte ausbauen

- CBS-Heck (1) ausbauen.
- Halteclip im gekennzeichneten Bereich (Pfeile A) am CBS-Heck (1) lösen.
- Schlussleuchte vorsichtig nach unten klappen, aus der Halterung (Pfeile B) lösen und abnehmen.

Die Montage erfolgt sinngemäß in umgekehrter Reihenfolge.

- Prüfen Sie die Funktion der Lampe nach der Montage.

Lampen der Rückleuchte ausbauen

- Öffnen Sie die Hecktüre. Beim Cabrio sollten Sie das Heckverdeck nach oben klappen.
- Nehmen Sie die entsprechende seitliche Abdeckung heraus. Soweit verbaut muss eventuell etwas Dämmmaterial weggeklappt werden.
- Drücken Sie die Haltelasche in der Mitte des Lampenträgers nach oben und nehmen Sie den Lampenträger heraus.
- Drücken Sie leicht auf die Lampe und drehen Sie sie im Lampenträger gegen den Uhrzeigersinn etwa eine Viertelumdrehung.
- Nehmen Sie die Lampe aus dem Lampenträger heraus.

Kennzeichenleuchte

Kennzeichenleuchte ausbauen

- Verrastung (Pfeil) lösen und Kennzeichenleuchte so weit nach unten aus der Rückwandtür herausführen, bis die elektrischen Steckverbindungen zugänglich sind.
- Elektrische Steckverbindungen trennen und Kennzeichenleuchte abnehmen.

Die Montage erfolgt sinngemäß in umgekehrter Reihenfolge.

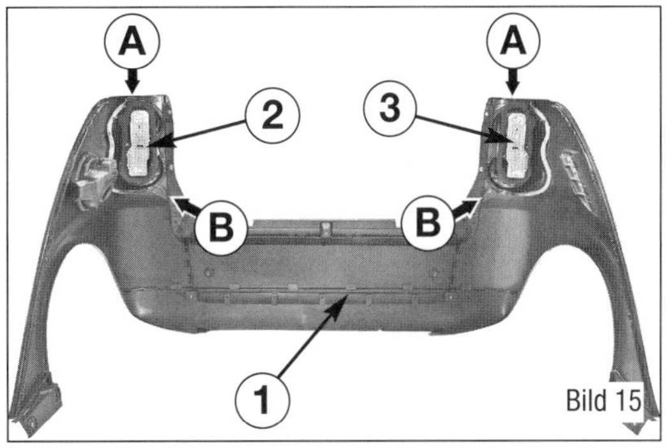

Bild 15
CBS-Heck mit Rückleuchten.
1 CBS-Heck
2 (E4) Schlussleuchte rechts
A und B Montagebereich mit Halteclip
3 (E3) Schlussleuchte links

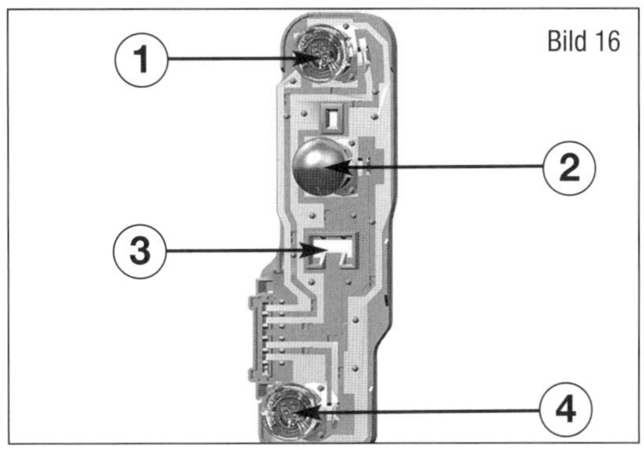

Bild 16
Rücklampenträger.
1 Brems- und Schlusslicht
2 Blinker
3 Haltelaschen
4 Rückfahrlicht oder Nebelschlussleuchte

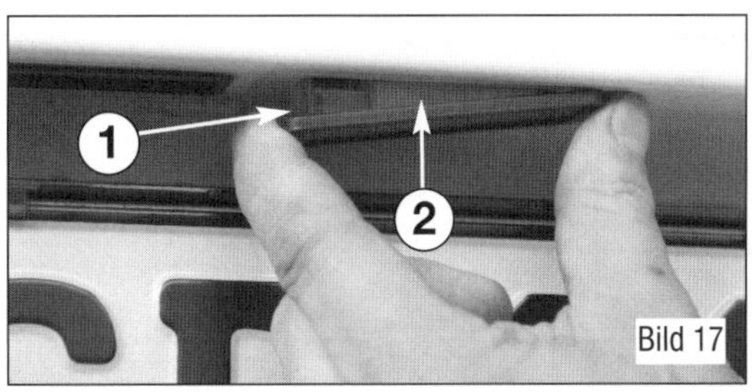

Bild 17
Kennzeichenleuchte.
1 Rastnase
2 (E19/1) Kennzeichenleuchte links oder (E19/2) Kennzeichenleuchte rechts

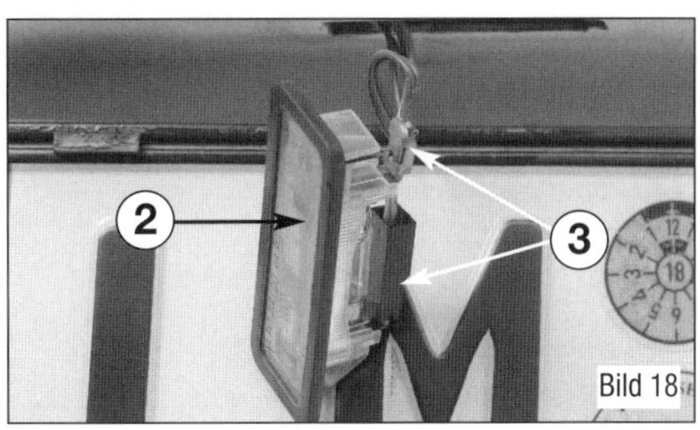

Bild 18
Kennzeichenleuchte.
2 (E19/1) Kennzeichenleuchte links oder (E19/2) Kennzeichenleuchte rechts
3 Steckkontakte

- Prüfen Sie die Funktion der Lampe nach der Montage.
- Achten Sie darauf, dass die Leuchte richtig in der Rückwandtür einrastet.

Lampe Kennzeichenleuchte ausbauen

- Schalten Sie die Beleuchtung des Fahrzeuges und die Zündung aus.
- Bauen Sie die Kennzeichenleuchte aus.
- Ziehen Sie den Stecker über der Soffitte ab und nehmen Sie die Soffitte (besondere Bauweise der Lampe) heraus.

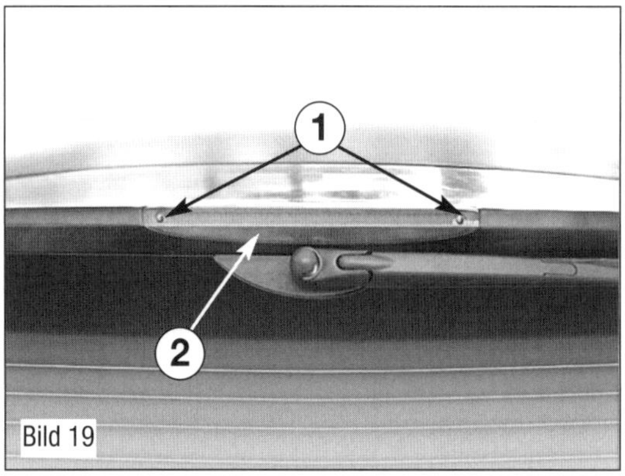

Bild 19
Dritte Bremsleuchte.
1 Schraube
2 (E21) dritte Bremsleuchte

Die Montage erfolgt sinngemäß in umgekehrter Reihenfolge.
- Prüfen Sie die Funktion der Lampe nach der Montage.
- Achten Sie darauf, dass die Leuchte richtig in der Rückwandtür hörbar einrastet.

3. Bremsleuchte aus- und einbauen

Dritte Bremsleuchte ausbauen

- Die Schrauben (1) der 3. Bremsleuchte (E21) herausschrauben.
- Die dritte Bremsleuchte (E21) abnehmen, bis die elektrische Steckverbindung (2) zugängig wird.

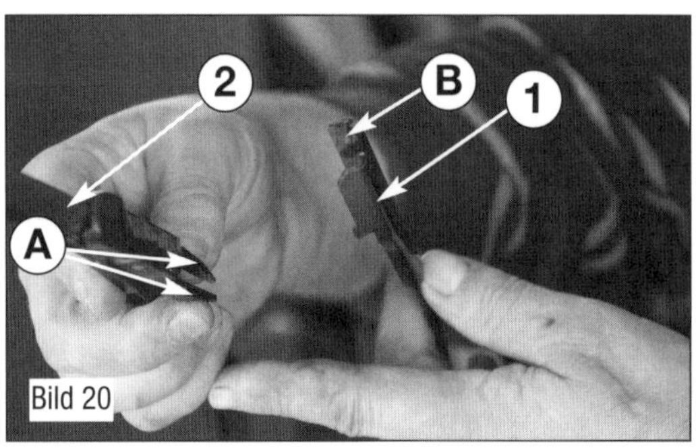

Bild 20
Scheibenwischerblatt vorne.
1 Wischerarm
2 Wischerblatt
A Rasten am Wischer
B Nase am Wischerarm

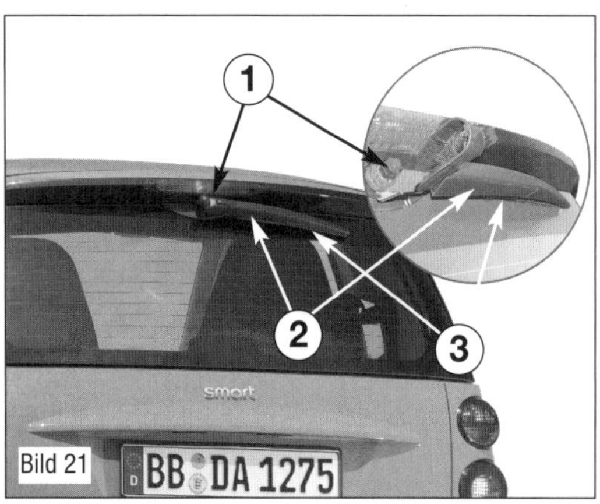

Bild 21
Scheibenwischerblatt hinten.
1 Waschdüse in der Wischerwelle
2 Wischerarm
3 Wischerblatt

- Elektrische Steckverbindung an der dritten Bremsleuchte (E21) trennen und die dritte Bremsleuchte (E21) abnehmen.

Die Montage erfolgt sinngemäß in umgekehrter Reihenfolge.
- Prüfen Sie die Funktion der Lampe nach der Montage

Glüh-Lampe der dritten Bremsleuchte ausbauen

- Bauen Sie die dritte Bremsleuchte aus.
- Fassung (2) um 90° gegen den Uhrzeigersinn drehen und aus der Zusatzblinkleuchte (E21) herausnehmen.

Die Montage erfolgt sinngemäß in umgekehrter Reihenfolge.
- Prüfen Sie die Funktion der Lampe nach der Montage.

LED-Lampe der dritten Bremsleuchte ausbauen

⚠ Sonderfall LED-Lampen: Die Einzel-LEDs (Licht emittierende Dioden) in der Lampe für das hochgesetzte Bremslicht sind in Gruppen zu 3 LEDs zusammengefasst und werden gruppenweise mit Strom versorgt. Durch den Ausfall einzelner LEDs werden die intakten LEDs dieser Gruppe höher belastet, weshalb mit einem baldigen Ausfall weiterer LEDs zu rechnen ist. Ist eine LED-Gruppe (3 Einzel-LEDs) ausgefallen, werden die gesetzlichen Lichtwerte der ECE-Regelung (Economic Commission for Europe) weiterhin erfüllt. Sind mehr als 3 Einzel-LEDs ausgefallen, werden die gesetzlichen Lichtwerte nicht mehr erfüllt, und die Lampe für hochgesetztes Bremslicht ist zu ersetzen.

Scheibenwischer vorne und hinten

Wischerblatt wechseln vorne (Bild 20)
- Schalten Sie die Zündung aus und ziehen sie den Zündschlüssel ab.
- Klappen Sie den Wischerarm (1) hoch.
- Verrastung (A) am Wischerblatt (2) ausclipsen.
- Führung (B) aushängen und Scheibenwischer abnehmen.

Die Montage erfolgt sinngemäß in umgekehrter Reihenfolge.

■ Kontrollieren Sie die Länge der Scheibenwischer genau. Sie müssen auf dem Glas aufsitzen und dürfen weder den Scheibenrahmen noch sich untereinander berühren.
■ Wischerblattaufnahme in den Wischerarm einschieben, bis sie hörbar verrastet.
■ Wischerarm vorsichtig auf die Frontscheibe zurückklappen.
■ Prüfen Sie die Funktion der Waschdüsen und die Endlage der Wischer auf der Scheibe anhand der Markierungen.

Wischerblatt hinten wechseln (Bild 21)
Der Scheibenwischer ist direkt im Wischerarm eingeclipst. Achten Sie darauf, dass der neue Wischer im Wischerarm einrastet. Sollte er zu lose einliegen, wechseln Sie den Wischerarm mit. In diversen Internetplattformen sowie auch im Zubehörhandel lassen sich kostengünstige Sets erwerben.
■ Klappen Sie den Wischerarm (2) hoch.
■ Verrastung am Wischerblatt (3) ausclipsen.
■ Führung am Wischerarm (2) aushängen und Scheibenwischerblatt (3) abnehmen.

■ Die Montage erfolgt sinngemäß in umgekehrter Reihenfolge.

Tipp: Achten Sie auf die Einbaulage des Scheibenwischers, er muss auf dem Glas aufsitzen und darf den Scheibenrahmen nicht berühren.

Scheibenwischerarm vorne aus- und einbauen (Bild 22)
■ Den Wischermotor in Entstellung laufen lassen und die Zündung ausschalten.
■ Die Verkleidung (1) an Mittelstück vor Windschutzscheibe ausbauen.
■ Abdeckkappe der Mutter entfernen.
■ Mutter am Wischerarm (2) abschrauben.
■ Abzieher (5) auf der Wischerarmwelle positionieren und den Wischerarm (2) mit Abzieher (5) lösen.
■ Abzieher (5) abnehmen.
■ Wischerarm (2) abnehmen.

Der Einbau erfolgt sinngemäß in umgekehrter Reihenfolge.
■ Richten Sie die Wischerarme vor der Montage aus.

Scheibenwischerarm hinten aus- und einbauen (Bild 23)
■ Den Wischermotor der Rückwandtür anlaufen lassen und in Entstellung abschalten.

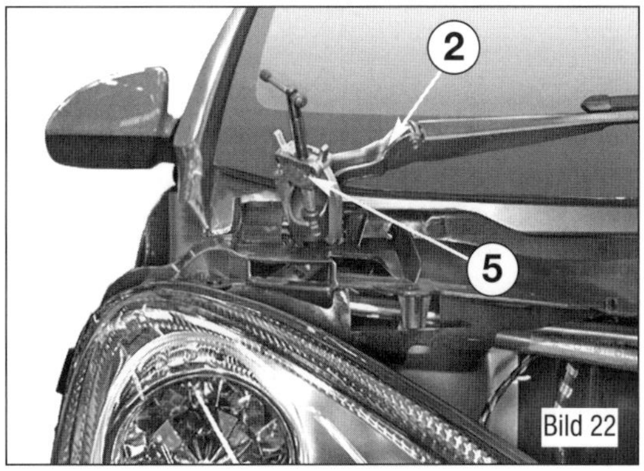

Bild 22
Abzieher am Wischerarm vorne.
2 Wischerarm
5 Abzieher

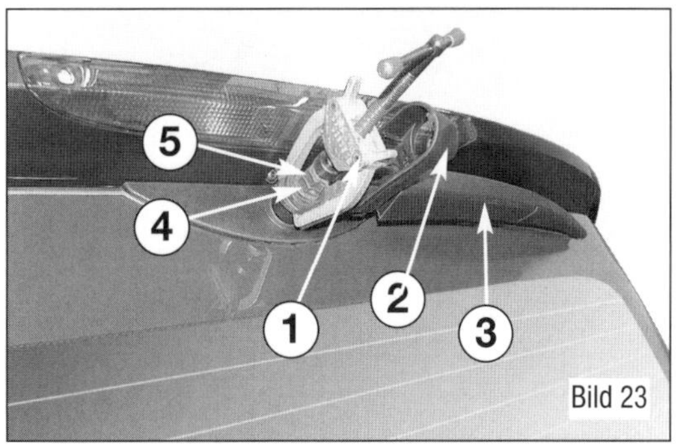

Bild 23
Abzieher am Wischerarm hinten.
1 Abzieher
2 Abdeckkappe am Wischerarm
3 Wischerarm
4 Mutter
5 Mutter

■ Die Abdeckkappe (2) hochklappen und die Mutter (5) lösen.
■ Geeignete Mutter (4) auf die Wischerarmwelle ersatzweise aufdrehen. Der Abzieher (1) muss sich beim Abziehen des Wischerarmes (3) auf der Mutter (4) abstützen, da sonst die Wischerarmwelle beschädigt wird.
■ Wischerarm (3) mit Abzieher (1) lösen und Abzieher (1) abnehmen.
■ Mutter (4) abnehmen, Mutter (5) abschrauben und Wischerarm (3) abnehmen.

Der Einbau erfolgt sinngemäß in umgekehrter Reihenfolge.
■ Richten Sie die Wischerarme vor der Montage aus.

Scheibenwaschdüsen

Scheibenwaschdüsen vorne aus- und einbauen (Bild 24)
■ Wartungsklappe (Motorhaube) ausbauen.
■ Verkleidung vor der Windschutzscheibe (4) ausbauen.
■ Schlauch von der Spritzdüse (5) abziehen und Verkleidung (4) beiseitelegen.
■ Die Spritzdüse (5) mit einer geeigneten Zange von hinten aus der Verkleidung (4) lösen und abnehmen.

Sichtprüfung Messen

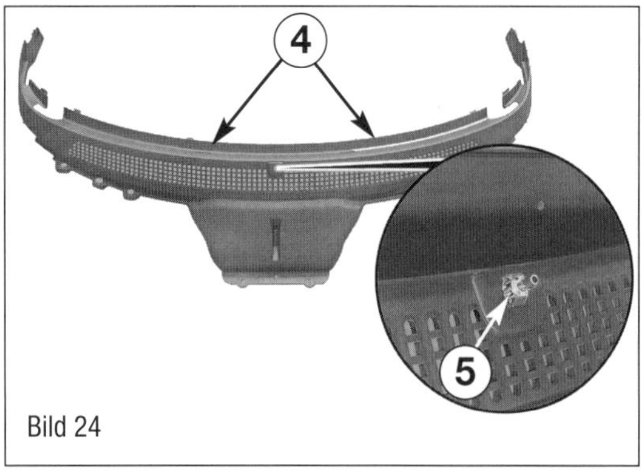

Bild 24
Waschdüse vorne.
4 Verkleidung vor der Windschutzscheibe
5 Waschdüse vorne

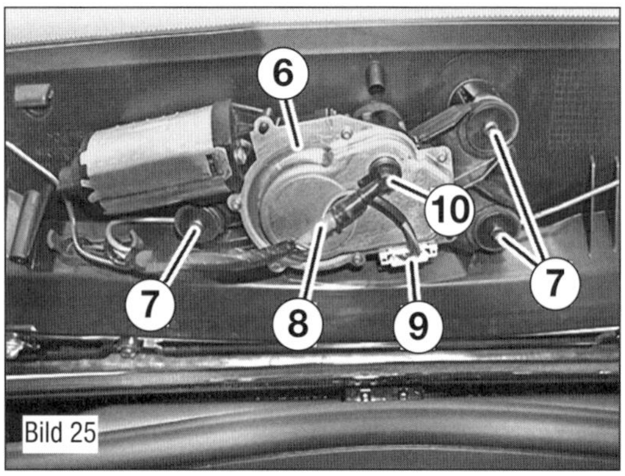

Bild 25
Waschdüse hinten.
6 Scheibenwischermotor hinten
7 Schrauben
8 Waschschlauch hinten
9 Elektrischer Anschluss
10 Waschdüse

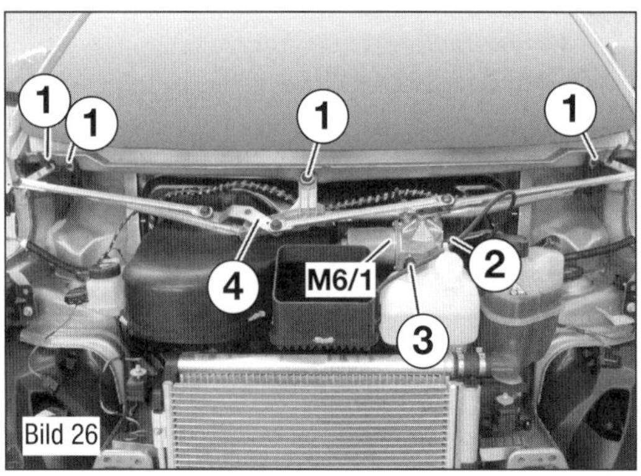

Bild 26
1 Schraube
2 elektrische Steckverbindung
3 Halter
4 Wischeranlage
M6/1 Wischermotor

Der Einbau erfolgt sinngemäß in umgekehrter Reihenfolge.
- Stellen Sie Spritzdüse (5) der Scheibenwaschanlage ein.
- Richten Sie die Wischerarme vor der Montage aus.

Scheibenwaschdüsen hinten aus- und einbauen (Bild 25)
Die Spritzdüse Heckscheibe (10) ist im Wischermotor der Heckklappe integriert.
- Wischerarm hinten demontieren.
- Heckklappe öffnen und die Heckklappenverkleidung oben demontieren. Dazu die beiden Schrauben zwischen den Scharnieren herausdrehen und die Verkleidung herausklappen.
- Schlauch (8) am Wischermotor Rückwandtür abbauen.
- Elektrische Steckverbindung (9) am Wischermotor der Heckklappe trennen.
- Schrauben (7) am Wischermotor der Heckklappe herausschrauben und den Wischermotor abnehmen.

Der Einbau erfolgt sinngemäß in umgekehrter Reihenfolge.
- Stellen Sie Spritzdüse (10) der Scheibenwaschanlage ein.
- Richten Sie die Wischerarme vor der Montage wie schon beschrieben aus.

Wischermotoren

Ausbau des Wischermotors vorne
- Die Wartungsklappe (Motorhaube) ausbauen.
- Das Frontmodul ausbauen.
- Die elektrische Steckverbindung (2 im Bild 26) am Wischermotor (M6/1) trennen.
- Den Halter (3) mit der Gummitülle vom Wischermotor (M6/1) abnehmen.
- Die Schrauben (1) von rechts beginnend herausschrauben und Wischeranlage (4) abnehmen. Der Wischermotor (M6/1) ist nicht separat erhältlich; er kann nur in Verbindung mit der Wischeranlage (4) erneuert werden.

Der Einbau erfolgt sinngemäß in umgekehrter Reihenfolge.
- Die Schrauben (1) von links beginnend festschrauben.
- Abschließend eine Funktionsprüfung der Wischeranlage (4) mit dem neuen Wischermotor (M6/1) durchführen.

Ausbau des Wischermotors hinten (Bild 25)
- Wischerarm hinten wie bereits beschrieben demontieren.
- Heckklappe öffnen und die Heckklappenverkleidung oben demontieren. Dazu die beiden Schrauben zwischen den Scharnieren herausdrehen und die Verkleidung herausklappen.
- Schlauch (8) am Wischermotor Rückwandtür abbauen.
- Elektrische Steckverbindung (9) am Wischermotor der Heckklappe trennen.
- Schrauben (7) am Wischermotor der Heckklappe herausschrauben und den Wischermotor abnehmen.

Der Einbau erfolgt sinngemäß in umgekehrter Reihenfolge.

- Stellen Sie Spritzdüse (10) der Scheibenwaschanlage ein.
- Richten Sie die Wischerarme vor der Montage wie schon beschrieben aus.

Endlage der Scheibenwischer

Scheibenwischerblätter vorne
Die Endlage, also die Position, in der sich die Wischerblätter beim Abschalten befinden sollen, ist beim Smart durch einen kleinen Punkt auf der Windschutzscheibe gekennzeichnet. Sie dürfen höchstens 10 mm von dieser Markierung nach oben oder unten abweichen. Sollten Ihre Wischer nicht in dieser Position stehen bleiben, müssen sie neu eingerichtet werden.

Scheibenwischerblätter hinten
Die Endlage, also die Position, in der sich das Wischerblatt beim Abschalten befindet, ist nicht gesondert gekennzeichnet. Der Wischerarm muss in Ruhestellung auf der rechten Scheibenhälfte stehen bleiben. Das Wischerblatt muss parallel zum Scheibenrand ausgerichtet werden. Das Wischerblatt darf nirgends anstoßen. Anderenfalls kommt es zu Schäden an der Wischermechanik. Sollten Ihre Wischer nicht in dieser Position stehen bleiben, müssen sie neu eingerichtet werden.

Waschdüsen einstellen

Waschdüsen vorne (Bild 28)

- Wartungsklappe vorne (Motorhaube) öffnen.
- Zündung einschalten und Wischerschalter auf Stufe »2« drehen. Wenn sich die Wischerarme vorn (2 und 4) nahe der Umkehrlage (der höchsten Stellung) befinden, die Zündung ausschalten und Wischerschalter auf Stufe »0« zurückdrehen.
- Elektrische Steckverbindung am Wischermotor trennen.
- Scheibenwaschdüse Windschutzscheibe (3) wie auf dem Bild dargestellt mit einer Nadel einstellen.

Waschdüsen hinten (Bild 29)
Um ein Verkratzen der Heckscheibe zu vermeiden, das Wischerblatt hinten nicht trocken laufen lassen. Die Scheibenwaschdüse Heckscheibe (1) lässt sich nicht punktuell ausrichten, da sie sich mit dem Wischerarm mitbewegt. Sie sollte im mittleren Bereich vor dem Wischerblatt hinten (3) auf die Heckscheibe spritzen.

- Waschfunktion von einer zweiten Person betätigen lassen und den Auftreffpunkt beobachten.
- Scheibenwaschdüse Heckscheibe (1) wie auf dem Bild dargestellt mit einer Nadel einstellen.

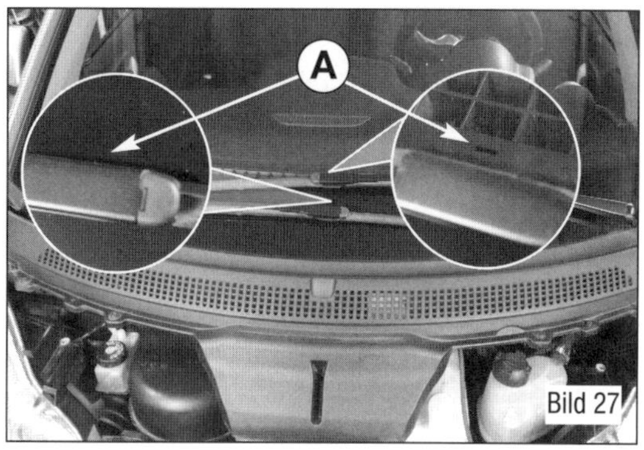

Bild 27
Endablage der Scheibenwischer auf der Scheibe: Die Markierungen (A) auf der Scheibe sind in Höhe der Wischergummis.

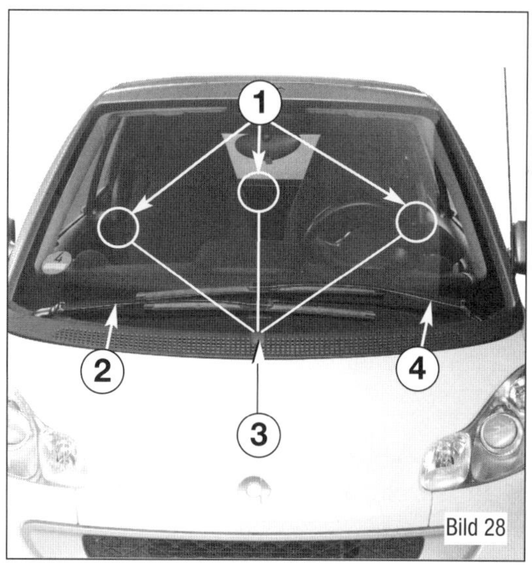

Bild 28
Waschdüse vorne.
1 Auftreffpunkte für das Waschwasser
2 Wischerarm rechts
3 Waschdüse
4 Wischerarm links

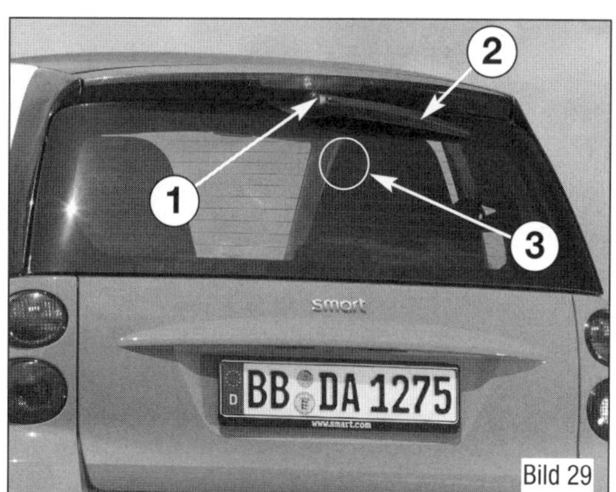

Bild 29
Wischer hinten.
1 Waschdüse
2 Wischerarm
3 Auftreffpunkt des Waschwassers auf der Heckscheibe

15 Stromlaufpläne

Sicherungen und Sicherungshalter

Damit Sie die Elektrik Ihres Autos einfach, zuverlässig und sicher nutzen können, gibt es Schaltstellen, Leitungsstränge und Sicherheitsvorkehrungen. Prüfen Sie vor jeder Fehlersuche immer die verbauten Sicherungen. Überprüfen Sie auch, ob die Sicherungsbelegung bei Ihrem Fahrzeug identisch ist (siehe Fahrerhandbuch). Herstellerbedingt werden zwar bestimmte Belegungen ausgewählt, diese aber müssen nicht unbedingt Ihrer Variante entsprechen. Schließlich werden oft genug Ausstattungsvarianten ergänzt und erweitert. In den meisten Fällen erkennen Sie schon an der verbauten Sicherungsstärke, um welche Anschlussvariante es sich handelt. Einige wenige Sicherungen sind auf der Rückseite des Sicherungskastens verbaut. Auch diese werden je nach Belegung in der Fahrzeugbedienungsanleitung beschrieben. Vergessen Sie nicht, dass viele »Kleinsicherungen« durchaus im Sicherungskasten zusätzlich abgesichert sein können! Solche Sicherungen werden auch »Vorsicherung« genannt. Die freien Sicherungsplätze und ihre Schaltfunktionen können sehr hilfreich bei der Erweiterung der Ausrüstung Ihres Smart sein.

Einbaulage
In der Schalttafel links (Fahrerseite) befindet sich der Sicherungshalter. Er ist für die erste Überprüfung bei Störungen der elektrischen Anlage besonders wichtig, weil er die meisten jener Stecksicherungen enthält, die schnell zugänglich sein müssen. Die genaue Sicherungsbelegung ist von der Fahrzeugausstattung abhängig. Ein Schema ist als Aufkleber oder lose bei den Sicherungshaltern zu finden. Wir verweisen auf die aktuellen Belegungslisten in der Fahrzeugbedienungsanleitung. Sicherungen sind nach Steckplätzen nummeriert. Angegeben sind abgesicherte Verbraucher und der Stromstärke-Wert (in A), durch Farbe markiert.

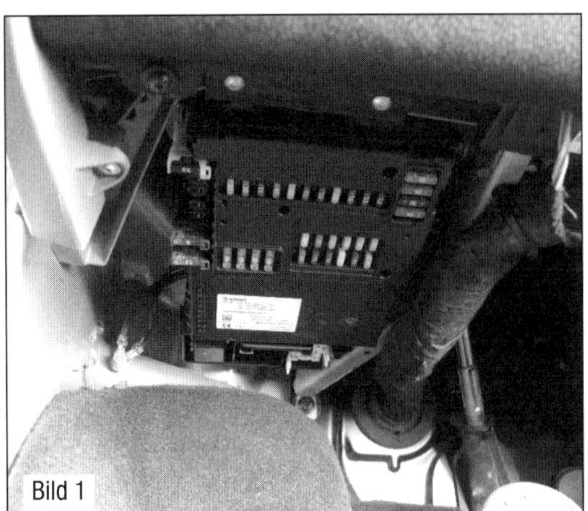
Bild 1

Bild 1
Schutz der Elektrik: Sicherungshalter im Fußraum.

Sicherungen wechseln

Durchgebrannte Sicherungen müssen ersetzt werden durch gleichwertige Sicherungen (erkennbar an Farbe und Ampere-Zahl) mit den Ampere-Zahlen, die in der Sicherungsbelegung empfohlen werden. Wechseln Sie Sicherungen nur im geparkten Fahrzeug.

- Schalten Sie alle Stromverbraucher aus und die Zündung aus.
- Anhand der Sicherungsbelegung feststellen, welche Sicherung zu dem ausgefallenen Verbraucher gehört.
- Die entsprechende Sicherung herausziehen.
- Die defekte Sicherung durch eine neue mit der gleichen Amperezahl ersetzen.

Kabelfarben und Kabelquerschnitt

Kabelfarbe
Im Schaltplan werden die Information über die Kabelfarbe und die Kabelstärke angegeben. Die Farben werden als Kürzel dargestellt. Farbangaben in Kombination stellen Kabelkennzeichnungen mit einer Farblinie dar.
Die Kabelbezeichnung sw/ws ist beispielsweise die Bezeichnung für ein schwarzes Kabel mit einer weißen Linie. Die Grundfarbe des Kabels wird immer zuerst genannt. Wir stellen Ihnen in der nachstehenden Tabelle die gängigsten Farben und Abkürzungen im Schaltplan vor.

Kürzel	Farbe
BK	schwarz
BN	braun
BU	blau
GN	grün
GY	grau
OG	orange
PK	rosa
RD	rot
TR	transparent
VT	violett
WH	weiß
YE	gelb

Kabelquerschnitt
Auch der Kabel(Leitungs)querschnitt ist im Schaltplan angegeben. Er wird durch eine Zahl über der Angabe der Kabelfarbe dargestellt. Beim Suchen der entsprechenden Anschlusskabel kann das die Arbeit sehr erleichtern.

Beispiel: 1,5 YEBK= 1,5 mm², gelbes Kabel, mit schwarzer Kennlinie

Kabelinstandsetzungsarbeiten

Reparatur von Airbag- und Gurtstrafferleitungen
Das Airbag- und Gurtstraffersystem kann ausfallen. Fehlerhafte Reparaturen am Airbag- und Gurtstrafferleitungsstrang können zur Fehlfunktion des Insassenschutzes führen. Bei Reparaturen am Airbag- und Gurtstrafferleitungsstrang dürfen nur die dafür vorgesehenen Kontakte, Stecker und Leitungen verwendet werden. Leitungen des Airbag- und Gurtstrafferleitungsstrangs dürfen nur mit dem Leitungsstrang-Reparaturset und den Vorgängern repariert werden.

Bei Reparaturen an Leitungen des Airbag- und Gurtstraffersystems dürfen maximal zwei Reparaturstellen ausgeführt werden. Reparaturstellen erhöhen den elektrischen Widerstand in der Leitung und können Fehler in der Eigendiagnose des Systems auslösen. Bei Reparaturen am Airbag- oder Gurtstrafferleitungsstrang müssen die Quetschverbinder grundsätzlich geschrumpft werden, um Korrosion zu verhindern (Bild 2).

Wickeln Sie die Reparaturstelle nicht wieder in den fahrzeugeigenen Leitungsstrang ein und kennzeichnen Sie die Reparaturstelle gut sichtbar mit gelbem Isolierband. Reparaturen im Bereich von Airbag oder Gurtstraffer sollten maximal 30 cm vom nächsten Kontaktgehäuse entfernt ausgeführt werden. Zusammen mit der Kennzeichnung durch das gelbe Isolierband ermöglicht diese Vorgehensweise einen schnellen Überblick über vorangegangene Reparaturen. Die Leitungen zu den Auslöseeinheiten (Airbags) haben in der Serie die Verdrillung mit der Schlaglänge 20 mm ±5. Diese Schlaglänge ist für die Serienfertigung über Normteilnummern für die Leitungspaare sichergestellt und muss bei den Reparaturlängen der verdrillten Leitungen zwingend eingehalten werden. Bei Reparaturarbeiten müssen die Leitungen zu den Auslöseeinheiten (Airbags) die gleiche Länge aufweisen. Beim Verdrillen der Leitungen (1) und (2) muss die Schlaglänge von A = 20 mm ±5 zwingend eingehalten werden. Es darf dabei kein Leitungsstück, zum Beispiel im Bereich von Quetschverbindern (Pfeil), größer als B = 100 mm ohne Verdrillung der Leitungen entstehen (Bild 3).

Reparaturmöglichkeiten CAN-Bus
Als CAN-Busleitung wird eine ungeschirmte Zweidrahtleitung (1) und (2) mit einem Querschnitt von 0,35 mm 2 oder 0,5 mm 2 verwendet. Die Farbcodierungen der CAN-Busleitungen entnehmen Sie der folgenden Tabelle:

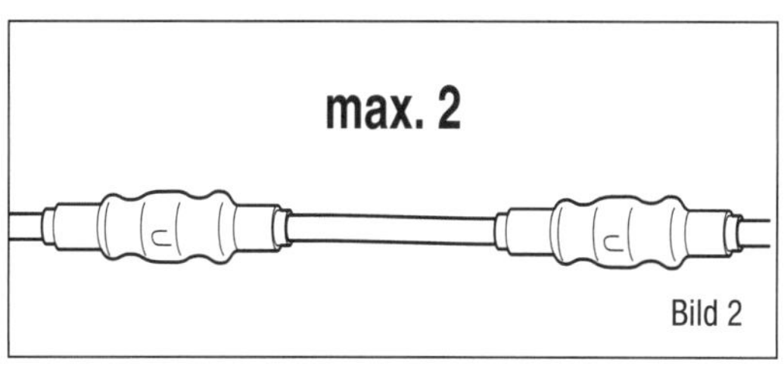

Bild 2
Reparaturstelle mit Abdichtung.

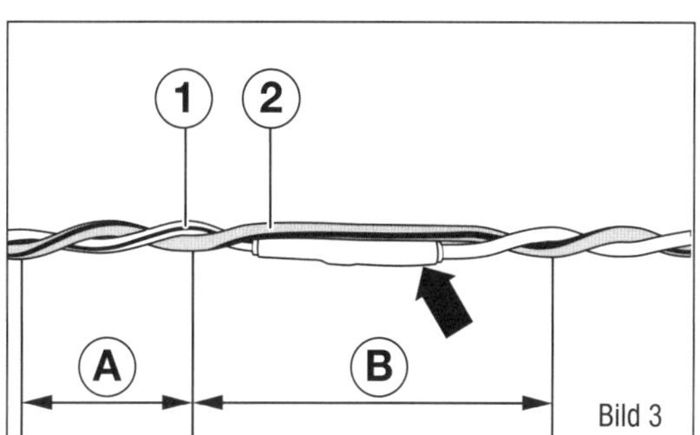

Bild 3
1 Leitung
2 Leitung
A Schlaglänge
B Reparaturstelle
Pfeil Isolierung

Sichtprüfung Messen

CAN-High-Leitung, Antrieb	orange/schwarz
CAN-High-Leitung, Komfort	orange/grün
CAN-High-Leitung, Infotainment	orange/violett
CAN-Low-Leitung, (alle)	orange/braun

Die Reparatur von CAN-Busleitungen kann sowohl mit Reparaturleitungen in passendem Querschnitt als auch mit den gedrillten Leitungen »grün/gelb« bzw. »weiß/gelb« aus dem elektronischen Teilekatalog ausgeführt werden. Bei Reparaturarbeiten müssen beide Busleitungen die gleiche Länge aufweisen. Beim Verdrillen der Leitungen (1) und (2) muss die Schlaglänge von A = 20 mm eingehalten werden. Es darf dabei kein Leitungsstück, zum Beispiel im Bereich von Quetschverbindern (Pfeil), größer als B = 50 mm ohne Verdrillung der Leitungen entstehen. Versehen Sie die Reparaturstelle mit gelbem Klebeband, um eine vorangegangene Reparatur zu kennzeichnen.

Massepunkte am Smart

Die Einbaulage der Massepunkte ist in der Übersicht im Bild 4 recht gut zu erkennen. Prüfen Sie die Anschlüsse auf Korrosion und festen Sitz der Anschlusskabel zur Karosserie. Hier entstehen leicht Fehler, die nicht über das Diagnosesystem direkt erfasst werden können.

Massepunkte im Motorraum

Die genaue Positionierung stellen wir Ihnen in der folgenden Tabelle für den Motorraum im Detail vor.

Massepunkt	*Bemerkung*
W30/2	Masse zur Entstörung der Lenkhilfspumpe
W43	Masse Stirnwand links außen

Massepunkte Fußraum

Die genaue Positionierung stellen wir Ihnen in der folgenden Tabelle für die weitere Karosserie im Detail vor.

Massepunkt	*Bemerkung*
W9	Masse vorn links (bei der Leuchteinheit)
W30/2	Masse zur Entstörung der Lenkhilfspumpe

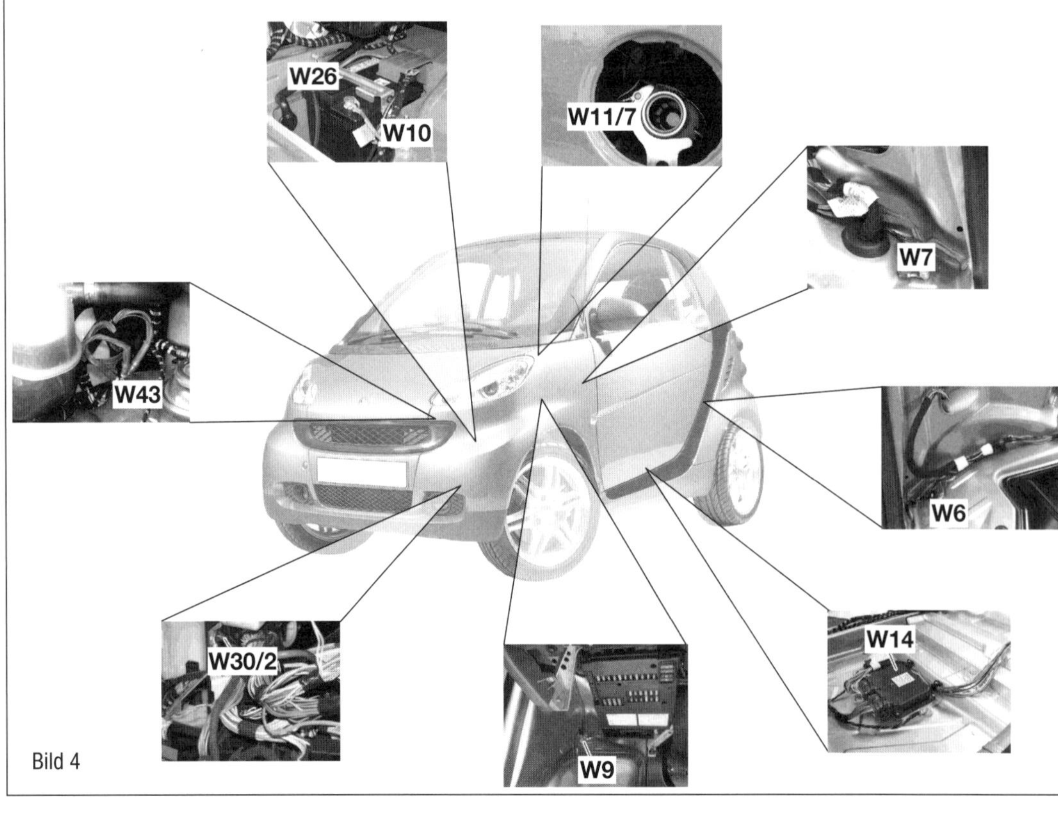

Bild 4

Bild 4
Massepunkte am Smart.
W6 Masse Kofferraum Radlauf links
W7 Masse Kofferraum Radlauf rechts
W9 Masse vorn links (bei Leuchteinheit)
W10 Masse Batterie
W11/7 Masse Tankstutzen
W14 Masse Innenraum Boden links
W26 Masse Mitteltunnel
W30/2 Masse; Entstörung Lenkhilfspumpe
W43 Masse Stirnwand links außen.

Massepunkt	*Bemerkung*
W10	Masse Batterie
W14	Masse Innenraum Boden links
W26	Masse Mitteltunnel

Massepunkte Fahrzeugheck
Die genaue Positionierung stellen wir Ihnen in der folgenden Tabelle für den Fahrgastraum vorne im Detail vor.

Massepunkt	*Bemerkung*
W6	Masse Kofferraum Radlauf links
W7	Masse Kofferraum Radlauf rechts
W11/7	Masse Tankstutzen

Messgeräte und Diagnosetester

Geeignete Messmittel in der Elektrik
Verwenden Sie nur geeignete Messmittel wie Multimeter und Mess- und Prüfsysteme. Prüflampen mit Glühlampe können Schäden in der Elektronik verursachen und können zudem keine Messwerte ausgeben.

Vorgaben zur Diagnose am Fahrzeug
Vor unseren Hinweisen zum Umgang mit den Stromlauf- oder Schaltplänen möchten wir, weil dazu ein enger Zusammenhang besteht, nochmals kurz auf das Fahrzeugdiagnose-, Mess- und Informationssystem eingehen. Wird das Diagnose- und Informationssystem während einer Prüf- oder Messfahrt im Aktionsbereich eines Airbags deponiert, besteht im Falle einer Airbag-Auslösung das Risiko von schweren bis tödlichen Verletzungen! Deshalb zu Prüf- oder Messfahrten stets einen Helfer mitnehmen, der am besten im Beifahrerfußraum das System bedient. Zum Anschließen des Diagnose- und Testsystems wird grundsätzlich wie folgt vorgegangen:

- Die Handbremse anziehen.
- Das Fahrzeug mit einem Erhaltungsladegerät versehen (Batterie laden).
- Den Wählhebel in die Stellung »P« oder »N« bringen.
- Den Fahrzeugdiagnosetester bei ausgeschalteter Zündung mit der Diagnoseleitung am Diagnoseanschluss des Fahrzeugs anschließen.
- Die Zündung einschalten.
- Alle elektrischen Verbraucher ausschalten.

Schaltpläne

Zum Gebrauch der Stromlaufpläne
Die Bordelektrik wird in Aufbau und Vernetzung durch Stromlaufpläne (auch Schaltpläne genannt) dargestellt, die für die beiden Smart in gedruckter Form schon in der Grundausführung einen Ordner von ganz beträchtlichem Umfang füllen. Das Schaltplanangebot enthält neben den einzelnen Stromlaufplänen für die Basisausstattung, die Elektrik für jeden einzelnen Motor bis hin zu Sonderausstattungen (z. B. für Klimaanlagen, Dämpfersteuerung, Einparkhilfe, sogar Rückfahrkamera oder Autogasbetrieb) auch zeitliche Überarbeitungen. Es macht sachlich wenig Sinn und der begrenzte Umfang dieses Buches lässt das auch nicht zu, einzelne Stromlaufpläne aus der Fülle herauszugreifen und in diesem Ratgeber darzustellen.

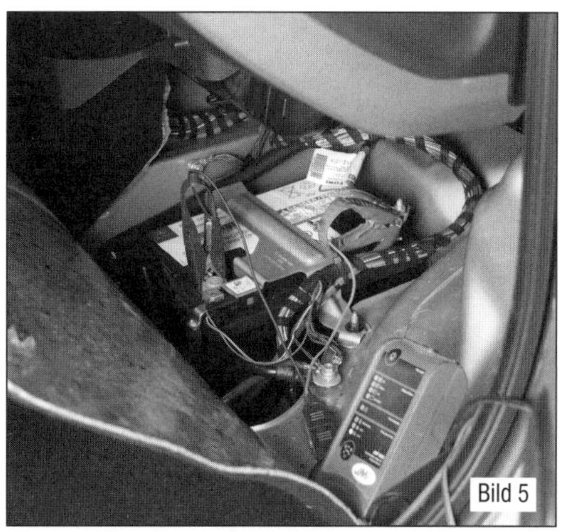
Bild 5

Bild 5
Anschluss eines Dauerladegerätes.

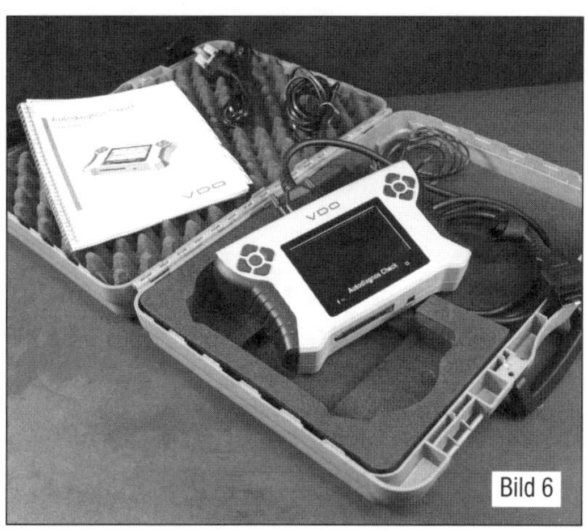

Bild 6

Bild 6
Freier Tester im Koffer mit Kabelsatz von VDO.

Bild 7
Bezeichnungen der Schaltpläne beim Smart.
a Informationsart
b Funktionsgruppe
c Funktionsuntergruppe
d Erstellerkenner
e Ordnungs-Nummer
f Informationseinheit-Nummer
g Gültigkeitsbuchstabe(n)

Die Schaltpläne sind den bekannten Funktionsgruppen 00–91 zugeordnet. Zum leichteren Auffinden von einzelnen Schaltplänen haben wir in der »Suchhilfe der Schaltplangruppen« die Systeme nach Funktionsgruppen aufgelistet. Die Schaltpläne können dann mit der jeweiligen Dokumentennummer beim Mercedes-Benz-Händler ausgedruckt werden.

Die Schaltpläne sind als Funktionsschemen oder Steuergerätepläne erstellt und wie folgt aufgebaut:

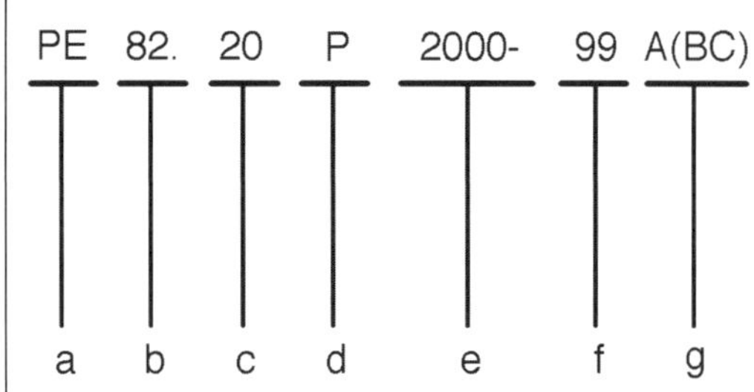

Bild 7

Bild 8
Schaltplanauszug Teil 1 vom Scheibenwischer.
1 Buchstaben zur Positionsbestimmung der Bauteile
2 Zahlen zur Positionsbestimmung der Bauteile
3 Variantenhinweis
4 Schnittlinie zum Zusammensetzen ausgedruckter Pläne
5 Bauteil

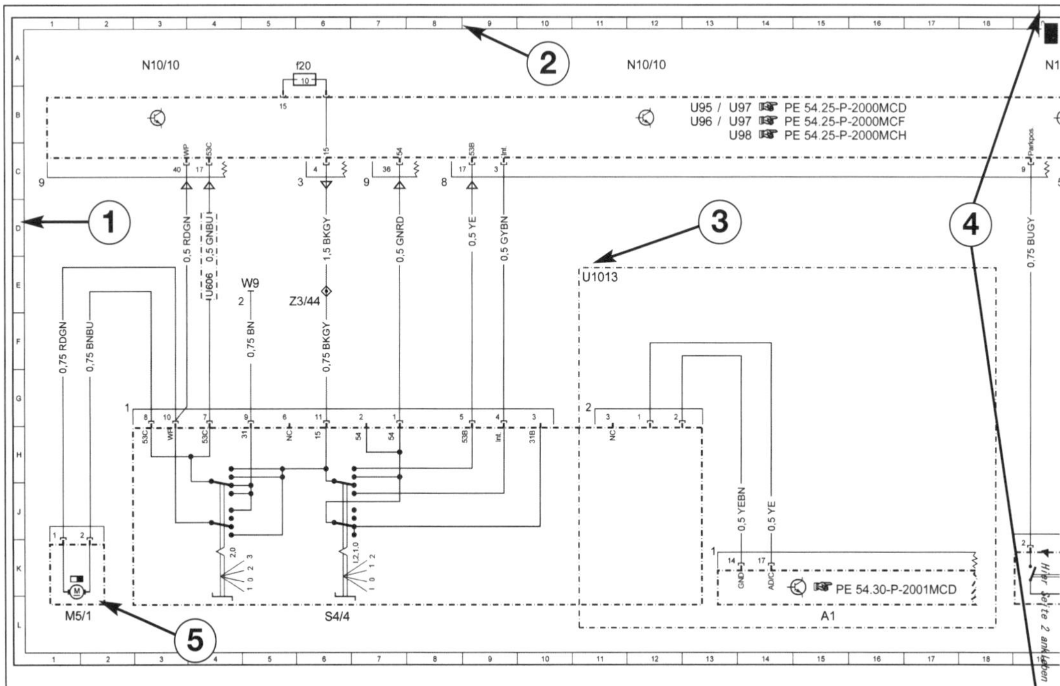

Bild 8

Seite 1 von 2

Funktionsschemen

- Die zur Funktion gehörenden Steuergeräte und elektrischen Bauteile werden als Symbole dargestellt.
- Die funktionalen Verbindungen sind durch direkte Leitungen bzw. durch den Datenbus realisiert.

Steuergerätepläne

- Steuergeräte werden komplett mit allen angeschlossenen Bauteilen dargestellt. Vorangestellt ist die Einspeisung der Steuergeräte.
- Die Schaltpläne enthalten auch Verknüpfungen von möglichen Varianten und Funktionen.

Verknüpfungen sind, als Varianten erkennbar, eingerahmt und mit einer Kurzbezeichnung »U« versehen und sind in den Legenden aufgeführt.

Dokumentnummer:	pe82.30-p-2000-97mcc	
Dokumenttitel:	Elektrischer Schaltplan Scheibenwischer	
Kurzbezeichnung:	Bezeichnung:	Positio
A1	Kombiinstrument	15L
B38	Regensensor / Lichtsensor	29L
M5/1	Pumpe Scheibenwaschwasser	1L
M6/1	Wischermotor	20L
M6/4	Wischermotor Rückwandtür	24L
N10/10	Steuergerät SAM	12A
N10/10	Steuergerät SAM	3A
N10/10	Steuergerät SAM	28A
N10/10	Steuergerät SAM	19A
N10/10f12	Sicherung 12	29A
N10/10f17	Sicherung 17	25A
N10/10f2	Sicherung 2	20A
N10/10f20	Sicherung 20	6A
S4/4	Wischerschalter rechts	6L
U1013	Gültig ab 31/08/2010	11E
U14	Gültig für Regen-/Lichtsensor	27A
U606	Gültig für alle außer Cabriolet	22A
U606	Gültig für alle außer Cabriolet	4E

U95	Gültig bis 013644	13B
U96	Gültig ab 013645	13B
U97	Nicht gültig für Typ 451.334/380/480	13B
U97	Nicht gültig für Typ 451.334/380/480	13B
U98	Gültig für Typ 451.334/380/480	13B
W43	Masse Stirnwand links außen	21E
W6	Masse Kofferraum Radlauf links	26C
W9	Masse vorn links (bei Leuchteinheit)	28E
W9	Masse vorn links (bei Leuchteinheit)	5E
X18/19	Steckverbindung Heckdeckel	25E
X18/19	Steckverbindung Heckdeckel	23G
Z3/44	Endhülse Klemme 15 gesichert Kombi Radio	6E
Z45	Endhülse Klemme 30, Versorgung Sensoren EDW	29E
Z6/20	Endhülse Masse Heckdeckel	25G
Z78	Endhülse LIN Cockpit	27E

Bild 9

Bild 9
Legende zum Schaltplan Scheibenwischer. Bauteilkürzel, die Bezeichnung und die Position im Schaltplan werden vorgestellt.

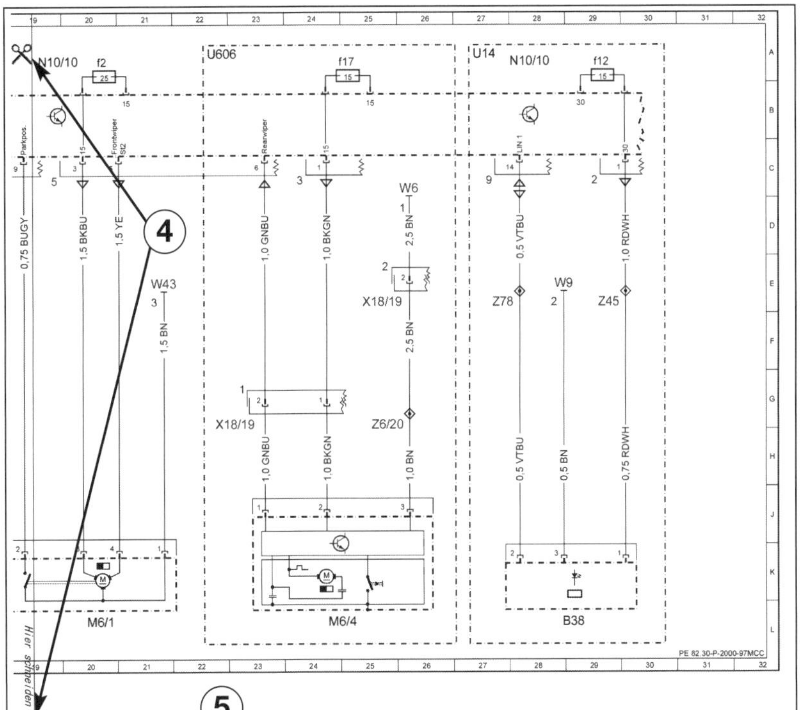

Bild 10

Bild 10
Schaltplanauszug Teil 2 vom Scheibenwischer.
4 Schnittlinie zum Zusammensetzen ausgedruckter Pläne
5 Hinweise zur Schaltplanvariante und Gültigkeit

Klemmenbezeichnungen nach Norm	
15	Geschaltetes Plus hinter Batterie (Ausgangskontakt vom Zündanlassschalter)
15a	Geschaltetes Plus vom Zündanlassschalter (hinter der Sicherung)
30	Ausgang direkt von Batterie-Plus
30a	Ausgang direkt von Batterie-Plus (hinter der Sicherung)
30al	Ausgeschaltetes Plus von Steuergerät für Bordnetz für Innenleuchte
31	Batterie-Minus oder Fahrzeugmasse
50	Ausgangskontakt vom Zündanlassschalter für Anlasser
54	Bremsleuchten
56	Ausgang von Lichtschalter für Abblendlicht und Fernlicht
56a	Fernlicht
56aL	Fernlicht links
56aR	Fernlicht rechts
56b	Abblendlicht
56bL	Abblendlicht links
56bR	Abblendlicht rechts
58	Stand- und Schlusslicht, Kennzeichenleuchte
58d	Beleuchtung von Schaltern und Schalttafeleinsatz (Beleuchtungsintensität einstellen)
58L	Standlicht, Schlusslicht und Parklicht links
58R	Standlicht, Schlusslicht und Parklicht rechts
49L	Blinker links
49R	Blinker rechts
49a	Blinkrelais Ausgang (nur konventionelle Blinkanlagen)
71	Eingang für Signalhorn
75	Ausgangskontakt vom Zündanlassschalter für Ausschalten von Verbrauchern zur Entlastung der Batterie beim Anlassen.
75a	Ausgeschaltetes Plus hinter dem Relais für Entlastung der Batterie beim Anlassen (hinter der Sicherung).
86s	Ausgeschaltetes Plus durch Zündanlassschalter beim vollständigen Herausziehen des Schlüssels aus dem Zündanlassschalter.
87	Ausgangskontakt vom Kraftstoffpumpenrelais oder vom Relais für Dieseldirekteinspritzanlage.
87a	Ausgangskontakt vom Kraftstoffpumpenrelais oder vom Relais für Dieseldirekteinspritzanlage hinter der Sicherung.
CAN - H. Antrieb CAN - L. Antrieb	Datenbus zwischen Steuergeräten von Antrieb (Motor, autom. Getriebe, ABS, Diagnose-Interface für Datenbus ...)
CAN - H. Komfort CAN - L. Komfort	Komfort Datenbus zwischen Steuergeräten von Komfortelektrik (Türsteuergeräte. Climatic, Steuergerät für Bordnetz. Diagnose-Interface für Datenbus ...)
CAN - H - Kl CAN - L- Kl	Datenbus zwischen Schalttafeleinsatz und Diagnose-Interface für Datenbus.
CAN - H. Infotainment CAN - L. Infotainment	Datenbus zwischen Diagnose-Interface für Datenbus und Radio, Verstärker ...
LIN - Bus	Datenbus zwischen Steuergerät für Bordnetz. Steuergerät für Wischermotor ...
K-Leitung	Reizleitung Diagnoseleitung Steuergeräte.

Schaltplanzuordnung nach Bausystemen

Anhand dieser Schaltplannummer können Sie die Schaltpläne bei Ihrem Smarthändler ausdrucken lassen oder bestellen.

Motor

System	Bemerkung	Schaltplan
Benzin-, Einspritz- und Zündsystem	ME MOTOR 132 im TYP 451 außer 451.334/380/ 480	PE07.61-P-2000MCD
Benzin-, Einspritz- und Zündsystem	ME MOTOR 132 im TYP 451.334/ 380/ 480	PE07.61-P-2000MCE
Common-Rail Diesel Injection (CDI)	MOTOR 660 im TYP 451	PE07.16-P-2000MCD
Motorelektronik-elektronisches Fahrpedal	MOTOR 132 im TYP 451 Getriebe (MEG) mit Kupplung	PE07.61-P-2200MCC

Antrieb

System	Bemerkung	Schaltplan
Automatisiertes Schaltgetriebe (ASG)	GETRIEBE 717 im TYP 451 bis 013644	PE26.19-P-2101MCC
Automatisiertes Schaltgetriebe (ASG)	GETRIEBE 717 im TYP 451 ab 013645	PE26.19-P-2101MCD
Automatisiertes Schaltgetriebe (ASG)	GETRIEBE 717 im TYP 451.334/ 380/ 480 außer 451.334/ 380/ 391/ 480/ 491	PE26.19-P-2101MCE
Elektrofahrzeug	MOTOR 780.009 im TYP 451.391/ 491	PE08.30-P-2001MEV
Elektromotor	MOTOR 780.009 im TYP 451.391/ 491	PE08.30-P-2000MEV
Elektronische Diesel-Getriebe-Steuerung	MOTOR 660 im TYP 451(EDG)	PE07.16-P-2200MCC
Elektronisches Wählhebelmodul	TYP 451.391/ 491	PE27.19-P-2102MEV
Hochvoltverteiler	TYP 451.390 /490 Mit Interlock-Stromkreis	PE54.21-P-2133MEV

Starter und Generator

System	Bemerkung	Schaltplan
Batterieladegerät Hochvoltbatterie	TYP 451.391/ 491	PE54.10-P-2003MEV
Batteriemanagement	TYP 451.391/ 491	PE54.10-P-2104MEV
Starter, Generator	MOTOR 660 im TYP 451	PE15.00-P-2000MCC
Starter, Generator	MOTOR 132 im TYP 451 außer 451.334/ 380/ 480	PE15.00-P-2000MCD
Starter-Generator	MOTOR 132.910 im TYP 451.334/ 380/ 480	PE15.00-P-2102MCC

Sicherheit

System	Bemerkung	Schaltplan
Airbag (AB), Gurtstraffer (GUS)	TYP 451 bis 013644	PE91.00-P-2000MCC
Airbag (AB), Gurtstraffer (GUS)	TYP 451 ab 013645 bis 30.8.10	PE91.00-P-2000MCD
Airbag (AB), Gurtstraffer (GUS)	TYP 451 ab 31.8.10	PE91.00-P-2000MCD

Bremse

System	Bemerkung	Schaltplan
Electronic Stability Programm (ESP)	TYP 451 bis 013644	PE42.45-P-2000MCC
Electronic Stability Programm (ESP)	TYP 451 ab 013645 außer 451.334/ 380/480	PE42.45-P-2000MCD
Electronic Stability Programm (ESP)	TYP 451.334/ 380/ 480	PE42.45-P-2000MCE

Karosserie

System	Bemerkung	Schaltplan
Elektrische Lenkung	TYP 451 bis 013644	PE46.35-P-2000MCC
Elektrische Lenkung	TYP 451 ab 013645	PE46.35-P-2000MCD
Elektrischer Kältemittelverdichter	MOTOR 780.009 im TYP 451.391/ 491	PE83.55-P-2001MEV
Elektrisches Verdeck	TYP 451	PE77.39-P-2200MCC
Großinstrument (Kombi-Instrument)	TYP 451 bis 013644	PE54.30-P-2001MCC
Großinstrument (Kombi-Instrument)	TYP 451 ab 013645 außer 451.334/ 380/391/ 480/ 491	PE54.30-P-2001MCD
Großinstrument (Kombi-Instrument)	TYP 451.334/ 380/ 480	PE54.30-P-2001MCE
Großinstrument (Kombi-Instrument)	TYP 451.391/ 491	PE54.30-P-2001MEV
Heckgepäckträger	TYP 451 bis 013644	PE88.30-P-2000MCC
Heckgepäckträger	TYP 451 ab 013645	PE88.30-P-2000MCD
Innenbeleuchtung	TYP 451 bis 013644	PE82.20-P-2000MCC
Innenbeleuchtung	TYP 451 ab 013645 ohne Code (876 Innenraum-Lichtpaket)	PE82.20-P-2000MCD
Innenbeleuchtung	TYP 451 ab 31.8.10 mit Code (876 Innenraum-Lichtpaket)	PE82.20-P-2000MCE
Kartenleser an Windschutzscheibe	TYP 451 mit CODE (P02) car2go	PE54.30-P-2004MCC
Klimaanlage	TYP 451 außer 451.391/ 491	PE83.30-P-2000MCC
Klimaanlage	TYP 451.391/ 491	PE83.30-P-2000MEV
Lenkrad	TYP 451	PE46.10-P-2102MCC
Prüfkupplung-Diagnose/Diagnosesteckdose	TYP 451 außer 451.391/ 491	PE54.22-P-2000MCC
Prüfkupplung-Diagnose/Diagnosesteckdose	TYP 451.391/ 491	PE54.22-P-2000MEV
Richtungs-/Warnblinker	TYP 451	PE82.10-P-2200MCC
Scheibenwischer	TYP 451	PE82.30-P-2000MCC
Signalanlage	TYP 451	PE54.35-P-2000MCC
Sitzheizung (SIH)	TYP 451 bis 013644	PE91.30-P-2000MCC
Sitzheizung (SIH)	TYP 451 ab 013645 außer 451/391/ 491	PE91.30-P-2000MCD
Standheizung (STH)	TYP 451 Nur Linkslenker	PE83.70-P-2101MCC
Steckdose	Einspeisung Ladegerät TYP 451.391/ 491	PE54.10-P-2011MEV
Unterdruckpumpe	TYP 451.391/ 491	PE43.05-P-2000MEV
Zentralelektrik	TYP 451 bis 013644 Blatt 1	PE54.25-P-2000MCC
Zentralelektrik	TYP 451 bis 013644 Blatt 2	PE54.25-P-2000MCD
Zentralelektrik	TYP 451 ab 013645 außer 451.334/ 380/ 480 Blatt 1	PE54.25-P-2000MCE
Zentralelektrik	TYP 451 ab 013645 außer 451.334/ 380/480 Blatt 2	PE54.25-P-2000MCF

Karosserie

System	Bemerkung	Schaltplan
Zentralelektrik	TYP 451.334/ 380/ 480 Blatt 1	PE54.25-P-2000MCG
Zentralelektrik	TYP 451.334/ 380/ 480 Blatt 2	PE54.25-P-2000MCH
Zentralelektrik	TYP 451 ab 013645 außer 451.334/ 380/480 Blatt 3	PE54.25-P-2000MCJ
Zentralelektrik	TYP 451	PE54.25-P-2000MCK
Zentralverriegelung (ZV)	TYP 451 bis 013644 Blatt 4	PE80.20-P-2000MCC
Zentralverriegelung (ZV)	TYP 451 ab 013645 Nicht für UK	PE80.20-P-2000MCD
Zentralverriegelung (ZV)	TYP 451 ab 013645 Nur für UK	PE80.20-P-2000MCE
Zuheizer	TYP 451 außer 451.391/ 491	PE83.70-P-2100MCD
Zusatz-Instrumente	TYP 451 außer 451.391/ 491 bis 30.8.10	PE54.30-P-2003MCC

Fenster und Türen

System	Bemerkung	Schaltplan
Außenspiegel	TYP 451 bis 013644	PE88.79-P-2000MCC
Außenspiegel	TYP 451 ab 013645	PE88.79-P-2000MCD
Beheizbare Heckscheibe	TYP 451	PE67.29-P-2000MCC
Fensterheber	TYP 451 bis 013644	PE72.29-P-2001MCC
Fensterheber	TYP 451 ab 013645	PE72.29-P-2001MCD

Lichtanlage

System	Bemerkung	Schaltplan
Außenbeleuchtung	TYP 451 bis 013644	PE82.10-P-2000MCC
Außenbeleuchtung	TYP 451 ab 013645	PE82.10-P-2000MCD
Bremslicht	TYP 451 bis 013644	PE82.10-P-2300MCC
Bremslicht	TYP 451 ab 013645	PE82.10-P-2300MCD

Datenbus

System	Bemerkung	Schaltplan
CAN-Bus	TYP 451 außer 451.334/ 380/ 391/ 480/ 491	PE00.19-P-2150MCC
CAN-Bus	TYP 451.334/ 380/ 480	PE00.19-P-2150MCD
CAN-Bus	TYP 451.391/ 491	PE00.19-P-2150MEV

Datenbus

System	Bemerkung	Schaltplan
Freisprechen	TYP 451 bis 30.8.10	PE82.70-P-2103MCC
Kommunikation externe Steckdose	TYP 451.391/ 491	PE54.21-P-2132MEV
Kommunikationsschnittstelle (KOM)	TYP 451 bis 30.8.10	PE82.85-P-2002MCC
Radio	TYP 451 bis 013644	PE82.60-P-2000MCC
Radio	TYP 451 ab 013645 bis 30.8.10	PE82.60-P-2000MCD
Radio	TYP 451 ab 31.8.10 Radio Entry	PE82.60-P-2000MCE
Radio	TYP 451 ab 31.8.10 Radio Premium mit Sound Premium	PE82.60-P-2000MCF
Radio	TYP 451 ab 31.8.10 Radio Premium mit Sound Basis	PE82.60-P-2000MCG

16 Technische Daten

Wie vieles bei Smart entstammt auch die Motorisierung durch Kombinationen aus bewährten Komponenten der Groß-serie. Mercedes kennzeichnet jeden Motortyp mit den bereits im Kapitel 4 vorgestellten Kombinationen aus Zahlen und Buchstaben sowie der »laufenden Nummer«.

Benzinmotoren

Smart fortwo Modellbezeichnung	1,0 (61 PS)	1,0 mhd (61 PS)	1,0 (71 PS)	1,0 mhd (71 PS)	1,0 (84 PS)
Motorkennbuchstaben		M132 E10			M132 E10 AL
Kraftstoff (Qualität)		Benzin (95 ROZ)			
Hubraum		999 cm³			
Zylinderzahl		3			
Ventile pro Zylinder		4			
Leistung kW bei 1/min	45/5000	45/5600	52/5600	52/5700	62/5800
Drehmoment Nm bei 1/min	89/3000	89/3000	92/4500	92/4500	120/3250
Einspritzsystem		Motronic ME SFi			
Bohrung Ø mm (Grund)	72,00				
Maximaler Verschleiß mm	0,15	0,15	0,15	0,15	0,15
Ovalität mm	0,01	0,01	0,01	0,01	0,01
Bohrung Ø mm (Stufe 1)	72,010	72,010	72,010	72,010	72,010
	bis 72.025	bis 72.025	bis 72.025	bis 72.025	bis 72.025
Hub mm		81,80			
Kolbendurchmesser (Grund)		72,000			
Kolbendurchmesser (Stufe1)		72,250			
Kolbendurchmesser (Stufe2)		72,500			
Stoßspiel 1. Ring	0,15-0,30	0,15-0,30	0,15-0,30	0,15-0,30	0,15-0,30
Stoßspiel 2. Ring	0,15-0,30	0,15-0,30	0,15-0,30	0,15-0,30	0,15-0,30
Stoßspiel Ölabstreifring*	-	-	-	-	-
Höhenspiel 1. Ring	0,03-0,07	0,03-0,07	0,03-0,07	0,03-0,07	0,03-0,07
Höhenspiel 2. Ring	0,02-0,06	0,02-0,06	0,02-0,06	0,02-0,06	0,02-0,06
Höhenspiel Ölabstreifring	-	-	-	-	-
Pleuellagerspiel Kurbelwelle mm		0,025 - 0,04			
Lagerspiel KW Hauptlager mm		0,02 - 0,04			
Aufladesystem		Keines			Bypasslader
Nockenwellenantrieb		Steuerkette			
Ventilspiel Einlass (kalt)		Tasse 0,18 mm-0,26 mm			
Ventilspiel Auslass (kalt)		Tasse 0,26 mm-0,34 mm			
Kompressionsdruck		11- 15 bar			10- 14 bar
Ölfilter		Patrone			
Ölmenge mit Filter		3,7 l			
Ölmenge Filter		ca. 0,5 l			
Kühlmittelmenge ca.		4,3 l (grün)			
Getriebeöl sequenzielles Schaltgetriebe		SAE Castrol BOT 328 Wechsel 1,4-1,7 l			
Bremsflüssigkeit		DOT 4+			
Klimaanlage Klimamittel (alle Systeme)		R134a 420 g±10 g			
Klimaöl		A0019890803 (ISO46)			

*Das Stoßspiel ist nicht prüfbar, da der Ring mehrteilig ist.

Dieselmotoren

Smart fortwo Modellbezeichnung	**0,8 CDI (45 PS)**	**0,8 CDI (54 PS)**
Motorkennbuchstaben	OM 660 DE 8LA	
Hubraum	799 cm³	
Einspritzsystem	Common Rail Direkteinspritzung	
Zylinderzahl	3	
Ventile pro Zylinder	2	
Leistung kW bei 1/min	33/3800	40/3800
Drehmoment Nm bei 1/min	110/2000-2500	130/2100-2600
Bohrung Ø mm	65,50	
Bohrung Ø mm (Stufe 1)	66,00	
Bohrung Ø mm (Stufe 2)	66,50	
Hub mm	79,00	
Kolbendurchmesser (Grund)	65,44 - 65,43	
Kolbendurchmesser (Stufe1)	65,94 - 65,93	
Kolbendurchmesser (Stufe2)	66,44 - 66,43	
Laufspiel	0,06 - 0,07	
Stoßspiel 1. Ring (Grenze)	0,15 - 0,3 (1,0)	
Stoßspiel 2. Ring (Grenze)	0,3 - 0,5 (1,0)	
Stoßspiel Ölabstreifring (Grenze)	-	
Höhenspiel 1. Ring	0,04 - 0,09 (0,25)	
Höhenspiel 2. Ring	0,03 - 0,07 (0,25)	
Höhenspiel Ölabstreifring	-	
Aufladesystem	Bypass Lader	
Nockenwellenantrieb	Steuerkette	
Ventilspiel	Hydraulisch	
Kompressionsdruck	18 bar	
Ölfilter	Filtereinsatz	
Ölmenge mit Filter	2,7 l	3,4 l
Ölmenge Filter	ca. 0,5 l	
Kühlmittelmenge ca.	4,5 l (grün)	
Getriebeöl sequenzielles Schaltgetriebe	Castrol BOT 328	
1,7 l (Wechsel)		
Bremsflüssigkeit	DOT 4+	
Klimaanlage Klimamittel (alle Systeme)	R134a 420 g±10 g	
Klimaöl	A0019890803 (ISO46)	

Verschleißmaße

Smart fortwo Bauteile	
Bremsscheibendicke (min.) Verschleißgrenze vorne	8 mm
Belagstärke vorne (ohne Trägerplatte)	2 mm
Bremstrommeln hinten Durchmesser (max) Verschleißgrenze	204,5 mm
Belagstärke hinten (ohne Trägerplatte)	3 mm

17 Anzugsdrehmomente

In diesem Kapitel stellen wir Ihnen die Anzugsmomente für die wichtigsten Verschraubungen am Fahrzeug zur Verfügung. Diese sind zum einen alphabetisch und zum anderen nach den Motorkennbuchstaben sortiert. Natürlich konnten wir nur diese Motoren darstellen, deren Daten bis zum Redaktionsschluss bekannt waren. Alle Daten sollten Sie im Zweifel bei der Teilebestellung hinterfragen und wenn erforderlich korrigieren. Selbiges gilt auch für neue Motortypen. Übernehmen Sie niemals einfach Abmessungen eines anderen Motors ohne diese zu überprüfen. Hier können leicht Schäden entstehen, die vermeidbar wären und oft recht

Motor

Smart fortwo

Modellbezeichnung	**Benziner 1,0 l Saugmotor**	**Benziner 1,0 l Turbomotor**	**Diesel 0,8 l Turbomotor**
Abgaskrümmer	34 Nm	34 Nm	23 Nm
Ansaugkrümmer	20 Nm	20 Nm	10 Nm
Auspuffrohr am Krümmer	50 Nm	50 Nm	30 Nm
Einspritzleitung	-	-	22 Nm
Einspritz-Element 1.	-	-	7 Nm
Einspritz-Element 2.	-	-	180°
Einspritzleitung	-	-	22 Nm
Einspritzpumpenhalter	-	-	15 Nm
Einspritzpumpenrad 2.	-	-	-
Kraftstoffverteilerrohr	9 Nm	9 Nm	10 Nm
Kurbelwellenlager 1.	30 Nm	30 Nm	55 Nm
Kurbelwellenlager 2.	60°	60°	90°
Nockenwellenlagergehäuse 1.	11 Nm	11 Nm	12 Nm
Nockenwellenlagergehäuse 2.	-	-	-
Nockenwellenrad 1.	90 Nm	90 Nm	8 Nm
Nockenwellenrad 2.	-	-	-
Schraube Zahnrad Ausgleichswelle 1.	-	-	90 Nm
Schraube Zahnrad Ausgleichswelle 2.	-	-	180°
Ölablassschraube	65 Nm	65 Nm	65 Nm
Ölpumpe am Zylinderblock	10 Nm	10 Nm	10 Nm
Ölwannenschrauben	10 Nm	10 Nm	11 Nm
Pleuellager 1.	15 Nm	15 Nm	
Pleuellager 2.	90°	90°	
Riemenscheibe Zentralschraube 1.	150 Nm	150 Nm	140 Nm
Riemenscheibe Zentralschraube 2.	Lösen	Lösen	90°
Riemenscheibe Zentralschraube 3.	50 Nm	50 Nm	-
Riemenscheibe Zentralschraube 4.	60°	60°	-
Schwungrad Kupplung**	20 Nm	20 Nm	20 Nm
Schwungrad/Mitnehmer 1.	20 Nm	20 Nm	57 Nm
Schwungrad/Mitnehmer 2.	90°	90°	-
Sensor Klopfsensor	20 Nm	20 Nm	-
Sensor Öldruckschalter	10 Nm	10 Nm	18 Nm
Sensor Kühlmittel	30 Nm	30 Nm	-
Sensor Kurbelwelle	11 Nm	11 Nm	12 Nm
Sensor Lambdasonde	50 Nm	50 Nm	-
Sensor Nockenwelle	11 Nm	11 Nm	-
Ventildeckel 1.	10 Nm	10 Nm	11 Nm
Ventildeckel 2.	-	-	-

Motor

Smart fortwo

Modellbezeichnung	**Benziner 1,0 l Saugmotor**	**Benziner 1,0 l Turbomotor**	**Diesel 0,8 l Turbomotor**
Wasserpumpe im Motorgehäuse	8Nm	8Nm	10 Nm
Zündkerzen / Glühkerzen	18 Nm	18 Nm	15 Nm
Zylinderkopfschrauben 1.	25 Nm	25 Nm	30 Nm
Zylinderkopfschrauben 2.	90°	90°	90°
Zylinderkopfschrauben 3.	90°	90°	90°
Zylinderkopfschrauben 4.	-	-	90°
Zylinderkopfschrauben 5.	-	-	10°
Zylinderkopfschrauben im Nockenwellenkasten	-	-	27 Nm

Fahrgestell

Verschraubung	**Anzugsdrehmoment**
Achsrohr an Integralträger	160 Nm
Antriebswelle radseitig Stufe 1	45 Nm
Antriebswelle radseitig Stufe 2	90°
Äußeres Spurstangengelenk	34 Nm
Befestigung Lenkgetriebe 1.	70 Nm
Befestigung Lenkgetriebe 2.	-
Bremssattel an Halter vorne	115 Nm
Bremssattelhalter an der Nabe	30 Nm
Bremsscheibe an Bremsnabe	10 Nm
Drehmomentstütze an Integralträger (Ottomotor)	115 Nm
Drehmomentstütze Motorträger vorne (Ottomotor)	115 Nm
Integralträger Hinterachse an der Karosserie	125 Nm
Lenkrad	27 Nm
Motorlager rechts am Integralträger (Ottomotor)	56 Nm
Motorlager rechts am Motor (Ottomotor)	80 Nm
Motorträger am Zylinderkopf (Dieselmotor)	28 Nm
Motorträger hinten am Getriebe	28 Nm
Motorträger hinten am Integralträger	58 Nm
Motorträger vorne am Integralträger	58 Nm
Motorträger vorne am Kurbelgehäuse	28 Nm
Querlenker vorne Stufe 1	50 Nm
Querlenker vorne Stufe 2	90°
Querträger an Achsrohr	100 Nm
Querträger an Integralträger	65 Nm
Radnabe hinten 1.	45 Nm
Radnabe hinten 2.	90°
Radnabe hinten Radlagergehäuse	65 Nm
Radnabe vorne an Schwenklager	65 Nm
Radschrauben	110 Nm
Sensor ABS	5 Nm

Elektrische Anlage

Verschraubung	Anzugsdrehmoment
Masseanschluss an der Batterie M6	6 Nm
Masseband am Getriebe	20 Nm
Massepunkte an der Karosserie M6	8 Nm
Massepunkte an der Karosserie M8	15 Nm
Plusanschluss am Anlasser M8	15 Nm
Plusanschluss am Generator	15 Nm
Plusanschluss am Sicherungskasten M5	4 Nm
Plusanschluss am Sicherungskasten M6	6 Nm
Plusanschluss an der Batterie M6	6 Nm

Sonstige Verschraubungen

Schraubengröße	*M4*	*M5*	*M6*	*M8*	*M10*	*M12*	*M14*	*M16*
Anzugsdrehmoment	0,5 Nm	3 Nm	10 Nm	20 Nm	45 Nm	60 Nm	100 Nm	200 Nm